OS FUNDADORES

OUTRAS OBRAS DE JIMMY SONI

Jane's Carousel
(com Jane Walentas)

A Mind at Play: How Claude Shannon Invented the Information

Age Rome's Last Citizen: The Life and Legacy of Cato
(com Rob Goodman)

OS

FUNDADORES

A HISTÓRIA DO PAYPAL E DOS EMPRESÁRIOS QUE MOLDARAM O VALE DO SILÍCIO

JIMMY SONI

ALTA BOOKS
GRUPO EDITORIAL
Rio de Janeiro, 2023

Os Fundadores

Copyright © 2023 Alta Books.

Alta Books é uma empresa do Grupo Editorial Alta Books (Starlin Alta Editora e Consultoria LTDA).

Copyright © 2022 Jimmy Soni.

ISBN: 978-85-508-1816-0

Translated from original The Founders. Copyright © 2022 by Jimmy Soni. ISBN 978-1-5011-9726-0. This translation is published and sold by Simon & Schuster, the owner of all rights to publish and sell the same. PORTUGUESE language edition published by Starlin Alta Editora e Consultoria Ltda, Copyright © 2023 by STARLIN ALTA EDITORA E CONSULTORIA LTDA.

Impresso no Brasil — 1ª Edição, 2023 — Edição revisada conforme o Acordo Ortográfico da Língua Portuguesa de 2009.

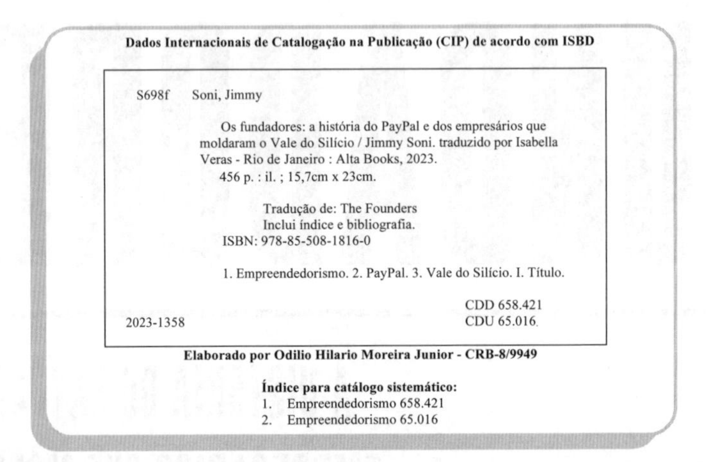

Dados Internacionais de Catalogação na Publicação (CIP) de acordo com ISBD

S698f Soni, Jimmy

Os fundadores: a história do PayPal e dos empresários que moldaram o Vale do Silício / Jimmy Soni. traduzido por Isabella Veras - Rio de Janeiro : Alta Books, 2023.
456 p. : il. ; 15,7cm x 23cm.

Tradução de: The Founders
Inclui índice e bibliografia.
ISBN: 978-85-508-1816-0

1. Empreendedorismo. 2. PayPal. 3. Vale do Silício. I. Título.

2023-1358 CDD 658.421
CDU 65.016

Elaborado por Odilio Hilario Moreira Junior - CRB-8/9949

Índice para catálogo sistemático:
1. Empreendedorismo 658.421
2. Empreendedorismo 65.016

Produção Editorial: Grupo Editorial Alta Books
Diretor Editorial: Anderson Vieira
Vendas Governamentais: Cristiane Mutüs
Gerência Comercial: Claudio Lima
Gerência Marketing: Andréa Guatiello

Produtor Editorial: Thales Silva
Tradução: Isabella Veras
Copidesque: Ana Gabriela Dutra
Revisão: Weslley Souza; Denise Elisabeth Himpel
Diagramação: Joyce Matos
Revisão Técnica: Douglas Nogueira
Assessor de Investimentos da Blue 3

Rua Viúva Cláudio, 291 — Bairro Industrial do Jacaré
CEP: 20.970-031 — Rio de Janeiro (RJ)
Tels.: (21) 3278-8069 / 3278-8419
www.altabooks.com.br — altabooks@altabooks.com.br
Ouvidoria: ouvidoria@altabooks.com.br

Editora
afiliada à:

À minha filha, Venice, que veio ao mundo logo no início deste projeto, e à minha falecida editora, Alice, que nos deixou assim que ele terminou.

SOBRE O AUTOR

JIMMY SONI é um autor premiado. Com seu livro *A Mind at Play: How Claude Shannon Invented the Information Age*, ele ganhou a edição de 2017 do Prêmio Neumann, concedido pela British Society for the History of Mathematics (BSHM), na categoria de melhor livro sobre história da matemática para o público em geral, bem como o Prêmio Middleton do Instituto de Engenheiros Eletricistas e Eletrônicos (IEEE). Seu trabalho mais recente, *Jane's Carousel*, em coautoria com a falecida Jane Walentas, registra a incrível jornada de 25 anos de uma mulher para restaurar seu amado carrossel no Brooklyn Bridge Park. Ele mora em Nova York com a filha, Venice. Saiba mais sobre o trabalho do autor acessando o site www.jimmysoni.com (conteúdo em inglês).

É necessário lembrar que não há nada mais difícil de controlar, mais perigoso de conduzir ou mais incerto de funcionar do que tomar a frente na instauração de uma nova ordem. Isso porque quem inova tem por inimigos todos aqueles a quem a antiga ordem apetecia e, por amigos, os moderados defensores a quem a nova ordem pode apetecer. Essa moderação surge, em parte, pelo medo dos oponentes, que têm amparo da Lei, e, em parte, pela incredulidade dos homens, que não acreditam prontamente no novo se não o veem resultar de uma vasta experiência.

— Nicolau Maquiavel, *O Príncipe*

Aqueles que aprenderam a percorrer o limiar de mundos desconhecidos, por meio do que comumente se denomina, por excelência, as ciências exatas, podem, assim, almejar, dotados das cândidas asas da imaginação, adentrar um pouco mais o inexplorado meio em que vivemos.

— Ada Lovelace

SUMÁRIO

INTRODUÇÃO

"Nossa, vou ter que revirar o fundo do baú",[1] disse Elon Musk.

Não havia um baú em sua sala de estar, onde estávamos sentados, mas a metáfora ainda servia. Ele estava prestes a me contar a história do PayPal.

Quando nos conhecemos, em janeiro de 2019, o PayPal — uma empresa que Musk ajudara a fundar cerca de duas décadas antes — era provavelmente a última coisa que ele tinha em mente. No dia anterior, ele acabara de anunciar uma onda de demissões na Tesla Motors, a empresa de carros elétricos que preside desde 2003. E, logo na semana anterior, ele tinha cortado gastos na SpaceX, empresa de fabricação e transporte aeroespacial que fundara em 2002, demitindo 10% dos funcionários. Em meio a esse turbilhão de acontecimentos, eu não sabia se Musk estava disposto a relembrar o passado; na verdade, eu estava esperando que ele me contasse algumas histórias já batidas e me mandasse embora.

Mas, à medida que ele falava sobre o desenvolvimento da internet e a origem do PayPal, as histórias vieram à tona. Uma sobre seu primeiro estágio em um banco canadense, outra sobre a criação de sua primeira startup e também da segunda. Outra, ainda, sobre a sensação de ser destituído da posição de CEO.

Ao final daquela tarde — quase três horas depois —, sugeri que fizéssemos uma pausa. O combinado era conversarmos por uma hora e, mesmo Musk tendo sido muito generoso ao disponibilizar seu tempo, eu não quis ser inconveniente. Mas, enquanto se levantava para me acompanhar até a saída, ele emendou outra história sobre o PayPal. Com 47 anos, seu entusiasmo parecia o de alguém mais velho recordando seus dias de glória: "Não acredito que já faz vinte anos!"

■ ■ ■

Era difícil (e como) de acreditar não só na rapidez com que os anos passaram, mas também na quantidade de conquistas dos ex-discípulos do PayPal nesse meio-tempo. Ao usar a internet nos últimos vinte anos, você com certeza chegou a se deparar com algum produto, serviço ou site relacionado aos criadores do PayPal. Os fundadores de várias empresas que marcaram a nossa era — YouTube, Yelp, Tesla, SpaceX, LinkedIn, Palantir, entre outras — foram funcionários do PayPal; já outros ocupam posições de destaque no Google, no Facebook e nas principais empresas de *venture capital* do Vale do Silício.

Tanto em cena quanto nos bastidores, esses discípulos construíram, fundaram ou aconselharam quase todas as empresas relevantes do Vale do Silício nos últimos vinte anos. Enquanto grupo, eles formam uma das redes mais poderosas e bem-sucedidas do mundo — seu poder e sua influência são ilustrados pelo apelido controverso de "Máfia do PayPal". A empresa deu origem a diversos bilionários e muitos multimilionários, reunindo um patrimônio líquido maior que o PIB da Nova Zelândia.

Mas a marca desse grupo vai além da riqueza e do impacto tecnológico: os ex-discípulos do PayPal construíram ONGs de microempréstimos, produziram filmes premiados, escreveram best-sellers e orientaram políticos de todos os níveis governamentais — da Câmara dos Representantes até a Casa Branca. E eles não pararam por aí: atualmente, eles assumem diversas missões, como catalogar registros genealógicos, restaurar 1,2 bilhão de hectares de ecossistemas florestais e bolar "escalas do amor"[2] — aplicando as experiências adquiridas no PayPal.

Eles também têm assumido papéis centrais nas maiores controvérsias socio-político-culturais da nossa era, como embates ferrenhos envolvendo liberdade de expressão, regulamentações financeiras, respeito à privacidade no meio tecnológico, desigualdade de renda, criptomoedas e sua eficácia, bem como discriminações no Vale do Silício. Para os admiradores, os fundadores do PayPal são uma força a ser imitada. Para os críticos, o grupo representa tudo que há de errado nas big techs — uma concentração de poder nunca antes visto nas mãos de um punhado de libertários tecno-utópicos. Realmente, uma opinião moderada sobre os fundadores é difícil de encontrar — são considerados heróis ou vilões, dependendo de quem opina.

■ ■ ■

Apesar disso tudo, a época do PayPal, em si, costuma ser ignorada. Se esses primeiros anos chegam a vir à tona, normalmente recebem não mais que um tímido parágrafo, no qual é atribuído o crédito de terem possibilitado as espalhafatosas conquistas subsequentes. O sucesso posterior do grupo é tão lendário — e suas controvérsias são tão conspícuas — que acaba asfixiando a história de origem da empresa. Afinal, viagens espaciais são um assunto bem mais rentável do que serviços de pagamento.

Mas estranhei. Parecia que essas pessoas tinham crescido na mesma cidadezinha e que ninguém se dera o trabalho de perguntar se não tinha algum ingrediente secreto na água que consumiam. Também era uma pena: ignorar a criação do PayPal é negligenciar várias coisas interessantes sobre seus fundadores. É perder de vista a experiência decisiva do início de sua vida profissional — que definiu boa parte do que veio depois.

Quando comecei a bisbilhotar, a perguntar sobre o início da empresa, ficou claro o tanto que fora menosprezado nessa história — e quantos protagonistas foram omitidos ao contá-la. Entrevistei mais de uma pessoa que nunca havia tido a oportunidade de falar sobre seus anos no PayPal em detalhes. E essas pessoas tinham histórias tão ricas e esclarecedoras quanto as de outros membros mais conhecidos.

Realmente, é escutando os relatos de engenheiros, designers UX, arquitetos de rede, especialistas de produto, auditores de fraude e profissionais de suporte que a história do PayPal ganha vida. Como disse um antigo funcionário: "Hoje, é gente como Peter Thiel, Max Levchin e Reid Hoffman. Mas, quando entrei na empresa, os deuses eram os administradores de banco de dados."[3]

Conhecidas ou não, centenas de pessoas que trabalharam no PayPal de 1998 a 2002 veem a experiência como um divisor de águas. Foi algo que influenciou sua abordagem de liderança, estratégia e tecnologia. Vários discípulos do PayPal comentaram que passaram o resto de suas vidas profissionais procurando uma equipe comparável à anterior em intensidade, intelecto e iniciativa. "Era algo muito especial, e acho que talvez não chegamos a perceber na época. Mas agora, quando entro em uma equipe, só quero encontrar aquela magia que vimos no início do PayPal. Não é fácil de achar, mas essa é a meta"[4], disse um membro da equipe de produtos.

Um funcionário comentou sobre o efeito borboleta da empresa — presente não só nas conquistas de pessoas como Musk, Levchin e Hoffman, cujas criações impactaram milhões, mas também nas centenas de vidas que participaram da criação do PayPal. "É uma coisa que me define, que define a minha vida e que provavelmente vai continuar definindo até o fim"[5], disse ele.

Conhecer a época do PayPal ajuda a entender um período importante da história da tecnologia e também as pessoas, igualmente importantes, que lhe deram vida. Quanto mais eu avançava, mais certeza tinha de que valia a pena revirar "o fundo do baú".

■ ■ ■

A fundação do PayPal é uma das histórias incríveis e improváveis da era da internet. Vinte anos depois, vivendo e consumindo em uma época em que o "e" de "e-commerce" se tornou redundante, é fácil menosprezar um serviço como o do PayPal. Quando alguns toques são suficientes para chamar um carro à nossa porta, enviar dinheiro pela internet dificilmente parece algo inovador. Mas se engana quem pensa que a tecnologia por trás da transferência digital foi fácil de construir, ou que o sucesso do PayPal estava escrito nas estrelas.

A empresa que conhecemos resultou da fusão de duas outras. Uma delas — que originalmente se chamava Fieldlink e que depois passou a se chamar Confinity — foi fundada em 1998 por dois desconhecidos, Max Levchin e Peter Thiel. No processo de autoconhecimento, a Confinity construiu um *framework* que conectava o dinheiro ao e-mail, um serviço apelidado de "PayPal" que foi recebido de braços abertos pelo público do site de leilões eBay.

Mas a Confinity não era a única empresa que estava desenvolvendo pagamentos digitais. Tendo acabado de vender sua primeira startup, Elon Musk fundou a X.com, uma empresa que também ajudava os usuários a transferir dinheiro por e-mail. No entanto, sua ambição ia muito além disso. Musk estava certo de que serviços financeiros precisavam de uma reformulação total e que a X.com seria a plataforma responsável pela virada. Ele promoveu sua nova empresa como um site de operações financeiras de apenas uma letra que seria melhor do que todos os outros, oferecendo todo e qualquer serviço financeiro. Entretanto, uma série de mudanças estratégicas levou a X.com a mirar o mesmo mercado de pagamentos online que a Confinity, contando com pagamentos digitais como porta de entrada para maiores serviços financeiros.

A Confinity e a X.com travaram uma batalha acirrada por um lugar no eBay, o que despertou uma ira competitiva em ambas as equipes e resultou em uma fusão turbulenta. Por vários anos, a sobrevivência da empresa era uma questão em aberto. Processada, fraudada, plagiada, ridicularizada — desde o começo, o PayPal era uma startup cercada de perigos. Seus fundadores enfrentaram empresas financeiras multibilionárias, críticas da imprensa, um público cético, órgãos reguladores hostis e até estelionatários estrangeiros. Em quatro anos, a empresa sobreviveu à explosão da bolha da internet, investigações de procuradores-gerais do estado e uma imitação criada por um de seus próprios investidores. O PayPal também enfrentou um mercado extremamente competitivo. Durante seus primeiros anos, ele presenciou mais de uma dúzia de novas concorrentes no setor de pagamentos e, ao mesmo tempo, procurou se defender de empresas tradicionais — associações de cartão de crédito como Visa e Mastercard, bem como bancos multibilionários. Como principal plataforma de pagamentos no eBay, o PayPal se tornou uma pedra no sapato dos executivos da empresa, que o viam como intruso, se apropriando de taxas de serviço que, por direito, caberiam a eles. O eBay adquiriu e lançou sua própria plataforma de pagamentos, desbancando o PayPal e inaugurando uma rivalidade que definiu seus primeiros anos de atuação.

■ ■ ■

Talvez não seja nenhuma surpresa, mas, mesmo sem essas turbulências, a companhia não ficou em paz. "Falar que somos uma máfia é um insulto às máfias",[6] brincou John Malloy, um dos primeiros membros do conselho. "Máfias são muito mais bem organizadas do que éramos na época." Durante seus primeiros dois anos de existência, o PayPal pulou de um CEO para outro, três no total, e a equipe de administração sênior ameaçou pedir demissão em massa — duas vezes.

Não que essa equipe fosse "sênior" no sentido de idade avançada. Muitos dos fundadores e dos primeiros funcionários do PayPal entraram na empresa com seus vinte e poucos anos; a maioria tinha acabado de sair da faculdade. Trabalhar ali foi o primeiro gostinho que tiveram do mundo profissional. Empregar uma força de trabalho jovem não era nada incomum no Vale do Silício do final dos anos 1990, que estava inundado de jovens tecnólogos em busca de uma fortuna. Mas, mesmo para os padrões do Vale do Silício, a cultura do PayPal era iconoclasta. Entre os primeiros contratados, estavam pessoas que não concluíram o ensino médio, jogadores prodígio de xadrez e vencedores de campeonatos de quebra-cabeças — que muitas vezes eram escolhidos justamente pelo comportamento excêntrico e peculiar, não apesar dele.

Em um determinado momento, o escritório da companhia contava com um indicador chamado "Índice de dominação mundial", que acompanhava os novos usuários do dia, e um banner com as palavras "Memento mori", que, em latim, significa "lembre-se de que você irá morrer". A excêntrica equipe do PayPal queria dominar o mundo — ou morrer no processo.

A maioria dos observadores previu que a segunda opção se tornaria realidade. No final dos anos 1990, apenas 10% do comércio online era conduzido digitalmente — a grande maioria das transações ainda era finalizada com um cheque enviado por correio pelo comprador. Muitas pessoas estavam desconfiadas quanto a inserir informações do próprio cartão de crédito ou seus dados bancários na internet, e sites similares ao PayPal eram vistos, muitas vezes, como portais ligados a atividades ilícitas, como lavagem de dinheiro ou tráfico de drogas e armas. Na véspera do IPO da empresa, uma renomada revista especializada declarou que o PayPal era tão necessário ao país "quanto uma epidemia de antraz".[7]

Ficar malfalada na mídia era algo que podia ser ignorado pela empresa, mas acontecimentos que tiram o mundo do eixo, não. Quando os fundadores estavam nos últimos preparativos para abrir o capital da companhia — finalizando os termos daquele que deveria ter sido seu maior triunfo —, dois aviões cruzaram o céu nova-iorquino, atingindo as Torres Gêmeas. O PayPal foi a primeira empresa a lançar o IPO após o 11 de Setembro de 2001, quando o país e o mercado financeiro estavam apenas começando a se recuperar do ataque.

A caminho do IPO, o PayPal enfrentou vários processos na justiça, bem como a Comissão de Valores Mobiliários dos Estados Unidos, que estava à espreita, investigando vários escândalos financeiros de grande notoriedade. Depois de contratempos que não pareciam ter fim — uma fusão agressiva, a perda de dezenas de milhões de dólares por fraude e um cenário nefasto no mercado de ações de tecnologia —, o PayPal conseguiu o improvável: um IPO extraordinariamente bem-sucedido e sua compra pelo eBay, no mesmo ano, por US$1,5 bilhão.

■ ■ ■

Mais tarde, Musk corrigiria um entrevistador que sugeriu que o PayPal fora uma companhia difícil de criar. "Isso, ela não foi, de jeito nenhum", disse ele. Na verdade, "o difícil era mantê-la viva"[8]. Vinte anos depois, a empresa pode se gabar de uma conquista muito rara entre suas contemporâneas: ela ainda existe.

Com o passar do tempo, o eBay fez com que o PayPal se desenvolvesse sozinho, e, atualmente, ele vale cerca de US$300 bilhões — o que lhe confere o título de uma das maiores empresas do mundo.

Pouco mais de dois anos se passaram entre a fusão da X.com e da Confinity e a oferta pública inicial do PayPal na Nasdaq, mas muitos funcionários sentiam ter trabalhado uma vida inteira. Muitos se lembram da companhia como um calvário — um carrasco que, ao mesmo tempo, era criativo e impiedoso. Uma funcionária presenciou isso logo na primeira hora do primeiro dia de trabalho. Andando até seu cubículo, ela notou que havia um estoque enorme de Tylenol à sua direita. Já à esquerda, no cubículo ao lado, ela entreouviu outra funcionária ralhando com o marido frustrado. "Eu me lembro dela falando com o esposo. 'Olha, eu não volto para casa hoje! Então, vê se para de me amolar com isso!'".[9]

Foram muitos os funcionários que descreveram a época como um "borrão" — uma mistura nebulosa de exaustão, adrenalina e ansiedade. Um dos engenheiros dormiu tão pouco durante esse período que deu perda total não só em um, mas em dois carros ao voltar para casa de madrugada do escritório. O diretor de tecnologia do PayPal afirmou que o grupo se sentia "como veteranos em uma sofrida campanha militar".[10]

Ainda assim, os antigos funcionários ficaram nostálgicos. "Era empolgante demais",[11] observou Amy Rowe Klement. "Acho que, na época, nem nos demos conta direito de que fazíamos parte de algo tão incrível." Vários outros disseram que foi o melhor trabalho que já fizeram na vida. "Eu me sentia parte de algo grandioso pela primeira vez",[12] declarou Oxana Wootton, analista do controle de qualidade. "Até hoje, o PayPal ainda está no meu sangue"[13], comentou Jeremy Roybal, analista de prevenção de fraude.

■ ■ ■

Muitos dos que acabaram trabalhando no PayPal chegaram à empresa por coincidência. Este livro surgiu de um jeito parecido. Enquanto escrevia meu último livro — uma biografia do falecido Dr. Claude Shannon, o fundador da área de Teoria da Informação e um dos grandes gênios esquecidos do século passado —, pesquisei sobre seu empregador, a empresa Bell Laboratories. A Bell Labs era o braço de pesquisa da companhia Bell Telephone, e, enquanto grupo, seus cientistas e engenheiros ganharam seis Prêmios Nobel e inventaram, entre outras coisas, a discagem de tom, o laser, as redes de telefonia celular, os satélites de comunicação, os painéis solares e o transistor.

Com isso, comecei a indagar sobre outras constelações de talento como a da Bell — incluindo companhias de tecnologia como PayPal, General Magic e Fairchild Semiconductor, mas também considerei coortes não tecnológicos, como os Fugitive Poets, o Bloomsbury e os Soulquarians.[14] O músico e produtor britânico Brian Eno já disse que, enquanto estudante de artes visuais, ele aprendeu que a revolução artística surgia com figuras solitárias — como Picasso, Kandinsky e Rembrandt. Mas, examinando esses revolucionários, ele descobriu que eram produtos de "meios muito férteis que envolviam várias pessoas — alguns eram artistas, outros, colecionadores, e outros, ainda, curadores, pensadores, teóricos... todo tipo de gente que criasse uma espécie de ecologia de talento".[15]

Eno batizou isso de "mênio" (em inglês, *scenius*, junção de *scene*, "meio", e *genius*, "gênio"), definindo-o como "a inteligência de toda uma operação ou de todo um grupo de pessoas", e declarou: "Inclusive, acho que é um jeito mais útil de pensar sobre a cultura". Também é um jeito útil de pensar sobre a história do PayPal, que se entende, aqui, como uma narrativa que aborda as vidas, interseções e interações de centenas de indivíduos e que ocorreu em um momento em que tomou forma uma internet a serviço do consumidor.

As histórias sobre a tecnologia moderna geralmente são contadas como histórias sobre conquistas individuais, apostando no "gênio" em detrimento do "mênio". Jobs, por exemplo, é intrínseco à narrativa da Apple, como Bezos o é à da Amazon; Gates, à da Microsoft; ou Zuckerberg, à do Facebook. O sucesso do PayPal é um caso diferente. Não há um único herói ou heroína. Em diferentes momentos da história da companhia, vários membros da equipe fizeram contribuições críticas que salvaram a empresa; é provável que a ausência de um deles impactasse o PayPal como um todo, levando-o ao colapso.

Além do mais, muitas das conquistas-chave do PayPal surgiram do atrito do grupo, que se provou produtivo — a tensão entre equipes de produto, engenharia e negócios acabava por dar à luz verdadeiros diamantes de inovação. Os primeiros anos da companhia foram marcados por desentendimentos sérios, mas, apesar disso, como observou James Hogan, um dos primeiros engenheiros do PayPal: "De algum jeito, tanto nos relacionamentos interpessoais quanto na parte emocional, não chegávamos a pisar no calo uns dos outros a ponto de cairmos em um ciclo disfuncional."[16] No PayPal, a falta de harmonia produzia descobertas.

Eu quis entender essa ecologia, a mistura fértil das pessoas envolvidas, dos desafios que enfrentaram e do momento na história da tecnologia em que esses desafios estavam inseridos.

■ ■ ■

Para este autor em potencial, a origem do PayPal é uma história vibrante — apesar de desafiadora — de se escrever. Comecei examinando exaustivamente o que já havia sido dito e escrito sobre o assunto. Felizmente, muitos dos que construíram a companhia tinham perfis públicos e prolíficos; tinham escrito livros, lançado podcasts e falado sobre a empresa em conferências, na televisão, no rádio e nos jornais. Consumi centenas de horas de conteúdo disponibilizado por eles e centenas de artigos já escritos sobre o PayPal durante seus anos de formação, bem como alguns poucos livros e artigos acadêmicos que incluíam a companhia em estudos de caso.

Também tentei contatar muitos dos funcionários que trabalhavam na empresa antes do IPO e entrevistei centenas deles enquanto desenvolvia este projeto. Fiquei muito agradecido por ter podido conversar com todos os cofundadores originais e entrevistar a maioria dos membros do conselho e dos primeiros investidores. Também conversei com pessoas de fora, que contribuíram com perspectivas valiosíssimas: os conselheiros técnicos da companhia; a pessoa cuja empresa deu à luz o nome "PayPal"; investidores que quase embarcaram na empreitada; os chefes de empresas concorrentes; entre muitas outras pessoas. Sou muito grato a todos que tiveram a generosidade de me deixar vasculhar anotações, documentos, fotos, memorabilia e dezenas de milhares de e-mails do início do PayPal.

Muitas vezes, acabei descobrindo histórias ainda não contadas — incluindo relatos angustiantes de um quase desastre na fusão da Confinity com a X.com e das várias vezes em que a empresa chegou perto da falência em inúmeros momentos críticos. Também tentei entender como — em meio a tanto caos — o PayPal conseguiu propor tantas inovações para a internet e como elas passaram a integrar o cenário virtual de hoje.

O que surgiu desses anos de pesquisa foi uma história de ambição, invenção e persistência. De um período sombrio, nasceu uma geração de empreendedores cujas criações futuras foram marcadas pelo PayPal. Mas a primeira conquista — o sucesso da empresa — não foi nada fácil. Pensando bem, a história do PayPal é uma odisseia de quatro anos com sucessivas ameaças de falência.

Portanto, nada mais justo do que começar sua história com um colapso tecnológico histórico — um desastre que ocorreu há centenas de quilômetros do Vale do Silício e que expôs, pela primeira vez, um dos futuros fundadores à tecnologia computacional.

PARTE I

DEFESA SICILIANA

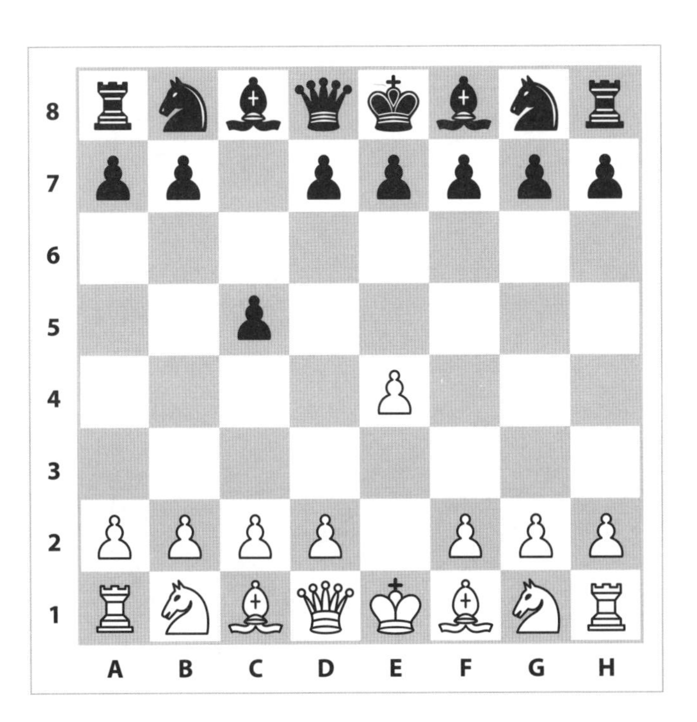

I

PEÇAS FUNDAMENTAIS

A edição de fevereiro de 1986 da revista *Soviet Life* contava com um artigo de dez páginas com os dizeres "Abundância e paz em Pripyat"[1]. Segundo ele, Pripyat era uma utopia cosmopolita. "Hoje, a cidade conta com pessoas de mais de trinta nacionalidades, de todos os cantos da União Soviética", escreveu o autor. "As ruas são repletas de flores. Os prédios ficam em meio aos pinhais. Em cada bairro residencial, há uma escola, uma biblioteca, lojas, área de lazer e parques por perto. Pela manhã, poucas pessoas circulam. Apenas moças, despreocupadas, passeando com carrinhos de bebê."

Se tinha algo de errado com a cidade, era a falta de espaço para novos moradores. "No momento, Pripyat está vivendo um baby boom. Construímos várias creches e escolas infantis e ainda virão mais; elas ainda não dão conta de suprir a demanda", observou o prefeito.

Tamanha procura era compreensível, porque Pripyat era o lar de uma maravilha tecnológica da União Soviética: a usina nuclear de Chernobyl. Ela gerava muitos empregos e, de acordo com o artigo, oferecia bons salários e uma energia "muito mais limpa do ponto de vista ecológico do que as usinas termoelétricas, que queimam quantidades enormes de combustíveis fósseis".

E quanto à segurança? Um ministro soviético respondeu diretamente essa pergunta, dizendo, com toda a confiança e assertividade do mundo das autoridades, que "a probabilidade de um colapso é de uma em 10 mil anos".

Claro que, apenas alguns meses após a *Soviet Life* enaltecer a vida perfeita em Pripyat, a cidade passou a ruínas flamejantes e radioativas. À 1h23 do dia 26 de abril de 1986, o reator de número quatro da usina de Chernobyl entrou em colapso, causando uma explosão que arrancou o telhado de mil toneladas daquele prédio. Pouco tempo depois, o céu de Pripyat já pulsava com uma radioatividade quatrocentas vezes maior do que a que atingiu Hiroshima.

Maksymilian "Max" Rafailovych Levchin tinha dez anos na época e estava dormindo a cerca de 150km da usina no momento da explosão. Quando acordou, se deparou com uma vida revirada e moldada pelo desastre. Naqueles primeiros instantes de ansiedade, seus pais o colocaram em um trem junto com o irmão. Durante a viagem, ele foi examinado com um contador Geiger para medir seus níveis de radiação — e o alarme da máquina disparou. No fim, o culpado pelos níveis radioativos era um espinho de rosa que tinha se prendido em seu sapato, mas, por alguns instantes, ele entrou em pânico ao considerar a possibilidade de ter que amputar o pé.

■ ■ ■

A família inteira de Levchin sofreu com o desastre de Chernobyl, inclusive sua mãe, Elvina Zeltsman. Ela era física e trabalhava no laboratório de radiologia no Instituto de Ciência dos Alimentos.

Antes do desastre, era um trabalho monótono. Segundo seu filho, ela levava os dias verificando a segurança do fornecimento (não radioativo) de pães que vinham da Ucrânia. Mas, depois, como suprimentos radioativos começaram a surgir no norte do país, suas responsabilidades aumentaram — bem como a urgência de sua função.

Para ajudá-la, o governo soviético mandou dois computadores para o escritório de Elvina: um DVK-2 soviético e um Robotron PC 1715 da Alemanha Oriental. De vez em quando, Levchin acompanhava a mãe no trabalho e, de início, ele achou os computadores chatos e atrapalhados. Isso até chegar um jogo para o DVK-2: Stakan (um dos nomes do Tetris, criado em 1984 por engenheiros da Academia de Ciências da União Soviética). O menino se amarrou.

A curiosidade de Levchin logo se voltou para o Robotron. O aparelho tinha um compilador Pascal — um programa que transformava códigos de programação humanos em comandos de máquina. Na caixa dele, também havia um manual pirateado do Turbo Pascal, versão 3.0, que explicava como usar o compilador. Textos assim eram raros na União Soviética e, para Levchin, o manual se tornou a própria escritura sagrada.

Não muito tempo depois, Levchin já conseguia escrever programas básicos — e ficou fascinado. "Mexeu muito comigo essa ideia de dizer a uma máquina o que fazer e só ter acesso ao resultado bem mais tarde"[2], disse ele, anos depois.

"Daqui pra frente, não preciso saber de tudo para conseguir fazer as coisas. Posso só escrever o código, e elas acontecem sozinhas." Antes, Levchin queria se tornar professor de matemática; agora, ele se gabava, dizendo que programaria computadores quando crescesse. Ele aproveitou muito suas primeiras experiências de programação e jogos, mas os computadores não eram para o seu divertimento. Estavam ali com o propósito de ajudar Elvina com seus relatórios sobre a radiação dos suprimentos soviéticos. Vendo que as habilidades do filho superavam as suas, ela o colocou para trabalhar e propôs um acordo: ele podia fazer o que quisesse com as máquinas — uma vez concluídas as tarefas dela.

Com isso, Levchin não tinha muito tempo para programar por lazer. Então, para não abrir mão do precioso tempo que tinha com o Robotron, ele desenvolveu um sistema: escreveria os códigos à mão, com papel e caneta. No parque perto de casa, ele rascunhava e editava seus programas. Terminadas as tarefas da mãe, Levchin transferia o que escrevera no caderno para o computador. Então, a máquina dava seu veredito: "Se eu digitar tal e qual escrevi no caderno, ela compila o programa e o roda — ou é preciso depurá-lo?"[3].

Esse processo de aprendizado moldou seus padrões de precisão. "Ao me entender como programador, sempre considerei que começaria o trabalho com computadores decrépitos"[4], disse Levchin. "Usei muita programação procedural, com várias linguagens de montagem. [Isso] provavelmente me tornou um pouco mais elitista, mas com certeza também fez de mim um profissional mais obstinado. Acho que nunca pude optar pelo caminho mais fácil."

■ ■ ■

Não tomar o caminho mais fácil era tradição na família de Levchin. Enquanto judeus que viviam em um estado antissemita, eles trabalhavam o dobro para conquistar seus objetivos — e enfrentavam obstáculos que os outros desconheciam. Certa manhã, o pai de Levchin se deparou com uma estrela de Davi pichada na porta da frente da casa. Os pais disseram ao filho que, por ele ser judeu, sua única chance de entrar em uma boa faculdade seria se tornar o orador de sua turma de ensino médio.

Apesar desses obstáculos, a família teve grandes conquistas, começando pela avó materna de Levchin. A Dra. Frima Iosifovna Lukatskaya era uma mulher extraordinária de um metro e meio de altura com um mestrado em astrofísica que trabalhava no Observatório Astronômico Principal da Academia de Ciências. Ela trouxe avanços à área de espectroscopia astronômica[5], ciência que trata de medir as "variáveis eclipsantes" das estrelas, e seus extensos trabalhos "Autocorrelative Analysis of the Brightness of Irregular and Semi-Regular Variable Stars" e "Properties of Optical Radiation of Variables and Quasars" foram publicados em revistas de prestígio.

Para Levchin, ela era a força em pessoa — uma mulher que triunfou em uma área dominada por homens e uma judia que alcançou o sucesso em um país hostil. Ele via a determinação dela como algo quase sobrenatural. No ano em que Max nasceu, Lukatskaya recebeu o diagnóstico de um raro e grave câncer de mama. "Basicamente, ela disse: 'Não posso morrer, meu neto precisa de mim', então se obrigou a viver por mais 25 anos"[6], afirmou Levchin. "Ela foi um exemplo de alguém que nunca desiste, de jeito nenhum."

No início dos anos 1980, enquanto Levchin entrava na adolescência, a economia soviética entrou em queda livre, e o Politburo, em pânico. Lukatskaya começou a sentir os ecos inquietantes da Segunda Guerra Mundial, dos horrores que ela vira em primeira mão. Até onde a família sabia, a KGB estava monitorando o pai de Levchin, e a probabilidade de que ele desaparecesse pelas mãos do governo parecia cada vez maior.

Lukatskaya se inscreveu em um programa de financiamento de uma agência de refugiados judeus e cuidou de tudo para que a família pudesse emigrar para os Estados Unidos. A partida deles foi mantida em segredo absoluto. "Foram anos muito loucos, fazia quase um ano que eu sabia que iríamos sair do país, mas não podia contar a ninguém"[7], relembrou Levchin.

A família partiu para o aeroporto, levando em mãos o mínimo de pertences possível. Apesar do clima ameno de verão, os Levchin chegaram ao terminal encasacados para não precisarem declarar suas roupas de inverno. Depois de uma última entrevista com um agente soviético da fronteira — que fez questão de lhes lembrar, em termos explícitos, que sua emigração seria definitiva —, eles embarcaram no voo rumo aos Estados Unidos.

■ ■ ■

Ainda encasacados, os Levchin desembarcaram no Aeroporto Internacional de Chicago em 18 de julho de 1991, no dia anterior ao início de uma onda de calor mortal que atingiu a cidade. Eles venderam os casacos no mercado clandestino por um preço muito inferior ao valor das peças. Porém, esses recursos limitados fizeram toda a diferença. Pouco antes de deixar a Ucrânia, o rublo tinha entrado em colapso, reduzindo seu pé-de-meia de alguns poucos milhares a apenas algumas centenas de dólares.

Para a família, imigrar para os Estados Unidos era algo arriscado, mas, para Levchin, que acabara de completar dezesseis anos, foi o primeiro passo de uma jornada épica — e aventura foi algo que ele encontrou de primeira. Levchin era bom aluno e queria que o Conselho de Educação de Chicago autenticasse seu histórico escolar do ensino médio. Em vez de pedir ajuda aos pais, ele mesmo entrou em um ônibus para completar a missão.

Depois de descer na parada errada, Levchin se viu em meio aos projetos habitacionais em pleno Cabrini-Green, que, na época, era um dos bairros mais perigosos da cidade. "Eu meio que saí andando por lá, pensando *Nossa, aqui não tem ninguém parecido comigo. Olá, amigos norte-americanos*"[8], lembrou Levchin. "Não me passava pela cabeça que eu era um garoto judeu magrelo com um afro gigante, parecia que eu estava usando roupas das fábricas de São Petersburgo da época do Lênin — e estava mesmo."

Levchin foi assimilando as coisas aos trancos e barrancos. Pouco depois de chegar aos Estados Unidos, ele recolheu do lixo uma televisão quebrada, que sua família de físicos conseguiu consertar. Agora, já podia assistir ao programa *Arnold* e, como relatou, anos depois, à jornalista Sarah Lacy, ele baseou seu inglês falado no sotaque de Gary Coleman, que interpretava o protagonista criado no Harlem, Arnold Jackson. "Como você aprendeu inglês?"[9], perguntou um de seus professores, que ficou curioso com seu sotaque, cuja cadência era uma mistura do inglês de Nova York com traços de Kiev. "Du quê que cê tá falanu, Sr. Harris?", respondeu ele. O professor sugeriu gentilmente que Levchin ampliasse o leque dos programas que consumia.

A língua e a cultura eram novas, mas uma coisa ainda era a mesma: o amor de Levchin por tudo relacionado a computadores. Foi nos Estados Unidos que ele finalmente conseguiu um para usar ao seu bel-prazer. Foi um presente de um parente e era diferente das máquinas antigas: se conectava à internet. Levchin logo foi consumido pela World Wide Web, descobrindo redes e fóruns cheios de outros aficionados por tecnologia.

Ele também os encontrou na escola. Na Stephen Tyng Mather High School, na zona norte de Chicago, Levchin entrou no clube de xadrez, ajudou a administrar o clube de informática e começou a tocar clarinete na banda da escola com um amigo, Erik Klein, que tocava trombone e se tornou, mais tarde, seu colega de trabalho no PayPal. Na Mather, Levchin mostrou os primeiros indícios de sua intensidade característica. Jim Kellas, um amigo que, mais tarde, também trabalhou no PayPal, relembrou que, uma vez, os dois foram deixados sozinhos nos fundos da sala de artes. Entediados, eles decidiram arremessar estiletes de precisão como se fossem dardos. "O Max é... perfeccionista. Sempre quer ser o melhor em tudo o que faz. E lá estava ele, sentado, analisando o estilete, medindo o peso e dizendo: 'Nossa, essa é a posição ideal para arremessar'"[10], recordou Kellas. "E eu falei: 'Nada disso! É só lançar com mais força'."

Levchin era excelente aluno em matemática e ciências, então, quando chegou a época do vestibular e de escolher a faculdade, ele abordou a orientadora pedagógica da Mather com os olhos brilhando de ambição. Levchin queria ir para o "MTI". "Falei para ela: 'Quero muito entrar no MTI. Você tem que me ajudar', e ela respondeu: 'Que diabos é MTI?'"[11].

Claro que Levchin estava se referindo ao Instituto de Tecnologia de Massachusetts (MIT). Em vez disso, a orientadora recomendou que ele prestasse para a Universidade de Illinois em Urbana-Champaign (UIUC), que ficava mais perto. Foi quando surgiu outro problema: Levchin perdera o prazo de inscrição da UIUC. Porém, ao analisar os requisitos, ele percebeu que o prazo para estudantes estrangeiros ainda não tinha acabado. Ele viu nisso uma possibilidade: "De certa forma, sou estrangeiro"[12], disse. "Não tenho cidadania, vim para os EUA não faz nem dois anos, quem vai discordar?" E foi com esse pretexto que foi aceito pela UIUC.

■ ■ ■

Cansado de viver na casa dos pais, Levchin se mudou para a universidade duas semanas antes do início das aulas. O refeitório ainda estava fechado, então, seu primeiro lanche de universitário foi no McDonald's da Green Street. Ele tentou ser discreto.

Antes de chegar ao campus, Levchin recebera uma carta, dizendo que um comitê de boas-vindas iria recepcionar os novos estudantes estrangeiros no aeroporto Willard. Não parecia ser opcional.

"Fiquei morrendo de medo de ser exposto como um intruso", relembrou. Então, no dia da recepção do comitê, ele saiu do campus e foi para o aeroporto, carregando duas malas refeitas. Ele fingiu estar maravilhado — como se estivesse vendo pela primeira vez aquele que já era seu lar há dois anos, os Estados Unidos. "O esquema — ou a fraude — foi até bem elaborado", disse Levchin.

Fraude ou não, sua admissão na UIUC acabou vindo a calhar e unindo o útil ao agradável: um estudante de tecnologia cheio de potencial e energia adentrava um dos maiores centros de computação do mundo. Já há muitas décadas, os pesquisadores da universidade eram pioneiros em tecnologia digital, construindo algumas das primeiras redes sociais do mundo. E, enquanto Levchin posava como estrangeiro recém-chegado, o National Center for Supercomputing Applications (NCSA), com sede na UIUC, anunciou o lançamento de um novo navegador chamado Mosaic. Entre outras melhorias, o Mosaic adicionou gráficos à internet e simplificou o processo de instalação de navegadores, mudanças que tornaram mais acessível e popular o uso da internet, acelerando seu crescimento — tudo isso dentro da UIUC.

Para o calouro Max Levchin, as conquistas de computação da universidade eram notáveis, mas, na época, ele queria o mesmo que os outros calouros: sentir-se integrado e se divertir. Ele encontrou as duas coisas na tradição do Quad Day, evento em que as organizações estudantis recrutam os novos alunos. Levchin avistou um grupo que tinha tudo para ser o dos nerds, localizado ao lado de um computador cujo monitor estava dentro de uma caixa de papelão. Ela o protegia do sol — e indicava aos futuros membros da Association for Computing Machinery (ACM) que a luz do sol não interferiria em suas atividades. "Esta é a minha tribo", concluiu Levchin.

E era mesmo. Fundada em meados dos anos 1960, a ACM rapidamente se tornou o ponto de encontro no campus da universidade para tudo que envolvia computação, bem como um verdadeiro lar para várias gerações de graduandos de ciências da computação. Quando Levchin chegou ao campus, os integrantes da ACM se dividiam em grupos menores de acordo com seus interesses — eram os chamados "SIGs" (em inglês, Special Interest Groups, ou, traduzindo literalmente, Grupos de Interesses Especiais) — que abrangiam de tudo um pouco, de redes avançadas até realidade virtual imersiva. "Eu já vi até departamentos [de ciência da computação] com menos recursos do que tínhamos no nosso escritório da ACM"[13], gabou-se um membro daquela época.

Ali, Levchin se sentiu em casa e logo passou a frequentar mais o escritório da ACM no Laboratório de Computação Digital (DCL, na sigla em inglês) do que seu próprio dormitório no Blaisdell Hall. "Posso garantir que o instrumental de guitarra do Eric Johnson em 'Ah Via Musicom' dura o tempo que eu levava de bicicleta do meu dormitório até o DCL às 7h. Já fiz esse percurso muitas vezes"[14], revelou ele a uma revista da universidade, anos depois.

■ ■ ■

Também foi na ACM que Levchin conheceu dois graduandos que, mais tarde, teriam um papel essencial em sua vida e no PayPal: Luke Nosek e Scott Banister. Seu primeiro contato foi quando, uma vez, tarde da noite, Nosek e Banister entraram no escritório da ACM e encontraram Levchin espancando as teclas do teclado, completamente alheio à presença deles. A essa altura, Levchin já tinha se tornado uma presença tão frequente no lugar que eles ficaram curiosos.

— Está trabalhando em quê?[15] — perguntou Nosek.

— Estou fazendo um simulador de explosões — disse Levchin.

— Mas por quê? Para que ele serve? — questionou Banister.

— Como assim? Olha como é lindo. Ele é executado em tempo real e sempre computa uma explosão aleatória — respondeu Levchin.

— Entendi, mas por quê? — insistiu Nosek.

— Sei lá. Porque é legal? — disse Levchin.

— Mas hoje é sexta-feira. Não vai sair? — falou Banister.

— Não... já estou me divertindo. E *vocês*, não vão sair? — revidou Levchin.

— Vamos abrir uma empresa. Você podia participar — respondeu Nosek.

Tal como Levchin, Luke Nosek cresceu em uma família de imigrantes que fugira do comunismo. Polonês de nascença, ele chegou aos Estados Unidos na década de 1970.

Nosek era brilhante, tinha um talento técnico e um amor pelos estudos, mas ele não gostava da escola, achava sufocante. "Comecei a pensar que minha educação estava nas coisas que eu fazia, e não nas que os outros me obrigavam a fazer"[16], observou Nosek. A mãe lhe prometera que a faculdade seria uma experiência de aprendizado muito mais livre e independente.

Nosek escolheu a UIUC porque o processo de admissão era mais breve que os outros, mas não levou muito tempo para que ficasse desiludido novamente com a educação formal. "Lá pelo fim do [primeiro] ano, eu fiquei tentando achar um jeito de sair das aulas", disse. Ele esmiuçou o manual da coordenação, descobrindo os requisitos mínimos para obter o diploma. E, sempre que possível, Nosek deixava que suas notas compensassem suas faltas não justificadas.

Ele estava à procura de outros que compartilhassem essas ideias e logo encontrou a ACM. "A ACM era um... grupinho rebelde e antieducação", disse Nosek. Mesmo entre as organizações estudantis, Nosek sentia que a ACM era um caso à parte. "Percebemos que as pessoas que participavam de outros grupos usavam isso para avançar em meio ao sistema." Os membros da ACM não se importavam com o sistema, mas juntavam a rebelião à criação, desenvolvendo protótipos inovadores e experimentos de nicho.

Um deles foi o de conectar uma máquina de refrigerante do escritório da ACM à internet. "Pensamos que um dos jeitos mais interessantes de usar a internet seria colocar nossa máquina de bebidas nela", disse Nosek. A máquina foi batizada de "Cafeína" e, de acordo com a *newsletter* do Departamento de Ciências da Computação, os membros da ACM tinham "instalado um microcontrolador em uma máquina antiga da Dr Pepper e a conectado à internet para que os alunos pudessem comprar refrigerante usando suas carteirinhas"[17].

Nosek e os outros membros ficaram orgulhosos do aparelho inteligente — tanto do design quanto da dificuldade que passaram para desenvolvê-lo. "Foi muito difícil hackear uma máquina de bebidas e conectá-la à internet", confessou Nosek. "Com o tempo que levou, provavelmente teríamos conseguido construir um eBay."

■ ■ ■

Antes de conhecerem Levchin, Nosek e Scott Banister também se conheceram por causa da ACM. Banister seria o primeiro do trio a partir para o Vale do Silício e a vender uma startup, bem como um dos investidores da primeira versão do PayPal, acabando por se tornar um dos membros fundadores da empresa.

Vindo de Missouri, Banister se envolveu com tecnologia muito cedo. No ensino médio e na faculdade, ele desenvolveu uma paixão pela criação de sites e escolheu a UIUC pela sua reputação excepcional em ciências da computação.

Quando ele e Nosek se conheceram, Banister também já se irritava com o caráter confinador da educação tradicional e começou a tratar a faculdade como um alvo a ser burlado. Ele arquitetou maneiras de contornar as regras da universidade e, inclusive, elaborou um esquema audacioso para criar uma empresa, se contratar como estagiário e usar esse estágio para conseguir créditos no curso.

Banister era iconoclasta e intenso, tinha voz suave e cabelos que "lembravam os de Jesus"[18]. Ele se tornou uma estrela-guia tanto para Nosek quanto para Levchin, e os três logo se tornaram amigos e colaboradores. Sua primeira empreitada juntos foi fazer uma camiseta para a edição de 1995 do Engineering Open House, uma conferência anual organizada pelos estudantes e que contava, naquele ano, com Steve Wozniak, cofundador da Apple, como palestrante de destaque. Os três ficaram mais próximos ao desenvolver essa tarefa pequena, que lhes trouxe a confiança de que poderiam, um dia, passar a grandes feitos.

Enquanto se conheciam melhor, Nosek e Banister ensinaram a Levchin alguns princípios do libertarismo. Juntos, os dois fundaram um grupo de estudos sobre o tema, e Banister até criou um site. Eles tentaram doutrinar Levchin, encorajando-o a frequentar vários eventos libertários e a ler obras como *A nascente*, de Ayn Rand, e *O caminho da servidão*, de Friedrich Hayek. "[Nosek e Banister] eram os rebeldes do nosso grupo"[19], disse Levchin. "Eles eram loucos pelo libertarismo. E eu falava: 'Gente, só quero programar.' Sempre me senti o mais burro do grupo."

A área de Levchin era engenharia de software. Banister tentava, uma vez ou outra, escrever os próprios códigos em Perl, uma linguagem de programação efetiva, mas que era deselegante, sendo chamada, meio que de brincadeira, de "a fita adesiva da internet". Levchin ficava horrorizado. "Não venha com isso para perto de mim. É nojento"[20], dizia. Já Banister ficava feliz em deixar Levchin escrever os códigos. "Max foi a pessoa que me convenceu a não virar programador, de tão bom que ele era"[21], admitiu Banister.

Eles reuniram seus talentos individuais para fazer o primeiro projeto sério do grupo, o chamado SponsorNet New Media, uma tentativa de desenvolver seções de classificados para sites. A equipe sustentava o negócio com suas parcas economias e, quando o dinheiro acabou, passou para seus cartões de crédito. A SponsorNet chegou a trazer um retorno, que foi o suficiente para contratar funcionários e alugar um escritório embaixo da Huntington Tower, um monumento secundário de Champaign. "Estávamos na faculdade, então termos chegado a conseguir um escritório foi um grande feito", lembrou Banister.

Para focar a SponsorNet, Banister tirou um semestre de folga da faculdade. Levchin e Nosek madrugavam, conciliando precariamente os estudos com as responsabilidades do projeto. O negócio durou pouco mais de um ano. "Naquele ano, queimamos as economias consideráveis de Scott, o pouco dinheiro de Luke e tudo o que eu não tinha, e estávamos começando a chegar a uma barreira inevitável. Campanhas de arrecadação se provaram fúteis e nossos reles ganhos não pagavam nem a conta de luz"[22], escreveu Levchin mais tarde sobre a queda da SponsorNet.

Apesar do fracasso, o projeto serviu propósitos formativos; ele foi sua primeira experiência de contratar equipes, criar um produto, vendê-lo e ganhar — ou, no caso, perder — dinheiro. "Não acho que o PayPal teria sido possível sem a SponsorNet"[23], disse Nosek.

■ ■ ■

Levchin — o último dos três que ainda acreditava no sistema educacional — relembrou com carinho a época da SponsorNet e da UIUC: "Eu era um nerd muito feliz. Ia a todas as aulas e adorava. Se for para escolher entre estudos, programação, namoradas e sono, escolheria os dois primeiros."[24]

A maior parte de sua grade de horários na faculdade era preenchida com cursos técnicos, mas foi um outro que o marcou. Em uma aula de cinema, Levchin estudou alguns dos filmes do século XX aclamados pela crítica e ficou obcecado com *Os sete samurais*, de Akira Kurosawa. "Eu achava que era o melhor filme do mundo, nunca tinha visto nada igual", comentou.

Nas férias de verão da faculdade, Levchin se rendeu a maratonas do filme em preto e branco, com duração de 3h27min. "Era tudo o que eu tinha: eu, a televisão e o ar-condicionado. Assisti a *Os sete samurais* pelo menos 25 vezes naquelas férias. Fiquei viciado." Até o momento de escrita deste livro, Levchin disse ter assistido ao clássico de Kurosawa mais de cem vezes — e afirmou ter sido seu único "treinamento administrativo".

Quanto à esfera social, Levchin chegou a "conseguir uma namorada", mas sua devoção à programação complicou seu romance. "Lembro que uma vez fui à casa dela e, assim que cheguei, fui ao banheiro para programar." Batendo à porta, a namorada perguntou:

— Por que veio, então?

— Como assim? Estamos em um encontro — respondeu ele, confuso com a pergunta.

— Não estamos, não. Você está programando no meu banheiro.

Para Levchin, programar — não importa onde fosse — era uma fonte única de encantamento e lucidez. Para o resto do mundo, programar se tornava o caminho para a fama e a riqueza.

Também ex-aluno da UIUC, Marc Andreessen ajudou a abrir esse caminho. Enquanto graduando, ele adquiriu experiência no NCSA. Lá, ele ajudou a desenvolver o navegador Mosaic e, depois, foi para o oeste dos Estados Unidos, lançando a empresa Netscape. A companhia logo acabou na Nasdaq, e Andreessen, na capa da revista *Time*.

"Talvez a internet seja a área em que nossos ex-alunos mais têm alcançado destaque"[25], relatava uma *newsletter* do Departamento de Ciências da Computação de meados da década de 1990. "Quando começamos a procurar os desenvolvedores do Mosaic depois que eles saíram do NCSA, juntamos um arquivo só com recortes de imprensa. Pouco tempo depois, essa tarefa virou um trabalho de tempo integral, e acabamos desistindo." Os recortes confirmavam a crescente influência cultural da internet: em 1994, a revista *Fortune* nomeou o Mosaic como um dos melhores produtos do ano — "junto com o sutiã Wonderbra e a série dos Power Rangers".

De repente, começou um alvoroço no Departamento de Ciências da Computação da UIUC. "Eu vim para cá por causa de Marc Andreessen"[26], admitiu Jawed Karim, um futuro funcionário do PayPal e, mais tarde, cofundador do YouTube. No ensino médio, Karim era fã de carteirinha do Mosaic e, quando descobriu a origem do navegador, começou a visar a UIUC como futura faculdade. Ele conseguiu entrar e, antes mesmo do início das aulas, Karim começou a trabalhar no NCSA.

A ascensão de Andreessen inspirou essa geração de engenheiros de Illinois: uma prova de que a internet tinha força econômica e era mais do que um passatempo excêntrico. "Se tem algo que me moldou — e provavelmente foi o caso de muitos outros de Illinois — foi essa sensação constante de que havia oportunidades, graças ao Mosaic e, posteriormente, à Netscape"[27], diria Levchin mais tarde à revista de ex-alunos da UIUC. "Foi essa noção de que estudantes como a gente tinham construído ferramentas incríveis que ainda não eram contempladas pelo mercado."

■ ■ ■

Scott Banister se convenceu de que a corrida do ouro da internet era tão tentadora que chegava a ser imperdível e saiu da UIUC para perseguir suas ambições. Luke Nosek não estava tão disposto a abandonar por completo a faculdade, mas se esforçou ainda mais para conseguir o diploma e se aventurar pelo oeste norte-americano.

Com dois de seus melhores amigos indo para a Califórnia, Levchin tinha a mesma intenção de sair da faculdade e tentar a vida de empreendedor em tempo integral. Claro que havia a questão de, antes, comunicar essa decisão a sua família, que acreditava no poder da educação. A conversa não durou muito: "Sua avó já está morrendo, você quer acelerar o processo?"[28], disseram seus pais. Para os Levchin, uma graduação era apenas o primeiro passo na jornada da educação. "Ensino superior na minha família só começava a contar no doutorado"[29], confessou Levchin à *San Francisco Chronicle*, anos depois do sermão de seus pais. Impedido, ele voltou à UIUC para terminar o curso.

Com seus sonhos de ir para a Costa Oeste temporariamente interrompidos, ele teve muitos outros afazeres. Não fazia muito tempo do fracasso da SponsorNet quando Levchin deu início a outra empreitada — a NetMomentum Software —, criando classificados *white-label* para sites de jornais. Mas ela também não durou muito. Foi a primeira vez que Levchin viveu uma separação amarga, pois ele e o cofundador da empresa se desentenderam quanto ao projeto e ao seu desenvolvimento.

Quase sem dinheiro, Levchin abriu uma empresa de consultoria para conferir um aspecto mais profissional aos seus bicos de programação. Ele reaproveitou os restos da NetMomentum — como o seu logotipo, "NM" — e batizou a empresa de NetMeridian Software, fundando-a em parceria com Eric Huss, um colega de faculdade.

Um dos projetos da NetMeridian se tornou um dos primeiros sucessos de vendas de Levchin. O ListBot da empresa, um gerenciador de lista de e-mails primitivo, foi o sucessor espiritual da Mailchimp e da SendGrid. O produto foi lançado — e prosperou tanto que começou a sobrecarregar o servidor de Levchin e Huss. Para atender à demanda, eles investiram vários milhares de dólares em um servidor Solaris, que pesava cerca de 90kg, sendo entregue por um caminhão de grande porte.

O segundo grande feito da NetMeridian foi o projeto Position Agent. Mesmo na época em que o Google ainda não existia, no final dos anos 1990, aparecer nos primeiros resultados de mecanismos de busca como Lycos, AltaVista ou Yahoo era algo cobiçado. O Position Agent ajudava administradores de sites a acompanharem sua posição, contando com um mecanismo desenvolvido por Levchin que calculava o ranking e se atualizava sem que fosse preciso recarregar a página.

Mas o sucesso da NetMeridian foi uma faca de dois gumes. Com o crescente número de usuários, era necessário que a infraestrutura também apertasse o passo, mas Levchin não tinha dinheiro para adquirir servidores ainda maiores. Então, ele revisitou um modelo financeiro que usara pela primeira vez na época da SponsorNet: usou uma série de cartões de crédito, um atrás do outro, para financiar o crescimento da empresa, o que o prendeu a dívidas com juros altos e prejudicou sua pontuação de crédito durante muitos anos.

■ ■ ■

No papel, Levchin era o fundador da NetMeridian, uma startup promissora do modelo *software-as-service* ["software como serviço", em tradução livre]. Na prática, ele era um jovem de vinte e poucos anos endividado que lutava para pagar suas dívidas. Felizmente, havia uma alta demanda por programadores que trabalhassem o dia inteiro, e Levchin conseguiu um bico muito lucrativo com John Bedford, o presidente de uma empresa chamada Market Access International (MAI).

Levchin disse que Bedford foi o responsável por fazê-lo "sair da pobreza"[30] ao recrutá-lo para trabalhos de programação que pagavam milhares de dólares por semana. O principal produto da MAI era uma assinatura de banco de dados de inteligência competitiva para bens de consumo, armazenada em CDs. O dinheiro era muito bem-vindo, mesmo Levchin achando o software, escrito para rodar no Windows, "insuportável de tão ruim".

Além da MAI, Levchin encontrou outro trabalho de programação no Corpo de Engenheiros do Exército dos Estados Unidos, cujo centro de pesquisa era perto do campus.

"Consegui um documento de identidade emitido pelo exército e cheguei até a entrar em uma base militar. Eu chegava de bicicleta e a deixava trancada lá fora", disse Levchin. O salário era de US$14 por hora, e o trabalho lhe conferiu uma vantagem rara — o jovem programador teve a oportunidade de passear pelas bases militares e de se misturar com pilotos de helicóptero.

Ficou ao seu encargo um software de áudio embutido no sistema de tráfego aéreo do exército. "Quando cheguei, eles já tinham um código enorme, escrito em Pascal, ainda por cima", comentou. O criador do software tinha saído, então acabou sobrando para Levchin a tarefa de mantê-lo. "Aprendi como criar sistemas de verdade."

Os usuários do software eram comandantes intransigentes — um público satisfeito em usar papel e caneta para registrar os procedimentos de voo e cético quanto à automação. Para lidar com suas ressalvas, Levchin lhes ofereceu uma experiência de usuário que imitava o método do papel e caneta. "Certa vez, passei uma semana tentando descobrir como faria um formulário que tivesse exatamente as mesmas dimensões de uma folha de papel", disse.

A página do formulário parecia descer à medida que o usuário digitava, e Levchin ficou preocupado, pensando que a animação da tela tivesse ficado muito "psicodélica" e "maluca". No entanto, seus superiores a acharam "perfeita", dizendo-lhe: "Nossa equipe saberá usar o programa, já sabem como ele é."

■ ■ ■

No Exército, Levchin enfrentou outra novidade: críticas à estética do seu trabalho. "Falavam que [meu programa] funcionava perfeitamente — mas que não era legal", confessou. Foi então que ele recuperou uma criação antiga: o simulador de explosões. Colocando-o de protetor de tela do software, ele acrescentou uma pitada de estilo aos enfadonhos padrões de voo. A essa altura, Levchin também ganhara uma pitada de estilo. Ele viajava para bases militares — como a de Fort Drum, em Nova York, e a de Camp Grayling, em Michigan, entre outras — e retornava com várias histórias incríveis para contar. O tempo que passou como funcionário no exército também o expôs à realidade sombria da vida militar. A certa altura, ele descobriu que duas pessoas que estavam servindo, um homem gay e uma mulher lésbica, eram casadas — mas viviam com outros parceiros. "É o famoso 'casamento de exército'", explicou-lhe um amigo da base. Na época da repressão sexual do *Don't Ask, Don't Tell* ["Não Pergunte, Não Conte", em tradução livre] — quando gays, lésbicas e bissexuais não podiam servir —, esses "casamentos de exército" eram comuns. "Amadureci muito presenciando isso tudo", disse Levchin.

Pouco tempo depois, outra dura realidade atingiu Levchin pessoalmente. Enquanto trabalhava, o Corpo de Engenheiros do Exército começou a se preocupar com funcionários estrangeiros e segurança da informação. Infelizmente, isso poderia impactar diretamente no centro de pesquisa de Urbana-Champaign, havendo a possibilidade de perder boa parte de seus programadores mais talentosos e deixar um computador complexo nas mãos de uma equipe nada habituada a manuseá-lo.

Levchin também estava na mira desse corte, mas seu supervisor interviu: ele continuaria trabalhando no software para o helicóptero e receberia pagamento por fora, na forma de componentes de computador. Isso funcionou nesse meio-tempo, e o Corpo de Engenheiros do Exército acabou resolvendo manter os funcionários estrangeiros, desde que cumprissem uma exigência problemática: quem não era norte-americano teria que usar crachá amarelo. "Se alguém estivesse com um desses crachás, era monitorado de perto. Não podia sair do escritório e, se o fizesse, teria de ser escoltado", relembrou Levchin.

Para um refugiado judeu, os crachás evocavam paralelos dolorosos. "Eu não era obrigado a usá-los, mas tive parentes que foram", disse. Levchin saiu do Corpo de Engenheiros do Exército, mas ficou com o crachá, uma relíquia inquietante, fruto do mais estranho trabalho que fez durante a faculdade.

■ ■ ■

Quando se aproximava da formatura, Levchin estava administrando a NetMeridian ao mesmo tempo que estudava para suas provas finais e planejava seu próximo passo. Enquanto seus amigos se preparavam para uma vida longe do campus, Levchin se viu amarrado ao lugar. A NetMeridian estava tendo sucesso, mas, em um mundo antes da computação em nuvem, a empresa dependia de um servidor enorme e imóvel. Enquanto o servidor estivesse em Illinois, Levchin também estaria.

O resgate veio de Scott Banister. A essa altura, ele já tinha criado e vendido uma empresa no Vale do Silício. Com essa vantagem, ele intermediou as vendas do ListBot e do Position Agent, produtos da NetMeridian, em agosto de 1998. Levchin oficialmente conseguira "uma saída" e, agora, poderia "fugir para a Califórnia" — os primeiros passos de uma jornada empreendedora que mudaria para sempre o mundo digital.

A jornada teve um começo tímido, com Levchin se recusando a pagar por uma empresa de mudança. Em vez disso, ele entrou na Penske Truck Rental e alugou o segundo maior caminhão disponível. Com Eric Huss, seu colega de quarto, ele empacotou tudo do escritório, inclusive suas mesas e cadeiras quase impecáveis da IKEA. Eles abarrotaram o caminhão e o Toyota Tercel de Huss e embarcaram na jornada ao oeste norte-americano. "Não turistamos em lugar nenhum. Eu só queria chegar em Palo Alto quanto antes", afirmou Levchin.

2

A PROPOSTA

O próprio Peter Andreas Thiel assumiu ter seguido à risca o caminho da meritocracia: primeiro, foi ótimo aluno no ensino médio, então, foi aprovado na Universidade Stanford em uma primeira graduação e, depois, no curso de Direito. "Sempre me fizeram competir com os outros, desde o ensino fundamental até o ensino médio e a faculdade. Como fui direto para o curso de Direito após a primeira graduação, eu sabia que competiria no mesmo tipo de testes que fazia desde criança. Só que, agora, podia dizer que o propósito era me profissionalizar", afirmaria ele mais tarde em um discurso de abertura.

Seu sucesso continuou após a faculdade de Direito, quando ganhou um cargo de prestígio no Tribunal de Apelação. No entanto, logo em seguida, veio o fracasso: Thiel fez uma entrevista para um cargo na Suprema Corte dos Estados Unidos e foi rejeitado. Para ele, essa rejeição foi uma catástrofe. "Parecia o fim do mundo"[1], disse mais tarde. Isso despertou uma "crise de um quarto de vida em busca do autoconhecimento"[2], durante a qual ele deixou a prática jurídica, começou a trabalhar com derivativos no banco Credit Suisse e, em 1996, voltou ao oeste norte-americano.

Na Califórnia, ele recomeçou do zero, juntando dinheiro com ajuda dos amigos e da família para abrir uma empresa de fundos de hedge chamada Thiel Capital, que priorizava estratégia macroeconômica global e fundos cambiais. Dois anos depois, quando Thiel começou a procurar por um primeiro funcionário, ele utilizou um banco de talentos já familiar. Em seu segundo ano na Stanford, Thiel e Norman Book, seu colega de faculdade, lançaram um jornal estudantil independente chamado *Stanford Review*.

Sua primeira edição estabeleceu uma tendência manifesta de ir contra a corrente: "Para começar, gostaríamos de apresentar opiniões alternativas em relação aos mais diversos assuntos que vêm circulando na comunidade da Stanford."[3] Thiel era o responsável por arrecadar fundos, editar as matérias e solicitar os artigos. Ele também escrevia ensaios para a abertura de cada volume, como os escritos panfletários "Mente aberta ou só vazia?"[4], "Liberalismo institucionalizado", "A cultura ocidental e seus fracassos" e "A importância de ser honesto", entre outros.

Para seus apoiadores, o *Review* oferecia um alívio frente à opressão do politicamente correto da Stanford. Já para seus opositores, o jornal assumia o papel nada ingênuo de advogado do diabo, optando pela provocação em detrimento do conteúdo. Ele ficou famoso no campus devido à sua heterodoxia política. E foi justamente por isso que seu editor-chefe ficou estigmatizado mais tarde, no Vale do Silício.

O *Review* continuou existindo após seus fundadores se formarem, e, para Thiel, ele se provou uma ligação duradoura com o campus. Thiel continuou comparecendo aos eventos do jornal uma vez ou outra depois de se formar, e foi em um deles que encontrou um veterano da Stanford, Ken Howery, vindo do Texas. Eles conversaram um pouco e mantiveram contato.

Logo depois, Thiel deixou uma mensagem na caixa postal de Howery, convidando-o a participar da Thiel Capital. Os dois foram jantar em uma *steakhouse* em Palo Alto para conversar melhor sobre o assunto. Depois de horas no estabelecimento, Howery ficou impressionado — não só pela profundidade dos conhecimentos de Thiel, mas também pela abrangência deles. De volta a seu dormitório, Howery comentou com a namorada: "Acho que Peter deve ser a pessoa mais inteligente que já conheci nesses meus quatro anos aqui na Stanford. Talvez eu trabalhe para ele o resto da vida."[5]

Para a namorada, os amigos e a família de Howery, essa fala era ridícula. Ele recebera ofertas lucrativas de grandes empresas financeiras da Costa Leste, por que abrir mão disso? A empresa de Thiel só contava com um funcionário, ele mesmo, e nem tinha escritório.

Ainda assim, Howery ficou intrigado — mais com Thiel do que com sua empresa nascente. Ele tinha interesse em startups e tecnologia, e Thiel parecia estar inteirado desses mundos. Valia a pena dar uma chance a ele. Então, pouco antes da formatura, Ken Howery assinou um contrato com a Thiel Capital.

■ ■ ■

Pouco tempo depois, a bolha da internet começou a explodir — e logo no quintal deles. Empresas de internet começaram a figurar ao lado de tradicionais companhias norte-americanas nas listas da bolsa de valores, trazendo bilhões de dólares para o oeste dos EUA. Apesar de ter sido relativamente bem-sucedido enquanto investidor global, Thiel viu surgir, nessa obsessão com tudo relacionado à internet, uma oportunidade lucrativa para investir em startups de tecnologia promissoras.

Ele acreditava que, se fosse para crescer nessa arena, sua empresa precisaria estar bem localizada, isto é, na Sand Hill Road, próximo à cidade de Menlo Park, lar das empresas de *venture capital* mais preeminentes do Vale do Silício. Thiel incumbiu Ken Howery de procurar espaços para o escritório — a primeira tarefa dele enquanto funcionário da Thiel Capital. Não foi nada fácil. Com a aquisição de terrenos em massa pelas empresas de internet, os prédios baixos da Sand Hill Road tinham listas de espera e aluguéis mais altos do que os de escritórios de Manhattan com vista para o Central Park.

Howery percorreu a Sand Hill Road a pé, esperando que, se fosse negociar em pessoa, teria mais oportunidades. Depois de um dia frustrante de rejeições, ele chegou a sua última parada — Sand Hill Road, nº 3000 —, onde viu um senhor aparando os arbustos. Howery o abordou, perguntando quem era o responsável pelos aluguéis. Acabou que o dono do prédio era o próprio senhor que cuidava do jardim — Tom Ford, de 77 anos, um veterano da Segunda Guerra e magnata do mercado imobiliário local, que, por vezes, era visto cuidando de suas propriedades.

Ford entrou com Howery no prédio, onde tirou do bolso uma planta do imóvel. Ele apontou os vários escritórios já ocupados, mas parou o dedo sobre um desenho que parecia, para Howery, um borrão na página. "Bem, não tenho escritório disponível, mas tem esse depósito aqui que pode servir", disse.

Ford conduziu Howery ao depósito. Havia uma vassoura, um esfregão, vários baldes e, nas prateleiras, produtos de limpeza. Howery aceitou na hora, e Ford elaborou um contrato simples, de cinco páginas. Howery colocou a mão na massa, decorando a nova sede da Thiel Capital. "Compramos uns números de metal em uma loja de construção e os pregamos na parede do lado de fora para que não parecesse tanto um depósito", relembrou. Em vez de janelas, para conectá-los ao mundo exterior, Ford presenteou seus novos inquilinos com dois pôsteres de animais selvagens.

■ ■ ■

Em 1998, a Thiel Capital já conseguira um sócio e um "escritório" na Sand Hill Road e começara a investir em tecnologia. Uma de suas primeiras apostas em startups foi em uma companhia promissora criada por um ex-aluno da Universidade de Illinois, Luke Nosek.

Depois de se formar, Nosek partiu em uma jornada para a Califórnia, dormindo no sofá de conhecidos até se estabelecer. Sociável como sempre, ele arrumou convites para várias festas no Vale do Silício envolvendo a bolha da internet. Em uma delas, ele puxou assunto com alguém que tinha contatos na Netscape e, pouco tempo depois, conseguiu um emprego no departamento de desenvolvimento da empresa.

A trabalho, Nosek precisou comparecer a todas as conferências e reuniões de tecnologia possíveis. Em um desses encontros — um evento da Silicon Valley Association for Startup Entrepreneurs —, seu amigo Scott Banister deu uma palestra sobre reformas na educação. Depois da apresentação, outro palestrante comentou que Banister e Nosek iam adorar conhecer seu colega de quarto da universidade, Peter Thiel.

Os quatro se reuniram no Hobee's, uma franquia local de restaurantes *fast casual*, e esse primeiro encontro deu origem a muitos outros. Em seus e-mails, Nosek se referia, brincalhão, a essas reuniões como o "Clube dos cinco bilionários"[6]. "Acreditávamos que cada um realizaria grandes feitos", explicou. Durante essas refeições, eles discutiam as últimas tendências tecnológicas, filosóficas, educacionais, falavam de startups e davam previsões para o futuro. Foi então que Nosek percebeu que Thiel estava interessado em investir em startups.

Bem antes de entrar para a Netscape, Nosek tinha sido afetado pela febre das startups. Quando começou a trabalhar em tempo integral nessa grande empresa, a febre se agravou. "Eu não fazia nada [na Netscape]", confessou. Ele ficou apenas um ano na empresa, acabando por ser despedido.

Mas o desemprego abriu outras portas — Nosek decidiu fundar sua própria empresa. Ela se chamava Smart Calendar, uma melhoria digital para substituir os calendários físicos, relíquias ultrapassadas do desmatamento, e Nosek tentou convencer Thiel a investir. "Fazendo uma retrospectiva, quase tudo estava errado"[7], comentou Thiel sobre a Smart Calendar mais tarde. O mercado de calendários digitais já estava saturado, com "tipo, duzentas empresas" competindo por dominância. Enfrentando conflitos externos e internos — Nosek foi expulso após um desentendimento com o cofundador —, a Smart Calendar fechou as portas.

Diferente das outras derrotas, a da Smart Calendar mexeu com Nosek, em parte porque ela custara dinheiro ao seu novo amigo, Peter Thiel. “Na minha cabeça, isso acabaria com a nossa amizade, pois eu o fizera perder dinheiro”[8], relembrou Nosek. No entanto, para Thiel, a Smart Calendar não valera enquanto investimento, mas como um curso intensivo de startups. Nosek acompanhara cada momento de sucesso e fracasso da empresa, ensinando a Thiel as nuances do marketing digital, da captação de clientes e do design de produtos.

Thiel citaria, mais tarde, seu investimento na Smart Calendar como fonte de grande aprendizado, uma derrota que lhe ensinara muito — inclusive como escolher bem um cofundador e minimizar a competição —, abrindo caminho para o sucesso do PayPal. Nosek também aprendeu uma lição valiosa com Thiel, que não deixou de falar com ele mesmo com a falência da Smart Calendar: isso mostrou que perder dinheiro no Vale do Silício era diferente. Ali, valorizava-se o esforço — não só a vitória.

■ ■ ■

Enquanto Nosek e Thiel estavam ocupados com suas respectivas empresas, Max Levchin estava envolvido em uma tarefa mais simples: conseguir um ar-condicionado. Sua quitinete em Palo Alto não contava com um, o que o levou a improvisar. Levchin descobriu que, se perambulasse pelo campus da Stanford e comparecesse às palestras abertas ao público — sentando-se no fundo da sala e cochilando —, conseguiria um alívio do calor.

Nessa missão de encontrar um ar-condicionado, Levchin viu um anúncio de uma palestra que seria ministrada por Peter Thiel. O tema — mercado financeiro e investimentos cambiais —, não chamou muito sua atenção, mas ele já ouvira falar de Thiel graças a Luke Nosek e sabia que Thiel investia em startups. Quando Levchin chegou à sala de aula do Terman Engineering Center da Stanford, ele ficou surpreso com o público, que era menor do que tinha esperado: apenas um punhado de pessoas sentadas ao redor do palestrante.

Apesar do público ser pequeno, Levchin ficou impressionado com a fala de Thiel. *Uau, se um dia eu me enfiar no mundo financeiro, é com esse cara que quero me envolver*[9], pensou. A perspicácia financeira de Thiel também levou Levchin a refletir sobre outra coisa: *Esse cara com certeza não é cientista da computação, mas é nerd.*

Depois da palestra, Levchin ficou por perto para tentar conversar com Thiel. Preso no que parecia uma improvisada e desagradável tentativa de arrecadação de fundos, ele percebeu que "[Thiel] precisava de ajuda para fugir"[10], foi então que interveio. "Oi, Peter, sou o Max, amigo do Luke."

O outro interlocutor entendeu o recado, e Thiel pôde se voltar para Levchin. "E você trabalha com o quê?", perguntou.

"Estou pensando em abrir uma empresa. Eu tinha uma em Illinois", disse Levchin, explicando que sua mais nova empreitada, a NetMeridian, tinha sido comprada recentemente.

"Que ótimo! Podíamos tomar um café", respondeu Thiel.

Na manhã seguinte, Levchin calculou mal a distância até o ponto de encontro que tinham combinado — o Hobee's. Correndo para não se atrasar, ele chegou pingando de suor e pediu desculpas, sem ar. Thiel já estava bebendo seu smoothie favorito — um *Red, White & Blue* — e não parecia chateado. Levchin se sentou, e Thiel começou a questioná-lo sobre suas ideias de startup.

A primeira proposta de Levchin foi a de melhorar um produto que era vendido pela Market Access International, a empresa que o empregara durante a faculdade. A MAI vendia informações sobre bens físicos e de consumo, e Levchin acreditava que talvez houvesse algum mercado para bancos de dados online para anúncios. "Alguém precisa vasculhar a internet, coletar essas propagandas e criar um banco de dados, compilando tudo. Acho que existe a possibilidade de criar uma Market Access [para anúncios] online"[11], disse.

"Gostei. Interessante", respondeu Thiel.

Percebendo a reação seca de Thiel, Levchin mudou de assunto para a próxima ideia. Durante a faculdade, ele fizera um aplicativo para o PalmPilot — um dispositivo portátil que, na época, estava na moda —, tentando resolver um problema para seus amigos que trabalhavam com grandes sistemas computacionais. Esses administradores de sistema confiavam sua segurança a chaves do tamanho de cartões de crédito. Cada computador estava ligado a uma chave diferente, que gerava uma senha de uso único, e isso obrigava os amigos de Levchin a carregar uma pilha de chaves.

Levchin batizou sua invenção de SecurePilot, e ela condensava as senhas geradas por várias chaves em um só dispositivo portátil. "Basicamente, emulei tudo em um PalmPilot para meus amigos se desfazerem de seus aparelhos inúteis"[12], disse Levchin.

Isso não foi pouca coisa. As chaves geravam criptografias complexas e produziam códigos rapidamente. O SecurePilot teve que acompanhar o ritmo para não irritar os usuários, mas o processador fraco do PalmPilot fazia da velocidade um desafio técnico a ser superado. "Acelerar [um programa] é quase uma arte — tanto da perspectiva da interface quanto da matemática", explicou Levchin mais tarde à entrevistadora Jessica Livingston. "Na matemática, é preciso ver até que ponto é possível explorar e exigir do programa, e, na interface, é necessário que os usuários sintam que não vai demorar."[13]

O SecurePilot teve sucesso tanto na matemática quanto na arte — e, ainda por cima, ganhou consumidores pagantes. Levchin cobrava US$25 por download e, na época em que se sentou com Thiel ali no Hobee's, já havia criado um produto lucrativo. Levchin explicou para ele que o pequeno sucesso do SecurePilot sugeria algo bem maior — uma oportunidade de negócios na fronteira entre aparelhos portáteis e segurança móvel. Ele previu que, no futuro, o PalmPilot e dispositivos parecidos se tornariam indispensáveis.

Thiel não estava muito confiante. "Já vi aparelhos assim, mas para que eles servem?"[14], perguntou.

"Bem, por ora, eles são bons para anotar coisas, mas acho que, um dia, esses troços vão substituir notebooks, Dictaphones, computadores de mesa...", respondeu Levchin. A certa altura, ele sugeriu que, no futuro, todo mundo carregaria um supercomputador no bolso.

Thiel continuou a pressioná-lo. "Mas isso ia servir para quê?"

"Acontece que agora não existe criptografia. Se alguém roubar meu PalmPilot e souber meu PIN, ferrou. A pessoa conseguiria acessar tudo. Precisamos criptografar esse negócio", explicou Levchin.

Thiel começou a ver potencial na proposta. No entanto, ainda tinha uma pergunta relacionada a um grande desafio da área: uma coisa era gerar senhas de uso único, mas será que o processador do PalmPilot aguentaria criptografar e-mails, documentos e outros arquivos? A ideia de Levchin não ultrapassava a tecnologia disponível?

"É aí que eu queria chegar", respondeu Levchin. Quando era universitário, ele se debruçara sobre os trabalhos acadêmicos que pesquisavam criptografia em pequenos dispositivos, e era justamente isso que tentara aplicar no SecurePilot. Conseguir uma criptografia eficiente em dispositivos móveis era uma obsessão sua, e era uma área em que Levchin sentia ter certa vantagem.

Parece que tudo isso acabou persuadindo Thiel, que foi de cético a apoiador. "Adorei a ideia. Você devia desenvolvê-la. Eu gostaria de investir."

■ ■ ■

Levchin e Thiel se encontraram regularmente nas semanas seguintes — reuniões que Levchin batizou, mais tarde, de “encontros ultranerds”. Um aconteceu na livraria Printers Inc., em Palo Alto, onde passaram horas em uma troca de enigmas lógicos. “Eu lançava um e via se ele faria cara feia, e Thiel fazia o mesmo comigo”, lembrou Levchin.

O tom era amigável, mas, no fundo, tinha uma motivação competitiva — que anunciava o que viria a ser a cultura do PayPal. Tanto Thiel quanto Levchin estavam afiando seus talentos de resolução de problemas, e nenhum deles gostava de perder. Levchin relembrou um dos primeiros problemas que Thiel propôs: *Pense em um número inteiro positivo, qualquer um. Alguns têm um número ímpar de divisores únicos, outros, um número par. Descreva o subconjunto de inteiros em Z que tem exatamente um número par de divisores.*[*]

Levchin penou com o enigma por uns cinco minutos. Ele lembra que “de início, [o] complicou demais” e que, sem querer, “respondeu o subconjunto do subconjunto”, mas que, no final das contas, chegou à resposta certa. Mesmo com esse meio passo a mais na resolução, Thiel ficou impressionado.

A seguir, Levchin revidou: *Imagine que você tem duas cordas de densidade variável. Se colocar fogo em uma delas, apesar de as duas queimarem em velocidades diferentes, em uma hora, ela terá desaparecido. Usando as duas cordas, marque exatamente 45 minutos*[**][14]

Thiel respondeu corretamente.

Esse interrogatório elaborado durou horas: aos enigmas se seguiam problemas matemáticos e ainda problemas de lógica. Levchin e Thiel descobriram um interesse peculiar em comum — não era todo mundo que transformava matemática em uma espécie de esporte. “Peter não tinha técnica, mas era um intelectual assim como Max no sentido de que ambos sempre tentavam entender as coisas. Eles gostavam de testar os limites de suas mentes”[15], comentou Nosek.

Os primeiros encontros de Thiel e Levchin anunciavam o processo que o PayPal usaria para avaliar candidatos. Algumas perguntas, como a das cordas, se tornaram recorrentes nas entrevistas. “Elas parecem enigmas inofensivos, mas, no fundo, são a base de problemas básicos de ciência da computação...

---

* Resposta: Ache o número de quadrados perfeitos menores que Z e subtraia esse número de z - 1.

** Resposta: Coloque fogo nas duas pontas de uma corda e em uma ponta da outra corda ao mesmo tempo. A primeira corda vai levar trinta minutos para queimar completamente. Quando isso acontecer, acenda também a ponta intacta da segunda corda. Quando essa for consumida pelo fogo, terão se passado 45 minutos.

Isso nos faz voltar atrás e pensar: É só um enigma, é para ser resolvido rápido. Se formos muito a fundo, erramos"[16], explicou Levchin.

Ele relembrou uma entrevista com um candidato promissor que tinha doutorado em matemática. Ao receber o enigma, o matemático começou a rascunhar; os cálculos chegaram a ocupar o quadro branco inteiro e ainda continuaram na porta de vidro do escritório. Para Levchin, a demora e as voltas que o candidato deu implicaram em uma rejeição definitiva. *É esse o futuro dele como engenheiro de software: vai até acertar, mas provavelmente vai demorar muito*, pensou.

O uso de enigmas esotéricos nas entrevistas não era algo exclusivo ao PayPal — muitas empresas de tecnologia torturavam seus candidatos com algo parecido. E não eram todos os ex-discípulos da companhia que acreditavam nesse processo. "Não me dou muito bem com enigmas... mas gosto de resolver problemas. Essas são duas coisas diferentes. Havia muitos enigmas nas entrevistas, mas acho que isso acabou eliminando pessoas que eram ótimas em resolver problemas"[17], admitiu Erik Klein, engenheiro do Paypal. Ele lembrou que, na época, estava "totalmente dentro", mas que, pensando bem, "meu eu mais velho já não vê essa proposta como a melhor para selecionar e contratar".

Outro engenheiro, Santosh Janardhan, analisou os pontos positivos e os negativos dessa resolução de enigmas ao vivo e a cores. "Provavelmente perdemos bons candidatos, porque alguns podiam estar tendo um dia ruim. Mas pelo menos as pessoas que acabamos contratando tinham um QI alto e pensavam como nós. Então, é possível termos perdido alguns talentos excepcionais, mas as pessoas que acabaram entrando se enturmaram instintivamente. Provavelmente foi excludente, mas, pensando bem, foi uma estratégia de mestre conseguir, enquanto pequeno grupo, sucesso, e um sucesso rápido."[18]

Vantajoso ou não para a contratação, o diferencial do PayPal era que esse espírito de resolver enigmas se alastrava também pela cultura corporativa. Uma designer UX recordou como a equipe de engenharia adorava resolver problemas. "É que todos ficavam muito felizes quando conseguiam uma solução boa"[19], disse. E foi justamente para alegrar os funcionários que a companhia incluiu enigmas lógicos em sua *newsletter* semanal. Quem respondia corretamente, ganhava menção honrosa na edição seguinte.

■ ■ ■

Depois de várias rodadas de café e enigmas, a Thiel Capital concedeu um empréstimo-ponte de US$100 mil para fomentar a empresa nascente de Levchin em dezembro de 1998[20]. Não era grande coisa, mas já era um começo. Agora, Levchin tinha um investidor anjo e as ferramentas para abrir sua empresa. Ele também já tinha o CEO perfeito em mente: John Powers, um expert de TI que trabalhava na empresa de software JD Edwards.

Eles se conheceram em uma conferência de tecnologia móvel em Oak Brook, em Illinois, quando Levchin ainda estava na faculdade. Lá, Powers estava na fila do estande da Motorola cheio de perguntas para fazer; ele ouviu Levchin tirando algumas dúvidas não muito longe dali. Powers se lembra de ter pensado: *Parece que esse garoto aí sabe mais do que os caras do estande*[21].

Eles foram tomar café ali perto, e foi lá que Levchin improvisou uma solução para o problema que Powers tinha planejado levar ao estande da Motorola. Ele ficou impressionado com Levchin: universitários não costumavam nem frequentar conferências de tecnologia nem ser tão afiados assim.

Levchin se lembra de Powers como "alto, desengonçado, meio maluco e... um cara de bom coração"[22], alguém que "sempre esteve uma década à frente do seu tempo". Powers viera à conferência porque estava interessado em computação móvel. A primeira geração de dispositivos móveis — como o PalmPilot, o Apple Newton, o Casio Cassiopeia, o Sharp Wizard e por aí vai — tinha acabado de entrar em cena. Ao conhecer Levchin, ele já tinha começado a ler um pouco sobre padrões wireless e segurança de dispositivos móveis. "Dava para ver que a evolução estava chegando"[23], lembrou.

Pouco tempo depois da conferência, Powers apresentou a ideia de abrir uma consultoria para empresas de tecnologia móvel aos seus chefes na JD Edwards. No entanto, apesar de lhe parecer promissora, a computação móvel ainda era uma área recente, e seus chefes indeferiram a proposta. Ainda assim, ele continuou animado, apesar de seus patrões não compartilharem desse interesse, e tirou uma licença do trabalho para abrir uma consultoria.

Como precisava de um sócio, Powers ligou para Levchin e lhe ofereceu um contrato fixo de programação para dispositivos móveis, pagando US$15 por hora, o que Levchin aceitou de bom grado. Seu primeiro cliente foi a Hyster Company, uma empresa que alugava empilhadeiras e tratores de reboque. Os técnicos de manutenção da Hyster precisavam gerar as faturas, enviando-as a seus clientes sem sair do trabalho, e Levchin criou um software para que eles pudessem contabilizar o tempo e o dinheiro gastos no conserto de peças.

Logo, a pequena empresa conseguiu mais clientes, dentre os quais Peoria, Caterpillar Inc., com sede em Illinois, e outra companhia de um setor completamente diferente: a Avon. Foi ela, relembrou Powers, que chegou a ver a melhor versão do programa. Em pouco tempo, o software de Levchin facilitou não só a venda de maquiagens, mas *também* o reparo de empilhadeiras.

Com clientes pagantes, Powers começou a buscar investidores. Levchin e ele apresentaram a empresa para inúmeros investidores de Chicago, mas não encontraram nenhum disposto a tomar o partido da empresa. "Se fosse uma companhia que de algum jeito usasse a internet para enviar comida para pets ou confeccionar camisetas, eles estariam dentro, mas nós não conseguimos nadica de nada", lembrou Powers.

Em retrospecto, os dois fizeram uma oferta difícil: em 1998, muitos negócios tinham apenas começado a trocar papel e caneta por teclado e mouse, e dispositivos portáteis e não tão potentes como o PalmPilot estavam mais longe ainda de serem aceitos — não tinham sido testados, não eram adequados para o trabalho e nem totalmente seguros. "Fomos meio ingênuos", admitiu Powers.

Apesar de não terem tido quase nenhum sucesso com suas propostas, Levchin aprendeu muito ao apresentar suas ideias e fechar pequenos contratos. A certa altura, a dupla foi convidada à sede da Palm Computing — que, na época, era a Meca da computação de dispositivos móveis.

Powers chegou vestindo um blazer azul, calças cáqui e gravata. Já Levchin entrou no prédio com toda a calma do mundo, vestindo short esportivo, sandálias de dedo e uma camiseta com os dizeres "O WINDOWS É UMA PORCARIA". Antes da reunião, Powers demonstrou estar preocupado com o visual de Levchin — mas este discordou, apresentando argumentos convincentes. "John, é que você não está entendendo, eles também não gostam da Microsoft", respondeu.

Realmente não gostavam — o escritório da Palm Computing contava com vários ex-funcionários da Apple, que compartilhavam da opinião desfavorável de Levchin a respeito da Microsoft. Se as roupas casuais de Levchin causaram alguma desconfiança, ele também cuidou disso ao responder de primeira perguntas técnicas e difíceis, calculando com facilidade as respostas aos problemas propostos sobre processadores e taxas de transferência de dispositivos móveis. Mesmo os profissionais de tecnologia mais experientes perceberam que as roupas enganavam, pois ele era um jovem de muito talento.

Ainda assim, a reunião da Palm acabou do mesmo jeito que as outras, com cumprimentos e grande entusiasmo — mas nada além disso. Quando Levchin terminou a faculdade e seguiu rumo ao Oeste norte-americano, ele e Powers mantiveram contato e continuaram trabalhando em projetos de consultoria periodicamente.

■ ■ ■

No final de 1998, Levchin contatou Powers novamente — a empresa deles finalmente conseguira um investidor. Estava na hora de desenvolver os produtos de segurança que sempre idealizaram. Powers começou a fazer vários bate e volta entre Palo Alto e sua casa em Illinois.

Pode-se dizer que tamanho esforço representou a primeira versão do PayPal: renascida das cinzas após ser rejeitada múltiplas vezes, a empresa agora contava com um investidor anjo com escritório-depósito (Thiel), um CTO sem ar-condicionado (Levchin) e um CEO com uma rotina de bate e volta de mais de 3.000km (Powers).

Powers sugeriu batizar a empresa de Fieldlink, um nome que se relacionava aos projetos da Avon e da Hyster e passava certa credibilidade. Thiel, Levchin e Powers começaram um brainstorming para definir os produtos oferecidos e as estratégias para atrair possíveis investidores.

Não demorou muito para que o trio da Fieldlink se tornasse uma equipe de verdade. Nos intervalos do trabalho, Levchin, Thiel e Powers jogavam cartas e xadrez, e foi nessas competições casuais que Powers percebeu uma forte semelhança entre Thiel e Levchin: uma competitividade ferrenha. Certa vez, na Printers Inc., Powers ganhou de Thiel em um jogo chamado 7-5-3 (também conhecido como "Nim" ou "jogo dos fósforos"). Frustrado, Thiel interrompeu o jogo, pegando papel e caneta para calcular a matemática por trás do seu funcionamento. Terminados os cálculos, Thiel ganhou todas as outras partidas. "Foi jogando que aprendi muito com Peter; ele toma suas decisões com base em algum método científico em vez de se precipitar para depois ver o resultado", recordou Powers.

Powers estava aproveitando a vida no Oeste, construindo uma startup de tecnologia promissora — mas também estava exausto. Ele chegava à Califórnia toda sexta-feira à noite, onde passava o final de semana com Levchin e Thiel, dando duro. Depois, no domingo à noite, pegava um voo de madrugada para Chicago, chegando em casa de manhãzinha. Só dava tempo de dar um abraço em sua esposa e trocar de roupa para voltar logo ao trabalho.

Esse esquema inicial era vantajoso para Levchin: com Thiel e Powers resolvendo as negociações e arrecadações, ele ficava sozinho e programava. Mas, após algumas semanas, ele percebeu que Powers estava sobrecarregado e chegou à conclusão de que a companhia precisava de um CEO em tempo integral que morasse por perto. Os três — Thiel, Levchin e Powers, cansado — foram jantar no Caffe Verona de Palo Alto. Levchin deixou que Thiel tocasse nesse assunto delicado, e Thiel disse gentilmente a Powers que, se ele não pudesse se mudar para Palo Alto, não poderia continuar sendo o CEO da empresa. Thiel reconheceu que era difícil abrir mão de uma vida que se estabelecera recentemente (Powers tinha acabado de se casar) pela incerteza e pelo caos de uma startup do outro lado do país.

Powers aceitou relativamente bem a notícia. "Fiquei um pouco chateado, pois gostava da adrenalina e da diversão do projeto. Mas, pensando bem, foi uma decisão sensata", disse. As coisas terminaram de um jeito amigável e, com a expansão da companhia, Levchin e Thiel chegaram a pedir que Powers atestasse a credibilidade da empresa, o que ele fez com entusiasmo.

Nessa primeira transição de funcionários, Levchin viu com os próprios olhos as contribuições de Thiel para o projeto. No início, Levchin e Powers tinham dividido entre si as ações da empresa. Mas, com a saída de Powers e o investimento de Thiel, uma questão complicada veio à tona: suas participações acionárias teriam que ser diluídas, e a empresa precisaria contar com algumas ações disponíveis para distribuir entre futuros investidores.

Levchin recorreu a Thiel para lidar com a parte mais delicada da negociação, e foi isso que Thiel fez. "Fiquei pensando: *Uau, então é assim que o truque mental Jedi funciona*[24]. Basicamente sentei ali e não disse nada durante aquelas três horas, fiquei só olhando Peter explicar [a John] por que ele tinha que ter menos ações." Levchin começou a se perguntar se Thiel teria um papel maior na empresa do que o de um mero investidor anjo.

"O CEO e os fundadores precisam ter alguém de confiança. Existe muita gente que ajuda quando tudo vai bem, mas, quando o bicho pega, é preciso ter alguém para conversar. [Levchin e Thiel] tinham um ao outro. Eles brilhavam com extrema intensidade e de uma forma muito diferente. A parceria deles era exemplar"[25], observou John Malloy, um futuro investidor do PayPal.

3

AS PERGUNTAS CERTAS

Elon Musk começou a se aventurar no ramo financeiro na faculdade. Ele e seu irmão, Kimbal, emigraram da África do Sul no final da década de 1980 e, juntos, frequentaram a Queen's University em Kingston, Ontário. Para preencher o vazio de seu Rolodex, eles começaram a contatar pessoas sobre as quais liam nos jornais, praticando o chamado *cold-calling* (em português, "ligação fria").

A certa altura, Elon se deparou com um artigo sobre o Dr. Peter Nicholson[1], um executivo que trabalhava no Scotiabank. Nicholson tinha se formado em física e pesquisa operacional e levou sua perspicácia científica para o mundo político e financeiro. Ele foi eleito membro do Parlamento da Nova Escócia e atuou no gabinete do primeiro-ministro do Canadá. Com uma carreira diversificada, Nicholson vira de tudo um pouco, de problemas com cartões perfurados de computador até contratos para distribuição de ações entre empresas pesqueiras do Canadá.

Musk ficou intrigado, então conseguiu o contato de Nicholson com o autor do artigo e telefonou para ele imediatamente. "Acho que Elon foi a única pessoa que me ligou do nada pedindo um emprego"[2], lembrou Nicholson. Impressionado pela iniciativa de Musk, ele concordou em se encontrar com Elon e Kimbal para almoçarem juntos.

Durante a refeição, eles discutiram "filosofia, economia, o mundo e seus trâmites", e Musk confirmou o que já vinha pensando desde que lera o artigo — Nicholson era "muito inteligente... um gênio"[3]. Surgiu o assunto de um estágio, e Nicholson disse que tinha uma vaga disponível em sua pequena equipe do Scotiabank. Sentindo que os interesses científicos de Nicholson eram afins aos seus, Elon aceitou a oportunidade, e Nicholson o acolheu como seu único estagiário.

Peter Nicholson também ganhou um cargo distinto. Ele seria um dos poucos chefes de Elon Musk.

■ ■ ■

Musk entrou para o Scotiabank por causa de Nicholson, não para seguir a carreira de financista. Nicholson começara a trabalhar no banco por motivos parecidos, atraído não pelo aspecto financeiro, mas pelo CEO da empresa, Cedric Ritchie. Ritchie colocara Nicholson para liderar uma pequena equipe de consultoria interna. "Parecíamos a DARPA [Agência de Projetos de Pesquisa Avançada de Defesa dos Estados Unidos]. Um grupinho meio louco e isolado"[4], lembrou Nicholson.

Para Musk, o estagiário de dezenove anos do departamento, foi uma oportunidade para ver do topo o funcionamento financeiro, e ele demonstrava ser um jovem promissor desde o início. "Ele era brilhante, muito curioso, e já tinha muita, mas muita perspectiva", lembrou Nicholson. Fora do escritório, Nicholson e Musk passariam "muito tempo falando de enigmas, física e conversando sobre o sentido da vida e a essência do universo"[5]. Mesmo nessa época, segundo Nicholson, Musk tinha um interesse particular que sobrepujava os outros: "Ele amava mesmo era o espaço."[6]

Durante o estágio de Musk, Nicholson lhe atribuiu tarefas cada vez mais exigentes, inclusive um projeto de pesquisa sobre a carteira de dívidas latino-americana do Scotiabank. Durante a década de 1970, os bancos norte-americanos emprestaram bilhões para países em desenvolvimento, muitos deles na América Latina, acreditando que o rápido crescimento dos mercados emergentes lhes renderia um bom lucro. No entanto, esse crescimento nunca ocorreu e, quando entraram os anos 1980, tanto os bancos quanto esses países sofriam com uma crise financeira iminente por causa das dívidas.

Inúmeras soluções foram propostas, mas todas fracassaram. Muitos especialistas, inclusive Nicholson, acreditavam que a melhor solução para o problema era converter a dívida em títulos — de modo a assegurá-la. Os bancos concordaram em estender o período para pagamento a juros fixos. Em troca, os novos títulos se tornariam negociáveis no mercado e, em teoria, poderiam aumentar em valor caso houvesse um retorno no investimento. Mesmo sem retorno, esse cenário era preferível à alternativa desastrosa: a falência de dezenas de países e bancos, fazendo a economia global entrar em colapso.

Nicholas Brady, então secretário do Tesouro Nacional dos Estados Unidos, apoiou a proposta, e os títulos resultantes foram apelidados de "*bradies*". Com valores expressos em dólares americanos, eles foram usados como garantia pelo Tesouro Nacional dos Estados Unidos, pelo FMI e pelo Banco Mundial. Em 1989, o México foi o primeiro país a aderir ao Plano Brady, e os outros países logo seguiram o exemplo. "Um mercado secundário foi se desenvolvendo bem rapidamente para esses títulos"[7], disse Nicholson.

■ ■ ■

Na verdade, Nicholson não esperava grande coisa da tarefa envolvendo as dívidas latino-americanas, mas achou que seria complexa o suficiente para ocupar seu estagiário hiperativo. No entanto, assim que começou ir a fundo no mercado de *bradies*, Musk identificou uma oportunidade.

Musk calculou o valor teórico de garantia dos títulos dos países, mas acabou descobrindo que a dívida em si podia ser adquirida de bancos concorrentes por um valor menor. Sem a permissão de Nicholson, ele contatou empresas norte-americanas — como Goldman Sachs, Morgan Stanley, entre outras — para perguntar sobre o preço e a disponibilidade das dívidas. "Eu tinha, tipo, uns dezenove anos ou algo assim. [Eu falava] 'Estou ligando do Scotiabank, e, por curiosidade, gostaria de saber por quanto vocês venderiam essa dívida...'"[8], relembrou Musk.

Ele viu nessa situação uma arbitragem lucrativa: E se o Scotiabank comprasse dívidas de risco e de baixo valor de outros bancos e esperasse elas se tornarem *bradies*? Os ganhos poderiam ser na casa dos bilhões e, em teoria, era uma operação garantida pelo Tesouro Nacional dos Estados Unidos, pelo FMI e pelo Banco Mundial. Musk apresentou a ideia para Nicholson. "Eu falei: 'Vamos comprar todas essas dívidas. Essa gente não tem noção. Não há como perder dinheiro nessa proposta. Podemos ganhar US$5 bilhões instantaneamente. Agora mesmo'", disse ele.

Mas seus superiores não viam a situação da mesma forma. Enquanto outros bancos canadenses vendiam suas dívidas de países em desenvolvimento e acumulavam prejuízos, o Scotiabank quebrou padrões e segurou seus títulos, ficando no vermelho por causa disso. Para seu CEO, o banco já tinha muitas dívidas brasileiras e argentinas — que chegavam a bilhões de dólares. Já criticado pelo conselho por tamanha exposição, ele não estava disposto a correr maiores riscos — principalmente por uma aposta em *bradies* novos e incertos.

Musk ficou estupefato. Para ele, o passado não servia de guia; os *bradies eram* novos, e a graça era essa. "Na verdade, as dívidas estavam à venda exatamente porque CEOs de tantos outros bancos tinham essa mesma opinião absurda. Fiquei chocado ao descobrir que essa oportunidade enorme de arbitragem estava logo ali e que ninguém fazia nada a respeito", disse Musk.

Nicholson ofereceu uma explicação mais complacente sobre o que levara Ritchie àquela decisão. Por ter segurado os títulos de dívida latino-americanos, o Scotiabank tinha se exposto muito mais do que seus concorrentes. "Na época, Elon pode não ter considerado que já era algo muito ruim o Scotia não estar preparado para vender suas dívidas e sair no prejuízo. Imagine se comprasse mais títulos? Teria sido a gota d'água"[9], disse Nicholson.

Para Nicholson, tanto Ritchie quanto Musk demonstravam prospectiva — Ritchie por sua convicção em manter as dívidas dos países em desenvolvimento, e Musk por acreditar piamente que deveriam adquirir mais títulos. Em determinado momento, ambos se mostraram certos: entre 1989 e 1995, mais treze países aderiram ao Plano Brady para trocar dívidas por títulos negociáveis.

Para Musk, o estágio no Scotiabank provou que "bancos são muito sem sal". Ter medo do desconhecido foi algo que lhes custara bilhões de dólares, e, em seus futuros projetos na X.com e no PayPal, Musk usaria essa experiência como prova de que os bancos podiam ser derrotados. "Se os bancos lidam tão mal assim com as novidades, então nenhuma companhia que entrar no espaço financeiro precisa temê-los nem achar que vão acabar com elas — justamente porque eles não inovam"[10], concluiu Musk.

■ ■ ■

Musk levou do Scotiabank uma visão pessimista quanto a bancos em geral, mas também um amigo e mentor para a vida toda, Peter Nicholson. Ele até chegou a seguir os passos de Nicholson, misturando ciência e negócios em seus estudos na faculdade. Musk pediu transferência da Queen's University para a Universidade da Pensilvânia, tentando uma graduação dupla em física e finanças.

Mais tarde, ele admitiu que só estudou negócios por garantia. "Minha preocupação era que, se não estudasse negócios, eu acabaria sendo obrigado a trabalhar para alguém que estudara, e essa pessoa saberia de detalhes que eu desconheceria. Não parecia nada bom, então eu quis garantir esse conhecimento"[11], relatou Musk à *newsletter* da American Physical Society.

No entanto, ele também admitiu que, se voltasse àquela época, teria matado todas as aulas de negócios.

Musk achava que física era algo rigoroso. "Eu tive uma matéria de análise de riscos avançada, e, nela, ensinavam a fazer operações com matrizes, e fiquei pensando: *Uau, beleza. Se eu entender matemática aqui na física, a empresarial vai ser moleza*"[12]. Também foi crucial que os colegas de classe de Musk compartilhassem de seus interesses extracurriculares: para alguém que já se chamara de "Nerdmaster 3000"[13], foi um alívio encontrar pessoas que gostavam de Dungeons & Dragons, videogames de todo tipo e programação.

Apesar de ter estudado física formalmente na Universidade da Pensilvânia, essa paixão vinha de muito antes. "Eu tive uma crise existencial aos 12 ou 13 anos, e fiquei tentando descobrir o significado de tudo, por que estamos aqui, se algo faz sentido — essas coisas"[14], disse Musk mais tarde. Em meio a essa crise, ele descobriu um romance de ficção científica que lhe deu esperança: *O Guia do Mochileiro das Galáxias*, de Douglas Adams.

Arthur Dent, o protagonista da história, sobrevive à destruição da Terra e começa uma busca intergaláctica para localizar o planeta Magrathea. Durante suas aventuras, ele descobre uma espécie antiga de "seres pandimensionais hiperinteligentes"[15], que construíram um computador batizado de "Pensador Profundo" para encontrar uma resposta para a "Pergunta Fundamental sobre a Vida, o Universo e Tudo Mais". *O Guia do Mochileiro das Galáxias* acalmou a angústia existencial de Musk ao sugerir que formular as perguntas certas é tão importante quanto saber as respostas. "Muitas vezes, a pergunta é mais difícil do que a resposta; se você conseguir formular direito a pergunta, fica fácil responder"[16], explicou Musk.

Para ele, a física fazia as perguntas certas. Depois de ler Adams, ele começou a se debruçar sobre o trabalho do Dr. Richard Feynman, físico ganhador do Nobel, entre outros. Uma vez que começou a faculdade [17], Musk se imergiu cada vez mais no mundo da física; em suas aulas de negócios na faculdade Wharton, ele escreveu trabalhos elogiados, defendendo financeiramente o uso de supercapacitores e sistemas de energia espacial.

Musk adorava discutir física em sala de aula, mas estava preocupado com a realidade da área após a formatura. "Pensei que talvez acabasse preso cuidando de alguma burocracia em um acelerador de partículas e que, depois, se cancelassem o projeto, como aconteceu com o Superconducting Super Collider, eu ficaria na pior"[18]. Mas quais eram as alternativas? Muitos alunos da Wharton já estavam embolsando o dinheiro como novos funcionários de bancos e empresas de consultoria. Musk já passara dessa fase; esses caminhos tradicionais lhe pareciam menos atraentes do que o de ficar dando duro na hierarquia infeliz de um acelerador de partículas. Por fim, ele acabou escolhendo um caminho que é abraçado por estudantes indecisos desde tempos imemoriais: a pós-graduação. Ele se inscreveu e foi selecionado para o programa de doutorado em ciência e engenharia de materiais na Stanford.

■ ■ ■

Dr. Elon Musk. Sendo doutor, ele estaria feito — será? Musk sabia que não levava jeito para a vida corporativa, mas, mesmo quando foi aceito no prestigioso programa da Stanford, ele continuou buscando alternativas à vida acadêmica.

Durante as férias da faculdade, Musk estagiou simultaneamente em duas empresas do Vale do Silício. De dia, ele trabalhava na Pinnacle Research Institute, uma empresa que pesquisava armas espaciais, sistemas de segurança avançados e combustíveis alternativos para carros. De noite, ele ia para a Rocket Science Games, uma startup de videogames badalada. "Ele era o cara que trocava o disco, que chegava à noite enquanto o software do jogo estava sendo renderizado"[19], observou Mark Greenough, seu supervisor.

Esses estágios expuseram Musk ao mundo das startups de tecnologia, e ele conheceu pessoas com interesses afins, que trabalhavam o dia inteiro, gostavam de videogames e resolviam enigmas matemáticos por diversão. Assim como nas aulas de física, ser um nerd naquele ambiente era uma qualidade, não um defeito. Mais importante para Musk, porém, foi a percepção de como seu trabalho unia as ideias ao impacto. Na Pinnacle, os pesquisadores não viviam na pressão acadêmica de "publicação ou morte"; estavam *produzindo* coisas — criando tecnologias para mudar o mundo dos carros para todo o sempre.

O verão que Musk passou na Região da Baía de São Francisco acarretou um brainstorming criativo com o irmão, Kimbal — eles até pensaram em construir uma rede social para médicos, mas depois desistiram. Mesmo que não tenha levado a nada, a ideia foi o pontapé inicial para criar uma startup. E eles sabiam muito bem que, ao seu redor, choviam oportunidades. Apenas alguns meses antes de Musk ir para o Oeste dos Estados Unidos, Jerry Yang e David Filo, dois alunos de pós-graduação da Stanford, criaram, com muito suor, em seu trailer, o "Jerry and David's Guide to the World Wide Web" ["O Guia de Jerry e David para a World Wide Web", em tradução livre], que renomearam de "Yet Another Hierarchical Officious Oracle" ["Mais um Oráculo Hierárquico e Desnecessário", em tradução livre], que, mais tarde, foi abreviado para "Yahoo". Em 1994, um ex-investidor de fundos de hedge saiu de Nova York, mudou-se para os arredores de Seattle com a esposa e abriu, na garagem, a empresa Cadabra Inc. Tempos depois, ele também a rebatizaria, chamando-a de Amazon.com.

Programação não era algo novo para Musk, que programava desde garoto. Com 13 anos, ele vendeu um projeto de programação, um videogame chamado Blastar, em que o jogador precisava "destruir um navio de carga alienígena, que carregava bombas de hidrogênio e armas de laser espacial mortais"[20]. Empreender também já era um terreno conhecido. Durante os anos que passou no Canadá, ele fundou a Musk Computer Consulting[21], que vendia computadores e processadores de texto. A empresa usava "TECNOLOGIA DE PONTA", segundo um anúncio no jornal universitário da Queen's University, insistindo que os clientes ligassem "a qualquer hora do dia ou da noite".

Até onde Musk sabia, os cérebros por trás do Yahoo e da Amazon eram só um pouco mais velhos que ele, e com certeza não eram mais inteligentes. No entanto, começar a própria empreitada ainda lhe parecia arriscado, principalmente tendo em mãos uma carta de aceite da Stanford para a pós-graduação. Então, Musk buscou um meio-termo, mandando seu currículo para a empresa mais popular da internet na época: a Netscape.

Ele não recebeu resposta alguma — mas também não foi rejeitado de imediato. Por isso, decidiu se aventurar em um dos escritórios da Netscape e ficar vagando pelo lobby. Talvez, já que estava ali, conseguisse puxar uma conversa que acabasse sendo útil. Isso também não funcionou. "Eu era tímido demais para falar com as pessoas. Então, fiquei parado no lobby. Foi bastante constrangedor. Estava lá tentando achar alguém para conversar comigo, mas depois fiquei assustado demais para falar com as pessoas. Decidi apenas ir embora"[22], confessou ele mais tarde ao fundador da Digg, Kevin Rose.

Como a Netscape não era mais uma opção, ele voltou ao dilema entre ir para a pós-graduação e abrir uma empresa na internet. "Eu ficava pensando: *Qual delas terá um impacto maior no futuro? Quais os problemas que precisamos resolver?*"[23], disse. Enquanto estava na Universidade da Pensilvânia, ele fez uma lista das áreas que seriam mais impactantes em um futuro próximo: internet, exploração espacial e energias sustentáveis. Mas como ele — Elon Musk — conseguiria se posicionar para influenciar essas áreas que "influenciariam o futuro"?

Ele pediu conselhos a Peter Nicholson, e ambos discutiram os passos seguintes de Musk durante uma longa caminhada pela cidade de Toronto. Nicholson lhe disse: "Olhe, Elon, essa onda da internet está em ascensão. É o momento perfeito para arriscar sua ideia, pois você pode voltar atrás e fazer o doutorado. Essa oportunidade continuará disponível."[24] Vindo de Nicholson — que também fizera doutorado na Stanford —, foi um conselho de peso.

Ainda assim, quando deixou a Universidade da Pensilvânia em 1995, Musk tinha a intenção de começar a pós-graduação na Stanford. No entanto, quando voltou à Região da Baía, ficou cada vez mais difícil ignorar o conselho de Nicholson. "Eu ia passar vários anos só assistindo à internet atravessar aquela fase rápida de crescimento, e seria muito difícil lidar com isso — então eu quis fazer algo a respeito"[25], disse Musk. Ele solicitou o trancamento de sua matrícula na Stanford, adiando o início de seu doutorado de setembro de 1995 para janeiro de 1996.

Apesar de ser considerado hoje um dos homens de negócios que mais se arrisca, o Musk de 1995 não tinha certeza se abandonar a pós-graduação era a escolha certa. "Eu não nasci correndo riscos. Também tinha a questão da minha bolsa de estudos e do auxílio financeiro que eu perderia"[26], afirmou ele alguns anos depois em uma entrevista ao *Pennsylvania Gazette*, jornal de sua antiga universidade. Ao receber a solicitação de trancamento, o departamento da Stanford teria dito a Musk: "Bem, vale a pena tentar, mas aposto que, em três meses, veremos você aqui de novo."[27]

■ ■ ■

Em 1995, Musk começou a criar um software para um site, combinando mapas vetoriais, rotas traçadas ponto a ponto e diretórios de empresas. Ele envolveu também seu irmão, e os dois se viraram para montar a empresa com suas economias e várias centenas de dólares de Greg Kouri, um homem de negócios do Canadá com quem fizeram amizade e que se tornou cofundador da empresa.

Kouri tinha sido abordado por Maye Musk, a mãe de Elon e Kimbal, que lhe contara dos filhos e de suas ambições. Kouri faleceu em 2012, aos 51 anos, mas sua viúva se lembra de ouvir do marido a história de sua aposta nos irmãos Musk. "Maye lhe disse: 'Eu tenho dois filhos, e eles estão com umas ideias...'"[28], compartilhou Jean Kouri. Com o tempo, Kouri teria um papel fundamental nos negócios — e também na vida dos irmãos Musk. Sendo muito mais velho que eles e tendo um faro para os negócios, ele conviveu com Kimbal e Elon durante esse período inicial. "Acho que Elon e Kimbal o amavam como se fosse um irmão mais velho, porque foi mais ou menos isso que ele se tornou", disse Jean Kouri. Musk falou dele com carinho. "Greg era um dos meus melhores amigos", relembrou. Segundo ele, Kouri era "um malandro de coração enorme", que "usou seus poderes para o bem"[29].

A equipe alugou um escritório espartano em Palo Alto, fazendo um buraco no chão para garantir o acesso à internet dos vizinhos do andar de baixo. Musk dormia lá e tomava banho na YMCA, que ficava nas redondezas. (Nesse aspecto, Musk era igual a seu avô materno, um quiropata que se chamava Dr. Joshua Haldeman. "Naquela época [da Segunda Guerra Mundial], o Dr. Haldeman ficava tão ocupado com suas pesquisas sobre política e economia que não tinha tempo de atender no consultório e vivia na YMCA."[30])

Os Musk nomearam sua nova empresa de Global Link Information Network e a registraram formalmente no início de novembro de 1995. No primeiro comunicado à imprensa, os irmãos demonstraram sua falta de experiência — não tinham decidido o nome do produto antes de anunciá-lo. A edição de 2 de fevereiro de 1996 do *San Francisco Chronicle* zombou deles: "O nome do novo produto será Virtual City Navigator ou Totalinfo, mas sempre acabamos lendo como Totalfino, que é o nome de uma nova bebida italiana"[31], lia-se em uma das seções do jornal. "A carta de apresentação diz ser o primeiro comunicado da Global Link à imprensa, e isso é evidente por vários motivos, sendo um dos principais a dificuldade de entender se o produto proposto se chama Totalinfo ou Virtual City Navigator."

O importante é que o *San Francisco Chronicle* fez a primeira menção aos irmãos na mídia dos Estados Unidos: "Os garotos são da África do Sul, e, segundo Kimbal, eles eram os proprietários do terceiro computador IBM PC do país, um XT com meros 8K de memória e sem disco rígido. Os jornalistas ficaram impressionados, e com razão."[32] Apesar do sarcasmo, os irmãos Musk tinham motivo para estarem orgulhosos — eles ganharam uma cobertura da imprensa nacional poucos meses depois de construírem seu produto.

Daí em diante, as coisas evoluíram rápido. Depois de inúmeros fracassos em obter investidores, a Global Link conseguiu um investimento de US$3,5 milhões por parte da Mohr Davidow Ventures. Na arrecadação de fundos, os irmãos demonstraram, mais uma vez, sua inexperiência. "Primeiro, eles pediram um investimento de US$10 mil em troca de 25% da empresa. Era muito barato! Ao saber do investimento de 3 milhões, fiquei pensando se Mohr Davidow chegara a ler a proposta de negócios deles", compartilhou o investidor Steve Jurvetson mais tarde com o autor Ashlee Vance, biógrafo de Musk. O sul-africano também ficou incrédulo. "Achei que estavam usando crack, não era possível. Eles nem nos conheciam e iam dar US$3,5 milhões de mão beijada?"[33], disse Musk a um jornalista, dois anos depois.

Os irmãos deixaram de lado a Global Link, o Totalinfo e o Virtual City Navigator, e uma agência de *branding* criou um novo nome para a empresa, Zip2. Eles registraram o domínio www.zip2.com em 24 de março de 1996 e contrataram um CEO experiente, Rich Sorkin, para conduzir a empresa.

Em um primeiro momento, eles planejavam construir um site de consumo — um aspirante ao Yahoo, ao Lycos ou ao Excite — com foco em comércios locais. Todavia, vender anúncios na internet para empresas pequenas provou ser um grande desafio em 1996, uma época em que muitos negócios de família não tinham interesse. Com isso, a Zip2 pivotou e passou a explorar parcerias com grandes empresas de telecomunicação como a Pacific Bell, a US West e a GTE, ajudando-as a expandir suas ofertas na internet. Em julho de 1996, Kimbal Musk disse a um periódico de negócios que "as empresas de telecomunicação têm muita experiência em marketing, é o forte delas, mas, quando se trata de desenvolver tecnologias de internet, já não é o caso"[34]. A Zip2 lhes ofereceria o suporte necessário, mas, quando elas demonstraram o interesse de resolver internamente a questão dos anúncios online, a equipe da Zip2 abandonou também essa abordagem.

Então, a Zip2 se remodelou, tornando-se "uma plataforma de excelência que possibilita às empresas de mídia estender sua franquia local e dominar os anúncios virtuais locais"[35]. Na prática, significava que ela aumentava as vendas de anúncios virtuais e bolava guias locais das cidades em questão. Essa ideia era promissora — a Zip2 chegou a fechar negócio com grandes empresas como a Knight Ridder e a Landmark Communications. Um periódico de negócios influente chegou a declarar que a Zip2 era "a mais nova super-heroína dos jornais"[36], dizendo que "essa modesta empresa de software chegou, com muito esforço, à frente da matilha dos diretórios online para liderar o contra-ataque do setor jornalístico à Telcos e à Microsoft".

■ ■ ■

Quando se mudaram para a América do Norte, Elon e Kimbal Musk faziam de tudo para conhecer os protagonistas dos jornais canadenses. Agora, poucos anos depois, já estavam sendo anunciados como os salvadores do mundo jornalístico. Os próximos anos se confundem na corrida da Zip2 para competir com a Microsoft, a Citysearch, a AOL e o Yahoo por uma parcela do mercado de anúncios, avaliado em US$60 bilhões. Musk sentira o primeiro gostinho do que era a vida de uma startup nesse período, com seus altos e baixos característicos.

As inovações da Zip2 — os mapas digitais, um serviço de e-mail gratuito e até mesmo a possibilidade de reservar uma mesa em um restaurante via fax — deixaram Musk animado. O Java, linguagem de programação para uso geral, foi lançado em janeiro de 1996; em setembro, Musk e sua equipe de tecnologia já tinham conseguido integrar o Java à Zip2. O Dr. Lew Tucker, um diretor sênior da JavaSoft, chegou a elogiar a empresa. "Os mapas e as orientações inovadoras da Zip2 são uma das aplicações práticas mais poderosas de Java na internet de hoje. Representa a verdadeira convergência entre o avanço da tecnologia e a praticidade quotidiana"[37], disse Dr. Tucker em um comunicado à imprensa (bem exagerado).

A Zip2 só cresceu entre o final de 1996 e 1997, já que nomes como Knight Ridder, SoftBank, Hearst, Pulitzer Publishing, Morris Communications e The New York Times Company investiram milhões de dólares. Com apenas dois anos de existência, a empresa controlava seções de 140 sites de jornais diferentes. "Em meados de 1997, a Zip2 tinha se tornado uma entidade que, realmente, funcionava como uma espécie de miniMicrosoft"[38], escreveu um dos analistas do setor.

No entanto, o crescimento teve seu preço. Em 1996, Musk bateu de frente com seus investidores e executivos, que começaram a questionar a sua liderança. Sempre impaciente e nunca dormindo direito, ele tendia a definir prazos nada razoáveis, repreender executivos e colegas publicamente e modificar códigos de outras pessoas sem pedir permissão.

Mais tarde, Musk reconheceu suas falhas e explicou que, até a Zip2, ele nunca administrara muita coisa, que "nunca havia sido capitão de um time ou liderado uma pessoa sequer". Ele contou a seu biógrafo, Ashlee Vance, de uma vez em que humilhou publicamente um colega, corrigindo seu trabalho na frente dos outros — e, com isso, comprometeu seu relacionamento profissional. "Um dia, acabei percebendo: 'Certo, posso até ter resolvido o problema, mas a pessoa se tornou improdutiva.' Não era o melhor jeito de lidar com as coisas"[39], disse.

A Zip2 deixou Musk continuar como CTO e como membro do conselho. Mas, à medida que a companhia cresceu, sua influência estratégica diminuiu. Nesse papel reduzido, Musk ficou cada vez mais frustrado ao perceber que as ambições da empresa já não eram tão grandes. Ele via a Zip2 como o próximo Yahoo, mas, agora, ela se tornara um mero auxiliar do setor jornalístico.

"Desenvolvemos uma tecnologia incrível que basicamente foi capturada pelo setor midiático tradicional e pelos investidores de risco. Eu fiquei pensando: 'Espera, é como se tivéssemos o equivalente a caças F-35, e o uso que a mídia propõe é fazê-los descer o morro e baterem um contra o outro.'"[40]

Musk tentou de tudo para mudar o curso da empresa, mas sem sucesso. Ele insistiu que a Zip2 comprasse o site "city.com" e, em 1998, expôs esse conflito na mídia, informando diretamente ao *New York Times*: "Achamos que a verdadeira batalha é contra o Yahoo e a AOL para conseguirmos nos tornar um portal local."[41] Mas o conselho, os investidores e a equipe da Zip2 não estavam de acordo. Na visão deles, as empresas de mídia eram clientes poderosos e rentáveis; e se tornar o próximo Yahoo não passava de uma fantasia. "Não tínhamos uma filosofia, só queríamos seguir o dinheiro"[42], disse Rich Sorkin, o CEO da empresa.

Durante o ano de 1998, a Zip2 sofreu. Uma proposta de fusão com sua maior concorrente, a Citysearch, deu errado. O jornal *Charlotte Observer*, cliente antigo e importante, cancelou os serviços de guia local da Zip2, reclamando da desaceleração das vendas de anúncios. As reclamações do *Observer* ilustravam um problema geral do setor. "Apesar de todo esse interesse dos anunciadores, nenhum guia local gerou lucros consistentes"[43], escreveu o *New York Times* em setembro de 1998.

■ ■ ■

A conclusão veio no início do ano seguinte. Em fevereiro de 1999, a Zip2 foi vendida para a Compaq Computer por US$307 milhões em dinheiro. Para a Compaq, essa aquisição uniu seu mecanismo de busca AltaVista aos diretórios locais e ao comércio de anúncios da Zip2. Já para Musk, a compra significou um pagamento de US$21 milhões.

Até hoje, esse momento o surpreende — tanto pela quantia quanto pelo meio de transferência. Os 21 milhões chegaram por cheque. "Literalmente na minha caixa de correio. Fiquei pensando: 'Que loucura. E se alguém...? Quer dizer, acho que eles teriam problema para sacar, né?' Mas mesmo assim me parece um jeito muito estranho de mandar dinheiro."[44] O acordo fez com que ele seguisse em frente, abandonando a Zip2. "Minha conta bancária foi de, tipo, US$5.000 para US$21.005.000", disse. Na época, ele tinha 27 anos.

Após sair da empresa, Musk se tornou um personagem interessante para a mídia, papel que ele aceitou de braços abertos. "Mesmo falando rápido e se vestindo tão casualmente quanto os outros nerds do Vale do Silício, ele tem a aparência bem cuidada e a educação impecável de um missionário Mórmon"[45], observou um escritor. Com seus milhões fresquinhos na conta, Musk comprou um apartamento em Palo Alto e um McLaren F1 de US$1 milhão.

O dinheiro e a fama eram bem-vindos, mas Musk sentia que o sucesso da Zip2 veio com um detalhe. A companhia tivera sucesso financeiro, mas ele sentia que sua tecnologia não fora bem utilizada. Ele se orgulhava muito das inovações da Zip2 — a criação de um dos primeiros mapas online operacionais, por exemplo. Mas Musk acreditava que essas pérolas da tecnologia tinham sido jogadas aos porcos. Os produtos da Zip2 não tinham o mesmo potencial incrível da internet — pelo menos, não tanto como ele queria. "Eu sabia desenvolver tecnologias, mas nunca as vira desabrochar, e essa fora sufocada."[46]

Musk admirava tanto capitalistas quanto cientistas — mas, como no tempo que passou na Universidade da Pensilvânia, seu fascínio pela ciência era mais forte. Os homens de negócios tratavam a internet como a mais recente e espalhafatosa corrida do ouro do século XX. Musk pensava diferente. "Eu achava que era algo que mudaria o mundo. Era como um sistema nervoso capaz de transformar a humanidade em uma espécie de superorganismo", disse.

Para Musk, esse "sistema nervoso" fundia ficção científica às ciências naturais — uma mistura de Adams e Feynman —, e, inconscientemente, ele se mostrava maravilhado ao falar do assunto. "Antes, só conseguíamos nos comunicar por osmose. Uma pessoa teria que ir até a outra, elas deveriam se encontrar fisicamente. Se fosse uma carta, alguém teria que transportá-la. Agora, você pode estar no meio da floresta amazônica e, com sinal para se conectar à internet, ter acesso a toda a informação do mundo. É surreal."

Surreal — no entanto, já era uma realidade à sua volta. Musk tinha ânsia de fazer mais. Em suas palavras, ele queria ser o responsável por construir os "elementos fundamentais"[46] da internet. A época da Zip2 já havia passado. Ele tinha alguns milhões guardados. Estava na hora de embarcar em outra empreitada.

4

"SÓ QUERO GANHAR"

Durante seu estágio em 1990, Musk não conseguia superar a relutância do Scotiabank em apostar em inovações. Mas, nesse meio-tempo, a década seguinte foi marcada por rápidos avanços tecnológicos, e os grandes bancos, de maneira geral, só pareciam mais intransigentes.

A internet estava em todo o lugar e, ainda assim, os líderes dos bancos a viam com a mesma desconfiança que Musk percebera nos pequenos comerciantes para quem tentara vender os anúncios digitais da Zip2. Em 1995, enquanto ele ainda estava construindo a empresa, falar em "operações bancárias digitais" era uma contradição. Mesmo quando mais bancos entraram no mundo digital, as ofertas que faziam online não passavam de panfletos jogados ao vento na internet.

Por exemplo: o site do Wells Fargo por volta do final de 1994. Um visitante via um catálogo cuidadosamente organizado com várias informações, tudo isso abaixo de algumas imagens das icônicas carruagens do banco — isso se conseguisse abrir o site. "Infelizmente, como a internet discada era a de praxe na época, as fotos coloridas das carruagens eram baixadas uma de cada vez, e levava vários minutos para o site inteiro carregar"[1], admitiu mais tarde uma historiadora do banco. Os clientes do Wells Fargo apresentaram reclamações — e fizeram uma pergunta sensata sobre o produto: "Quando vou poder checar meu saldo bancário no site?"

Claro que Musk não era o único a pensar que os bancos offline estavam demorando demais para migrar para o online. No final dos anos 1990, o espaço de operações bancárias e finanças digitais estava repleto de startups. Mas

Musk achava que esses serviços ainda careciam de uma coisa ou outra — ele não queria lançar só mais um banco online. Sua visão para desenvolver uma nova empresa de serviços financeiros era — o que não surpreende — ambiciosa.

E se uma única entidade unificasse toda a vida financeira de uma pessoa?, perguntava-se ele. Em um de seus primeiros contatos com investidores, Musk chamou a ideia de "a Amazon dos serviços financeiros"[2]: um lugar único que ofereceria não só serviços padrão de poupança e conta corrente, mas tudo, incluindo hipotecas, linhas de crédito, mercado de ações, empréstimos e até mesmo seguros. Ele acreditava que, onde o dinheiro fosse, a sua nova companhia deveria ir também.

Sua visão era extremamente lógica e incrivelmente grandiosa. Musk não estava propondo apenas uma empresa — estava combinando uma dúzia de empresas em uma só. Ele sentia que já havia passado a hora de a infraestrutura por trás do dinheiro se atualizar. Musk descrevia bancos e governos como "um monte de mainframes, mainframes obsoletos, rodando códigos antigos, fazendo processamento em lote com uma segurança medíocre, além de uma série de bancos de dados heterogêneos — uma grande aberração".[3]

Tradução: a infraestrutura bancária da década de 1990 era ruim. Ele via seus operadores primários — os banqueiros — como legiões de intermediários cobrando taxas altas e oferecendo, em troca, pouca coisa de valor. "Havia [entre os bancos] um desejo de construir, por alguma razão, prédios muito grandes. Eles adoram acrescentar adjetivos ao título de 'vice-presidente'. 'Vice-presidente *sênior*', 'vice-presidente *executivo*', 'vice-presidente *executivo sênior*'"[4], brincou Musk.

A crítica de Musk se estendia até mesmo às infraestruturas financeiras que pareciam vitais, como o mercado de ações: "Eu falei: 'Ora, por que não deixamos as pessoas trocarem ações entre si? Então, se eu quiser lhe mandar uma ação, por que não mandar uma qualquer?' Não preciso passar por nenhum processo. As corretoras são desnecessárias."[4] Em outras palavras, com o código certo, até a Nasdaq se tornaria obsoleta.

Mas alguém tinha que escrever esse código — alguém tinha que criar, executar e administrar os bancos de dados que substituiriam os arranha-céus da nata do setor financeiro, os funcionários cheios de títulos e as taxas exorbitantes que sustentavam tudo isso. Musk acreditava que ele era a pessoa certa.

■ ■ ■

Uma das primeiras pessoas a quem Musk apresentou sua ideia foi Harris Fricker, um executivo financeiro canadense. Peter Nicholson apresentara Musk e Fricker quando Musk trabalhava no Scotiabank. "Ambos têm mentes brilhantes. Achei que seria uma combinação bem poderosa"[5], disse Nicholson a respeito de seus protegidos.

Fricker nascera em Ingonish, uma comunidade rural na Nova Escócia. Filho de um trabalhador de construção civil e de uma enfermeira, ele teve um excelente desempenho na faculdade e ganhou uma das onze Bolsas Rhodes, oferecidas a alunos canadenses. Na Inglaterra, ele estudou economia e filosofia e depois voltou ao Canadá para trabalhar com operações bancárias. Enquanto Musk alcançava seu sucesso virtual, Fricker prosperava nas finanças, tornando-se o chefe de uma empresa de segurança antes dos 30 anos.

Assim como outros, Fricker ficou intrigado com o surgimento da internet. No final de 1998, Musk apresentou a Fricker sua ideia de uma nova empresa de serviços financeiros. "Ele é um dos melhores vendedores que já conheci. É como um Steve Jobs. Quando bola alguma coisa, ele tende a achar intuitivamente a essência que interessa a um grande número de pessoas"[6], comentou Fricker a respeito do apelo de Musk. No início de 1999, Fricker acatou a ideia. Ele desistiu de seu salário milionário e se mudou para Palo Alto.

Pouco tempo depois, Fricker recrutou um terceiro cofundador: Christopher Payne. Payne se formara na Queen's University em Ontário, depois trabalhou com finanças e com *private equity* [capital privado, em tradução literal] e começou um MBA na Wharton. Ele também tinha um interesse amador por computadores, aventurando-se com hardwares e escrevendo códigos simples à noite e aos finais de semana. Seu trabalho oficial também já estava sendo invadido pela tecnologia rapidamente. Na BMO Nesbitt Burns, a empresa de *private equity* em que ingressou após se formar na Wharton, a mesa de Payne estava abarrotada de planos de negócios para startups relacionadas à internet.

Payne conheceu Fricker na época em que os dois trabalhavam na BMO Nesbitt Burns e, muitos anos mais tarde, quando Fricker deixou de lado o mundo do *private equity* para entrar em uma empresa de internet do Vale do Silício, Fricker tentou convencer Payne a acompanhá-lo. Ele lembra de Fricker ter falado: "Daqui a uns vinte anos, qual história você quer contar quando seus filhos perguntarem o que estava fazendo no surgimento da internet? Quer falar que estava em um velho banco ultrapassado ou na linha de frente?"[7].

Em 1999, Payne embarcou para Palo Alto — onde ele viu Musk pela primeira vez. "Muito energético. Muito *vamos lá, vamos agir logo, construir, alcançar.*" Um dia, na casa de Musk, Payne entrou no quarto. "O quarto era literalmente cheio de livros — biografias ou histórias de astros dos negócios e de suas trajetórias até o sucesso. Na verdade, eu lembro que estava sentado lá e, no topo da prateleira, tinha um livro sobre Richard Branson. Meio que tive uma epifania: Elon estava se preparando e estudando para se tornar um empreendedor famoso. Ele tinha alguma motivação superior"[7], disse.

■ ■ ■

O quarto cofundador era Ed Ho, recrutado por Musk. Ho se formara em engenharia elétrica e em ciências da computação na Berkeley e trabalhara para a Oracle depois de se formar. Mais tarde, Ho entrou na Silicon Graphics, um grande centro de talentos de engenharia. Mas, em meados da década de 1990, os colegas de Ho começaram a abandonar seus ótimos cargos na Silicon Graphics para trabalhar em startups de internet.

O êxodo atingiu até o chefe de Ho, Jim Ambras, que deixou o cargo para trabalhar em uma empresa chamada Zip2 — e recrutou Ho para acompanhá-lo. Ho gostava dos desafios de engenharia da Zip2, inclusive seu último projeto, memorável: desenvolver aplicativos para os celulares primitivos da época. "Imagine, você podia digitar dois endereços — o que é um saco nesses celulares! — e receber as rotas"[8], disse.

Na Zip2, Ho também lidou pela primeira vez com o estilo de liderança de Musk. "Toda vez que eu dava uma ideia, Elon dizia: 'Vá em frente'", lembrou. Ele também gostava da abordagem de Musk, que agia menos como um executivo e mais como um engenheiro, e lembrou-se de suas noitadas jogando os videogames StarCraft e Quake — era jogando que sua competitividade vinha à tona. "Ele é o homem do StarCraft", disse Ho.

Os videogames logo conduziram a uma amizade. "Ficava trabalhando até tarde e, um dia, acabei começando a jogar, e nos tornamos amigos." Pouco depois da aquisição da Zip2 pela Compaq, Musk começou a propor a Ho uma ideia para outra startup. "Em retrospecto, não é algo que se deva fazer", disse Ho. Em teoria, Musk era obrigado por contrato a não competir com a Zip2, mas ele normalmente ignorava essas regras — algo que fazia, na maioria das vezes, com gosto. Ho se lembra da alegria de Musk quando a Silicon Graphics finalmente fez uma reclamação formal sobre a Zip2 estar "roubando" seus funcionários.

Nos primeiros meses de 1999, a nova empresa de Musk não passava muito de uma ideia, mas Ho, animado, passou a integrá-la como o quarto funcionário. "Existe uma onda, né? Ou você pega a onda ou fica lá esperando — e vê a Yahoo passar", disse. A equipe original, um quarteto, dividiu as responsabilidades: Musk e Ho cuidariam da tecnologia e dos produtos, enquanto Fricker e Payne lidariam com os aspectos financeiros, regulatórios e operacionais da empresa.

■ ■ ■

Antes mesmo de terem um produto, Musk escolheu um nome para a empreitada: X.com, que era, segundo acreditava, simplesmente "a URL mais legal da internet"[9]. Ele não era o único a achar isso. No início dos anos 1990, dois engenheiros, Marcel DePaolis e Dave Weinstein, compraram o domínio www.x.com para sua empresa, a Pittsburgh Powercomputer. Eles a venderam — mas continuaram com a URL X.com, usando-a em seus e-mails pessoais.

Ao longo dos anos, DePaolis e Weinstein recusaram muitas propostas de compra da URL, nada impressionados com as várias condições das ofertas. Já no início de 1999, eles ficaram muito interessados. "Ainda contaminados pela sombra da Y2K, fomos abordados por Elon Musk"[10], disseram. Dessa vez, as condições se provaram mais interessantes. Eles venderam a URL X.com para Musk, recebendo, em troca, dinheiro e 1,5 milhão de ações preferenciais série A da companhia[11]. A negociação chegou a atrair o interesse do *Wall Street Journal*, que a incluiu em uma matéria sobre patrimônio líquido de startups — matéria que, por coincidência, mencionava outro jovem empreendedor, Max Levchin, explicando sua estratégia de usar ações para garantir um escritório.

Musk saiu do acordo exibindo, entre outras coisas, um endereço de e-mail memorável: e@x.com. Ele acreditava piamente na URL e no nome X.com, mesmo enfrentando críticas de que parecia confuso ou sinistro. Para ele, X.com era inovador, intrigante e amplo o suficiente para capturar o espírito da empresa — um lugar em que todos os serviços de banco e investimentos coexistiriam. Assim como um X marca o objetivo em um mapa do tesouro, X.com marcava o lugar do dinheiro online. Musk também gostava de observar que a URL era rara — naquela época, uma das três únicas URLs de uma letra no mundo inteiro (as outras duas eram q.com e z.com).

Musk também tinha uma explicação prática e racional para o nome. Ele acreditava que, em breve, o mundo seria tomado por dispositivos portáteis — computadores de bolso com teclados do tamanho de uma ficha catalográfica. Nesse mundo, X.com seria a URL perfeita, porque os clientes só precisariam digitar algumas letras para mudar sua vida financeira.

A convicção de Musk quanto ao nome X.com também viera de sua inquietação com "Zip2". "Para começar, o que diabos significa? É literalmente uma das piores URLs possíveis. É para ser Zip e o dígito '2'? Ou Zip t-w-o*? Ou Zip t-o†? Ou Zip t-o-o‡? Foram escolher logo o homônimo que mais tem variações. E nomes de sites não podem ter homônimos. Então foi uma escolha burra de todos os jeitos possíveis",[12] afirmou Musk.

Ocupado trabalhando no código da Zip2, Musk terceirizou a criação do novo nome para a Global Link — e se arrependeu. "Passei o *branding*, o marketing e tudo o mais para pessoas que achei que fossem especialistas na área. E descobri logo em seguida que é melhor seguir o senso comum. Que ele é o melhor guia", disse.

Para Musk, o nome da X.com era tudo o que o da Zip2 não era — e estava convencido de que a X.com se tornaria tudo que a Zip2 não foi. "Aquela letra realmente o inspirava, era uma paixão"[13], lembrou Payne.

■ ■ ■

Musk usou boa parte dos frutos da Zip2 na X.com, investindo US$12,5 milhões e comprando o domínio X.com com seus próprios fundos. "Na época, pensei: *Ele pirou.* Sinceramente, foi um risco e tanto!"[14], disse Ho. Realmente, apostar tanto do próprio dinheiro em uma nova startup era algo notável — em grande parte, porque Musk nem precisava ter feito isso. Sua saída bem-sucedida da Zip2 acarretou uma boa reputação, e havia outros que estavam dispostos a investir na mais nova empreitada de Musk. "Era só [ele] ligar que conseguia uma reunião"[15], lembrou Payne.

Empresas de investimento sérias — New Enterprise Associates, Mohr Davidow Ventures, Sequoia Capital, Draper Fisher Jurvetson, entre outras — estavam dispostas a ouvir sua visão para uma nova empresa de serviços financeiros. Fricker — com seu passado financeiro tradicional — ficou incrédulo ao ver que tudo aquilo parecia tão casual. A equipe chegava às reuniões sem ter, no mínimo, preparado uma apresentação e, ainda assim, conseguia despertar o interesse dos investidores. "Uma das coisas que Elon costumava muito fazer, e que, honestamente, eu subestimava... era falar sobre *venture capital.* Ele apre-

---

* Em inglês, "two" significa "dois". (N. da T.)

† Em inglês, "to" tem o mesmo som que "two". (N. da T.)

‡ Em inglês, "too" tem o mesmo som que "two" e "to". (N. da T.)

sentava o que tinha de errado no setor. Sabe, as grandes empresas, a falta de democracia dos preços... todo mundo se inflamava."[16]

Apesar do entusiasmo dos investidores de *venture capital*, por ora, Musk decidiu financiar a empresa sozinho. Seu compromisso em utilizar seus próprios fundos tinha duas virtudes[17]. A primeira era que a posse e o controle operacional da X.com seriam dele — dessa vez (ao menos naquele momento), nenhum investidor poderia colocá-lo de lado. Já a segunda era que seus investimentos possibilitavam a contratação bem-sucedida de profissionais. "Eu ligava para recrutar alguém ou algo assim e dizia: 'Ah, ele já investiu 13 milhões'"[18], lembrou Ho. Com a competição ferrenha para contratar engenheiros, todo e qualquer boato era importante — até, inclusive, um fundador de alto nível apostando sua fortuna na companhia.

Os esforços para os recrutamentos da X.com valeram a pena tanto na área de engenharia quanto na de finanças. Steven Dixon, um executivo do Bank of America, entrou na empresa como CFO. Julie Anderson, antiga analista do Deutsche Bank, também passou a integrar a equipe financeira. Já nas áreas de produtos e de engenharia, a X.com contratou See Hon Tung, um amigo canadense de Fricker e Payne; Harvey Tang, o principal arquiteto da empresa; Doug Mak, um engenheiro de software; e Chris Chen, um antigo analista de seguros do Havaí e amigo de Ed Ho.

Musk também adulou um advogado, Craig Johnson, querendo que ele se tornasse conselheiro na X.com. "Na época, Craig era uma autoridade do setor jurídico no Vale do Silício"[19], disse Fricker. Convencer Johnson contribuiu para a credibilidade da empresa. Também estava na hora de um escritório sério, e a equipe se mudou para um espaço alugado na University Avenue, 394.

Dessa nova posição, a X.com começou a ficar de olho em outros concorrentes varejistas e bancos digitais. "Havia alguns outros bancos virtuais no mercado da época. E estavam negociando por aproximadamente quatro vezes o valor patrimonial por ação. Já os bancos tradicionais, por mais ou menos duas vezes. Então, [os bancos digitais] estavam com tudo. O plano de Elon era basicamente dizer: 'Sou um cara da internet. Eu consigo. Este vai ser o primeiro banco fundado no Vale do Silício e, por isso, vai ser muito mais bem-sucedido do que todos os outros'",[20] relembrou um antigo funcionário da X.com.

Um dos alvos online da equipe era o NetBank, que fora fundado em 1996 e se anunciava como o banco digital do futuro. Em meados de 1997, a empresa abriu seu capital a US$12 por ação; em 1999, o preço das ações do NetBank já tinha atingido um valor sete vezes maior. Apesar desse sucesso, Ho se lembra do tom confiante no escritório da X.com: "Vamos acabar com eles."[21]

Porém, isso era mais esperança e publicidade do que um plano em si. "Basicamente, chegamos a essa conclusão — e isso não é bonito de dizer — pensando que aqueles caras do banco não sabiam de nada. Podiam até entender de bancos, mas não entendiam nada de tecnologia nem de atendimento ao consumidor"[21], disse Ho. Em parte, era uma resposta aos comentários do fundador do NetBank: "Somos um banco e somos regulamentados. A Amazon.com — ninguém nem olha para os índices deles"[22], disse ele a um repórter em 1998. O fundador do NetBank queria que o mundo soubesse que sua empresa era um banco genuíno, e não mais um desses digitais fraudulentos. Para reforçar esse argumento, o NetBank tinha sede na Geórgia — não no Vale do Silício.

Para Musk e a X.com, isso provava que o NetBank e seus outros concorrentes no mercado de bancos digitais não eram "antenados" o bastante. Já a X.com, era — e os derrotaria ao entrar rápido no mercado, diminuindo as taxas e os limites mínimos e conquistando agressivamente os consumidores. Para alcançar uma entrada rápida no mercado, a equipe optou por trabalhar com fornecedores terceirizados, usando softwares existentes que já eram licenciados e aprovados por bancos tradicionais — e, em seguida, criando produtos com base nesses códigos. "A desvantagem é não ser proprietário do software principal, mas a vantagem é não se preocupar com todas as questões de contabilidade e regulamentação"[23], lembrou Ho.

■ ■ ■

Mesmo adaptando um software terceirizado, a X.com logo caiu em um inferno burocrático. Linhas de crédito, adiantamento de dinheiro, hipotecas, títulos, venda de ações e até mesmo o estoque de dinheiro eram todos sujeitos a leis federais e estaduais complexas, comandadas por agências muito antigas como a FDIC, que não estavam nem um pouco acostumadas a lidar com executivos do Vale do Silício que preferiam jeans a roupas sociais.

A equipe contratou a firma de advocacia Dechert Price & Rhoads para cuidar dessas questões de regulamentação, mas, mesmo com esse suporte, enfrentou adversidades. E o CEO da X.com ter assumido o compromisso de revolucionar as finanças — integrando todo tipo de serviço financeiro em um só lugar — dificultava ainda mais as coisas.

A revolução não se dava bem com regulamentações. Musk queria fundir as operações de varejo com as de investimento, por exemplo, algo que, segundo a Lei Glass-Steagall de 1933, era explicitamente proibido. Foi só em abril de 1999 que foi introduzida uma lei que permitia misturar as duas entidades, e ainda demorou alguns meses para o presidente Bill Clinton a sancionar.

Para Musk e outros, as leis feitas durante a Grande Depressão não combinavam com o boom da economia digital. "O mais frustrante é que a regulamentação normalmente não faz sentido. É possível tentar convencê-los de que essas regras não fazem sentido algum, mas eles não escutam"[24], diria Musk mais tarde. (Já na sua época na SpaceX, Musk iria propor uma solução para esse problema em um futuro governo em Marte, sugerindo que todas as leis marcianas incluíssem uma cláusula de caducidade automática.*)

Na época, Musk decidiu que a X.com deveria seguir em frente. "Não podemos ter medo de fazer alguns sacrifícios ao longo do caminho"[25], disse ele a Payne. O advogado da empresa apoiou Musk, supostamente dizendo à equipe que, quando a hora chegasse, eles abordariam as autoridades competentes.

Segundo o advogado, o segredo era arrecadar recursos de *venture capital* — e só depois arrumar os detalhes. "Quando nos deparamos com o dilema que tínhamos em relação a não passar uma imagem falsa a potenciais investidores de *venture capital*, [Johnson respondeu que] 'A caça está quase no papo. Não a assuste. As empresas mudam de plano o tempo todo'"[26], lembrou um antigo funcionário da X.com.

Os veteranos das finanças que estavam na equipe ficaram preocupados com essa estratégia. Nesse setor, eles bem sabiam que regulamentações não deveriam ser ignoradas. "São requisitos em relação ao capital, aos relatórios, à privacidade — e assim por diante. Precisamos ser responsáveis e sensatos nesse setor, que é regulamentado"[27], disse Payne. Alguns antigos funcionários começaram a ficar cada vez mais preocupados, temendo que

* "Muito provavelmente a forma de governo em Marte seria uma democracia direta, e não representativa. Então seriam pessoas votando diretamente nas questões. E acho que seria melhor assim, pois a corrupção diminuiria substancialmente em uma democracia direta em comparação com a representativa. Então acho que provavelmente aconteceria isso. Eu recomendaria alguns ajustes por causa da inércia das leis. Seria uma decisão sábia. Deveria ser mais difícil aprovar uma lei do que revogá-la. Provavelmente seria bom. As leis vivem infinitamente, a não ser que sejam derrubadas. Então minha recomendação seria que, para ser aprovada, uma lei precisaria de 60% dos votos, mas que, para ser revogada, 40% seriam suficientes. E toda lei deveria vir com uma cláusula de caducidade embutida. Se não for boa a ponto de ser aprovada de novo... Essa é minha sugestão. Uma democracia direta em que seja um pouco mais difícil aprovar leis do que revogá-las e em que as leis não existam automaticamente para sempre", elaborou Musk na Recode Code Conference de 2016.

a companhia e seus executivos enfrentassem problemas legais caso não respeitassem as regras financeiras.

■ ■ ■

Fricker e Musk, principalmente, começaram a bater de frente — um conflito que definiu vários dos primeiros meses da X.com. Além da estratégia regulatória de Musk, Fricker se opunha à contratação de uma firma de relações públicas para gerar manchetes a favor da jovem empresa e ao uso dos ativos de Musk para adquirir o domínio X.com. Para ele, eram despesas extravagantes que não contribuíam para o avanço do principal trabalho da empresa. Já para Musk, eram custos essenciais para que conseguissem competir com sucesso em um mercado saturado.

Fricker também ficou desconcertado quando Musk prometeu que a X.com lidaria com tudo do mercado financeiro. "A descrição não condizia com a realidade; ela afirmava que estávamos fazendo dez vezes mais do que realmente estávamos. E, se eu estava frustrado, era porque queria algo desenvolvido, regulamentado e produtizado. Quanto mais descrevíamos o que íamos fazer, mais difícil se tornava o projeto de cumprir o prometido"[28], disse.

Fricker tentou reduzir o escopo de atuação da companhia. Em sua concepção, a X.com seria bem-sucedida se focasse dois serviços específicos: unir ofertas de bancos tradicionais a fundos de índice e oferecer consultoria financeira. Nem é preciso dizer que Musk não foi muito receptivo. De seu ponto de vista, essa estratégia cortava as asas da X.com sem necessidade. A consultoria financeira também adicionaria um elemento humano de custos e mão de obra intensiva a uma empresa que, na visão de Musk, deveria ser essencialmente digital.

Fricker e Payne testaram modelos de crescimento e receita para a empresa, mas a conta não parecia fechar naquele modelo de hipermercado financeiro. "Era tudo um pouco bizarro para mim. O treinamento que recebi em Wall Street fora muito clássico. Muito baseado nos fatos. Muito numérico. Muito fundamentado em planilhas e em uma espécie de complexidade forçada quanto às previsões sobre o futuro. Era tudo muito lógico e mecânico, especialmente em relação ao que eu entendia de analisar riscos e oportunidades"[29], disse Payne.

Para Musk, as contas não fechavam porque as premissas utilizadas nos modelos eram falsas. "Mais importante que o exercício matemático era a história, e Elon era muito bom — como ainda é hoje — em apontar para o futuro e dizer *o objetivo está ali, eu sei que está, e é para lá que devemos ir.*" Mesmo no super-racional Vale do Silício, uma visão valia tanto quanto dados. "Há um motivo para os empreendedores bem-sucedidos no mundo da tecnologia ganharem tanto — é porque a fronteira entre *construir a fábrica, criar o produto e vendê-lo* não é uma linha reta", explicou Payne.

Fricker foi ficando cada vez mais frustrado com a equipe de engenharia comandada por Musk — especificamente por causa da sua indisposição a entregar até mesmo o produto preliminar. Para os engenheiros da X.com, o trabalho nunca estava "incompleto", mas "em progresso". Programar, assim como escrever, era cheio de pausas e incertezas — oferecia menos garantias do que muitos pensavam. "Não é linear, você pode gastar três horas indo para um lado e pensar *ah, droga,* e não vai querer contar para ninguém que acabou em um beco sem saída"[30], disse Ho.

Mas esses becos sem saída eram importantes: na Zip2, Musk aprendeu que em uma startup de sucesso não se trata apenas de sonhar com as ideias certas, mas, sim, de descobrir e descartar rapidamente as erradas. "Você começa com uma ideia, que, em grande parte, está errada. Então, você a adapta e a refina continuamente, atentando-se às críticas. Depois, inicia uma espécie de autoaperfeiçoamento contínuo... fica entrando em um loop que diz: 'Será que estou fazendo algo de útil para os outros?' Porque é isso que uma empresa deve fazer"[31], discursou ele anos mais tarde. Ser preciso demais nos planos iniciais, acreditava, pode acabar com esse loop iterativo de modo prematuro.

■ ■ ■

Já Fricker tinha crescido em meio às finanças. A precisão marcava presença em todas as facetas da sua vida. Ele chegava cedo ao escritório da X.com — os mercados financeiros abriam às 6h30 PST (Fuso Horário do Pacífico, em português) e, a essa hora, já estava dando duro no trabalho. Por outro lado, Musk tinha o hábito de terminar o dia de trabalho às 3h ou 4h, cochilando no chão do escritório — só algumas horas antes de Fricker chegar.

Para Fricker, isso mostrava que Musk estava desconectado da companhia, mas, para Musk, trabalhar até tarde era procedimento padrão em startups. Essa se tornou outra fonte de conflito entre os dois. As tensões acumuladas acabavam se manifestando nas reuniões, alimentadas pelas personalidades intensas e impacientes da dupla.

Alguns funcionários ficavam confusos com os conflitos. Ed Ho, por exemplo, ficou perplexo ao ver a velocidade com que as coisas desandaram entre Fricker e Musk: "Sempre que eles começavam a brigar, eu perguntava: *Por que essa hostilidade toda? Vocês não são amigos?*"[32] Outros não ficavam tão surpresos. Os dois já tinham assumido posições de liderança no passado e eles não eram muito bons em dividir o poder que antes monopolizavam. "Nunca iam conseguir ter sucesso trabalhando juntos"[33], concluiu Payne no início de seu relacionamento profissional com eles.

Fricker não gostou do comportamento de Musk, considerando-o falta de comprometimento com a X.com, mas tentou consertar as coisas. Em 9 de maio de 1999, ele escreveu um longo e-mail para Musk que terminava com a seguinte frase "Elon, por favor, volte a trabalhar conosco nas trincheiras da X. Por mais inteligente que você seja, nós também somos, ao menos o suficiente para sabermos quando não está totalmente comprometido com a causa — é essa a maldição dos parceiros competentes"[34]. Ele relembrou Musk que a oportunidade de trabalharem juntos o motivara a se mudar para a Califórnia.

Musk respondeu com cortesia — mas rejeitou a premissa proposta por Fricker de que ele estaria dormindo no volante. "Falou bonito, mas acho que você pode ter me interpretado mal, em parte. Sempre estou pensando na X, é o padrão para mim, até quando estou dormindo — é a minha natureza obsessiva e compulsiva. Só quero ganhar, e de um jeito grandioso", respondeu Musk. Ele sugeriu que os dois jantassem juntos, assinando o e-mail da seguinte forma "Seu amigo e parceiro, Elon".

Durante os meses de maio e junho de 1999, os conflitos continuaram a aumentar. "Houve discussões acaloradas"[35], disse Ho. A equipe da X.com se dividiu em dois grupos: os veteranos do Vale do Silício — Musk e Ho — e os veteranos das finanças — Fricker, Payne e Dixon. De acordo com várias testemunhas, em julho de 1999, o grupo financeiro tentou mudar a estratégia da empresa — e destituir Musk do posto de CEO.

Durante esse período, Peter Nicholson recebeu, já tarde da noite, um telefonema de Musk. Seu antigo estagiário estava descontrolado, dizendo-lhe que Fricker estava tentando expulsá-lo da empresa. Ele pediu a ajuda de seu mentor para "consertar as coisas"[36]. O mentor não se envolveu formalmente com a X.com em nenhum momento, mas por estar preocupado com seus protegidos, que ele mesmo apresentara alguns anos antes, Nicholson garantiu a Musk que entraria em contato com Fricker no dia seguinte.

Nicholson se lembra de ouvir seu outro pupilo dizer: "A equipe que criamos está tendo muita dificuldade em lidar com o estilo de gerenciamento de Elon." Fricker temia que os funcionários pedissem demissão em massa. Ele também disse a Nicholson que Musk era brilhante, que tinha ideias visionárias, "mas precisa ser algo que dê para executar".

Nicholson foi sábio e optou por ficar fora desse conflito. "Decidi naquele momento que não havia por que eu me envolver. Eu gostava muito dos dois, muito mesmo. Tinha muito respeito por eles. Não faço ideia de como eram as intrigas, muito menos de como era o dia a dia naquela startup."[36]

Com ou sem o mentor, a situação chegou a um momento crítico. Musk ainda detinha a maior parte da X.com e, no clímax desse drama, ele convocou uma reunião com Fricker e com o advogado da empresa. Os outros funcionários deixaram o escritório antes do que previram ser uma discussão calorosa. "Sabíamos que tinha alguma coisa acontecendo. Saímos porque não queríamos ficar espiando"[37], disse Payne. Assim que foram embora, os gritos começaram.

No final das contas, Musk demitiu Fricker. Foi uma demissão brutal: um dia, ele chegou ao escritório e viu que seu computador tinha sido formatado e seu acesso aos arquivos da empresa, suspendido.

■ ■ ■

O cofundador Chris Payne ficou pasmo. "Quando tudo desmorona, você fica quebrando a cabeça e pensando: *O que diabos acabou de acontecer?*"[37], disse. No caos que se seguiu, houve boatos de que Fricker estava abrindo uma nova empresa — e que queria empregar boa parte da equipe da X.com.

Para evitar essa situação, Musk se encontrou com os funcionários restantes da X.com, pedindo-lhes que ficassem na empresa e lhes prometendo ações adicionais caso concordassem. "Elon reuniu todo mundo na sala de reuniões e basicamente falou: 'Olha, vocês estão dentro ou fora? Porque se estiverem dentro, é para valer, e vamos construir isso aqui'"[38], lembrou o engenheiro Doug Mak. Chris Chen recordou que, em seu tête-à-tête com Musk, o CEO da X.com enfatizou que as ações adicionais iriam "valer muito um dia"[39].

Musk tentou persuadir Payne a ficar na empresa — um gesto que o agradou. "Ele foi muito aberto e queria que eu ficasse"[40], disse Payne. Ele sempre teve interações positivas com Musk, mas se sentia leal a Fricker, que o incentivara a se mudar para a Califórnia. Por respeito, achou melhor sair.

O cofundador Ed Ho também deixou o cargo — apesar de ter sido recrutado por Musk. "Ed ficou meio abalado"[41], disse Musk. De acordo com o próprio Ho, ele "adorava trabalhar com Elon"[42], mas tinha se exaurido ao presenciar meses de brigas internas. Ele também se desiludira com o roadmap de produtos da X.com — a ideia de "pegar o software de outra pessoa e incrementá-lo"[42] não lhe agradava. Ho chegou a pensar em participar da nova empreitada de Fricker, mas, no fim das contas, acabou criando sua própria startup.

Vários outros funcionários ficaram do lado de Musk, inclusive Doug Mak, um engenheiro que deixara a IBM para entrar na X.com algumas semanas antes da explosão. Com a saída de três quartos dos cofundadores, Mak ficou pensando se tinha feito a escolha mais sábia. Foi o discurso de Musk que o persuadiu a ficar — e lhe deu esperança quanto ao futuro da companhia. "Elon tinha alguma coisa que me dava a certeza de que... se ele vai fazer algo, apostará até o último centavo do próprio dinheiro nisso. Ele quer revolucionar as operações bancárias. E vai conseguir"[43], disse Mak.

A quinta funcionária a ser contratada na X.com, Julie Anderson, também ficou na empresa. Nascida em Iowa, Anderson chegou à Região da Baía após o Corpo da Paz rejeitar sua candidatura por causa de um problema que tinha na coluna. Ela entrou na equipe tecnológica do Deutsche Bank como analista júnior, trabalhando sob as ordens de Frank Quattrone, e ingressou justo quando o banco começou a subscrever IPOs de empresas de tecnologia, inclusive Netscape, Amazon, Intuit e muitas outras.

Anderson e seus colegas trabalharam sem parar durante os dois anos seguintes, quando a internet se estabeleceu. Mas essa animação inicial deu lugar a um burnout. "Eu olhava ao meu redor, e todo mundo parecia ter câncer muito cedo"[44], disse Anderson. Ela saiu do Deutsche Bank e se tornou aprendiz de um vidreiro em uma garagem em San Mateo. Quando suas economias acabaram, uma amiga comentou que conhecia uma pessoa que tinha acabado de vender uma empresa e que estava abrindo outra. Anderson se apresentou para Musk por e-mail, e foi almoçar no Empire Tap Room em Palo Alto com os quatro membros da equipe da X.com — Musk, Fricker, Ho e Payne.

Dos quatro, sobrara um, e Anderson escolheu ficar com Musk. No Deutsche Bank, ela presenciou a alta rotatividade de executivos em startups que se preparavam para abrir o capital. "Isso acontece o tempo todo, e é muito raro que as mesmas pessoas fiquem na empresa do começo ao fim. Encontrar alguém com a personalidade certa é muito difícil"[45], disse Anderson.

Assim como era o caso de Mak e Chen, Musk a inspirava. "Eu gosto de acreditar em alguma coisa, e Elon sempre falava em mudar o mundo ou em fazer algo de bom para a humanidade", relatou. Anderson também gostava das manias dele. "Quando estava com um problema difícil para resolver — ao menos naquela época —, ele ficava um tempão olhando para o computador, como se estivesse lendo ou fazendo alguma coisa, mas não acho que estava lendo. Estava só pensando. Ou esperando a resposta chegar", lembrou ela.

■ ■ ■

Vinte anos depois, Musk só mencionou brevemente o caos inicial da X.com, chamando-o de "um mero episódio" na história do PayPal. "Startups sempre são dramáticas", disse.

Harris Fricker se mostrou arrependido com o resultado. "Eu teria agido de um jeito completamente diferente"[46], confessou. Ele acreditava que deveria ter sido mais aberto à estratégia de Musk — atrair investidores e a imprensa com uma visão do que a empresa poderia ser, e não com o que já tinha sido construído. "Eu errei porque devia ter deixado de lado o meu julgamento tradicional e percebido que o proposto não era tão fora da realidade assim."

O maior arrependimento de Fricker era na esfera pessoal. Musk e ele foram mais do que colegas de trabalho; foram amigos. "Uma das minhas maiores decepções da vida profissional foi ter acabado com a nossa amizade. Nunca falamos disso", relatou. Depois de se separar da X.com, Fricker tentou fundar uma startup de consultoria financeira, a whatifi.com. Quando a tentativa fracassou, ele voltou ao Canadá e encontrou novamente o sucesso, trabalhando como executivo financeiro e chegando a atuar como CEO na GMP Capital.

Em retrospecto, o mentor de Musk e Fricker, Peter Nicholson, percebeu que uma ruptura talvez fosse inevitável. "Eram dois talentos colossais, como o Titanic. Ou talvez um fosse o iceberg — e o outro, o navio"[47], disse.

5

OS *BEAMERS*

A Fieldlink — a startup de segurança de Levchin — precisava de um CEO. Ele chegou a considerar fazer o trabalho ele mesmo, mas decidiu que preferia ficar no papel de CTO. Descrevendo-se como "um engenheiro de engenheiros", Levchin achava que suas qualidades apontavam mais para a programação do que para o gerenciamento da empresa e a captação de investidores.

Mas se não fosse ele, quem seria? Levchin não tinha facilidade com networking, e seus contatos no Vale do Silício eram poucos. Ele pedira a Luke Nosek para apresentá-lo a alguns candidatos, mas não se deu com nenhum deles. John Powers entrevistou dois candidatos da Kellogg School of Management, e ambos pareciam promissores. A Fieldlink fez algumas ofertas; e ambos recusaram. "Não tínhamos muito dinheiro, e [os candidatos] queriam salários acima de US$100 mil, que não chegávamos nem perto de cobrir"[1], lembrou.

Só restou Peter Thiel — "O único conhecido que não estava ocupado no momento e podia ser CEO."[2] Apesar de seu investimento, Thiel não havia buscado um papel maior na empresa, mas Levchin o vira resolver com primor a questão da saída de Powers. Levchin ligou para ele de seu "tijolão" e perguntou de cara: Thiel consideraria se tornar CEO da Fieldlink?

De início, Thiel não mostrou interesse. "[Ele] ficou bufando, como de costume. Não foi bem uma coerção, mas precisei me esforçar para convencê-lo", lembrou Levchin. Thiel queria o sucesso da Fieldlink, mas não tinha interesse nas responsabilidades administrativas que vinham com o cargo — preferia se concentrar nos mercados e no dinheiro.

Mas Thiel também via valor na experiência operacional — passar um tempo na cadeira de CEO poderia aperfeiçoar seus instintos de investidor. Então, ele propôs um meio-termo: ficaria como "CEO de transição" até que a empresa se estabilizasse. Depois, sairia do cargo, continuando como conselheiro e deixando que outra pessoa conduzisse os negócios. Levchin concordou.

Thiel telefonou para Ken Howery, seu primeiro funcionário, e contou sobre a posição na Fieldlink. Howery expressou sua preocupação, temendo que o novo cargo fosse o fim da Thiel Capital Management[3]. Mas Thiel o acalmou, propondo que trabalhasse com ele na Fieldlink durante o dia e que os dois continuassem a administrar a empresa de investimentos durante a noite e nos finais de semana — e foi o que eles fizeram.

■ ■ ■

Como novo CEO da Fieldlink, Thiel colocou mais pressão para lançar a empresa. Examinando o mercado, ele percebeu um problema iminente — parecia que estava nascendo uma startup por minuto. Ele enfatizou que era necessário serem rápidos — para contratar funcionários, arrecadar fundos e lançar produtos. Um dia, pressionou Levchin para recrutar mais engenheiros.

— Ora, beleza, mas estou programando agora[4] — Levchin lembra-se de ter respondido.

— Mas você precisa contratar mais engenheiros. Eu não sou o CTO — respondeu Thiel.

— Sim, mas não conheço ninguém.

— Você acabou de se formar em uma das melhores faculdades de ciências da computação do país e não conhece ninguém? — rebateu Thiel.

— Ah, é, acho que conheço algumas pessoas.

Levchin considerou dois de seus antigos colegas da UIUC: Yu Pan e Russel Simmons. Ele já tinha trabalhado com os dois, terceirizando projetos de programação para eles quando estava atarefado.

Após se formar, Yu Pan se mudou para Rochester, Minnesota, para trabalhar na IBM. Mas ele começou a questionar sua decisão depois de sobreviver a seu primeiro inverno em Minnesota. Simmons descreveu a existência vazia de Pan: "Ele ia trabalhar, voltava para casa, jantava arroz com molho de ostra todos os dias e depois ficava jogando videogames online. Era triste demais."[5]

No final de 1998, Levchin apresentou Pan à Fieldlink — e à perspectiva de se mudar para a Califórnia. Apesar da vantagem de um clima mais temperado,

Pan estava desconfiado. Ele tinha ganhado muito dinheiro com os trabalhos terceirizados que Levchin oferecera, mas ainda o via como uma pessoa inconstante. Depois de se formar, Levchin partiu abruptamente para a Califórnia, sem nem avisar Pan e seus outros amigos. Vários e-mails que Pan mandara para ele ficaram sem resposta. "Ele simplesmente sumiu. *O que diabos aconteceu com ele?* Ainda vai me pagar pelo serviço? Fiquei com a seguinte impressão: 'Max não é confiável'"[6], Pan lembra de ter pensado.

Levchin o acalmou, garantindo que a Fieldlink era uma empresa real, que tinha investidores — e que ele não sumiria dessa vez. De início, Pan negou de cara: "Eu falei: 'Nem f******, não vou sair daqui. Essa é a coisa mais idiota que já ouvi. Não vou confiar em você'." Mas Levchin insistiu, evidenciando as vantagens de trabalhar em uma startup, do clima ameno de Palo Alto e da vibrante temporada de frisbee local.

Pan foi se convencendo aos poucos, mas havia mais um obstáculo: a família dele. Como era o caso de Levchin e de Thiel, os pais de Pan eram imigrantes. Eles viam o trabalho na IBM como uma oportunidade sólida, estável e conveniente, por ser perto de casa. Para eles, a startup de Levchin era o oposto disso em todos os sentidos: uma empresa desconhecida, administrada por um amigo de faculdade do filho e que ficava longe de Illinois. "Era preciso convencê-los"[6], disse Pan.

Para tanto, ele pediu que Levchin fosse a Chicago. Levchin pegou um voo, foi até a casa de Pan e convenceu a família da oportunidade. Com os pais satisfeitos, Yu Pan aceitou entrar para a Fieldlink como engenheiro sênior.

■ ■ ■

Russel Simmons foi mais fácil de recrutar. Levchin o conhecera enquanto trabalhava nos projetos da ACM. Ele lembrou que, mesmo na faculdade, Simmons se destacava: "Russ é brilhante. Um ponto fora da curva. Tem um QI de gênio. Consegue aprender qualquer coisa que quiser na metade do tempo esperado."[7]

Depois da universidade, Simmons entrou na pós-graduação de ciências da computação da UIUC. "Não tenho muita estratégia na vida e ainda nem tinha cogitado um emprego, então fiquei pensando: 'Será que faço uma pós?' Não tinha interesse no Vale do Silício, em abrir uma empresa ou algo assim"[8], disse.

Quando Levchin o contatou em setembro de 1998, Simmons já estava entediado com o mestrado. Por e-mail, ele confessou a Levchin que estava pensando em sair da faculdade para trabalhar com programação no Texas. Em vez disso, Levchin o convenceu a ir para a Califórnia. "O lugar é massa, você tem que vir para cá e trabalhar com coisas legais"[9], escreveu ele. No final do ano, essas "coisas legais" passaram a se referir à Fieldlink.

Assim como Yu Pan, Simmons lembra que precisou de algumas garantias: "Eu sabia que [Levchin] era inteligente, mas fiquei pensando: 'Esse cara está falando sério? Vou mesmo conseguir um trabalho quando chegar lá?'."[10] Outra preocupação: Levchin disse a Simmons que ele precisaria pagar um valor simbólico para comprar ações da Fieldlink. Apesar de ser um procedimento padrão no mundo das startups, Simmons ficou ressabiado e, tal como Pan, recorreu à mãe. "[Ela] falou: 'Espera aí, você nem recebeu ainda, e estão pedindo dinheiro? Parece furada.'"[11]

Mesmo tendo suas ressalvas, Simmons decidiu tentar a sorte. Ele e Pan fizeram um "pacto Levchin" — se Levchin os deixasse na mão, eles cuidariam um do outro. Além disso, eles não viam grande risco — o mercado no Vale do Silício estava repleto de oportunidades para engenheiros. Pan e Simmons foram para o Oeste, partindo de Chicago no mesmo voo de classe econômica da American Trans Air, e Levchin os recebeu no aeroporto.

■ ■ ■

Enquanto Levchin se esforçava para recrutar novos funcionários, Thiel fazia o mesmo. Fora Ken Howery, Thiel convidou também Luke Nosek para entrar na empresa. Assim como Pan e Simmons, Nosek estava relutante. Para começar, ele já estava desenvolvendo uma nova startup após o fim da Smart Calendar: uma plataforma online de apostas e atualidades, uma espécie de mercado de futuros para ideias. Thiel desaconselhou Nosek quando ele mencionou o assunto, avisando que havia uma densa regulamentação quando se tratava dos mercados de apostas e de valores mobiliários. Thiel lhe dissera que, em vez disso, era melhor entrar na Fieldlink.

Nosek não tinha certeza. "Eu achava que trabalhar com segurança de dispositivos móveis era uma ideia muito chata e meio burra"[12], confessou. Thiel e Levchin lhe disseram que queriam insistir até achar algo de especial. O que mais persuadiu Nosek foi a química da equipe, que agora tinha três membros — Levchin, Pan e Simmons —, todos velhos conhecidos da faculdade. "Decidi trabalhar nisso porque tive a sensação de que, juntos, faríamos algo incrível. Mesmo que fosse algo completamente diferente, eu ainda ia querer trabalhar nesse grupo", disse Nosek.

Nosek estava dentro — mas Levchin levantou uma questão fundamental: o que exatamente Nosek *faria*?[13] Seu colega de graduação entendia de tecnologia, mas não era uma estrela da programação. Quando Levchin levou essa dúvida a seus amigos, Scott Banister, outro ex-aluno da UIUC, achou a solução: "Está na cara. Ele vai fazer 'Lukices'."

Com o tempo, "Lukices" se tornou um conceito abstrato — Nosek tinha uma enxurrada de ideias contraintuitivas, a maioria relacionada ao marketing ou à captação de clientes. "Luke era uma dessas pessoas que saía por aí e topava com ideias brilhantes. E, de algum jeito, só ele as via. Ele sugeria algo, e nós dizíamos: 'Isso é loucura', e depois acabava sendo uma ideia genial. Ele tende a ver brechas que passam batidas por outras pessoas — quase como encontrar dinheiro no chão, que, por alguma razão inexplicável, ninguém pegou ainda."[14]

Nosek recebeu o título de Vice-presidente de Marketing e Estratégia, e ele, Russ Simmons, Yu Pan e Ken Howery foram todos nomeados cofundadores.

■ ■ ■

O trabalho acontecia nos apartamentos dos cofundadores, na Grant Avenue, 469, até que Howery — encarregado novamente de conseguir uma propriedade — encontrou um escritório na University Avenue, 394. Ele o decorou com os móveis da antiga startup de Nosek e com a coleção da IKEA que Levchin trouxera de Illinois. Howery e Nosek montaram os cubículos à mão. "Foi aí que percebi que Ken sempre arruma um jeito de se divertir. Ele era a pessoa mais animada com o processo de montar o escritório"[15], disse Nosek.

De casa nova, Levchin decidiu que estava na hora de mudar o nome da empresa. Ele nunca tinha gostado muito de "Fieldlink" e resolveu misturar as palavras *confidence* ("confiança", em inglês) e *infinity* ("infinita", em inglês), formando "Confinity". Logo, ele se arrependeu do nome. "Todo mundo com quem conversei sobre isso falou: '*Con* tipo o verbo ("enganar", em inglês)? Tipo, uma empresa que vai enganar as pessoas e ficar com o dinheiro delas?' Foi a última vez que escolhi o nome de uma companhia"[16], lamentou Levchin.

Bem ou mal, a mudança de nome refletia uma reorientação estratégica. No passado, o foco da Fieldlink era conectar aparelhos móveis com segurança, seguindo o trabalho de consultoria de Levchin e Powers e o produto de Levchin, o SecurePilot. Mas, quando Levchin e Thiel começaram a investigar, a Fieldlink já não era a única empresa do ramo de segurança de aparelhos móveis.

Levchin já estava há anos tentando cair nas graças da 3Com — empresa-mãe do PalmPilot. Ele participava regularmente das conferências da empresa e se tornou o 153º desenvolvedor registrado do PalmPilot. Também tinha feito amizade com Griff Coleman, gerente de produtos da Palm que cuidava das soluções empresariais. O objetivo de Levchin era fazer a companhia mudar seu código base, de modo que suportasse o software de segurança que ele desenvolvera.

A certa altura, Levchin arriscou uma abordagem. Ele compareceu à conferência de desenvolvedores no escritório da 3Com e seguiu o CEO da Palm, Jeff Hawkins, depois que ele terminou sua palestra. Levchin o abordou, pedindo carona. Hawkins concordou, achando que ele era um funcionário perdido da 3Com. Levchin deu direções vagas de modo a alongar o trajeto, mas, depois de algumas voltas confusas, Hawkins chegou ao seu limite e perguntou: "Posso deixar você aqui?"[17]

"Podemos só conversar rapidinho sobre a segurança que seu sistema operacional vai requerer muito em breve?", respondeu Levchin gentilmente.

Segundo ele, Hawkins lhe contou que a Palm já tinha fechado com uma empresa canadense chamada Certicom para cuidar de sua segurança. "Pensei: *Ai, caramba, eles já tem gente trabalhando nisso*"[17], disse Levchin.

Também havia outros sinais preocupantes. Levchin e Thiel estavam tendo dificuldade em convencer seus clientes corporativos de que era necessário investir na segurança de dispositivos móveis. "Percebemos que, apesar de ser tudo muito lógico na teoria, a mudança para esses dispositivos não era iminente. Era como se fôssemos os primeiros cristãos do século I já se preparando para a volta de Cristo. Ficávamos esperando... Pensando: 'A qualquer momento, aparecerão milhões de pessoas implorando por segurança para seus dispositivos móveis.' Só não acontecia."[18] A empresa precisaria mudar seu curso.

■ ■ ■

O plano inicial da Confinity teve sucesso em um sentido muito importante: conseguir investidores. Em fevereiro de 1999, a equipe fechou uma rodada de investimento que arrecadou US$500 mil[19], a maioria paga pela família e pelos amigos. A empresa de Thiel[20] contribuiu com US$240 mil, e Scott Banister, com US$100 mil. As famílias também ajudaram: US$35 mil vieram dos pais de Thiel, e US$25 mil, dos de Ken Howery. Outros US$50 mil vieram de amigos de Thiel: US$25 mil de Edward Bogas, músico e jogador de xadrez de São Francisco, e US$25 mil de Norman Book, colega da Stanford e cofundador do *Stanford Review*.

Os últimos US$50 mil foram um investimento da firma Gödel Capital. Administrada pelos australianos Peter Davison e Graeme Linnett, ela tinha acabado de estrear no cenário tecnológico dos Estados Unidos. Com poucas conexões, Davison e Linnett "saíram em busca de negócios não muito cabulosos"[21], como disse Linnett. "Eu não sabia nada de startups, nunca tinha investido, e queríamos ser investidores de *venture capital*"[22], apontou Davison. A Confinity foi o primeiro acordo de investimento de *venture capital* da Gödel, que só concordou em fechar o negócio depois de Thiel acrescentar uma cláusula de cancelamento de contrato com prazo de duas semanas.

Em 26 de fevereiro de 1999 — um dia *depois* de fechada a rodada de investimento —, a Confinity enviou a Davison, Linnett e aos outros investidores um documento de dezoito páginas detalhando uma mudança de estratégia. Vender produtos de segurança de dispositivos móveis de empresa para empresa não estava funcionando; em vez disso, a companhia queria pivotar, apelando aos consumidores. A Confinity lançaria a "Mobile Wallet", uma "carteira móvel" para dispositivos portáteis, em uma tentativa de tornar obsoletas as carteiras físicas. A Mobile Wallet protegeria informações financeiras e permitiria aos usuários enviar dinheiro e embarcar no e-commerce — tudo isso de seus PalmPilots.

Enquanto modelo para o futuro dos dispositivos móveis, o plano de negócios de fevereiro de 1999 da Confinity foi melhor do que o esperado. A companhia planejava aproveitar o crescimento dos mercados de computadores portáteis e de finanças digitais. "Atualmente, o mercado de computadores portáteis se parece com a internet de 1995 e o mercado de computadores de mesa de 1980. Novas aplicações e custos baixos são demandas que estão passando de um grupo central de profissionais de tecnologia para o público em geral"[23], afirmava o plano.

Teoricamente, o número crescente de dispositivos portáteis aumentaria também o uso da Mobile Wallet, e mais usuários instalariam a carteira móvel, influenciados por seus amigos e sua família que já a teriam instalado. O plano de negócios previa a pergunta óbvia: "Como a rede da Confinity surgirá se seu valor para os consumidores depende da existência prévia de toda a rede?" A equipe desenvolveu duas abordagens para lidar com essa tautologia: uma *top-down* e outra *bottom-up*. Na primeira, a Confinity encontraria negócios e consumidores em potencial, fazendo deles os seus alvos. Na segunda, os usuários seriam fundamentais para convidar membros de suas próprias redes. "A Confinity combinará essas duas abordagens, mesmo que tenha uma ênfase inicial muito maior no segundo modelo", escreveram seus fundadores.

Então, acreditava a empresa, só faltaria ocupar o mercado — e mantê-lo em seu domínio. Era só uma questão de escalar e conectar fornecedores e distribuidores, criando cartões de crédito e oferecendo operações bancárias digitais, *et voilà*: "Com o crescimento da rede da Confinity, o custo da transição ficará extremamente caro para outras empresas de autentificação, o que criará uma barreira eficiente, bloqueando novas entradas." A companhia buscava um investimento de US$4 milhões para concretizar essa visão, construindo a equipe e o produto, que estava para ser lançado seis meses depois, em agosto de 1999.

Na época de elaboração desse plano, a Confinity não passava de seis pessoas, US$500 mil, um escritório alugado em cima de uma padaria e alguns móveis da IKEA — mas a equipe sonhava alto com o retorno no mercado de ações. Quando a Mobile Wallet se tornasse ubíqua, "a estratégia de saída padrão da Confinity consiste em ser adquirida por uma instituição financeira ou empresa de tecnologia, que estaria mais apta a aproveitar nossa rede de clientes."

Ou então, a alternativa: "Explorar o potencial da plataforma de e-finance de maneira agressiva e bem-sucedida poderia transformar a Confinity em uma instituição financeira global, oferecendo um conjunto completo de serviços bancários aos consumidores. Nesse cenário, a empresa chegaria a um IPO."

■ ■ ■

No plano, o preâmbulo às biografias dos fundadores oferecia uma amostra do que Thiel e Levchin achavam das equipes de startup na época:

> Ao reunir os fundadores da Confinity, nós nos guiamos por duas considerações primordiais. A primeira é identificar pessoas altamente talentosas, com personalidades diversas, de modo que todas sejam capazes de se encarregar de diferentes tarefas de negócios e tecnologia. A segunda é formar um grupo que trabalhe bem em equipe. Todos os fundadores da Confinity trabalharam com pelo menos um dos outros fundadores em algum momento de suas trajetórias. Como resultado, estamos cientes das qualidades e dos defeitos de cada um dos membros da equipe principal. Sabemos os pontos fortes de cada um e, com isso, conseguimos melhor alocá-los nas diversas tarefas. Essa história comum dos membros permite à Confinity trabalhar com eficiência e velocidade.[23]

Mais tarde, em seu papel de investidor e conselheiro, Thiel enfatizou a importância de a equipe ter uma "pré-história"[24] — os laços profissionais e afetivos que antecedem o início da empreitada. Ao menos para Levchin, a pré-história da Confinity era muito longa. Nosek, Pan e Simmons eram seus amigos de Illinois; outros funcionários do início da empresa também vieram dessa rede e dos contatos de Thiel. É claro que essa abordagem também tinha suas desvantagens. Trabalhar com amigos era arriscado porque poderia criar uma monocultura fechada e excludente e também porque dificultava as demissões.

Mas, na visão de Thiel, era difícil construir a confiança em uma equipe, e contratar amigos já garantia esse aspecto. Um dos antigos funcionários, David Wallace, lembrou: "Um dos efeitos de recrutar funcionários a partir dessa rede era que acreditávamos que todos ali eram suficientemente inteligentes e que dariam o seu melhor pelo sucesso da empresa. Poderíamos funcionar bem mais rápido do que muitas outras empresas que levavam um mês para se comunicar com todos os envolvidos até transmitir a mensagem pretendida."[25] A confiança acelerava os processos.

Wallace, que tinha uma personalidade tranquila, também sentia um certo "nível de conforto" ao se expressar na Confinity. "Se eu estivesse entrando em um lugar em que não conhecia ninguém, não falaria tanto como falava."[25]

O engenheiro Santosh Janardhan só entrou na equipe do PayPal em 2001, mas logo aprendeu que os líderes confiavam até mesmo nos recém-contratados. Nas primeiras horas do seu primeiro dia de trabalho na equipe de banco de dados, Janardhan recebeu a senha root: "[Seu chefe, Paul Tuckfield] falou: 'Pode brincar à vontade aí e me avise se tiver alguma dúvida.'"[26]

Logo depois, Tuckfield e Levchin, o CTO da empresa, abordaram Janardhan. "Paul e Max chegaram e perguntaram: 'E aí, o que está fazendo?'. [E eu respondi] 'Estou olhando aqui, tentando entender o layout do banco de dados, vendo as tabelas, essas coisas. Estava consultando o banco de dados.' Eles falaram: 'O site saiu do ar. Foi você?'. E eu disse: 'Claro que não'. Aí os dois se entreolharam, disseram: 'Beleza' e foram embora."

Janardhan ficou maravilhado. "Se você parar para pensar, nesses meus primeiros cinco minutos na empresa, eles já me deram a senha root do site. Precisava de muita coragem ou de muita confiança, né? Por outro lado, quando eu disse que não fui eu [que derrubei o site], eles só falaram 'Beleza' e foram embora. Não teve esporro. Não teve 'Deixe eu ver o que está fazendo'. Por mais estranho que pareça, essa situação me fez sentir que eles confiavam em mim."

Janardhan não era um amigo de um amigo nem ex-aluno da Stanford ou da Universidade de Illinois e entrou na empresa já mais tarde. Mas ele também sentiu o poder da contratação com base na confiança. "Eles contratavam pessoas boas, depositavam muita confiança nelas, e então as pessoas trabalhavam em seu próprio ritmo, eles só passavam de vez em quando para garantir que estávamos todos em sincronia. E então continuávamos trabalhando. Foi assim que eles conseguiram aproveitar ao máximo pessoas muito inteligentes."[26]

■ ■ ■

Em vários aspectos, só mais tarde a sabedoria de contratação do PayPal se tornaria aparente — depois que o sucesso da empresa validou o projeto dos primeiros membros. Na época, a lógica dos fundadores era mais prática do que filosófica e motivada mais por conveniência do que por experiência. "Precisamos contratar nossos amigos porque ninguém mais trabalharia conosco"[27], diria mais tarde o futuro COO do Paypal, David Sacks.

De 1994 a 1999, o banco de talentos da internet se profissionalizou. Companhias como Amazon, Google e Netscape, famosas por terem começado em garagens, trailers e dormitórios, agora trabalhavam em escritórios espaçosos. Ofereciam salários generosos, vários benefícios e opções de compra de ações que valiam dinheiro de verdade — e não só na teoria. Elas também tinham condições de contratar empresas de recrutamento e seleção que cobravam caro para captar os melhores talentos do Vale do Silício e de outros lugares.

Em contrapartida, a Confinity ainda não tinha nem reputação, nem produtos e nem força. "Era um desafio, porque, basicamente, era muito difícil recrutar pessoas para uma companhia totalmente inexplorada"[28], disse Thiel. Vince Sollitto estava trabalhando como diretor de comunicações para um senador em Washington, D.C. quando David Sacks o convidou para se juntar à Confinity. Sollitto se lembrou do ceticismo da esposa — e da trégua do casal. "Podemos aceitar. É só não vender a casa [de Washington]. Nós a alugamos e então, se esse negócio acabar em um ano, voltamos para casa. O acordo é esse"[29], ele se lembrou de ouvir a esposa dizer.

A Confinity também estava competindo com inúmeras "empresas totalmente inexploradas" que, durante o boom da internet, se proliferaram — um período de crescimento rápido que levou a uma demanda nunca antes vista por engenheiros de software. Como bem disse Janardhan: "Estando vivo, você tinha trabalho garantido. As coisas estavam nesse nível em 1999."[30]

Esse ambiente forçou Levchin e Thiel a recrutar amigos e contatos próximos. Tomasz Pytel, um dos primeiros engenheiros da Confinity, era um exemplo perfeito disso. Quando eram adolescentes, ele e Levchin se conheceram como Delph (Levchin) e Tran (Pytel), os apelidos que usavam em uma subcultura de arte computacional chamada "demoscene".

Lá, vários programadores competiam para expor gráficos digitais de ponta, e Pytel tinha se tornado uma lenda nessa comunidade por suas visualizações de tirar o fôlego. "Eu tinha muito tempo livre para dedicar [à demoscene], porque eu sempre matava aula. Para falar a verdade, eu não terminei o ensino médio, pois não serviria para nada"[31], disse.

Pytel emigrara da Polônia para os Estados Unidos, e sua iniciação ao mundo dos computadores lembrava a de Levchin em seu rigor:

> Minha mãe me comprou um computador quando eu estava no quarto ano. Era um Commodore 16 com um datasette — não um disco rígido, mas um datasette — que quebrou fácil depois de alguns meses. O que me obrigava a basicamente reescrever do zero tudo o que estava fazendo sempre que ligava a máquina. Então acho que, em questão de praticar programação, talvez seria o equivalente ao treinamento do Rocky Balboa batendo em um pedaço de carne. E, a partir daí, eu viciei.[31]

Na época em que saiu da escola, no segundo ano do ensino médio, Pytel já emendava vários trabalhos de programação para conseguir pagar as contas, inclusive para a empresa de videogames Epic Games.

Anos depois, enquanto viajava pelo país, ele parou em Palo Alto para se encontrar com Levchin, Simmons e Pan. "Ele era um verdadeiro nômade"[32], lembrou Levchin. Pytel chegou ao escritório da Confinity, na Califórnia, com sapatos esfarrapados. "Os dedos do pé estavam para fora"[33], disse Simmons. Mais tarde, os funcionários do PayPal apontaram que os calçados gastos continuaram em uso mesmo com a prosperidade da companhia. ("Eram os sapatos mais confortáveis que tive em um bom tempo, e eu os adorava tanto que usava para ir em tudo que era lugar"[34], lembrou Pytel.)

Sapatos estranhos não eram problema — na Confinity, as excentricidades dos talentosos eram fáceis de perdoar. Levchin se esforçou muito para trazer Pytel para a empresa, e, quando ele aceitou, Simmons e Pan ficaram esperançosos. "Foi um marco ele ter entrado de fato na empresa"[35], disse Simmons. Para Pytel, essa decisão teve bem menos importância. "Nessa época da vida, jovem assim, riscos não são lá grande coisa. É meio *Tá bom, isso parece legal. Vamos embarcar nessa por um tempo*"[36], lembrou ele.

Na época da Confinity, Tom Pytel tinha talento o suficiente para completar o doutorado, mas era rebelde demais para trocar os calçados já gastos. Ele tinha tempo. E tolerava as opiniões da equipe sobre dominar o mundo com carteiras para PalmPilots. Brilhantes, teimosos, disponíveis e dispostos a omitir seu ceticismo — essas qualidades definiam os primeiros funcionários da Confinity, configurando a base de sua cultura.

■ ■ ■

Quase imediatamente, o Mobile Wallet enfrentou o mesmo problema que o software de segurança da Fieldlink no mercado: ninguém tinha grande interesse em trocar sua carteira física por uma virtual. Mesmo programando desenfreadamente, a equipe ainda tinha suas dúvidas quanto à eficácia do Mobile Wallet. Isso levou a uma série de discussões durante o início de 1999, com a equipe refletindo sobre suas criações e considerando alternativas.

A pergunta era mais uma questão lógica do que técnica — que informações estariam melhor protegidas no PalmPilot do que em uma carteira normal? Uma ideia: senhas. Anotar senhas em pedaços de papel e enfiá-los em uma carteira real apresentava o risco de elas serem roubadas. "Se você as guarda no PalmPilot, pode protegê-las ainda mais com uma segunda senha"[37], disse Levchin. Era um conceito promissor e, realmente, antecipava os gerenciadores de senhas atuais. Mas, na época, o mercado de dispositivos portáteis era pequeno, e o de gerenciadores de senhas para PalmPilot, menor ainda.

Para agravar o desafio, senhas não eram nada glamourosas. As empresas digitais da época estavam ocupadas apostando na revolução tecnológica — prometendo de tudo um pouco, de entregar compras em casa a bancar o cupido. Até Levchin admitiu que, em comparação, a proposta do gerenciador de senhas da Confinity parecia sem graça.

O conceito de senhas, apesar de nada bem-sucedido, levantou uma questão de importância vital: Que outros pedaços de papel poderiam ser protegidos? Uma resposta possível era cheques bancários e dinheiro vivo. "A iteração seguinte foi um programa que protegeria com criptografia os termos de reconhecimento de dívida. Era só falar, por exemplo, 'Estou te devendo dez dólares' e inserir a senha"[37], lembrou Levchin. Os termos digitais de reconhecimento de dívida ficariam armazenados até que o usuário conectasse o PalmPilot a um computador, então os pagamentos seriam efetuados.

Basicamente, a Confinity criara cheques digitais primitivos, unindo os dispositivos portáteis às finanças. Mas, tal como aconteceu com as ideias anteriores, termos de reconhecimento de dívida em PalmPilots não chegavam a representar uma inovação decisiva. Quer dizer, isso até a equipe modificar novamente o produto.

Em sua geração de Palm IIIs de 1998, a Palm inseriu um pedaço de plástico vermelho de um centímetro na lateral. A Palm lançou essa porta de infravermelho (IR) para que usuários do PalmPilot pudessem transferir informações, mas, mesmo quando os aparelhos com infravermelho chegaram, ainda não estava claro o que os usuários transfeririam. "Nem todos os aplicativos conseguem usar o recurso de transferência. Mesmo alguns programas integrados, como o Palm Mail e o Expense, não conseguiam transferir itens. Mas, com o passar do tempo, cada vez mais programas adicionais começaram a incluir essa funcionalidade, então já pode ir planejando transferir as criações do seu Palm para um outro"[38], observou o guia *Palm Pilot for Dummies* [Sem tradução até o momento].

As portas se provaram notoriamente propensas a defeitos. "Quando estão a mais de um metro de distância, os dispositivos não se reconhecem e também apresentam problemas de comunicação quando estão a menos de sete centímetros um do outro"[38], concluiu o mesmo guia.

Mas tamanha novidade foi um verdadeiro sucesso para os primeiros usuários, e engenheiros de software encheram fóruns na internet com possíveis casos de uso. "Apesar de não ser poderosa o bastante para servir, por exemplo, como controle remoto para televisão, a porta é compatível com a maioria dos arquivos para transferências entre Palms"[39], escreveu um desenvolvedor. Em seguida, o fórum apresentava um guia extenso explicando como configurar a porta para jogar Batalha Naval.

A porta de IR antecipava um futuro de dispositivos de bolso com comunicação fluida. Mas, em 1999, ela não passava de uma funcionalidade inteligente sem objetivo concreto. No entanto, a equipe da Confinity — os primeiros usuários — tinha um propósito em mente: transferir dinheiro.

■ ■ ■

Imagine a cena: alguns amantes de tecnologia estão almoçando em Palo Alto. A conta chega, e começa a árdua tarefa de dividi-la. Um dos presentes lembra ao grupo que eles têm PalmPilots, com calculadora e o software de transferência de dinheiro da Confinity. Pronto: conta dividida e dívidas pagas.

A Confinity reorientaria a empresa, o software e a proposta, adequando-os à transferência de dinheiro de um PalmPilot para outro. Essa ideia tinha duas vantagens. A primeira era que aproveitava milhares de linhas de código de dispositivos móveis com criptografia já escritas. A segunda era que apresentava algo novo ao mundo. Até então, as portas de IR dos PalmPilots eram usadas praticamente para trocar informações ou afundar navios na batalha naval. Transferindo dinheiro, a Confinity tinha um caso de uso para a porta de IR.

Em retrospecto, Levchin chegou a rir da ideia, dizendo que era "esquisita e boba"[40]. Anos mais tarde, ele brincou com Jessica Livingston, escritora e fundadora da Y Combinator, empresa de capital semente: "O que você ia preferir: pegar cinco dólares e pagar a sua parte do almoço ou tirar dois PalmPilots e bancar o nerd na mesa?" Mas, naquela época, Levchin lembrava-se de ter achado a ideia original: "Era tão estranha e inovadora. O público nerd ficou pensando: 'Uau. O futuro chegou'."

Lauri Schultheis era uma assistente na Wilson Sonsini Goodrich & Rosati, firma de advocacia que Levchin e Thiel contrataram para cuidar da criação e manutenção da papelada financeira da empresa. De início, ela também ficou cética quanto às ambições de seus clientes. "Lembro que pensei: *Essa ideia é estranha. Acho que ninguém vai se interessar, pois essa tecnologia [para PalmPilots] é muito recente*"[41], disse Schultheis. Mesmo com suas dúvidas, ela cumpriu seu dever, registrando os documentos constitutivos da empresa. (Mais tarde, Schultheis deixou a firma de advocacia para entrar no PayPal como gerente e chegou a se tornar vice-presidente da empresa.)

Na perspectiva de Thiel, transferir dinheiro deu uma nova feição à empresa. Aproveitando a tecnologia futurística do momento, a companhia poderia fazer uma proposta de financiamento convincente. O meio milhão de dólares que a Confinity juntara com a ajuda dos amigos e da família dos membros não os levaria muito longe, especialmente agora que tinham mais funcionários. Então, a equipe preparou uma apresentação no PowerPoint, resumindo a evolução do produto.

Transferir dinheiro via PalmPilot, gabavam-se os slides, era uma oportunidade bilionária — "melhor que grana"[42], "melhor que cheques" e "melhor que cartão de crédito". Além disso, o mais importante era que a Confinity iria "captar parte da senhoriagem do Tesouro Nacional dos Estados Unidos"[42]. Senhoriagem é a diferença entre o valor do dinheiro e o custo para a sua produção — um conceito antigo. Se você levasse 100kg de prata para a Royal Mint e ganhasse 99kg de volta em moedas, essa diferença de 1kg é a senhoriagem — um imposto que o rei cobra para transformar prata em moedas.

Thiel levantou a hipótese de que eram as empresas de tecnologia, e não o governo, que poderiam servir de intermediárias — e ficar com esses impostos. Era um conceito um pouco obscuro. "Até hoje, ainda não entendo direito o que ele quis dizer"[43], admitiu Levchin. Mas os números não mentiam: pelas estimativas da apresentação, a senhoriagem era de quase US$25 bilhões por ano nos Estados Unidos. Se a Confinity conseguisse captar apenas 4% desse valor, a companhia receberia US$1 bilhão.

Thiel e Levchin imaginaram um mundo de dispositivos portáteis sem dinheiro vivo, com a Confinity conectando os bancos centrais, as companhias de cartão de crédito e os bancos de varejo. A empresa esperava transformar os PalmPilots na forma de pagamento e de transferência padrão, substituindo o dinheiro vivo e os cheques. Em 2002, se tudo corresse como o planejado, a Confinity estimou uma receita anual de US$25 milhões, contando com o sucesso do Mobile Wallet e dos produtos de transferência*.

■ ■ ■

Por mais convincente que o conceito parecesse, a equipe penou — mais uma vez — para vendê-lo ao público. Em fevereiro de 1999, Levchin compareceu à conferência da International Financial Cryptography Association. A reunião anual aconteceu em Anguilla, uma minúscula ilha no Caribe, e contou com especialistas em estudos de criptografia e moedas digitais. (Até hoje, Thiel, que compareceu à conferência de 2000, tem a teoria de que Satoshi Nakamoto — o misterioso fundador da criptomoeda Bitcoin — estava entre os presentes.)

No evento, Levchin quis testar a recepção de sua ideia de um sistema monetário sem dinheiro vivo, todo digital e baseado em PalmPilots. Os acadêmicos não ficaram nada impressionados — já estavam há muito tempo pensando nesse problema. "O nível de raiva e ressentimento daquelas pessoas era palpável"[44], disse Thiel.

Infelizmente, a Confinity estava anunciando seus conceitos em meio a uma série de fracassos espetaculares no mercado de moedas digitais, incluindo a recente falência da DigiCash. Para os especialistas em criptomoedas ali reunidos, Thiel e Levchin eram intrusos arrogantes e desinformados, alheios à década de esforços vãos que antecipou a sua entrada em cena.

Os acadêmicos não eram os únicos ignorando a Confinity. Mark Richardson era um consultor que tinha conhecido Thiel, ajudando-o a revisar os primeiros planos de negócios e apresentando-o a alguns de seus contatos no mundo dos serviços financeiros. Richardson se lembrou da resposta desdenhosa de um banqueiro da JP Morgan Chase à proposta de transferência de dinheiro: "Ele disse: 'Nós analisamos, testamos, tentamos fazer as pessoas usarem dinheiro

* No final das contas, a estimativa estava errada — a receita foi, na verdade, oito vezes maior.

de outra maneira que não envolva caixas eletrônicos ou cartões de crédito. E muito já foi pensado e feito a respeito disso, inclusive projetos-piloto. Pelo que vimos, as pessoas simplesmente não estão confortáveis em deixar de lado o dinheiro, os caixas eletrônicos e os cartões de crédito'."[45]

Os investidores de *venture capital* também não ficaram nada entusiasmados. Durante o que Thiel batizou de "um processo excruciante"[46], a equipe se apresentou mais de cem vezes — todas as propostas rejeitadas. Os investidores em potencial faziam perguntas sensatas: *As pessoas transfeririam mesmo dinheiro de um dispositivo para o outro? Qual a probabilidade de que quatro pessoas almoçando juntas tenham todas PalmPilots com o Mobile Wallet instalado? Além disso, o que é senhoriagem? A Confinity ganharia mesmo dinheiro? Os lucros seriam "acima do esperado", como disse Thiel?*

Com as rejeições se acumulando, a equipe ia ficando cada vez mais desesperada. Eles começaram a abordar empresas de *venture capital* além do Vale do Silício. Luke Nosek recorreu a seus contatos para conseguir uma reunião com a divisão de *venture capital* da Nokia, empresa europeia de telecomunicações*, a Nokia Ventures.

A reunião com John Malloy, o líder da divisão, começou com o pé esquerdo. Levchin e Nosek chegaram de shorts e chinelos. "Naquela época, não dava para ter essa postura com investidores de *venture capital*"[47], comentou Malloy sobre as vestimentas. A equipe também parecia distraída. "Estavam tão animados com a possibilidade de fazer pagamentos por infravermelho de um dispositivo para o outro que só falavam disso! Estava tentando conversar sério com eles, e foi uma loucura. Eu disse: 'Gente, chega!' Batizei-os de 'os Beamers'"†, disse Malloy.

Malloy trabalhava para a Nokia — uma companhia de dispositivos móveis. Mas, mesmo para ele, algumas das declarações da Confinity ainda pareciam estar longe da realidade. "Peter me fitou e disse: 'Nós seremos o principal sistema de pagamentos da Palm'", lembrou Malloy. Ele se recordou de ter pensado *É verdade isso? Fala sério, cara, que objetivo é esse?* Ainda assim, Malloy e Pete Buhl, seu parceiro na Nokia Ventures, saíram intrigados da reunião. A Nokia já estava rondando os pagamentos em dispositivos móveis, e acreditava no futuro da tecnologia. A Confinity estava no caminho certo.

---

* Coincidentemente, alguns meses antes da reunião de Nosek com John Malloy, John Powers tinha abordado Malloy para tratar da Fieldlink — sem sucesso. "[A Nokia] tinha um monte de ideias boas envolvendo o Palm OS", lembrou Powers.

† "Beamer" pode fazer referência tanto ao infravermelho envolvido nas transferências entre dispositivos quanto ao projetor que utilizavam nas apresentações para arrecadar dinheiro e/ou à animação da equipe. (N. da T.)

Mas o que mais impressionou Buhl e Malloy foi a própria equipe. "Eles tinham uma energia única. Conseguiam se destacar"[47], disse Malloy. Buhl concordou: "Peter era um empresário superinteligente; Max era um técnico genial; e Luke era o cara das ideias."[48] Malloy previu que as ideias da Confinity para o PalmPilot não funcionariam como o previsto, mas que a equipe tinha o potencial para encontrar uma solução bem-sucedida.

Buhl e Malloy demonstraram interesse e fizeram as devidas pesquisas sobre a equipe. Buhl abordou dois professores da Stanford, o Dr. Dan Boneh e o Dr. Martin Hellman, que trabalhavam como consultores técnicos para a Confinity. Boneh era um jovem professor famoso pelos seus trabalhos sobre criptografia de dispositivos móveis; Hellman era conhecido como o inventor da criptografia de chave pública. Eles disseram a Buhl que Levchin era "o melhor". "De certa forma, a verdadeira garantia do negócio era a reputação incrível de Max"[48], disse Buhl.

Malloy organizou o encontro de Levchin com o presidente da Nokia, o Dr. Pekka Ala-Pietilä. Ele não precisava da aprovação de Ala-Pietilä para investir na Confinity, mas queria dar ao presidente a chance de conhecer um dos jovens engenheiros do Vale do Silício — um dos principais objetivos da Nokia ao investir em startups.

No entanto, não foi isso que Levchin entendeu. Ele interpretou a reunião com Ala-Pietilä como um último teste, e não como um mero encontro, pensando que o futuro da Confinity estava em jogo. Além dessa pressão, Ala-Pietilä era o líder de uma das companhias de tecnologia mais famosas do mundo — uma que realmente criou e vendeu tecnologia móvel para milhões de pessoas. Nas semanas que antecederam o encontro, Levchin absorveu todo conhecimento possível sobre dispositivos móveis.

Quando finalmente se encontraram tête-à-tête, Ala-Pietilä já começou com questões técnicas — inclusive perguntando como Levchin conseguia fazer aparelhos de baixa potência como os PalmPilots realizarem cálculos complexos. O jovem bem-preparado[49] resumiu as diferenças entre os diversos padrões criptográficos — os algoritmos utilizados para a segurança de sistemas — e explicou como ele conseguia o máximo de segurança usando uma velocidade de processamento mínima.

Ao chegar à reunião, Levchin pensou que Ala-Pietilä talvez desse um parecer imediato sobre o investimento da Nokia. Mas, ao final da conversa, Ala-Pietilä simplesmente agradeceu Levchin pela presença, o que pareceu preocupante, um banho de água fria. Quando Thiel perguntou sobre o encontro, Levchin respondeu, sincero: "Não sei, acho que fui bem, mas também não saberia dizer se deu errado."[50] Pouco depois da reunião, Malloy recebeu comentários positivos da parte de Ala-Pietilä. A Nokia Ventures começaria os preparativos para investir na Confinity.

■ ■ ■

Na hierarquia de *venture capital* do Vale do Silício, as empresas apoiadas por corporações como a Nokia figuravam perto do final da lista. Na época, a Nokia Ventures apresentava outra desvantagem: a pequena operação que Buhl e Malloy conduziam não tinha histórico de investimentos — sua lista com os IPOs e as vendas de empresas não era nada vasta.

Por isso, a Confinity chegou a flertar com uma oferta de investimento de uma firma mais conhecida. A Draper Fisher Jurvetson (DFJ) obteve certo sucesso com investimentos em internet focados na experiência do consumidor, inclusive uma participação inicial no revolucionário serviço de e-mail Hotmail. Mas, apesar da tentação que sua reputação superior representava[51], Thiel persuadiu a equipe a continuar com a Nokia Ventures, que oferecia mais dinheiro e termos mais favoráveis.

Em 1999, a Nokia Ventures fez sua terceira aplicação, liderando uma rodada de investimento na Confinity que totalizou US$4,5 milhões. O dinheiro contribuiu para a aparência profissional das operações de Thiel e Levchin — agora, eles podiam se gabar por terem apoio financeiro, um roadmap provisório e o próprio conselho.

John Malloy, funcionário da Nokia, ingressou no conselho da companhia e participou ativamente das operações junto à equipe. Ele se veria no centro das mais importantes, sensíveis e controversas situações e assumiria o papel de investidor-terapeuta, fazendo com que tanto executivos quanto funcionários recorressem a ele para desabafar suas preocupações. "John marcava uma ótima presença conosco"[52], disse Scott Banister. Levchin foi mais longe, descrevendo-o como "o herói esquecido da história do PayPal"[53].

O envolvimento de Malloy começou com um mau agouro. Ao telefone, ele e Thiel acertaram os últimos detalhes do investimento, enquanto Malloy estava indo velejar com o presidente da Nokia, Ala-Pietilä. Nas palavras de Malloy, o dono do barco "tinha comprado um barco grande demais"[54], e a embarcação enfrentou ventos fortes e um mar agitado. Houve um problema com o motor, e eles retornaram com cuidado ao porto. "Aquela viagem se tornou caótica, foi um dia tumultuado"[54], lembrou Malloy.

6

FERRADOS

De março a junho de 1999, a Confinity e a X.com ocuparam escritórios vizinhos na University Avenue, 394, em Palo Alto. Muito se falou da coabitação das duas empresas, mas tudo começou como uma mera coincidência. Elas não eram nem concorrentes nem colaboradoras — a Confinity lidava com transferências bancárias e criptografia de dispositivos móveis, enquanto a X.com tratava de construir seu hipermercado de serviços financeiros.

As duas empresas achavam que a outra estava no caminho errado. Musk não era nem um pouco reservado com suas críticas às transferências entre PalmPilots. "Eu ficava pensando: *Que ideia burra. Estão ferrados*"[1], recordou. Enquanto isso, a Confinity esperava que a X.com fosse engolida pela areia movediça burocrática das regulamentações.

Apesar das abordagens divergentes quanto à tecnologia financeira, seus CEOs compartilhavam uma obsessão: serem notados. Assim como Musk buscava atrair a atenção da mídia para a X.com, Thiel tinha como prioridade aparecer nas manchetes. Ele acabara de fechar o contrato de investimento com a Nokia Ventures e queria um evento grandioso e extravagante para espalhar a novidade — e demonstrar a revolucionária tecnologia de transferência da equipe.

Eles escolheram fazer o evento no Buck's of Woodside. O Buck's — cuja decoração kitsch incluía botas de cowboy de porcelana, um autêntico traje de cosmonauta russo e uma versão miniatura da Estátua da Liberdade — era visitado com frequência pelos profissionais da tecnologia e tinha um lugar próprio no imaginário tecnológico. O Buck's foi um dos primeiros restaurantes dos Estados Unidos a contar com Wi-fi público, e diz-se que o Hotmail teria tomado forma em uma de suas mesas.

A Confinity esperava contribuir para mais um capítulo da história do lugar — Thiel planejava usar PalmPilots para transferir o investimento de US$4,5 milhões da conta da Nokia Ventures para a da Confinity em tempo real. Isso parecia fácil na teoria, mas, na prática, a história era outra. "[A tecnologia de infravermelho] não funcionava por nada"[2], lembrou Levchin. Não obstante, ele insistiu que a transação fosse real e criptografada — e não uma telecópia. Apesar do esforço da equipe de engenharia, ainda faltava muito para programar. "O troço mal funcionava"[3], admitiu Pan. Preparando-se para o evento, Levchin teve que criar seus próprios protocolos de segurança e atualizar a interface do aplicativo, inclusive os botões, às pressas. Ele copiou a maioria dos botões de um outro aplicativo de calculadora para PalmPilot e programou freneticamente um botão "Enviar" novinho para a demo.

Logo depois, a equipe precisou enfrentar um problema mais estressante do que programar botões às pressas. Para que os códigos programados funcionassem, eles tinham que ser compilados — em um processo que traduz os comandos codificados para uma linguagem que as máquinas entendam. É durante a compilação que os erros de programação são identificados e solucionados. Em questão de dias antes do evento, Russ Simmons descobriu que Yu Pan ainda não tinha compilado sua parte do código — por vários meses. "E claro que, quando tentamos compilar, apareceram, tipo, uns mil erros"[4], disse Levchin.

Começou a correria. "Dali em diante, houve um rebuliço louco para o evento. Nós três ficamos sem dormir. Yu Pan estava praticamente catatônico ao final do terceiro dia", lembrou Levchin. A transferência estava prevista para uma sexta-feira de manhã, em 23 de julho de 1999, e Levchin e a equipe viraram noites a fio, checando o código várias vezes até pouco antes do evento.

Ao nascer do sol daquela sexta-feira, Levchin percebeu que estava usando a mesma calça havia vários dias. *Preciso trocar de calça*[5], pensou com seus botões. Então, ele entrou no carro, foi para casa e trocou de calça. Feito isso, partiu correndo para o Buck's.

■ ■ ■

Quando Levchin chegou, Thiel já estava lá, conversando com Pete Buhl, da Nokia Ventures. Thiel conseguira atrair várias das emissoras de televisão locais para cobrir o evento, e elas tinham estacionado suas vans ali por perto.

Levchin preparara dois PalmPilots para fazer a transação. Ele entregou um para Buhl e outro para Thiel. Na frente das câmeras, Buhl pegou seu dispositivo e usou a caneta stylus para digitar o pagamento da Nokia: 4-5-0-0-0-

0-0. Ele posicionou a porta de infravermelho perto da do aparelho de Thiel e selecionou o botão Enviar, que Levchin tinha programado há pouco. Levchin prendeu a respiração — se fosse para algo dar errado, seria naquele momento.

Mas o outro PalmPilot bipou, mostrando uma mensagem informando que o pagamento fora recebido com sucesso — algo que ele mostrou orgulhoso para as câmeras. A equipe inteira da Confinity suspirou, aliviada.

Por causa da ansiedade em relação ao evento, Buhl se lembra da atração principal como "nada agradável"[6]. Mais tarde, um dos membros da equipe de televisão perguntou a Thiel e Levchin se podiam repetir a transação — ele não conseguira capturar direito o momento. "Não! Não podemos fazer de novo. São milhões de dólares passando de um banco para o outro. Não dá para repetir"[7], gritou Levchin. A pedido do cameraman, Thiel e Buhl fingiram efetuar a transação.

Levchin não tinha energia para mostrar sua frustração. Em vez disso, ele foi para uma mesa no canto, sentou-se e apoiou a cabeça nela. Algum tempo depois, ele acordou, vendo que seus colegas da Confinity já não estavam ali e que havia um omelete frio ao seu lado. O garçom lhe disse que a equipe já fora, mas que tinha lhe deixado um café da manhã pago. *Não sei se fico bravo com o Peter por não ter me acordado ou se agradeço o carinho de ter me deixado dormir*, matutou Levchin.

Atencioso ou não, Thiel ficou feliz com o evento. "Foi um jeito fenomenal de ganhar destaque"[8], disse. A Confinity conseguira uma cobertura valiosa da mídia, que incitara tanto o envio de currículos como o interesse de alguns investidores — coisas que, no passado, não vieram sem grande esforço.

Apesar da atenção, o evento não atraiu novos usuários — a Confinity não recebeu nenhuma ligação perguntando sobre a transferência entre PalmPilots. "Foi uma das primeiras lições de Relações Públicas que aprendemos. O evento serviu muito mais para recrutar novos funcionários e atrair investidores do que para aumentar o uso do produto"[9], disse Nosek.

Talvez o impacto mais importante do evento tenha sido interno. Em questão de alguns meses, Levchin, Thiel e seu pequeno grupo tinham criado um aplicativo digno de cobertura midiática — até mesmo televisiva! Isso aumentou a confiança da equipe. "Acho que precisávamos acreditar no nosso progresso"[10], disse Nosek.

■ ■ ■

Com o boom da internet, a Região da Baía foi inundada pelos excessos das startups: viagens onerosas, festas *open bar* e outdoors caros. Segundo Thiel e Levchin, nada disso favorecia o produto ou a missão da empresa. Eles não usariam os milhões da Nokia Venture para bancar tais exageros. No entanto, o financiamento lhes permitira certo luxo: um nome melhor para o produto.

"Confinity" era um nome que servia para a companhia, mas, para um produto, eles achavam que essa palavra, com quatro sílabas e "con" no início, não inspiraria muita confiança. Além disso, "Vai Confinityar o dinheiro para mim?" era quase um trava-língua.

Uma empresa de produtos de consumo precisava de um nome que apelasse mais às pessoas, e Nosek acabou encarregado de encontrá-lo — recorrendo à internet. Ele digitou www.naming.com em seu navegador e descobriu o site de uma empresa que trabalhava com nomes, a Master-McNeil. "Constatamos que eles tinham o domínio da URL 'naming.com', o que parecia interessante"[11], explicou Nosek. SB Master, a fundadora da empresa, tinha se formado três vezes na UC Santa Cruz, em economia, música e em outro curso que se autointitulava "a história do livro"[12]. Após fazer um MBA na Harvard, ela fundou a divisão de nomes de uma companhia publicitária que criara os nomes Touchstone Pictures e Westin Hotels. Depois, ela foi trabalhar sozinha, criando a Master-McNeil e orientando outras empresas quanto aos melhores nomes a adotar.

Master unia uma sensibilidade poética a habilidades empresariais de ponta. Havia muitas startups, acreditava ela, que tratavam o nome como um mero jogo de palavras, "um processo puramente criativo, um tanto aleatório, como tirar no cara ou coroa"[12]. Para ela, os nomes eram decisões empresariais tão cruciais quanto qualquer outra e que mereciam um rigor analítico.

Em junho de 1999, a Confinity contratou a Master-McNeil para nomear seu produto de transferências. Master e sua equipe entrevistaram Thiel, Levchin, Nosek e outros funcionários da Confinity. Juntos, o grupo concretizou o que o nome deveria sugerir:

1. Conveniente, fácil, simples de configurar/usar;
2. Imediato, rápido, instantâneo, sem demora, poupa tempo, ágil;
3. Portátil, prático, sempre com você;
4. Transmitir, "transferir", trocar, enviar/receber, dar/ganhar;
5. Dinheiro, contas bancárias, transações financeiras, números, movimentação de dinheiro.[13]

As conversas da Confinity com a Master-McNeil revelaram algo importante sobre a trajetória do produto. Transferir dinheiro atraía norte-americanos mais ligados à tecnologia, mas como a Confinity conseguiria expandir seu mercado para além desses consumidores? A equipe ainda não tinha uma resposta, mas pediu à Master-McNeil para achar um meio-termo — um nome não muito "tecnológico", que fosse "adequado para todos que usam dispositivos eletrônicos portáteis (assistentes pessoais digitais, celulares)", que atraísse "o interesse dos primeiros usuários" e que pudesse ser "usado nos Estados Unidos, na França, na Alemanha, na Espanha e na Itália"[13].

Com critérios e objetivos em mãos, a equipe da Master-McNeil começou seu trabalho, criando dezenas de potenciais nomes, inclusive uma lista com os oitenta "mais promissores"[14], bem como verificando marcas registradas, URLs e a legislação, chegando a doze nomes recomendados. Entre eles estavam "eMoneyBeam", "Zapio", "MoMo", "Cachet" e "Paypal". "eMoneyBeam" e "MoMo" foram eliminados de primeira. "Zapio" era um nome brincalhão que combinava com a essência do produto — "zapear" dinheiro, passando-o rapidamente de um dispositivo para o outro —, mas a equipe da Confinity não gostou muito. De início, eles acharam que "Cachet" era a melhor opção, mas a própria Master discordou. Com escrita e pronúncia difíceis, "Cachet" também tinha um "tom pedante"[15], disse ela, e não seria fácil de traduzir para outras línguas. Outro motivo foi que o domínio www.cachet.com já existia.

Então restou "Paypal". Os slides da apresentação da Master-McNeil expunham seis razões para ele ser escolhido:

- Evoca dinheiro, contas bancárias, transações financeiras, movimentação de dinheiro;
- Sugere algo agradável, acessível, simples e fácil;
- Sugere algo portátil, prático, que está sempre com você;
- Repete uma estrutura memorável e divertida;
- É curto e simétrico (começa e termina com letras ascendentes e, no meio, conta com duas letras descendentes);
- O domínio está disponível na internet.[15]

Master acreditava que "Paypal" era a melhor escolha. Tinha uma sílaba a menos que "Zapio" e era muito mais fácil de falar do que "Cachet". "Se as pessoas não souberem pronunciar ou se tiverem medo de falar errado, farão de tudo para evitar o nome. Vergonha é uma emoção muito forte"[16], disse.

Ela também sentia que "PayPal" era um nome que transmitia confiança. "Confinity" tinha sido fruto da tentativa desajeitada de Levchin de passar credibilidade aos consumidores, mas Master acreditava que o *pal* ["parceiro", em tradução livre] de "Paypal" inspirava uma certa tranquilidade, alcançando esse objetivo com mais graça: "Um *pal* é mais do que um amigo. É um parceiro que sempre ampara. Que acompanha. Que é confiável e que confia", explicou.

Para completar, "Paypal" tinha dois "ps". "Todo mundo adora esses sons, são os chamados oclusivos. Para produzi-los, é preciso interromper a passagem de ar e depois soltá-lo", esclareceu Master. Os sons oclusivos tendem a ficar uma fração de segundo a mais nas orelhas — o que significa que há mais tempo para lembrar o nome da marca. "Criar um nome com duas oclusivas realmente explora isso ao máximo"[17], disse Master.

Ela gostou da ideia, mas muitos da equipe da Confinity, inclusive Thiel, não. "Lembro que estávamos debatendo e pensando: *PayPal?* Parecia o pior nome do mundo"[18], lembrou o engenheiro Russ Simmons. "Não foi nem de longe uma decisão unânime"[19], disse Jack Selby, o 11º funcionário a ser contratado. Peter Buhl, membro do conselho da empresa, achava um nome brincalhão demais para um produto que tratava de finanças. "Ninguém vai confiar no 'Paypal' ["parceiro dos pagamentos", em tradução livre]. Achei a pior ideia do mundo. Gente, fala sério, um Paypal? Quem vai deixar o dinheiro com ele?"[20], disse.

Mas, ao refletir melhor, a equipe reconheceu as virtudes do nome. "No início, nosso jeito de pensar [no produto] estava mais ligado àquela situação de pagar o almoço, a esse tipo de uso. 'PayPal' era o nome que se encaixava mais naturalmente naquele contexto"[21], recordou David Wallace, que entrara na empresa para cuidar do serviço e das operações ligadas ao consumidor.

A expressão "Faz um Paypal para mim" foi o que os ganhou de vez, bem como a escrita simples. Alguns dos primeiros membros do conselho tinham defendido o nome — inclusive Scott Banister: "Falei: 'Achei ótimo esse nome. Tem uma aliteração. Fica na cabeça'."[22] Já que o domínio www.paypal.com estava disponível, não havia necessidade de a equipe embarcar em negociações longas e caras para adquiri-lo. Eles o conseguiram já no dia 15 de julho de 1999.

Apesar de Thiel ter preferido "Cachet", ele também acabou se acostumando com "Paypal". Na verdade, ele o usaria para ilustrar a importância de os nomes das empresas parecerem amigáveis e generosos, defendendo, com isso, "Lyft" em vez de "Uber" e "Facebook" em vez de "MySpace". Em curto prazo, Thiel e muitos outros argumentariam que — comparado à "Paypal" — "X.com" parecia trazer mau agouro.

A Confinity escolheu "PayPal"[23] — estilizando o nome ao colocar o segundo "p" em caixa alta. Esse segundo "P" colou — "PayPal" se escreveria assim para sempre. Uma observação em meio aos arquivos de Master registra a adoção desse "P" maiúsculo — é uma frase curta "Manter 'PayPal'" —, mas ela não lembra como a edição surgiu e nem se o responsável fora ela, um designer gráfico ou a equipe da Confinity.

■ ■ ■

Com o nome em mãos, a empresa agora precisava expandir para trazer seu produto à vida. Assim como a X.com, a Confinity teve que competir com um mercado sedento por engenheiros e, mesmo tendo fundos e um pouco da atenção da imprensa, contratar funcionários ainda era difícil.

As conexões universitárias da equipe vieram a calhar, bem como as dos primeiros engenheiros com a Illinois Mathematics and Science Academy (IMSA), uma escola pública e prestigiosa de ensino médio em Aurora, Illinois. Enquanto a maioria dos engenheiros vinha da Universidade de Illinois e da IMSA, os membros da equipe de produtos e negócios vinham da Stanford.

Para facilitar o recrutamento de engenheiros, a equipe instituiu um bônus de indicação no valor de milhares de dólares. Um dos recrutados, James Hogan, lembrou-se do telefonema de Steve Chen, seu amigo da IMSA e da UIUC e engenheiro da Confinity. "Ele estava muito animado [com o bônus de indicação]. Estava contatando todos os seus conhecidos com alguma experiência em desenvolvimento de software. Ele me via mais como um dinheiro ambulante do que qualquer outra coisa"[24], disse Hogan, rindo.

Para conquistar os candidatos, a equipe criou uma proposta de vendas ousada. Anos mais tarde, Levchin descreveu a abordagem em uma aula de ciências da computação na Stanford:

> Engenheiros são pessoas muito cínicas. São treinados para serem assim. E podem se dar ao luxo de sê-lo, dadas as inúmeras companhias do Vale do Silício tentando recrutá-los no momento. Já que os engenheiros desdenham de qualquer ideia nova, eles tendem a desdenhar das ideias dos outros. No Google, eles são bem pagos para fazer um monte de coisas legais. Por que deixariam de indexar o mundo para adotar a sua ideia? Então, para competir com essas empresas gigantes,

> o jeito não é apelar para o dinheiro. O Google consegue cobrir qualquer proposta. Eles têm uma mina de ouro que garante uma receita de US$30 bilhões anualmente.
>
> Para ganhar, é necessário lhes contar uma história, falar de engrenagens: "No Google, você é uma engrenagem. Já comigo, você é uma peça fundamental de um grande feito que construiremos juntos." Desenvolva essa visão. Nem tente pagar bem. Apenas atenda às necessidades financeiras das pessoas. É um valor que dê para pagar os boletos e para sair de vez em quando. Não se trata de dinheiro. O importante é quebrar essa barreira cínica. É fazer esse 1% do novo projeto muito mais divertido do que a proposta de trabalhar em um cubículo do Google ganhando uns 200 mil por ano.[25]

Para Hogan, esse argumento colou. Ele estava morando em Dallas e trabalhando "como uma engrenagem em uma máquina enorme"[26] na Nortel Networks. "Eu estava bem infeliz e não me sentia útil", admitiu. A proposta da Confinity atingira o alvo certo. Apesar da estratégia afiada, o recrutamento ainda estava avançando a passos lentos. Em parte, era intencional. "Na engenharia, havia uma grande preocupação de que, se contratassem um profissional ruim, isso prejudicaria o código base. Em parte, a culpa era nossa, pois não é bom que um código base possa quebrar tão facilmente. Mas, se alguém programar rápido e de qualquer jeito, o código base refletirá essa imprudência, acarretando um problema. E será necessário contratar pessoas que saibam lidar com esse problema"[27], disse o engenheiro Erik Klein.

Levchin mantinha expectativas extremamente altas quanto ao talento dos funcionários, observou o engenheiro Santosh Janardhan, mesmo que isso significasse comprometer a velocidade do recrutamento. "Max ficava repetindo: 'Ótimos profissionais contratam ótimos profissionais. Bons profissionais contratam profissionais razoáveis. Então o primeiro bom profissional que for contratado puxará a empresa inteira para baixo'."[28]

Ademais, os líderes da Confinity exigiam que os candidatos conhecessem cada um dos membros da equipe. Uma vez completa a longa rodada de entrevistas, a equipe conversava em grupo sobre o candidato em questão, debatendo se ele tinha passado no chamado "teste de aura"[29].

Com empresas de tecnologia contratando a torto e a direito, os candidatos conduziam seus próprios "testes de aura" — e mais de um funcionário citou a equipe como principal atrativo para entrar na empresa, mais do que a visão do produto ou o sucesso prometido. Skye Lee começara na Netscape e na Adobe e estava trabalhando em outra startup quando um antigo colega que entrara na Confinity sugeriu que ela se encontrasse com David Sacks. Ela concordou, apesar de ter suas reservas — a startup em que trabalhava no momento não estava indo bem, e ela não queria passar por isso de novo.

Sacks convidou Lee para visitar o escritório da Confinity às 22h e, por causa do horário, ela pensou em "dar uma passadinha — e depois vida que segue"[30]. Mas não foi uma reunião breve. "Foi uma entrevista *completa*, e eu não estava nada preparada", lembrou ela. Quando saiu do escritório, às 2h, ela conversara com praticamente todo mundo da Confinity.

Lee também soube do produto de transferência entre PalmPilots. Quando Sacks apresentou o conceito, ela identificou um problema: "Falei: 'Mas não está transferindo dinheiro *de verdade*. Porque ele sincroniza com o desktop, não?'." Claro que ela estava certa, pois, tecnicamente, a transferência só acontecia quando o PalmPilot fosse acoplado ao suporte de desktop. "Achei que tinha deixado passar alguma coisa"[30], lembrou Lee. Sacks confessou que ela não deixara passar nada e que suas perguntas faziam todo o sentido.

Apesar da longa entrevista tarde da noite e das limitações da transferência via infravermelho, Lee foi para casa intrigada com a equipe. "Não tenho palavras para descrever, pois costumo seguir meus instintos, mas a *energia* daquele lugar, nossa, nunca tinha sentido aquilo antes. Fiquei pensando: 'Tem alguma coisa especial ali'", disse. Depois de outra entrevista, ela entrou na Confinity, onde teria um grande papel no design dos produtos exclusivos da companhia.

Denise Aptekar, membro da equipe de produtos, já estava há vários meses em outra startup quando conheceu Luke Nosek em uma festa, onde ele pegou um guardanapo e esquematizou o plano-piloto de transferências da Confinity. Aptekar ficou interessada — não tanto pela ideia, mas pelo jeito que Nosek explicava.

Ela foi ao escritório conhecer a equipe. "Saí da entrevista sem saber nada do produto ou do resto — só sabia que queria trabalhar com aquelas pessoas. Elas eram *claramente* hipercompetitivas. *Claramente* workaholics. *Claramente* queriam mudar o mundo. Fiquei pensando *Achei minha tribo*"[31], lembrou Aptekar.

Benjamin Listwon, um designer técnico, estava feliz com seu trabalho e não procurava a "sua tribo" quando conheceu David Sacks e Max Levchin. Depois, Sacks convidou Listwon para almoçar na Confinity. "Um almoço virou uma visita de sete horas"[32], lembrou Listwon.

Aquela reunião espontânea que acabou se estendendo por várias horas de conversa sobre design o fisgou. "Já sinto como se estivesse na sala, escrevendo no quadro branco... se isso é só a entrevista, imagine como deve ser trabalhar aqui!"[32], ele lembra de ter pensado.

■ ■ ■

Logo no início, Thiel instituiu uma regra que proibia demissões. "Demitir é como uma guerra, e guerras são ruins, então tente não fazer"[33], explicou. Essa regra lançava expectativas altas quanto ao talento dos funcionários, mas também fazia com que as pessoas que não tinham performances tão boas fossem realocadas em outras áreas da empresa, e não demitidas, o que seria mais eficiente. "Nós provavelmente tínhamos que ter demitido mais gente"[34], admitiu um dos primeiros funcionários.

O teste de aura e a regra contra demissões eram imprecisos e ineficazes, mas o processo de recrutamento fora projetado para acelerar a empresa. No início da Confinity, Levchin observou que quanto maior o número de pessoas em uma sala, mais problemas de comunicação surgiam. "Se está sozinha, a pessoa trabalha duro, torcendo para que seja o suficiente. Já que normalmente não é esse o caso, formam-se equipes. Mas, em uma equipe, os problemas de comunicação são *n* ao quadrado, sendo 'n' o número de pessoas. Então, em uma equipe de 5 pessoas, existem por volta de 25 relacionamentos entre pares a administrar e comunicações a serem mantidas"[35], explicou.

Para minimizar esses desgastes, Levchin queria contratar engenheiros que compartilhassem das suas visões de mundo. Por exemplo, no início, quando escolheu C++ como linguagem de programação para o PayPal — a que se referia como "meio medíocre" —, ele não esperava ver nenhum engenheiro reclamando. "Todos que queriam discutir sobre isso não se encaixariam aqui. Discussões interferem no progresso", disse Levchin.

Ainda assim, tanto ele quanto Thiel tomavam cuidado para evitar o pensamento de grupo. "É fundamental discutir estratégias inteligentes de marketing ou abordagens diferentes para resolver problemas táticos ou estratégicos. São decisões que realmente importam. Uma boa regra geral é valorizar a diversidade de opiniões; ela é essencial sempre que há dúvida sobre algo importante. Mas, quando há certeza do que fazer, não vale a pena discutir"[35], disse Levchin.

Encontrar esse equilíbrio não era nada fácil, e a equipe passou por muitas frustrações — e a regra contra demissões precisou ser violada algumas vezes. Mas eles também conseguiram algumas vitórias. Nesse período, a Confinity conseguiu sua primeira contratação fora das redes de contato usuais: Chad Hurley. Ele se tornaria um dos cofundadores do YouTube, mas, em 1999, ainda era um recém-formado em artes e não tinha nenhuma conexão com a equipe da Confinity. Ele tinha visto uma notícia sobre o evento do Buck's e mandou um e-mail mostrando interesse, o que lhe rendeu uma entrevista. Depois de seu voo ter atrasado, ele ter chegado tarde e sua entrevista ter durado a noite inteira, Hurley recebeu uma oferta de emprego para se juntar à Confinity como o primeiro designer gráfico da empresa.

Sua primeira tarefa: desenvolver um logo para o produto PayPal. Ele apresentou uma imagem azul e branca com um "P" estilizado em um redemoinho. Levchin também lhe pediu que projetasse uma camiseta para a equipe, sugerindo uma ideia: e se a camiseta fosse inspirada no teto da Capela Sistina? Em vez de Deus conceder a Adão o brilho da vida por meio do toque, o Todo-poderoso poderia lhe enviar dinheiro usando um PalmPilot. Com o passar dos anos, a camiseta com a adaptação da obra de Michelangelo se tornou uma lembrança preciosa para a equipe.

Com a adição de Hurley e de vários outros, a Confinity ultrapassou o espaço apertado de sua sede na University Avenue, 394. A equipe encontrou outro lugar disponível a cinco minutos do primeiro, na University Avenue, 165. O prédio tinha um significado especial, já que seu locatário anterior era ninguém mais, ninguém menos que a companhia de que mais se falava na cidade: o Google. A Confinity herdou da gigante das pesquisas uma mesa de pingue-pongue, que também serviu como mesa para a sala de reuniões por um tempo.

A mudança de escritório também eliminou um importante rito de passagem. Na University Avenue, 394, todos os novos funcionários precisavam montar sua própria mesa da IKEA. Era um ritual consolidador e democratizante que também homenageava os primeiros móveis de Levchin. Em um golpe fatal à tradição, o novo escritório da empresa na University Avenue, 165, já viera praticamente todo mobiliado.

■ ■ ■

De nome, escritório e funcionários novos — a companhia parecia a cara do progresso. Mas uma questão antiga e central ainda a infernizava: Como as pessoas descobririam o aplicativo de transferência para PalmPilot? E, ainda mais importante, chegariam a usá-lo?

De certa forma, a equipe supunha que haveria demanda — se eles a gerassem, os usuários viriam. Era um erro comum, dado o cenário em que estavam.

Dispositivos móveis como o PalmPilot e seus primos tecnológicos, os primeiros celulares, estavam a todo o vapor no Vale do Silício. "Eu estava apostando muito na plataforma [do PalmPilot]. Não só eu, muitos outros aqui também"[36], admitiu Scott Banister. Em 1999, mais de 5 milhões de pessoas usavam os dispositivos da Palm, e a 3Com, sua empresa-mãe, estava até considerando um *spin-off* corporativo[37].

A equipe da Confinity estava confiante de que conseguiria aproveitar essa onda de alta dos dispositivos móveis. Os membros compravam anúncios em revistas voltadas a esse mercado e anunciavam o produto PayPal em vários fóruns de tecnologia da internet. Durante esse período, Nosek também propôs uma ideia de marketing não convencional: vendo o estado deplorável da fachada do prédio, ele sugeriu trocá-la — colocando uma luz infravermelha estroboscópica para anunciar mensagens sobre o PayPal.

A "luz estroboscópica da fachada" nunca chegou a existir, mas ilustrava a disposição extrema da equipe para conquistar usuários — realmente, mostrava a disposição que os membros *precisariam* adotar. Porque, apesar do esforço, esse tipo de transferência ainda não era popular e, em meados de 1999, conselheiros e amigos da empresa colocaram em questão a viabilidade do produto.

"Estamos vivendo no paraíso dos PalmPilots, podemos entrar em cada um dos restaurantes e perguntar, mesa a mesa, quantas pessoas têm PalmPilots"[38], observou Reid Hoffman, um amigo que Thiel conhecera na Stanford e que fora um dos primeiros membros do conselho da Confinity. Hoffman chutou que a resposta seria entre zero e um PalmPilot por restaurante, "o que significa que seu produto só pode ser usado entre zero e uma vez por restaurante, por refeição! Você está ferrado! Essa ideia acabou".

Em um dos muitos debates noturnos daquela época, Reid Hoffman levantou outro obstáculo crítico: E se um desses usuários hipotéticos do PayPal esquecesse o PalmPilot em algum lugar e precisasse fazer uma transferência? Levchin propôs uma alternativa, sugerindo que o site PayPal.com fosse configurado para enviar o dinheiro pelo e-mail do usuário. Os usuários precisavam usar o site de qualquer forma, pois tinham que baixar o software para sincronizar seus dispositivos móveis ao computador. O site poderia utilizar o sistema de e-mail como um backup para a opção de transferência entre PalmPilots.

Quando foi sugerida a opção de enviar dinheiro por e-mail, poucos reconheceram esse momento como digno de "eureca!". Muito pelo contrário: Levchin planejou que esse sistema fosse uma versão demo descartável — enterrada nos confins do site só para as pobres almas que pudessem esquecer seus PalmPilots.

Para ele, mandar dinheiro por e-mail era algo bem distante do uso principal do PayPal. Essa função, se é que merecia esse nome, era uma mera concessão à crítica de Hoffman, não um produto principal.

Essa "concessão" rapidamente se revelou útil em sentidos que Levchin não havia previsto. Antes da versão demo, ele faria um ritual elaborado para testar o funcionamento do PayPal: transferiria dinheiro de um PalmPilot para o outro, sincronizaria os dispositivos em seus suportes e checaria as duas contas provisórias para confirmar a operação. Já a demo era uma versão muito simplificada dessa sequência — Levchin testaria a transferência com apenas alguns cliques do mouse. Em algumas semanas, ele se tornou um usuário ávido do projeto secundário, apesar de continuar comprometido com a visão original. "Era um forte indício de sucesso"[39], disse.

Erik Klein comentou sobre o momento oportuno para a equipe. "Na internet, as coisas são como um efeito bola de neve: acontecem muito rápido. Em questão de um ano, todo mundo que não sabia nada de sites passou a entender tudo. Então, a nossa ideia era fazer os profissionais de negócios usarem os PalmPilots para pagamentos — e não perderíamos essa onda. Mas, então, a onda da web veio com tudo, como um tsunami, arrebentando nesse conceito. E tivemos a sorte de pegar essas duas ondas"[40], disse.

■ ■ ■

Outro que duvidou muito da viabilidade das transferências foi um dos recém-contratados que teria um papel fundamental no sucesso da companhia: David Sacks. Thiel e ele haviam estudado juntos na Stanford e, depois que se formaram, Sacks cursou direito na Universidade de Chicago e, mais tarde, se tornou consultor da McKinsey & Company.

Em meados de 1999, Sacks e Thiel conversavam regularmente sobre a Confinity e seus produtos. Thiel pediu a Sacks que saísse da consultoria e entrasse na Confinity. Ele ficou interessado, pois herdara a veia empreendedora da família. Na década de 1920, seu avô[41] se mudara da Lituânia para a África do Sul a fim de abrir uma fábrica de doces. Mas seu neto, apesar de intrigado pela empresa de Thiel, achava o PayPal uma ideia de jerico.

Não obstante, ele viajou ao oeste dos Estados Unidos para uma entrevista — que não foi bem-sucedida. "Sacks não passou nem de longe no teste de aura"[42], disse um dos primeiros membros da Confinity. A equipe o vetou, em parte, pela sua rejeição total ao produto para PalmPilot. "Era uma ideia burra. Tinha dois problemas: o primeiro era que só havia 5 milhões de usuários de dispositivos da Palm; então, a não ser que duas pessoas tivessem um PalmPilot, o aplicativo seria inútil. O segundo problema era que, mesmo se as duas pessoas tivessem o dispositivo, por que usariam o produto? A equipe só conseguiu pensar em uma função — dividir a conta no restaurante"[43], afirmou Sacks.

Sacks disse a Thiel que entraria na empresa se a transferência por e-mail se tornasse prioridade. "Falei: 'Se a companhia fizer isso, eu me demito amanhã da McKinsey', pois essa ideia parece valer ouro", declarou Sacks.

Thiel garantiu que o projeto do e-mail teria prioridade, e Sacks aceitou entrar para a empresa. Mas essa garantia não era de conhecimento geral — a maioria da equipe ainda achava que o aplicativo de transferência seria o foco principal. Quando Sacks chegou desmerecendo o produto para PalmPilot, os engenheiros ficaram surpresos — e revoltados. "[Levchin] era o único que sabia, então acho que, para o restante da equipe, eu era um cara recém-contratado que já chegou apontando os erros"[43], disse Sacks. Thiel propôs um acordo: os dois produtos seriam desenvolvidos simultaneamente.

Ao contratar David Sacks, Thiel apelara para a sua posição na empresa, indeferindo as objeções da equipe. Ele não costumava agir assim, mas acreditava que Sacks era uma joia rara: afinal, poucas pessoas chegariam a uma entrevista criticando o produto principal de seu potencial chefe. Thiel valorizava a honestidade, e esperava que Sacks fosse sincero nos debates da equipe. "Peter disse: 'Preciso de gente que não se abale com meus gritos'"[44], lembrou Sacks.

Dentro da empresa, Sacks ficou conhecido por ser difícil e cabeça-dura, e muitos lhe atribuíram o crédito de ajudar na concentração da equipe e de lapidar os produtos. "Por mais que achassem que [David Sacks] enchia o saco, as discussões eram *boas*. Era uma encheção de saco boa"[45], lembrou Giacomo DiGrigoli. "Nunca era nada *ad hominem* ou infundado. Era sempre voltado para as ideias. Sempre questionando: *Olha, o que estamos tentando fazer? Quais as necessidades do cliente? Por que estamos aqui?*".

■ ■ ■

Boa parte das discussões daquele período não passavam de hipóteses. A Confinity não sabia como seria a recepção do público aos produtos, pois ainda não os tinha lançado. O evento no Buck's fora uma apresentação, não um lançamento. Thiel queria outra oportunidade para mostrar a Confinity ao mundo, não só para provar aos investidores que as criações da empresa eram valiosas, mas também para dar a ela uma segunda chance de atrair a atenção da imprensa.

Por isso, ele pressionou Levchin a lançar o produto. "Trabalhamos de domingo a domingo, 24 horas por dia, programando e tentando fazer tudo funcionar"[46], lembrou Levchin. Nesse período, a equipe teve que estudar os serviços financeiros, entre outros tópicos. "Nenhum de nós chegara a interagir com um banco na vida e nem escrito nenhum código assim, e o pobre do nosso CFO, David Jaques, precisou sentar conosco e explicar como os bancos funcionavam. Depois, precisamos programar o software faltando quatro semanas para o lançamento"[47], lembrou o engenheiro Erik Klein.

Transferir dinheiro entre dois PalmPilots da Confinity na frente das câmeras era uma coisa; usuários transferirem, sobrecarregando as ondas de rádio com dinheiro de verdade, era outra. "Chega a ser engraçado lembrar disso, porque não entendíamos nada de pagamentos... nunca tínhamos escrito um código que interagisse com um banco de dados. Sabíamos tão pouco que não chegamos a perceber o nível da situação, que era intimidadora"[48], disse Simmons.

Quando a notícia das transferências por PalmPilot chegaram a fóruns de tecnologia como o Slashdot, a empresa enfrentou suas primeiras críticas. Um usuário do Slashdot fez um post sobre essa tecnologia, com o título amigável "Que ideia péssima"[49]:

> É uma ideia péssima, pois há pelo menos três brechas que podem ser exploradas para burlar o sistema.
>
> - Uma no infravermelho, pois é possível copiar à distância a transferência de alguém.
> - Outra, no software, pois é possível, por exemplo, receber um pagamento real e hackear o software no Palm para aumentar a quantia.
> - E mais uma no retorno dos dados à Confinity, pois é possível enviar extratos de transferências que nem chegaram a acontecer.
>
> Provavelmente existem mais brechas. Admito que todas essas três, com a criptografia certa, têm conserto, mas duvido que se preocuparam com isso ao escrever o software.
>
> É só não usar para nada importante por um ou dois anos, dando-lhes tempo para consertar os bugs. Provavelmente nem vai durar tanto mesmo.

Os usuários do Slashdot, feras da tecnologia, tinham críticas ferrenhas — e, muitas vezes, até cômicas. Outro usuário escreveu um "Excerto da Enciclopédia Galáctica, maio de 2010", descrevendo os roubos do futuro. "E, a partir daí, os ladrões incorporaram PalmPilots ao seu equipamento, junto com canivetes e armas. Quando roubavam alguém, normalmente diziam: 'Aponta logo o seu Pilot para o meu, transfere tudo e ninguém se machuca'."[49]

A equipe correu para escrever uma FAQ, em que reconheciam as críticas: "A FAQ foi criada em resposta aos posts do Slashdot? Sim. Ela foi escrita às pressas para responder às preocupações dos usuários o mais rápido possível. Perdoem a falta de organização, formatação e indexação."[50]

Em resposta a "Qual o tipo/pontos fortes da criptografia de vocês?", a equipe escreveu um texto ao mesmo tempo técnico e sincero:

> No momento, utilizamos a ECDSA 163-bit para a assinatura de pagamentos, a DESX para criptografar os dados dos dispositivos móveis, o algoritmo de troca de chaves Diffie-Hellman para trocar chaves nas transferências de IR, a DESX para criptografar essas transferências e a TLS de ECC para garantir a segurança das conexões do desktop com o servidor durante a sincronização. Ficamos batendo no teclado por uma meia hora para conseguir entropia o suficiente a fim de semear nosso gerador de números aleatórios.

A falta de experiência da equipe também era evidente em outros aspectos. A certa altura, Levchin e os outros descobriram que não tinham usado o método veneziano no sistema do PayPal. Também chamado de método das partidas dobradas, ele é o alicerce secular da contabilidade e postula que, para toda operação de crédito e de débito, há um lançamento igual e outro oposto. "Um engenheiro que nunca viu nada de contabilidade não entende por que é importante manter duas cópias... Eu achava que 'método veneziano' era uma lenda urbana que os contadores inventavam"[51], disse Levchin. Ele pediu ao CFO da Confinity que ministrasse um curso intensivo de contabilidade, e a equipe conseguiu refazer o banco de dados seguindo as diretrizes.

O produto em si pivotou pouco antes do lançamento. Thiel estava fazendo uma divulgação prévia em Nova York. "Depois que Peter conseguiu a primeira rodada de entrevistas, ele ligou... e praticamente falou: 'Oi, gente, contei para todo mundo que vai ser de graça. Podem cortar as taxas'"[52], lembrou David Wallace. A equipe precisou alterar a linguagem de programação do site inteiro para remover as taxas, apesar de Wallace ter questionado, brevemente, a decisão de oferecer de graça acesso vitalício ao produto.

Inovando ao lidar com problemas e sentindo a tensão do lançamento, a equipe precisou desenvolver soluções rápidas, mas essa estratégia conferiu aos engenheiros um estilo de operação que lhes serviu bem no futuro próximo do PayPal e em trabalhos posteriores. "Mesmo no meu trabalho atual, nós nos reunimos para debater a situação, e fico pensando: *Como resolvo esse problema? O que posso inventar?* Aprendi a 'inventar' em vez de 'pesquisar e implementar'"[53], observou Erik Klein.

Também nesse período, a companhia escapou de uma bela enrascada. Movendo discos rígidos de um servidor para o outro, o administrador da Confinity, sem querer, apagou o código base. *Sem problemas, é só apelar para o backup*, pensou Levchin. Foi então que a equipe descobriu, horrorizada, que o mesmo administrador do sistema não tinha feito backup. Milhares de linhas de código e oito meses de trabalho foram por água abaixo. "Por um momento, achei que era o fim do PayPal"[54], disse Thiel.

Então, outro engenheiro, David Gausebeck, se manifestou. Ele replicara todo o código-fonte da empresa. "Usávamos um servidor compartilhado, que já estava ficando sem espaço, então precisamos criar outro para transferir todos os arquivos. Foi o que eu fiz — e, aparentemente, eu havia sido o único na época em que o original se foi"[55], explicou Gausebeck. Seu backup salvou a empresa, que, caso contrário, teria que enfrentar o processo doloroso de reescrever o código linha por linha. "Essa foi por pouco"[56], lembrou Levchin. O administrador do sistema foi uma das raras exceções à regra contra demissões.

■ ■ ■

O tempo passou, e os preparativos da equipe para o lançamento do PayPal se prolongavam. Levchin foi forçado a recorrer a Thiel, pedindo várias vezes que estendesse a data do lançamento — o que deixou Thiel desesperado. "Foi um caminho turbulento até o lançamento"[56], lembrou Levchin.

Durante esse período, Levchin pediu que verificassem a segurança do produto. O código do PalmPilot estava no início, e sua criptografia, mais ainda. Para acelerar o aplicativo PayPal, Levchin utilizou um método de criptografia de chave pública chamada "criptografia de curva elíptica" — mas, novamente, era uma área que ele não dominava. "A Palm tinha tão pouco código criptografado, especialmente o em curva elíptica, que precisamos programar nós mesmos uma parte dele"[57], lembrou Levchin.

Ao criar esses elementos do zero, Levchin arriscava se expor a alguns riscos. "Não é nada bom criar as próprias primitivas... o ideal é passar essa tarefa para alguém que só mexe com primitivas criptográficas, que não faz mais nada da vida", compartilhou Levchin.

Ele tinha trocado ideias sobre segurança criptográfica com o conselheiro técnico da Confinity, que também era professor da Stanford, Dr. Dan Boneh, entre outras pessoas. Boneh e Levchin eram entusiastas da criptografia e da tecnologia de dispositivos móveis e adoravam jogar frisbee juntos. O que se provou crucial foi que o professor era tão apaixonado por PalmPilots quanto Levchin. “Preciso confessar que, por muito tempo, mesmo depois do lançamento do iPhone, eu estava tão apaixonado pelo meu PalmPilot que resisti ao iPhone”, brincou Boneh. Ele e seus colegas da Stanford chegaram até a copiar Nosek e o grupo da ACM: conectaram a carteira do PalmPilot em uma máquina de refrigerante da Stanford. “Os dois tinham um protocolo criptográfico para transferir dinheiro”, lembrou ele.

Sendo um especialista em expandir os PalmPilots com segurança para máquinas de refrigerante e além, Boneh era a pessoa certa para ajudar Levchin, que precisava verificar um código o mais rápido possível. “Então eu pensei: *Ora, o que há de mais parecido com uma auditoria de segurança e que dê para fazer em doze horas?* Tive uma ideia e o chamei: *Ei, Dan, quer passar aqui e dar uma olhada no meu código?* E ele respondeu: ‘Claro, cara, o que você me pede chorando que eu não faço sorrindo?’”, lembrou Levchin.

Os dois acharam que a verificação seria rápida e que Boneh conseguiria sair para comemorar seu aniversário de 30 anos. No entanto, não demorou muito para que Boneh percebesse um problema. “Ele leu o código e perguntou: ‘Mano, o que é isso?’”, recordou Levchin. O problema era que Levchin e a equipe tinham “empacotado” errado algumas partes. Segundo Levchin, Boneh disse: “‘Não! Olha como vocês empacotaram isso’, e eu fiquei pensando: ‘*Meu Deus do céu!*’. E ele respondeu: ‘Não foi aleatório. Está mais para o oposto. É muito fácil invadir isso aqui. Não preciso nem de supercomputador’.”[57]

O que se seguiu foi uma corrida maluca contra o tempo, os dois precisando reler todo o código para consertar esse erro durante a madrugada. A certa altura, lembrou Boneh, ele foi para casa a fim de comemorar rapidamente seu aniversário e depois voltou ao escritório, onde ficou com Levchin até 5h.

Apesar do aniversário interrompido e da madrugada frenética, a equipe da Confinity deu os toques finais no produto. No final de outubro e no início de novembro, o pequeno grupo começou a enviar e-mails para a família e os amigos, anunciando que o primeiro produto da empresa já estava disponível para download e uso. O PayPal havia sido lançado.

7

O PODER DO DINHEIRO

No final de setembro de 1999, a X.com, de Elon Musk, não passava de uma sombra da gigante digital que planejava ser — algo que o PayPal se tornaria mais tarde. Na época, a X.com não tinha nenhum produto concluído e sua equipe estava desfalcada. Depois da partida do financista canadense Harris Fricker e companhia, o diretório de funcionários da empresa se resumia a meros cinco nomes. Estavam ausentes da lista o presidente e COO; o CTO e vice-presidente de desenvolvimento de produto; o CFO; o arquiteto pleno; e o vice-presidente de desenvolvimento corporativo[1].

Um jovem engenheiro chamado Scott Alexander conseguira um lugar na primeira fila para assistir a essa confusão. Recém-formado em ciências da computação com ênfase em administração de empresas pela Berkeley, Alexander assistira seus colegas se jogarem de cabeça em qualquer oportunidade que tivesse a ver com a internet. Já ele escolheu esperar, analisando os planos de negócios das startups com todo o cuidado. "Apesar dessa febre que havia em 1999, eu não acreditava que uma empresa que enviava ração por correio, por exemplo, fosse continuar bilionária por muito tempo."[2]

Alexander encontrou a X.com em um site de vagas. Ele mandou seu currículo e conseguiu uma entrevista com Musk, da qual se lembrava com clareza: "Quando a entrevista estava para acabar, [Musk] disse: 'Quero que você saiba que estamos em uma startup, e que vou exigir muito de você. Tipo, não vão ser só quarenta horas semanais. Eu espero que você faça hora extra até conseguirmos sucesso e vou pedir o impossível'."

Um dia depois da entrevista, Alexander recebeu um e-mail urgente de Ed Ho, cofundador da X.com. Ho lhe disse que a X.com estava desmoronando e que ele e outros gestores estavam saindo para abrir as próprias empresas. Ao final do e-mail, Ho lhe desejava sorte na X.com. Pouco tempo depois, Alexander recebeu outra mensagem dele — dessa vez, vinha de uma conta pessoal —, oferecendo-lhe emprego em sua nova empresa.

Alexander estranhou a guerra de recrutamento e saiu de férias, como já vinha planejando há muito tempo, para Cabo San Lucas, esperando deixar essa questão de lado. No entanto, Musk tinha outros planos. "Cheguei em casa, e havia umas seis mensagens na minha caixa postal. [Musk] disse: 'Por favor, me ligue. Você ficou sabendo do lado ruim, mas vou lhe contar o lado bom.'", afirmou Alexander. Musk lhe disse que tinha garantido um investimento de uma empresa de *venture capital* e que usaria os próprios fundos para injetar milhões de dólares na X.com.

Alexander achou convincente o comprometimento de Musk. "Elon me impressionou mesmo. É o poder do dinheiro"[2], lembrou. Ele entrou na X.com em agosto de 1999.

■ ■ ■

Até então, apesar do interesse, Musk não tinha aceitado investimentos externos para a empresa. Depois de se sentir traído pelos investidores da Zip2, ele queria deliberar bastante dessa vez.

Ainda assim, ele conversou com os investidores de *venture capital* que estavam interessados na X.com. Dois fatores influenciaram sua decisão. Primeiro, os investimentos exorbitantes que estavam jorrando nas startups de internet, uma mania que ele chamava de "gás do riso". Apenas no período de 1998 a 1999, a quantidade de *venture capital* investida em startups de internet aumentou consideravelmente, já que a procura por tudo relacionado à internet atingira seu ápice[3]. Apesar de a X.com ter sido fundada por Musk, ela estava em uma posição arriscada. Se os concorrentes das redondezas sentissem um gostinho do gás do riso, expandiriam em um piscar de olhos e deixariam a X.com no chinelo.

Então, veio a história. Apesar de continuar se gabando do risco que ele próprio estava correndo ao apostar na empresa, Musk, assim como Thiel, também estava ciente do valor significativo dos investimentos externos. "Não precisávamos do dinheiro, era mais uma formalidade, como a sanção de um importante investidor de *venture capital*"[4], disse Musk. Para tanto, Musk abordou um sócio-gerente de uma empresa conceituada do Vale do Silício, Michael Moritz, que trabalhava na Sequoia Capital.

Moritz era uma figura peculiar no Vale do Silício; formado em Oxford e com sotaque irlandês, ele já fora jornalista da revista *Time* e tinha experiência limitada em tecnologia. Mas os anos em que trabalhou como repórter afiaram seu instinto e sua ambição. Ele conseguia identificar as maiores empresas de internet da época quando elas ainda estavam engatinhando. Moritz garantiu 25% da Yahoo.com por US$1 milhão quando os fundadores ainda trabalhavam em um trailer, fechando um negócio que reverberaria muito na mídia[5].

Ele não lembrou direito como foi seu primeiro contato com Musk, em parte porque, segundo Moritz, 1999 foi "o equivalente de um furacão para as empresas. Passamos de um negócio no qual trabalhávamos 35 horas semanais para outro em que havia mais oportunidades do que se poderia imaginar, no qual todo mundo queria abrir uma empresa, em que ninguém podia errar"[6].

Ainda assim, a X.com se destacava em uma área saturada. Moritz achou a história interessante, e aquele que tentara vendê-la — Musk — convincente. "Elon, do jeito que o mundo o vê hoje, é um contador de histórias muito talentoso. E algumas até se realizam", disse Moritz, sorrindo. Ele também se lembrou de ter se encontrado com um grande executivo de um banco importante na época, John Reed, do Citicorp, e de perceber que a crítica da X.com ao setor era verdade: "Lembro-me de ter pensado *Estamos no páreo. Com certeza.*"

Felizmente para Musk, Moritz também gostara do nome "X.com". "Era como Yahoo. Ou... Apple. Acho que é bom ter um nome assim; quando se ouve, fica na cabeça e não parece nada desconexo ou inventado por uma das entidades de *branding* que uma empresa como a Toyota contrataria", disse.

Em agosto de 1999, a Sequoia Capital começou a apoiar a X.com, comprando de Musk US$5 milhões em ações da empresa e colocando Mike Moritz em seu conselho. Ela insistiu que Musk desistisse de seu investimento com fundos pessoais. "[Moritz] falou: 'Cara, não dá para investir tudo menos a sua casa e o seu carro na empresa'"[7], lembrou Musk. (Ele reinvestiu tudo mais tarde — com um valor ainda maior.)

Se Moritz e a Sequoia soubessem onde estavam se metendo — os anos difíceis que se seguiriam, tanto para a companhia quanto para o ecossistema tecnológico em geral —, talvez não teriam se envolvido. "Acho que nos arriscamos do mesmo jeito que Elon e, depois, Peter, com uma certa ignorância. Com certeza tinha algum impulso aventureiro infundado quando tomamos a decisão", lembrou Moritz.

Nessa época, Steve Armstrong fez uma entrevista para um cargo de administrador financeiro e se lembrou do próprio impulso aventureiro de Musk. "Ele falou: 'Vamos criar um banco online! Já temos a empresa de seguros! E uma corretora de valores para fazer acontecer! Acabamos de comprar um banco! Vamos falir o Bank of America! Tenho US$5 milhões da Sequoia Capital!' Ele me mostrou o talão de cheques, colocou na minha mão e disse: 'A sua tarefa é garantir que eu não perca tudo'. Respondi: 'Está bem, estou dentro'."[8]

■ ■ ■

Os investimentos estavam garantidos — mas restava uma pergunta crucial: Moritz e a Sequoia Capital tinham comprado uma parte de quê? "Quase não havia produto. Ele jogava muitas ideias no ar e tinha programado bem pouco"[9], lembrou Alexander ao pensar no progresso da companhia na época da sua contratação, em agosto de 1999. A X.com era um banco sem nenhum depósito; uma empresa de investimentos que não estava administrando nada; um país das maravilhas das finanças digitais com um site precário.

A essa altura, a X.com não representava muito das promessas gargantuescas de Musk. Em parte, isso resultava da briga de Musk e Fricker de meados de 1999, que desacelerara o desenvolvimento do produto em muitas semanas. Ainda assim, Musk não hesitou em expor suas grandes ambições para a X.com. Ele disse à revista *Computer Business Review* que a empresa seria "uma combinação do Bank of America com a Schwab, a Vanguard e a Quicken"[10]. Quando lhe perguntaram sobre o plano de negócios em uma entrevista ao jornal *Mutual Fund Market News*, ele enfatizou a abordagem "não linear" da X.com, que contrastava com as outras empresas de serviços financeiros: "Concentrar o patrimônio financeiro das pessoas em um único documento — empréstimos, hipotecas, seguros, contas bancárias, fundos de investimento, ações — é revolucionário."[11] Musk declarou que, até o final do ano, a X.com teria um fundo de S&P 500, *bonds* (títulos) dos Estados Unidos e fundos do mercado cambial já no esquema.

Musk acreditava que, com a alquimia da internet e a sua iniciativa ilimitada, a X.com conseguiria realizar esses serviços de forma mais rápida, barata e melhor do que os concorrentes do mercado. "A X.com era muito ambiciosa. Acho que o banco online era só o projeto central do produto. Acho que o banco online era uma boa ideia — mas queríamos que fosse um supersite financeiro. Então queríamos oferecer seguros. Oferecer investimentos"[12], observou Chris Chen, um dos primeiros funcionários.

Claro que essas ideias não eram novidade, e os analistas do setor argumentaram que os incumbentes conseguiriam afundar a empresa sem muito esforço, copiando seus produtos. Mas Musk já conhecia em primeira mão a má vontade dos bancos quando se tratava de inovar — ele não estava perdendo o sono com a possibilidade de competir com os JP Morgans e Goldman Sachs do mundo.

Também havia um precedente muito recente e poderoso que explicava a abordagem condensadora de Musk em seus negócios virtuais. Jeff Bezos estava adotando uma estratégia parecida na Amazon ao agrupar todos os serviços em um único lugar, acarretando notoriedade e uma expansão violenta da Amazon.com. Bezos tinha incitado a empresa a vender CDs enquanto ela ainda estava batalhando para lidar com os pedidos de livros dos clientes.

Tanto Bezos quanto Musk sabiam que um site que oferecia tudo eliminava cinco sites que só ofereciam um serviço. Essa não era uma ideia muito inovadora — lojas que vendem de tudo já existiam há muitos séculos. Mas foi preciso ter visão para trazer algo assim à vida em uma escala virtual, especialmente em um momento em que os clientes ainda estavam dando seus primeiros passos trêmulos em direção às compras e aos bancos online.

De certa forma, Musk estava tentando a sorte com a X.com de um jeito mais arriscado do que Bezos tentou com a Amazon.com. A empresa de Bezos não enfrentava impedimentos legislativos ao vender livros e CDs lado a lado. No caso da X.com, o governo entrou no caminho, impedindo-a de vender serviços relacionados a bancos e ações simultaneamente, ao menos até o final de 1999, quando o Congresso revogou boa parte da lei Glass-Steagall, de 1933. Com exceção dessas regras específicas, todos os serviços financeiros da X.com eram fortemente regulamentados — e, para os regulamentadores, o hipermercado financeiro de Musk era um pesadelo.

Para Musk, o dinheiro não passava de "[registros] em um banco de dados"[13]. A X.com estava condensando os "registros" do mundo em um único banco de dados — e eliminando aqueles que lucravam enquanto intermediários no processo. "A minha visão [para a X.com] era que ela fosse essencialmente o centro mundial de todo o dinheiro"[14], proclamou ele.

■ ■ ■

Com base nessa visão, Musk expandiu rapidamente a sua equipe. Tim Wenzel, um recrutador freelancer, prestou consultoria à empresa incipiente. "A essa altura, o Vale do Silício estava com tudo. Era muito difícil achar alguém para contratar. Todo mundo que era bom recebia várias ofertas. Mas eu vi logo de cara que a X.com era especial, pois quase todos os candidatos queriam trabalhar lá. Quase todo mundo estava disposto a deixar de lado outras oportunidades para se juntar à empresa."[15]

Certo dia, o próprio Wenzel precisou fazer essa escolha. Ele recebia por contratação, mas a X.com lhe disse que as contas estavam aumentando demais e que ele precisaria trabalhar em tempo integral e exclusivamente para a companhia — do contrário, cada um seguiria seu caminho. "Eu não hesitei nem um pouco. Falei de cara: 'Estou dentro'"[15], disse Wenzel.

Vários dos primeiros funcionários da X.com perceberam o contraste entre as contratações da Confinity — pessoas de vinte e poucos anos, em sua maioria, homens — e as da X.com — mais diversificadas, incluindo pais, mulheres e pessoas mais velhas com décadas de experiência. Enquanto consultora de recursos humanos, Deborah Bezona já passara por muitas empresas e, quando fechou um acordo com a X.com, ela observou: "Nunca trabalhei com uma companhia com tanta diversidade. Foi notável para mim."[16]

No ápice do boom da internet, Bezona prestou consultoria para muitas startups, tratando de questões de planos de saúde e aposentadoria e, mesmo em um cenário frenético, a X.com e seu CEO se destacavam. Musk dava plena liberdade aos seus funcionários — "a possibilidade de serem tudo o que poderiam ser" —, mas, em troca, cobrava muita performance. "Nunca trabalhei tão duro e nem tão rápido na minha vida", disse ela.

Bezona seguiu as preferências de Musk ao tratar de salários, benefícios, contratações de estrangeiros e indenizações, e achou que a X.com era "muito generosa com seus pacotes de benefícios" — e seu CEO, muito gentil mesmo quando alguém saía da empresa. "Se as pessoas não atendessem às expectativas — se não trabalhassem direito —, Elon sempre as demitia com dignidade e gentileza"[16], lembrou. Bezona também se recordou que os demitidos, independentemente do cargo, recebiam indenização.

A X.com também captou talentos de empresas de recrutamento e seleção. Uma delas, Kelly Services, ajudou a contratar funcionários temporários, inclusive Elizabeth Alejo, que se tornou a nova gerente de contas. Para ela, os serviços online da X.com representavam uma virada em sua carreira, que incluía um período como caixa de banco de varejo e como gerente bancária. O tempo que passou no banco de varejo se provou um diferencial. Ela examinava as novas contas da X.com e comparava as informações fornecidas com as disponíveis em boletos e outros documentos, algo muito presente no período em que trabalhou em bancos físicos.

Alejo também foi uma das primeiras a ver a fraude em todos os seus aspectos, inclusive pessoas que falsificavam contas de luz para abrir contas na X.com. Ao ligar para clientes fraudulentos, era necessário paciência para identificar a má-fé. "Nós os deixávamos falar, sabe, deixávamos que ficassem de blá-blá-blá — e depois partíamos para o bote... e aí eles ficavam quietos ou desligavam"[17], disse Alejo.

Ela foi efetivada pouco depois de entrar como temporária na empresa. Durante esse período, Musk também contratou John Story como vice-presidente executivo da X.com. Story já trabalhava há décadas, chegando a ocupar, inclusive, cargos sênior na Alliance Capital e na Montgomery Asset Management, e sua chegada gerou alguns boatos no mundo das finanças, corroborando a narrativa de que a X.com estava juntando a velha guarda à jovem. "Uma companhia sem nenhuma gestão de ativos e nem filiais para competir com as outras. O que traz credibilidade a sua proposta são seus líderes"[18], lia-se em um texto do Ignites.com, importante portal de notícias da comunidade financeira dos Estados Unidos.

Um pouco mais tarde, outro veterano das finanças entrou na empresa. Mark Sullivan deixou seu cargo de vice-presidente do First Data Investor Services Group, em Boston, para se juntar à X.com como vice-presidente de operações. "Minha carreira sempre fora tradicional, e eu ainda não tinha experimentado o mundo virtual"[19], disse. Sullivan concordou em pegar um voo para Palo Alto e almoçar com Musk e Story. Musk não perdeu tempo e fez a sua jogada. "Acabamos de almoçar, e [Musk] disse: 'Então, quando você vem para cá?'. Jesus amado, fui pego de surpresa!", lembrou Sullivan. Ele pediu demissão e se mudou para Palo Alto em questão de algumas semanas. Com quase quarenta anos, Sullivan se tornou um dos "adultos" da X.com. "Eu era o coroa"[19], brincou.

Outro "coroa" que entrou pouco depois foi Sandeep Lal. Ele trabalhara em Singapura e no Citibank, onde se especializou em serviços financeiros. Sua entrevista com Musk foi memorável. "Lembro-me de ter usado as palavras 'gestão de mudanças', e ele falou: 'Pare com essas baboseiras'"[20], recordou Lal. Para confirmar sua competência, Musk lhe ofereceu um teste: "Ele disse: 'Certo, se eu fosse fazer uma transferência de fundos de Singapura para os Estados Unidos, como funcionaria?'" Lal esquematizou o processo passo a passo — e Musk o contratou na hora.

■ ■ ■

Uma das contratações mais importantes nesse período foi a de uma gerente de desenvolvimento empresarial chamada Amy Rowe Klement. Ela iniciou sua carreira no JP Morgan, onde não se sentiu satisfeita com suas tarefas. "Eu sempre quis impactar o mundo"[21], explicou. Depois de sair do banco, ela foi para o Oeste dos Estados Unidos e trabalhou no setor de gestão estratégica e desenvolvimento empresarial da Gap, mas ainda ansiava por algo maior.

Enquanto tentava ingressar em alguma escola de negócios, Klement conversou com um de seus contatos do banco, John Story, que, animado, lhe contou da startup de serviços financeiros em que acabara de entrar. De início, ela relutou, mas Story insistiu que ela conhecesse Musk. Klement achou a entrevista — e a proposta de Musk — "muito interessantes". "Por que é tão caro transferir uns bits aqui e uns bytes ali no sistema financeiro?", ela ficou se perguntando após ouvir as críticas de Musk ao setor.

Klement entrou na X.com como gerente de desenvolvimento empresarial, mas logo se viu trabalhando em possíveis usos para o produto. "Meu trabalho se tornou... o intermediário entre os desenvolvedores e a humanidade", brincou. Na empresa, ela percebeu o que David Sacks percebera a alguns quarteirões dali: era preciso disciplina e estratégia para extrair produtos de códigos. Segundo vários testemunhos, Klement serviu de tradutora entre a linguagem dos "desenvolvedores e a [da] humanidade" com perícia, indo além da gestão dos produtos nascentes da X.com. Mais de um funcionário a citou como o apoio a quem recorriam em tempos de crise — fossem problemas com os produtos ou com os colegas. Várias pessoas a descreveram como uma "apaziguadora" de importância vital, uma diplomata de primeira que desarmava os tensos conflitos de personalidade e mantinha a calma naquela organização em plena ebulição. Klement fizera a entrevista para a X.com sem qualquer pretensão, pois já havia se inscrito em uma pós-graduação. Mas a empresa mudou sua vida. Ela brincava que seu cargo de desenvolvimento de produto evoluiu, tornando-se uma mistura de "terapeuta, historiadora e operadora". "Terapeuta porque eram tempos difíceis, sabe, e eles precisavam de alguém que acalmasse a situação; historiadora porque era muito difícil chegar lá e desenvolver um produto sem antes entender o código base ou os possíveis erros e desafios de localização", lembrou.

E, finalmente, operadora. "Porque eu me interesso muito sobre o funcionamento das coisas. Eu costumava sentar e dizer: *Certo, como vamos trabalhar em equipe juntando design, conteúdo, engenharia, garantia de qualidade e suporte ao cliente?* Para mim, essa parte do meu trabalho — garantir que as coisas fluíssem da melhor maneira possível para todo mundo — era de uma importância crítica"[21].

Klement ficou na companhia por sete anos, do final de 1999 até o IPO e a aquisição da X.com pelo eBay. Naquela época, ela monitorava a organização dos produtos e do design e se tornou uma das mais jovens executivas do eBay. Para muitos ex-discípulos do PayPal, ela serviu como um farol. O próprio Musk afirmou que Klement foi "uma heroína não reconhecida"[22]. Outra colega disse que aprendeu muito com seu estilo de operação, pois o considerava um modelo. "Eu sempre quis ser igualzinha à Amy, ela era meu ídolo"[23], observou.

■ ■ ■

O recrutamento de engenheiros da X.com também engrenou muito rápido. Em setembro, Colin Catlan recebeu um telefonema de um caça talentos. Catlan tinha deixado uma startup de pagamentos chamada Billpoint, que fora adquirida pelo eBay no início de 1999. Aquele fora seu primeiro trabalho no Vale do Silício e, como a equipe era pequena, cabendo na garagem que servia de sede da empresa, todos os membros tinham uma importância vital.

Mas a Billpoint foi vendida para o eBay poucos meses depois de ser lançada, e Catlan logo sentiu que ficara de lado em meio à burocracia corporativa. Suas ideias — inclusive a sugestão de que a Billpoint construísse um sistema de processamento de pagamentos universal — não foram recebidas tão calorosamente. "Eu sentia que tinha alguma questão pendente. Eu me esforçara tanto para fazer aquilo [os pagamentos] funcionar. Se não pudesse continuar com isso na Billpoint, eu procuraria outro lugar"[24], disse. Em sua entrevista com Musk, ele mencionou que queria construir uma rede de pagamentos. De acordo com Catlan, Musk se mostrou receptivo à ideia, e Catlan entrou na X.com no início de setembro, assumindo o cargo de diretor de engenharia.

Nick Carroll, formado na Harvey Mudd College, chegou por volta da mesma época — pouco depois do êxodo dos executivos da empresa. Formado há apenas dois anos, ele conseguiu uma promoção muito disputada para o cargo de engenheiro sênior. Carroll recrutou dois outros engenheiros que estudaram com ele na Harvey Mudd College, Jeff Gates e Tod Semple.

Da rede de contatos de Musk veio outro membro para a equipe de engenharia: Branden Spikes. Ele tinha trabalhado na Zip2, onde presenciou os altos e baixos da vida de startup. Ele confessou que apostava mais nos altos do que nos baixos — e, mais especificamente, apostava no próprio Musk em vez de na X.com. "Na verdade, eu fiquei um pouco preocupado, pensando que trabalhar em um banco online ficaria chato alguma hora"[25], disse Spikes, rindo. Ele ganhou um cargo na direção da empresa e um e-mail disputado: b@x.com.

■ ■ ■

A equipe crescente começou a moldar o produto e criou um site provisório. Aqueles que visitavam o site X.com se deparavam com a mensagem "Coloque seu e-mail aqui para receber notícias do nosso lançamento!"[26]. O site também apresentava um texto com seus objetivos:

> A internet tornou obsoletos muitos dos jeitos mais tradicionais de se lidar com dinheiro. Já existem milhares de adeptos dos benefícios do comércio digital e outros milhares que economizam ao pesquisar sobre taxas de seguros online e planejamento financeiro — mas ainda há milhões de pessoas que pagam caro para ter acesso a agências e caixas de bancos físicos, mesmo estando mais acostumadas a usar o caixa eletrônico da esquina.
>
> A missão da X.com, enquanto uma empresa com base unicamente na internet, sem filiais e nem infraestruturas computacionais velhas e difíceis de manter, é devolver as taxas bancárias e as taxas ocultas ao bolso de nossos clientes, oferecendo, ao mesmo tempo, soluções de baixo custo para investimentos, seguros e planejamento financeiro. A X.com será a solução perfeita para administrar suas finanças pessoais.

Em alusão à antiga companhia de Musk, o site incluía o trajeto para o escritório da X.com, "uma cortesia da Zip2 Corp"[26].

A X.com também continuou a contratar empresas terceirizadas para acelerar seu desenvolvimento. Uma delas, a Envision Financial Systems, criava softwares para gestão de ativos e empresas de finanças. Satnam Gambhir, um dos cofundadores da Envision, estava acostumado a lidar com grandes bancos e instituições financeiras — que não costumam ser rápidos. "Nosso ciclo de vendas normalmente oscila entre seis meses a dois anos, começando na primeira reunião com o cliente e terminando com a assinatura do contrato e a implementação do serviço"[27], explicou ele. Por outro lado, a Envision e a X.com assinaram o contrato duas semanas depois da primeira reunião, e a Envision concedeu à X.com o acesso ao seu código pouco tempo depois. "E então, dez semanas mais tarde, [a equipe da X.com] fez a integração e o lançamento"[27], disse Gambhir, maravilhado com essa reviravolta.

Em setembro, a X.com anunciou um acordo com o Barclays, possibilitando a seus clientes o investimento em fundos mútuos[28]. Logo depois, veio um acordo com um banco comunitário — o First Western National Bank, que ficava em La Jara, Colorado. Com isso, a X.com compraria o First Western National Bank caso os regulamentadores aprovassem, permitindo à empresa adotar os títulos de "autorizada bancária" e "garantida pelo FDIC"[29]. A X.com agora poderia criar seus próprios cartões de débito e distribuir cheques.

Esses avanços levaram a CNBC, o *Wall Street Journal* e a revista *Fortune*, entre outras mídias, a fazerem matérias sobre a empresa. Musk usou essa fama na imprensa para difundir seus pronunciamentos audaciosos. Mesmo a companhia ainda estando em construção, ele previa várias funcionalidades futuras deslumbrantes. O registro dos usuários levaria meros dois minutos, disse[30]. Ele prometeu que não haveria taxas, nem mesmo as de cancelamento. Destacou que — não uma, mas duas — empresas de segurança estavam monitorando o site com todo o cuidado e afirmou que o foco da empresa era "defender os interesses do cliente"[30].

Musk também aproveitou para comparar a X.com e seus concorrentes, ofendendo dois deles — o Wingspan Bank e o Telebanc Financial Corp —, dizendo que eram fracos na área tecnológica[31]. Então, ele se concentrou em um dos grandes nomes do setor: o Vanguard Group. Quando lhe perguntaram como os preços da X.com competiriam com o famoso custo-benefício dos serviços do Vanguard, Musk respondeu: "Nossos preços serão sempre os mais baixos e ponto final."[32]

Narrativas como essa caíam bem na mídia, captando com sucesso o interesse permanente do público em histórias de superação. Mas Musk também tinha um talento especial para atrair a atenção da imprensa. Ele descobrira que seu gosto pelo exagero normalmente funcionava muito bem; a X.com nem existia ainda e já era objeto de exaustiva menção na imprensa, bem como o próprio Musk. Em agosto de 1999 — algumas semanas após a empresa ter perdido metade dos funcionários —, a Salon.com escreveu que Musk estava "destinado a se tornar o próximo gigante do Vale do Silício"[33].

■ ■ ■

Quando outubro chegou, Musk pressionou a equipe para lançar o site da empresa. Assim como na Confinity, a equipe de engenharia da X.com teve que passar pelo desconforto de pedir mais tempo ao CEO. "Elon já estava pronto para lançar assim que terminamos a arquitetura do site, em setembro, e foi muito difícil fazê-lo esperar até outubro"[34], disse Catlan. A equipe estava preocupada com os detalhes, os pingos nos "i's", por se tratar de uma futura empresa de finanças; já Musk estava preocupado pensando que, se não lançassem nada logo, a X.com se tornaria irrelevante.

Ele ficou ainda mais focado durante os preparativos para o lançamento. "O jeito que ele andava pelo escritório era quase frenético. Ele corria de um departamento para o outro — desenvolvimento, financeiro, operações. Queria respostas. Imediatamente. Você tinha que estar preparado quando ele chegasse, porque ele não ia querer ouvir *Vou ver aqui e já te falo*"[35], disse Sullivan. Musk não deixava nem um detalhe escapar, e mais de um funcionário descreveu o estresse de trabalhar sob sua vigilância.

Porém, Musk exigia tanto de si mesmo quanto de sua equipe. "Nós dormíamos embaixo das mesas. Até Elon dormia. Ele não se isentava desse tipo de coisa"[36], disse Catlan. Os engenheiros lembram-se de ver seu CEO trabalhando lado a lado com eles, tentando resolver desafios técnicos complicados. "A maioria dos CEOs não é transparente com seus funcionários. Elon falava: 'Estamos nas trincheiras juntos. Vamos nessa'... por isso, era empoderador trabalhar com ele"[37], afirmou Spikes.

Para os veteranos corporativos, a X.com era um gostinho da cultura rudimentar das startups. "Eu não tinha escritório nem mesa, só uma cadeira e um caixote"[38], disse Mark Sullivan, egresso das altas finanças. Wensday Donahoo, que entrou em um cargo administrativo da empresa, relembrou os cubículos do escritório, todos decorados, os jovens funcionários e as roupas casuais, inclusive o próprio CEO chegando para trabalhar de short e camiseta.

Em outra ocasião, os investidores estavam prestes a visitar Musk e outros líderes da X.com, e Donahoo acabou ouvindo alguém implorando que Musk colocasse um terno e uma gravata. "Lembro que ele falou: 'Se não gostarem das minhas roupas... não vão gostar do meu produto — e é o produto que vai convencê-los a investir, não a minha aparência'."[39] Esse momento ficou guardado em sua memória. "Se você tiver algo importante, as pessoas vão querer — a sua aparência não importa."[39]

Nick Carroll, que entrou na X.com após sair da gigante aeroespacial Lockheed Martin, logo percebeu que, ali, as coisas eram diferentes. A certa altura, Carroll recomendou contratar um desenvolvedor para criar o banco de dados da X.com. "Elon disse: 'Não precisamos contratar uma pessoa só para isso. Provisionar um banco de dados no SQL Server é fácil. Vou mostrar para vocês'. Em uma startup, você vira um faz-tudo. A novidade para mim era que não havia cavalaria, ninguém mais para chamar"[40], lembrou Carroll.

Musk não poupava dinheiro frente a algo que pudesse ajudar a X.com a entrar rápido no mercado. Mesas, por exemplo, não acelerariam o lançamento do site, mas um servidor melhor, sim. Carroll recordou que Musk mandou a equipe especificar um servidor Dell que fosse capaz de lidar com o imenso tráfego da web que estava por vir. "Configuramos o servidor mais caro, mais poderoso que o dinheiro podia comprar, literalmente"[40], disse Carroll. O preço ficou na casa das dezenas de milhares de dólares, mas Musk aprovou a compra. (Mais tarde, Branden Spikes envolveu o servidor em uma caixa de vidro à prova de balas. "Como era um banco, achei melhor levar a segurança a sério"[41], disse.)

Com a velocidade, veio o improviso. Mesmo decisões importantes como a aparência e a experiência do site da X.com foram feitas às pressas. Carroll lembrou: "Fiquei pensando: *Como vai ser nosso design frontal? Vamos contratar um designer?* E Elon falou: 'Quero que pareça o da Schwab'. Acho que era a inspiração dele na época, não sei. Então obedecemos. E a paleta de cores original da X.com ficou azul. Por quê? Porque a da Schwab também era."[42]

A equipe inteira sentiu o peso do trabalho nas costas. "Para mim, que só tinha seis anos de experiência como engenheiro de software, era uma tremenda responsabilidade ter que descobrir, do zero, como fazer um sistema de fundos mútuos funcionar"[43], disse Alexander. Como estariam lidando com o dinheiro e as finanças dos clientes, os engenheiros se esforçaram para escrever códigos invioláveis. "Acreditávamos no poder do código limpo, bem escrito"[43], afirmou ele. Mas escrever um código de qualidade era difícil com tão pouco tempo. "Lembro-me de ter pensado: *Que bom que não sou executivo — porque escrevi o código, mas ele não vai durar muito*"[44], disse Carroll.

Apesar do caos desse período, a equipe estava muito animada em ver o site e o produto da X.com ganharem vida. "Tinha muito a se fazer, e estávamos exaustos. Mas não nos importávamos, pois sabíamos que estávamos construindo um negócio louco e, quando íamos para casa e voltávamos no dia seguinte, tinha sempre algo novo ou uma ideia nova"[45], lembrou Mark Sullivan.

■ ■ ■

Em muitos sentidos, a X.com era uma típica startup de Palo Alto, mas a empresa se desviava da ortodoxia do Vale do Silício em um aspecto importante: ela usava produtos da Microsoft como base de sua arquitetura técnica em vez de criar tudo em um sistema de código aberto como o Linux.

Para seus apoiadores, a plataforma da Microsoft oferecia um ambiente estável e profissional, suportado por uma empresa multibilionária de capital aberto. Já para seus críticos, tratava-se de um sistema semiamador que prejudicava a arte da programação. A plataforma Linux, por outro lado, era considerada por muitos uma arquitetura técnica "do povo". Capaz de ser reescrita do zero, ela era tão aberta e flexível quanto a internet almejava ser em seu início. Em fóruns da internet, o debate Microsoft versus Linux por vezes assumia o caráter de um conflito religioso.

O uso da tecnologia da Microsoft pela X.com se tornaria mais tarde um ponto crítico, mas, no início, seus engenheiros acreditavam que a Microsoft era a melhor escolha. "Chegamos a pesquisar e concluímos que a opção mais comercialmente viável — que pudesse lidar com o sistema de uma empresa — era o *framework* da Microsoft. E, no Vale do Silício, isso era uma blasfêmia", disse o engenheiro Scott Alexander.

A velocidade era algo importante para a equipe e, ao contrário do Linux, a Microsoft oferecia um conjunto de *frameworks* prontos para usar, simplificando o trabalho dos engenheiros. "Na X.com, tínhamos uma filosofia: *frameworks* são bons. Hoje em dia, todo mundo usa. Mas, naquela época, a X.com ditou que, em vez de escrevermos tudo sozinhos, usaríamos *frameworks*. Agiliza muito o trabalho"[46], lembrou Alexander. Musk apoiava a decisão, pois combinava eficiência e flexibilidade. "Dez ou doze anos depois, o Linux tinha muitas ferramentas, mas, naquela época, esse não era o caso"[47], disse Musk. Ele observou que, com as bibliotecas de software pré-escrito da Microsoft, três engenheiros valiam por dezenas.

Musk anunciou que o site seria lançado no final de novembro de 1999, e, com o Dia de Ação de Graças se aproximando, a equipe nunca trabalhara tanto. "Na época, eles desligavam os semáforos do centro de Palo Alto à meia-noite. Todos ficavam vermelhos. E sei disso porque íamos pegar nossos carros para ir embora lá para as duas da manhã"[48], relembrou Carroll.

O lançamento estava programado para o final de semana do feriado, o que foi um problema para alguns membros da equipe. "Eu tinha trabalhado na JP Morgan e na Gap antes, e essa foi minha primeira experiência em uma startup, e costumávamos ter folga no Dia de Ação de Graças, né? Era o maior feriado do país"[49], lembrou Amy Rowe Klement, que tinha acabado de ser promovida na X.com. Na véspera do feriado, alguns engenheiros, inclusive Nhon Tran e Musk, viraram a noite trabalhando. No dia seguinte, na manhã do Dia de Ação de Graças, Musk ligou para Scott Alexander por volta das

11h. "Ainda lembro suas palavras exatas: 'Nhon ficou aqui a noite inteira e já não está trabalhando a todo o vapor. Você pode vir para garantir que tudo fique bem?'."[50] Outros funcionários se recordam de um e-mail furioso que Musk enviou para todo mundo da empresa esculachando aqueles que não foram ao escritório no feriado.

Os serviços da X.com ficaram disponíveis para o mundo inteiro a partir do Dia de Ação de Graças de 1999. Logo após o lançamento, a equipe deixou o escritório em bando e parou em um caixa eletrônico ali perto. Musk inseriu o cartão de débito da X.com, digitou sua senha e solicitou um saque. Quando a máquina fez um barulho e liberou as notas, a equipe inteira celebrou. "Elon ficou muito feliz"[51], lembrou Sullivan.

■ ■ ■

Em meados de 1999, os banqueiros pesos-pesados da X.com tentaram tirar Musk do cargo de CEO e depois saíram. Após a partida deles, o número de funcionários era baixo, não chegando a dois dígitos. A essa altura, o endereço University Avenue, 394, era mais conhecido pela padaria no primeiro andar do que pelo banco, no segundo. A "companhia" era, basicamente, uma URL misteriosa, alguns fiéis, o capital minguante de Musk e uma ideia.

Quatro meses depois, esse episódio já estava no passado. Nesse meio-tempo, a X.com conseguiu investimento de uma das melhores empresas de *venture capital*, construiu um produto que funcionava, preencheu seus cargos de engenharia e gestão e fechou acordos com bancos nacionais e internacionais. Como sempre, Musk queria resultados mais rápidos e magníficos — mas, pelo menos, ele e sua equipe podiam pensar no passado com alívio e, no futuro, com determinação. A X.com era real.

PARTE 2

BISPO MAU

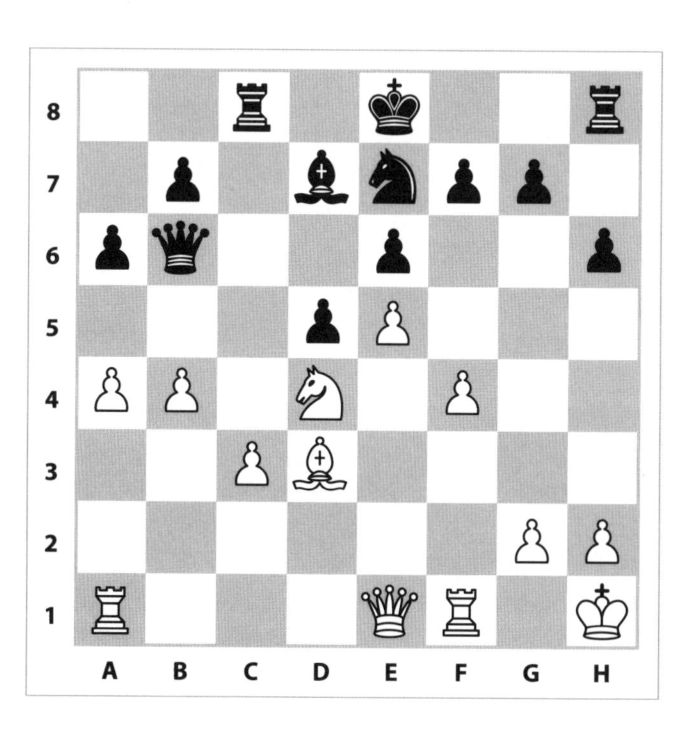

8

SE VOCÊ CONSTRUIR, ELE VIRÁ

Apesar das ambições colossais das equipes, nem a X.com nem a Confinity estavam preparadas para o iminente crescimento de consumidores. Musk previra uma expansão rápida, mas a equipe o ignorara, acostumada com suas hipérboles. No entanto, agora, suas previsões estavam se concretizando. Nos primeiros dias após o lançamento, os usuários vieram aos poucos — e, depois, em uma enxurrada. "No primeiro dia, tínhamos dez. No seguinte, vinte. No outro, cinquenta"[1], disse Colin Catlan. Cinco semanas mais tarde, a base de usuários da X.com alcançara a casa dos milhares.

Quando isso começou, a funcionária Julie Anderson lembra que os usuários se espalharam "feito fogo"[2]. Após um lançamento frenético, a equipe da X.com não teve tempo para descansar. "Tinha hora em que só queríamos que as coisas desacelerassem um pouco. Ficamos preocupados com os servidores, com medo de que sobrecarregassem e parassem de vez"[3], disse Catlan, lembrando-se da preocupação quanto à capacidade limitada do servidor da empresa. A equipe exausta continuou ajustando o site, forçando atualizações sem ter tempo de testá-las direito.

Ken Miller tinha acabado de entrar na X.com durante esse período de crescimento rápido. Recrutado para ajudar a combater questões de fraude, ele ficou chocado com o relatório diário de novas contas. "Era tipo: 'Ah, legal. Nome: Mick. Inicial do nome do meio: E. Sobrenome: Mouse. Perfeito. Ah, e ele enviou uma transação de US$2.700. Ótimo. *E* lhe concedemos uma linha de crédito'"[4], disse Miller. Ele logo levou bronca do banco parceiro da X.com,

First Western, que ficou horrorizado com os clientes que se passavam por personagens da Disney.

Musk prometera um talão de cheques físico e um cartão de débito a cada um dos usuários, e todos tinham que ser enviados pelo correio manualmente. "Nem sei dizer quantos talões com o nome 'asdf' e o sobrenome 'jkl' nós imprimimos... e imprimimos todos, mesmo"[5], lembrou Steve Armstrong. Para completar, a linha telefônica da X.com explodiu com reclamações dos consumidores. Um artigo de jornal apontou que o volume de chamadas que a empresa recebia era uma evidência de sucesso, mas, para a equipe, atendendo ligações em um call center improvisado nos fundos do escritório (batizado de "a caverna"), os clientes zangados eram uma fonte perpétua de ansiedade.

Pelo visto, todo mundo tinha uma crítica. No final de janeiro de 2000, Maye Musk, a mãe do CEO da X.com, escreveu um conselho para o filho. "Eu e uma amiga não usamos muito o cartão de crédito, pois quase não ganhamos milhas. Também não conseguimos pagar contas pela X.com. Quando você vai tornar o produto mais atrativo? Com amor, M."[6]

Os problemas de segurança também dificultaram a expansão da empresa. "Tinha um monte de bugs que estávamos tentando corrigir, e um monte de gente tentando hackear o sistema, injetar códigos SQL e tudo quanto era coisa"[7], disse Musk, que só faltava morar no escritório nesse período.

Apesar de ter usuários de verdade, a X.com ainda operava como uma startup desorganizada, talvez mais do que o esperado pelos seus clientes — que estavam confiando seu dinheiro à equipe. Um dia, pela manhã, Branden Spikes encontrou um morador de rua no sofá do escritório. "Ele era muito gente boa, só estava querendo um lugar para dormir"[8], lembrou Spikes.

■ ■ ■

Durante esse crescimento, alguns problemas foram expostos violentamente ao público. Em 28 de janeiro de 2000, pela manhã, a X.com se deparou com uma manchete devastadora do *New York Times*: "Descoberta falha de segurança em banco online."[9] O artigo detalhava a vulnerabilidade do processo de pagamento da empresa, que permitia aos clientes transferirem fundos usando o número de identificação do banco e o da conta corrente — ambos muito fáceis de obter, disponíveis em qualquer cheque inutilizado ou cancelado. "No que pode servir de alerta da corrida desenfreada ao comércio eletrônico, um novo banco digital permitiu que os clientes transferissem fundos de qualquer conta bancária do país durante quase um mês"[9], escreveu o *Times*.

A matéria ganhou visibilidade, bem como uma continuação no *Washington Post* e no *American Banker*. A X.com logo se viu no meio de uma tempestade midiática destruidora. "Devem fechar o negócio. Para ser sincero, não sei quanto tempo mais eles sobreviverão enquanto empresa"[10], disse um analista de segurança ao *Washington Post*. Outro crítico comentou na *U.S. Banker Magazine*: "O nome da empresa foi manchado para sempre. Precisam se relançar como Y.com ou algo assim."[11]

Os que tinham cargos mais altos na equipe tentaram conter os danos. Explicaram que aconteceram só algumas transações não autorizadas, que totalizavam menos de US$25 mil, e que a empresa já tinha tomado providências para corrigir a falha. Agora, os usuários precisariam submeter um cheque inutilizado, um cartão de assinatura e uma cópia da carteira de motorista para poderem transferir dinheiro de uma conta externa para a da X.com.

Em teoria, a defesa da equipe — que culpava não uma "falha de segurança", mas um "problema de políticas", ligado à regulamentação leniente das transferências bancárias — estava certa. Mas os comentários negativos da imprensa condiziam com as preocupações do público quanto a bancos digitais, e a situação interna da companhia era de pânico geral. Anderson, que ainda era responsável, entre outras coisas, pelas relações públicas, temia ser despedida. "Foi tudo aterrorizante e podia trazer consequências enormes"[12], lembrou ela. Anderson também lembrou o tanto que Musk estava preocupado com o possível impacto irreversível dessa cobertura midiática — trazendo danos irreparáveis à reputação da empresa e dissuadindo novos clientes.

No final das contas, Anderson não foi demitida. E, em meados de fevereiro, o rápido crescimento de usuários da X.com chamou a atenção da mídia, desviando-a do fato desagradável de que a empresa, por um momento, tornara realidade o sonho dos ladrões de bancos digitais. Um funcionário daquela época destacou uma lição que a equipe aprendera com essa crise, mas que não tinha nada a ver com violações e segurança bancária: a extensa cobertura da mídia deixou a X.com com mais cadastros do que antes das manchetes negativas.

■ ■ ■

Descendo um pouco a University Avenue, o crescimento do PayPal, da Confinity, também estava causando alguns problemas. Depois do lançamento entre amigos e família no final de outubro, o PayPal não expandiu tão rápido quanto o produto da X.com, mas, em meados de novembro, já tinha registrado mais de mil usuários. Em fevereiro, outros milhares se inscreveram — e a companhia ficou entupida de trabalho.

"O pessoal trabalhava vinte horas e dormia quatro"[13], lembrou David Gausebeck, engenheiro da Confinity. Levchin tinha levado um saco de dormir para o escritório, usando-o todas as noites. Outras questões da vida tiveram que esperar. Durante esse período, Gausebeck atropelou um tronco na estrada, furando dois pneus e amassando uma roda. "Coloquei o pneu reserva, e o outro estava vazando ar bem devagar"[13], disse. Sem tempo livre para consertá-lo, ele continuou com o pneu reserva por três dias.

O PayPal fora lançado com questões essenciais ainda não resolvidas. Por exemplo, e se alguém digitasse errado um endereço de e-mail — e mandasse o dinheiro para "Macks@Confinity.com" em vez de "Max@Confinity.com"[14]? A Confinity mandaria o dinheiro para uma conta fantasma? Ou ficaria com ele até ver se a conta existia mesmo? A solução que a equipe arranjou às pressas — debitar o dinheiro da conta e armazená-lo como garantia — resolveu um problema, mas causou outro. Anos depois, a equipe descobriu centenas de milhares de dólares armazenados[14].

Com o crescimento do site, a Confinity enfrentou dificuldades com bugs, erros e indisponibilidade frequente. Uma crise reveladora ocorreu no início de 2000. A equipe saiu do escritório para uma reunião externa — uma oportunidade de sair da rotina exaustiva e discutir estratégias. "Todas as vinte e poucas pessoas da empresa foram, e tanto os celulares quanto os pagers não tinham sinal lá. O site caiu e ficou fora do ar por uma hora"[15], lembrou Levchin.

Algumas ideias que pareciam promissoras no lançamento se tornaram problemáticas na prática. Os usuários da Confinity podiam recuperar o dinheiro com cheques, por exemplo. Mas, quando os clientes começaram a surgir aos montes, vieram com eles mais demandas de pagamentos por correio — um processo maçante. A equipe tinha que baixar as transações do dia via internet discada, e o CFO, David Jaques, carregava a única impressora do escritório com cheques em branco, assinava todos a mão e, com a ajuda de seus colegas, os colocava nas centenas de envelopes.

David Wallace inspecionava o atendimento ao cliente — e sentiu "pavor"[16] durante esse período. Os usuários congestionavam as linhas da Confinity de tal modo que "as pessoas não conseguiam efetuar chamadas do telefone do escritório". Quase não era possível ajudar os usuários mais antigos antes que os novos chegassem, cheios de reclamações. "A empresa estava esperando por esse momento, mas o serviço de atendimento ao cliente não está preparado"[16], disse

Wallace. Tanto para a Confinity quanto para a X.com, a explosão de interessados nos produtos era exaustiva e energizante ao mesmo tempo. "Todo dia, entrávamos no escritório e nos reuníamos feito uma manada ao redor do computador para ver quantos eram os novos usuários"[17], lembrou Colin Catlan, da X.com. Na Confinity, o chamado "Índice de Dominação Mundial" acompanhava o crescimento dos usuários. Esse programa garantia uma dose diária de dopamina à equipe — até que veio a constatação de que ele também dominava boa parte do servidor já sem espaço da companhia. O Índice de Dominação Mundial teve que ser desativado até segunda ordem.

A Confinity celebrou seu crescimento com quitutes: quando o serviço do PayPal chegou a 10 mil usuários, a empresa fez uma festa com 5 bolos — um em formato do número "1" e outros quatro em formato de "0". Quando o site chegou a 100 mil usuários, eles repetiram a festa — adicionando um 6º bolo, em formato de "0".

■ ■ ■

Mas qual era a explicação para um interesse tão repentino? Nem a X.com e nem a Confinity podiam afirmar que tinham inventado os bancos online ou os pagamentos por e-mail. Por volta dessa época, os usuários podiam fazer pagamentos digitais usando o CyberCoin, o ClickShare ou o Millicent, entre inúmeros outros programas. Se precisassem de uma carteira para dispositivos móveis, podiam experimentar a do 1ClickCharge, que era "superfina", ou o sistema de micropagamentos da QPass ou a NetWallet, da Trintech. Se quisessem usar bancos online, poderiam se cadastrar no Security First Network Bank, no NetBank, no Wingspan ou no CompuBank.

Mesmo as empresas que não estavam nessa área de pagamentos tinham dificuldade em ignorar a atração exercida por esse setor. Ryan Donahue, que se tornou o segundo designer da Confinity, estava trabalhando em um site de convites digitais chamado mambo.com, que enfrentava dificuldades. No final de 1999, os líderes do Mambo disseram a Donahue e aos outros que a empresa se voltaria para o setor de pagamentos e tentaria competir com serviços como o PayPal, entre outros. Foi a gota d'água que levou Donahue a contatar David Sacks, que tinha conhecido em um bar. "Eu mandei uma mensagem para David [Sacks] e falei: 'Sabe, acho que seria uma boa trabalhar com você em vez de tentar derrotá-lo'"[18], admitiu Donahue.

Mesmo Musk, apesar de contar vantagem, estava certo de que a X.com e a Confinity representavam evoluções, e não revoluções, na tecnologia de pagamentos daquela época. "Nem inventamos a transferência de dinheiro. Só a tornamos útil. Outras empresas tiveram a ideia de mexer com pagamentos antes da Confinity ou da X.com, só não fizeram direito"[19], disse Musk. Ele apontou o Accept.com e o Billpoint como sites que ofereciam serviços parecidos.

Tanto a X.com quanto a Confinity acertaram em escolher o e-mail para sustentar suas plataformas, aproveitando uma onda crescente de adeptos. Em 1999, os norte-americanos mandavam mais e-mails do que pacotes pelo correio. O e-mail invadira até Hollywood. Em 1998, Tom Hanks e Meg Ryan estrelaram a comédia romântica *Mensagem para Você* (em homenagem à notificação de um famoso provedor de internet, o AOL), cujo enredo envolvia um romance que se desenvolvia por e-mail. A Confinity entrou na onda[20], fazendo referência ao título do filme nos e-mails que mandava a potenciais clientes, em cujo assunto se lia "Grana para Você"*.

Claro que nenhuma das duas equipes planejou construir o sistema de pagamento por e-mails mais importante do mundo. Para a X.com, bem como para a Confinity, essa funcionalidade surgiu como produto secundário. Em meados de 1999, Musk e outro engenheiro da X.com conversaram sobre o conceito de mandar dinheiro por e-mail de um usuário para outro e determinaram que um endereço de e-mail poderia funcionar como um identificador único, algo parecido com o dígito de uma conta corrente. Nick Carroll, o engenheiro, lembrou que o programa fora construído em apenas alguns dias, "no máximo"[21]. Musk concordou: "É simples transferir dinheiro. Tendo a base de dados SQL com um número, é literalmente só decrementá-lo e movê-lo para outra linha da base de dados. É coisa *boba*. Até meu filho de 12 anos já fez isso."[22]

Carroll e Musk se surpreenderam com o sucesso da funcionalidade. "Era algo secundário", admitiu Carroll. Amy Rowe Klement lembrou que a equipe da X.com considerava o produto de pagamentos por e-mail um "mecanismo para conseguir usuários. O negócio principal era o hipermercado financeiro"[23]. De fato, Musk ficou frustrado, pois os outros produtos não foram recebidos com a mesma animação. "Mostrávamos a parte mais difícil — que fora aglomerar todos aqueles serviços financeiros —, e ninguém estava nem aí. Então, mostrávamos os pagamentos por e-mail — que fora a parte fácil de fazer —, e todo mundo ficava animado. Então acho muito importante receber esse fee-

---

* Mais tarde, o PayPal entrou com um pedido de registro de "You've Got Cash" ["Grana para Você", em tradução livre] e "You've Got Money" ["Dinheiro para Você", em tradução livre], e o AOL contestou legalmente esse pedido.

dback do ambiente em que se está inserido. É preciso fazer um circuito fechado"[24], explicou Musk em um discurso de formatura da CalTech em 2012.

Apesar da frustração, a equipe respondeu ao feedback do mercado e mudou o foco para o produto de transações por e-mail, ainda incipiente. Musk insistiu, por exemplo, que o primeiro e-mail, confirmando o cadastro no site da X.com, parecesse ter sido enviado por uma pessoa de verdade, não aparentando ser uma mensagem automática. "Era muito importante que o e-mail viesse de uma pessoa, e não da empresa. Uma mensagem de marketing não tem peso nenhum. Já o e-mail de um amigo tem grande peso"[25], disse Musk.

Dado o sucesso inicial, ele queria divulgar o triunfo do produto de e-mail da X.com mundo afora. Mas Mike Moritz, seu principal investidor, desaconselhou-o. "Ele queria que eu continuasse falando que éramos um banco, para despistar"[25], explicou Musk.

■ ■ ■

Na batalha de transferências por e-mail, a Confinity estava na frente, parcialmente graças à insistência de um membro da equipe: David Sacks. Muitos viam o programa de e-mail da Confinity como um apêndice do produto principal para PalmPilot, mas Sacks, colega de faculdade de Thiel e ex-consultor da McKinsey, não pensava assim. "Eu queria dar um fim naquela coisa do PalmPilot"[26], lembrou.

Enquanto isso, Sacks aperfeiçoou o aplicativo de transferência e implorou a Levchin que o colocasse em um lugar de destaque no site inaugural da Confinity. Focando o produto com sangue nos olhos, Sacks assumiu um cargo que não constava no organograma original da empresa: ele se tornou, de fato, o primeiro gerente de produtos da Confinity.

Sacks logo descobriu que trabalhar na gestão de produtos envolvia tanto evitar distrações quanto produzir avanços. "Quando assumi o setor de produtos da companhia, eu me tornei o 'Senhor do contra', pois sempre precisava recusar as ideias estúpidas de todo mundo. Era muito importante que não desperdiçássemos nossa preciosa capacidade mental com ideias que não faziam sentido em longo prazo para a estratégia da empresa."

Na Confinity, Sacks desenvolveu um fanatismo pela eficiência — e pela simplicidade também. Quando ele viu, por exemplo, que uma versão antiga do PayPal requeria, para cadastro do usuário, abrir sete páginas da internet e fazer duas sincronizações com o PalmPilot, ele ficou horrorizado. No quadro branco do escritório, ele esquematizou um novo formulário de cadastro com apenas uma página e, depois de conseguir o aval de Thiel e Levchin, "convocou todos os engenheiros e disse: 'construam isso aqui'"[26].

A busca de Sacks pela simplicidade se tornou um lema para a equipe de produtos. "Dava para contar na mão os campos do formulário e o número de caracteres, e a carga mental, visualmente, era a de fazer só o que estava ali, só o que era necessário. Foi aí que muitos dos meus instintos de produto se formaram"[27], lembrou Denise Aptekar.

Giacomo DiGrigoli, outro membro dessa equipe, lembrou a frustração de Sacks com um design específico. "[Sacks] falou: 'Não entendo por que é tão complicado! Era para ser fácil, como um e-mail!'"[28], recordou DiGrigoli. Logo depois, uma foto de David Sacks com as palavras "Fácil, como um e-mail!" passaram a decorar as paredes do escritório.

A postura intransigente de Sacks provocava desentendimentos com a equipe de engenharia. Ele rejeitava com todas as forças aquilo que considerava criações supérfluas sem aplicação prática para os usuários. Não bastava construir uma tecnologia de ponta, que era o foco dessa equipe; Sacks queria garantir que os usuários pudessem aproveitá-la.

Essa tensão impulsionou a produtividade da equipe. A decisão de focar transações por e-mail, não por infravermelho, por exemplo, provou-se visionária. "Sempre tivemos um app de primeira. Só estava enterrado nos fundos do site"[29], soltou Sacks em uma entrevista ao *Wall Street Journal* anos depois.

No final de 1999, semanas após o lançamento, o PayPal para PalmPilot contava com cerca de 13 mil usuários. Ao ser oficialmente cancelado no final de 2000 — depois de um ano no mercado —, a quantidade de usuários se mantinha, aproximadamente, nesse número. "Quando nos contaram que íamos [acabar com o produto para PalmPilot], eu só lembro de ter pensado *Vai ser meio triste — para as poucas pessoas que usam*"[30], disse David Wallace, rindo.

■ ■ ■

Enquanto a X.com e a Confinity decolaram graças ao e-mail, a tática de pagar bônus em dinheiro para novos usuários se cadastrarem as ajudou a atingir a velocidade de escape.

Com o tempo, esse bônus foi consagrado como um dos melhores programas de "marketing viral" de todos os tempos, mas, no início, ele tinha uma certa má reputação. Se uma empresa precisava pagar seus usuários, não dava a impressão de que era incapaz de consegui-los normalmente? Não eram os usuários que precisavam pagar para desfrutarem dos serviços, e não o contrário?

Luke Nosek — o líder do departamento de marketing da Confinity — examinara as estratégias de seus concorrentes nas finanças digitais para atrair clientes. Os novos usuários da Beenz, da Flooz e da DigiCash recebiam gratuitamente um valor simbólico em moedas digitais. Na mesma lógica, a Confinity decidiu presentear com US$10 os do PayPal. Mas Nosek queria ir além da concorrência, então começou a considerar como o bônus em dinheiro poderia contribuir para o crescimento da rede de pagamentos — e não só atrair usuários.

Essa semente foi plantada em sua época de faculdade. Em 1996, o Hotmail adicionara a frase "Consiga já um e-mail GRATUITO", seguida de um link, na assinatura de cada e-mail comercial que mandava. Esse link trouxe centenas de milhares de novos usuários em tempo recorde. Dois investidores do Hotmail, Tim Draper e Steve Jurvetson, desenvolveram essa ideia em um texto publicado em 1º de janeiro de 1997 em uma *newsletter* que era popular entre entusiastas de tecnologia — na qual o então estudante Nosek estava inscrito.

"A atenção não dura muito. É preciso criatividade para se destacar em meio às tantas vozes do mercado. Gritar não é muito criativo. Fazer um pequeno anúncio na internet e esperar que os visitantes venham também não é. Em vez disso, as novas empresas podem se estruturar de um jeito que lhes permita se espalhar feito um vírus e bloquear os concorrentes tradicionais, deixando-os de fora ao adotar preços inovadores e ao usar a seu favor o conflito no canal de distribuição"[31], escreveram Draper e Jurvetson.

O neologismo do artigo — "marketing viral" — ficou na cabeça de Nosek enquanto ele trabalhava no PayPal. Ele viu uma oportunidade de explorar o bônus em dinheiro de um jeito mais eficaz do que a Beenz, a Flooz e as outras companhias. E se a Confinity oferecesse não só dinheiro pelo cadastro — mas também mais US$10 para dar a amigos? E se o usuário que convidara os amigos recebesse mais US$10 caso eles se cadastrassem? De repente, a Confinity incentivaria um contágio de pessoa para pessoa, transformando a infecciosa jogada de marketing padrão em uma completa pandemia.

No entanto, de uma perspectiva financeira, a ideia parecia ridícula. Não só pagar os clientes para presentearem amigos com o dinheiro da empresa, mas, ainda por cima, recompensá-los por isso? Esse caminho parecia levar direto à falência. O CFO David Jaques, administrador das contas da Confinity, não ficou muito entusiasmado com a proposta do bônus. Ele lembrou ter pensado: *Só pode estar de sacanagem*[32]. Mas, quando a equipe ponderou a estratégia, ela começou a reconhecer o poder do conceito. Muitos programas de indicação haviam falhado, pois a estrutura dos incentivos era unilateral. Nesse caso, a equipe viu a oportunidade de um programa bilateral com o poder de tornar promotores os próprios clientes.

O programa tinha um apelo especial às pessoas que viam os US$10 como uma quantia considerável. Jaques se lembra da indiferença da esposa ao receber o e-mail de indicação do PayPal. Então, ele enviou outro para sua sobrinha, que estava na faculdade. *"Amei! Que maravilha! Que coisa linda!"*[32], disse ela. Outros funcionários da Confinity brincaram que o programa de bônus representava "a maior transferência de *venture capital* da história para graduandos".

Como justificativa, a equipe comparou seus incentivos aos custos que os bancos tradicionais tinham para adquirir novos clientes, estimados entre US$100 e US$200 por cliente. Já a proposta da Confinity custaria de US$20 a US$30 por cliente. "Logo, toda vez que adicionávamos um usuário no sistema, não estávamos gastando US$20, mas ganhando US$180! Essa era a mentalidade da internet antes da queda"[33], explicou David Sacks, rindo. Erik Klein lembrou-se de ter visto "círculos de indicações"[34] surgirem em tempo real quando o gráfico da rede do PayPal começou a desabrochar, crescendo.

A X.com tinha chegado, independentemente, a uma conclusão parecida quanto a indicações e incentivos. "Elon contou a história de um banco que dava torradeiras para os novos clientes. E falou: 'Ora, se dermos dinheiro, já é suficiente!'"[35], lembrou Nick Carroll. De início, Musk sugeriu US$5, e a quantia acabou aumentando para US$20. Mas a equipe logo descobriu que um bônus único não era suficiente. "Era importante incentivar tanto quem recomendou quanto quem foi recomendado. Não é só um ou só o outro. É preciso recompensar no início e no fim"[36], disse Musk. Além do bônus de US$20, a equipe da X.com decidiu dar outro de US$10 para qualquer um que indicasse a empresa a um novo usuário.

O bônus chocou alguns membros da equipe. "Temos que tirar o chapéu para Elon, que estava disposto a basicamente dar o próprio dinheiro para os outros a fim de desenvolver o negócio, sendo que não havia garantia de que iria funcionar. Ele estava disposto a arriscar o dinheiro que tinha sobrado"[37], disse Catlan. Musk também reforçou seu comprometimento financeiro com a empresa ao transferir todo o dinheiro de sua conta da Schwab para a X.com. Sua conta não foi só uma das primeiras — era também, de longe, a maior de todas.

■ ■ ■

Tanto a X.com quanto a Confinity exploraram a recente paixão do público pelo e-mail e a antiga animação que permeava o bônus em dinheiro — mas não foram só esses fatores que contribuíram para seu crescimento rápido. O último ingrediente chegou com os leilões virtuais.

Nascido na França, o engenheiro iraniano-americano Pierre Omidyar não pretendia construir uma gigante de leilões online quando programou o AuctionWeb e o postou em seu site pessoal, www.ebay.com, nomeado em homenagem à sua empresa de consultoria, a Echo Bay Technology Group. De início[38], o AuctionWeb contava apenas com os seus desapegos, inclusive um laser quebrado, que ele precificou em US$14,83. Quando alguém o comprou, Omidyar ficou perplexo — e percebeu que esse emprego paralelo poderia ser promissor*. Quatro anos depois, o AuctionWeb se tornou o eBay — uma companhia bilionária de capital aberto e marca determinante na internet.

O primeiro registro de uma relação entre a Confinity e o eBay é de abril de 1999. Em 8 de abril, Thiel e a equipe se encontraram com Peter Davison e Graeme Linnett, dois investidores da Confinity. Em um e-mail que enviou aos dois, Thiel esboçou as principais conclusões da conversa que tiveram, inclusive: "Vamos investigar a fundo se a colaboração com o eBay seria possível (e que tipo de colaboração seria essa) — especialmente por causa do modelo 'consumidor para consumidor', que não conta com intermediários e é adotado pelas duas companhias."[40]

No entanto, a equipe engavetou a ideia pelo resto de 1999. "O eBay estava mais para um esboço de uma empresa, um pessoal fazendo marketing multinível e vendendo tralhas na internet"[41], disse Thiel em uma palestra para alunos da Stanford. Já a Confinity, por outro lado, construía tecnologias de ponta para pagamentos em dispositivos móveis. Eram água e óleo.

Quando o eBay adquiriu a startup de pagamentos Billpoint, em maio de 1999, a Confinity supôs que essa compra faria da Billpoint o sistema de paga-

* Esse comprador era Mark Fraser. Viajando a trabalho para fazer apresentações, ele precisava de um laser, mas não tinha condições de comprar um novo e suspeitava que seu chefe se recusaria a lhe dar um. Um "nerd de eletrônicos"[39] assumido, Fraser tentou construir seu próprio laser, que não funcionou como o esperado. Mais tarde, em um vídeo exibido no aniversário de vinte anos do eBay, ele diria: "Alguém me falou de um site novíssimo, que era o eBay, e eu fiquei maravilhado quando descobri que tinha um laser quebrado à venda. Aí pensei: 'Nossa, provavelmente consigo consertá-lo'."

mentos padrão do eBay*. Nosek lembra-se de ter pensado: *Ufa, ainda bem, não vamos precisar fechar com o eBay.*[42]

Mas logo ocorreram alguns atrasos na integração da Billpoint ao fluxo de pagamentos do eBay e, no final do ano, os compradores e vendedores do site ainda precisavam resolver sozinhos os pagamentos dos leilões. Os usuários alternavam entre dinheiro vivo, cheques, ordens de pagamento, transferências bancárias e um grupo emergente de serviços de pagamento online — entre os quais figurava o PayPal.

■ ■ ■

Sacks se recordou do exato momento em que a equipe descobriu que os usuários do eBay estavam utilizando o PayPal. Uma usuária mandou um e-mail para o serviço de atendimento ao cliente da Confinity pedindo permissão para usar o logo do PayPal em sua página de leilões. Ela também pediu ajuda para redimensioná-lo. David Wallace encaminhou[43] a mensagem para a equipe, sem pensar muito nela, já que tinha milhares de e-mails com reclamações urgentes para resolver.

A equipe indagou se aquele pedido de redimensionamento era um caso isolado — ou se havia outros parecidos. Luke Nosek, Chad Hurley e David Sacks se juntaram e procuraram o termo "PayPal" no site www.ebay.com. Apareceram milhares de anúncios de leilões. "Foi uma grande surpresa, Luke começou a surtar"[44], disse Sacks.

Como isso acontecera? A equipe da Confinity não tinha certeza. David Sacks suspeitava que um usuário do eBay vira a mídia comentando sobre o PayPal e o apresentara a outros da plataforma de leilões, desencadeando a divulgação. Os usuários do eBay eram antenados nas novidades tecnológicas da internet e viviam trocando figurinhas sobre softwares e serviços que ajudavam nos leilões. "É preciso lembrar que, naquela época, todo vendedor PowerSeller do eBay era meio estranho", explicou.

* O eBay respondeu, em parte, à aquisição do accept.com pela Amazon. A empresa já estava conversando com os donos quando Jeff Bezos, da Amazon, fez uma oferta muito maior. Ao perder a chance de adquirir o accept.com, o eBay comprou logo em seguida a Billpoint, que tinha acabado de fechar sua rodada de investimento série A — tendo a Sequoia Capital como principal investidora. Ironicamente, as primeiras ambições da Billpoint eram parecidas com as da Confinity. Jason May, líder técnico da Billpoint, tinha examinado com cuidado a literatura que tratava de micropagamentos e explorado a trajetória de moedas virtuais como a Millicent e a Flooz.

Ao continuarem as buscas, eles descobriram que o PayPal se tornara uma tendência no fórum do site — que era o alicerce da comunidade do eBay, onde os detetives compartilhavam suas descobertas. "O eBay era uma comunidade viral, pois todo mundo via o que os outros estavam fazendo. Então começou a se espalhar"[44], disse Sacks.

Independentemente de como aconteceu, ver milhares de leilões anunciando o serviço do PayPal foi uma surpresa muito agradável para Sacks — era uma prova de que o programa realmente estava facilitando as coisas. No entanto, dado o desgosto da equipe pelo eBay, sua opinião destoava. O próprio Levchin ficou horrorizado. "Eu tinha uma ideia muito vaga sobre o eBay. Ah, não é aquele negócio da 'echo bay' que o tal de Pierre Omidyar abriu? Parece uma ideia insensata"[45], lembrou Levchin.

Ele até chegou a resistir ao pedido de ajuda da usuária do logo. "Eu definitivamente tentei impedir o crescimento do eBay", disse. Logo de cara, Levchin flertou com a ideia de bloquear a URL do eBay dos servidores da Confinity. Parte da sua relutância vinha do seu apego à tecnologia para PalmPilot que a Confinity criara — algo que ele acreditava que devia permanecer no centro das atenções. Mas, agora, era o produto secundário que estava avançando a passos largos, levantando dúvidas que ele não tinha grande interesse em responder. Levchin lembrou ter pensado: "*Espera aí, o quê? Estão usando a demo? Será que vai dar certo? E se ela tirar o site do ar?*"[45]

Os usuários do eBay também tinham adotado o serviço de pagamentos da X.com, apesar de a equipe só ter descoberto isso mais tarde, acarretando uma surpresa semelhante. Assim como a Confinity, a X.com não tinha planejado facilitar pagamentos via e-mail de baixo valor e de pessoa para pessoa em leilões. "Achávamos que íamos competir com a Western Union — tipo, no caso de alguém precisar mandar dinheiro para o filho na faculdade, pagar o aluguel ou algo assim. Era para substituir transações grandes e complicadas que, do contrário, teriam que ser feitas em um banco. Mas as pessoas começaram a enviar dez ou vinte pratas para comprar bichinhos de pelúcia"[46], lembrou o engenheiro Doug Mak. Os líderes da empresa estavam preocupados, pois os compradores e vendedores no eBay não eram potenciais clientes dos serviços de cheques e mercado de ações da X.com — onde seriam obtidos os verdadeiros lucros. Apesar das dúvidas, o crescimento impulsionado pelo site de leilões era impossível de ignorar. A quantidade de buscas por "X.com" e "PayPal" no site evidenciava a preferência dos usuários por esses serviços, que tanto adotavam quanto divulgavam entusiasticamente — e por um bom motivo. Se um vendedor do eBay comercializasse um item e mandasse para o comprador o seu link de indicação do PayPal, ele ganharia o dinheiro do produto e mais US$10. Como resultado, vendas inexpressivas se tornaram lucrativas — as margens de lucro ao vender bichinhos de pelúcia cresceram 100% ou 200%. E, muitas vezes, os US$10 que o comprador recebia cobriam o preço de custo do item.

Esse espaço da internet — um site de leilões que vendia bichinhos de pelúcia e lasers quebrados — se mostrava, inesperadamente, um terreno fértil para os produtos das duas empresas. "Na esfera de produtos, os usuários do eBay definiram nossa existência. Não fomos nós que tivemos a ideia de explorar isso, que falamos: 'Meu Deus, verdade, o eBay! Que ideia genial'"[47], observou Skye Lee. Pensadores da tecnologia normalmente incentivavam os fundadores a construir empresas que resolvessem seus próprios problemas, mas o sucesso da X.com e da Confinity no eBay oferecia um contraponto poderoso: resolver *um* problema poderia ser tão valioso quanto resolver *o próprio* problema.

"Acho que o PayPal não existiria hoje se não fosse pela plataforma do eBay para formar a sua rede de clientes"[48], concluiu Vivien Go.

■ ■ ■

No início de 2000, Peter Thiel anunciou que um dos primeiros membros do conselho da companhia, Reid Hoffman, iria se tornar diretor de operações da Confinity. Hoffman e Thiel já eram amigos há mais de dez anos, tendo se conhecido na Stanford.

Mesmo antes de se conhecerem, os dois ouviram boatos sobre alguém no campus que se parecia muito com eles — mas com opiniões políticas totalmente opostas. Então, no segundo semestre de 1986, eles se matricularam na mesma matéria de filosofia. Às segundas, quartas e sextas-feiras, às 13h15, frequentavam a aula Filosofia: mente, matéria e significado, do Dr. Michael Bratman. "Um dos objetivos do curso é explorar algumas questões e argumentos que vêm sendo debatidos atualmente na literatura filosófica"[49], explicava a ementa.

Livros como *Free Will* [Sem tradução até o momento], de Gary Watson, e *Personal Identity* [Sem tradução até o momento], de John Perry, convidaram Hoffman e Thiel a discutir sobre determinismo, liberdade e o problema mente-corpo. Eles descobriram um no outro visões de mundo divergentes — mas também uma amizade duradoura. "Ainda hoje, eu e Peter temos visões muito diferentes sobre a humanidade e o seu futuro. Mas não em se tratando de ser uma pessoa pública, um intelectual que fala e quer descobrir a verdade. Para mim, a nossa amizade é uma dádiva, em parte porque meu raciocínio ficou mais afiado"[50], explicou Hoffman.

Em 1987, os dois graduandos concorreram a um cargo na associação estudantil da Stanford, a Associated Students of Stanford University (ASSU). Seus projetos ilustravam valores em comum, mas estilos fortemente contrastantes:

Hoffman: A ASSU tem um potencial enorme para fazer mudanças positivas nessa universidade. É uma organização muito rica, com aproximadamente US$500 mil em fundos. Recentemente, a ASSU aprovou um plano para renovar o próprio escritório, prevendo gastos de US$80 mil. Apesar de ele precisar de conserto, outras instalações, como a Old Firehouse, parecem necessitar mais desse dinheiro. Acredito que a ASSU sofre de um egocentrismo inerente a muitas organizações burocráticas, que tendem a priorizar seus próprios fins, e não as necessidades dos estudantes. Se eu for eleito, zelarei pelo comprometimento financeiro da ASSU para com as atividades estudantis. No momento, o dinheiro está mofando no banco.[51]

Thiel: Não tenho experiência na ASSU. Nunca peguei US$86 mil do dinheiro dos estudantes para renovar o escritório da ASSU, ajudando meus amigos a abarrotar seus currículos com cargos burocráticos e, ainda por cima, conferindo-lhes salários desproporcionais. Enquanto alguém que observa de fora a atual associação estudantil, estou enojado. Enquanto membro de várias organizações estudantis que não receberam financiamento (supostamente por "falta de fundos"), estou furioso com esse desperdício de dinheiro; se eleito, trabalharei para que a ASSU sirva à comunidade da Stanford, e não a si mesma.

Os dois foram eleitos. Coincidentemente, seu futuro concorrente Elon Musk havia se candidatado a um cargo na associação estudantil da Universidade da Pensilvânia. Seu projeto misturava idealismo e insolência. "Se eu for eleito, prometo:

1. Fazer o que puder para responsabilizar a assembleia pelas necessidades dos estudantes.
2. Fazer o que puder para garantir que a assembleia seja eficiente.

3. Que, se esse cargo chegar a aparecer no meu currículo, vou plantar bananeira e comer cinquenta cópias do documento ofensivo em algum lugar público. Estou concorrendo a esse cargo, pois acredito que há algum benefício e valor na minha participação."[52]

Musk não foi eleito.

■ ■ ■

Depois da Stanford, Hoffman foi para Oxford com uma bolsa Marshall e o plano de se tornar professor universitário e pessoa pública e intelectual. Mas ele mudou de ideia, escolhendo uma carreira de desenvolvedor de software. Ele voltou à Califórnia, trabalhou na Fujitsu e na Apple e então abriu sua própria startup, a SocialNet.

Como uma das primeiras redes sociais, a SocialNet custou a alçar voo. Hoffman compartilhava as provações da vida de startup com Thiel em suas caminhadas no Stanford Dish Loop. "Eu literalmente falava: 'Na nossa última caminhada, eu ainda não sabia disso, disso e disso'. O aprendizado que vem com uma startup... chamar de *intenso* é pouco. Inclui de tudo: 'Como contratar alguém? Como organizar? E o capital? Como entrar no mercado? Como pensar em inovar?'"[53], disse Hoffman.

Na época em que Thiel o convidou a se tornar COO em janeiro de 2000, Hoffman já estava trabalhando no conselho da Confinity e testemunhara a evolução do produto, de transferências entre PalmPilots — algo que vira com muito ceticismo — a uma plataforma de pagamentos por e-mail em rápida expansão. Por outro lado, a SocialNet estava passando por dificuldades, e seu conselho priorizava estratégias que Hoffman julgava imprudentes para a companhia. "É isso que acontece quando investidores de *venture capital* que acham que sabem o que estão fazendo, mas que, na verdade, não fazem ideia, assumem o controle", comentou ele.

Quando Hoffman contou a Thiel que estava saindo da SocialNet para abrir outra empresa, Thiel o pressionou para, em vez disso, entrar na Confinity. Ele se lembrou da proposta: "'Olha, a parte interna está uma baderna. Não temos modelo de negócios. Precisamos arrumá-lo para poder vender'."[53] De início, Hoffman não se sentiu muito atraído pela oferta de transformar uma "baderna" em algo profissional, mas Thiel lhe garantiu que seria uma passagem temporária — e que a experiência enriqueceria seu currículo.

Para os investidores da Confinity, Hoffman foi uma escolha inesperada para COO. Pete Buhl, da Nokia Ventures, lembrou ter pensado: "Foi estranho. Ele não parecia ser do tipo que virava COO. Ele era um cara da comunidade, gente boa. E ficamos pensando: *É ele que vai tocar o terror? Não é possível*."[54]

Mas Thiel insistiu. Ele percebeu que a Confinity precisava de gente com talento para a diplomacia, e sabia que Hoffman *gostava* de lidar com pessoas. Ele entrevistou Vivien Go no início de 1999 — após ela ter feito um estágio no eBay. Ela ficou surpresa por Hoffman não ter tentado descobrir cada detalhe de sua vida; em vez disso, ele quis saber quem ela era e por que queria trabalhar na Confinity. "[Hoffman] vê as pessoas de um jeito bem tridimensional. Alguns gostam de rotular os outros; Reid não é assim, ele tem uma inteligência emocional *incrível*"[55], observou ela.

Com o crescimento da companhia, suas interações com terceiros também se expandiram: usuários, executivos de outras empresas, concorrentes e, o que foi de uma importância crítica, governos. Thiel via Hoffman como a pessoa ideal para esse trabalho. "Sem confiar no governo, fica meio difícil trabalhar com ele. E Reid era um socialista"[56], soltou Nosek.

Hoffman podia até ser bonzinho com os outros, mas não era nada ingênuo. Segundo ele mesmo[57], quando criança, era obcecado por jogos de tabuleiro como RuneQuest, Dungeons & Dragons e Avalon Hill's Tactics II. Esses jogos afiaram suas habilidades estratégicas, testemunhadas por seus colegas do PayPal. Dan Madden trabalhava com desenvolvimento empresarial e, junto a Hoffman, cuidava das ligações. "Eu sentava ao seu lado, querendo anotar as coisas. Ele fazia a ligação, colocava o telefone no mudo e dizia: 'Ele vai falar isso, eu vou responder isso e isso. Aí ele vai afirmar isso e aquilo, e eu vou replicar isso e aquilo outro'."[58] Hoffman tirava o telefone do mudo e a negociação seguia o mesmo caminho que ele tinha previsto, lembrou Madden.

Seu período na empresa, que era para ser de apenas alguns meses, se estendeu, totalizando vários anos. Hoffman acompanharia o PayPal até seu IPO, servindo como o emissário que Thiel previra ser necessário para a empresa.

■ ■ ■

Em dezembro de 1999, a Confinity foi abordada com uma proposta de aquisição. Ela distribuía milhares de dólares todos os dias para estranhos na internet — assim eram os alvos de aquisição na época do "gás do riso". No entanto, a Confinity tinha resolvido um problema de verdade — um que seu comprador potencial também enfrentou.

A BeFree Inc., fundada pelos irmãos Tom e Sam Gerace, era uma empresa de marketing de afiliados com sede em Boston. Ela trabalhava com varejistas tradicionais, anunciando produtos online. "Estávamos trabalhando com aproximadamente 400 comerciantes e 400 mil afiliados... éramos a plataforma que basicamente deixava os varejistas montarem programas de afiliados"[59], disse Tom Gerace. A BeFree abriu seu capital em novembro de 1999, e suas ações subiram 700% nos 5 meses seguintes[60].

Com esse crescimento rápido, surgiu um problema — pagar os afiliados. "Nós [lhes] enviávamos cheques físicos... vários voltavam, e era preciso pagar uma taxa para cada um deles"[59]. Com a expansão do site, as taxas também aumentaram, assim como as dores de cabeça administrativas. Ao descobrir o PayPal, Pat George, líder de desenvolvimento empresarial da BeFree, e Tom Gerace imediatamente se deram conta do potencial do produto.

"Era viral... [era] incrível demais. Claro que não vou deixar de logar e de me inscrever recebendo dez dólares na mão"[61], disse George. Ele também descobriu a solução para os problemas de pagamento da BeFree. Em vez de um cheque, a empresa poderia enviar um e-mail aos seus afiliados. Então, a BeFree solicitou uma reunião com Levchin e Thiel. Nela, Thiel usou um grande artifício bem no estilo da Confinity: tirou um dólar da carteira e declarou que o dinheiro era um dos estímulos mais poderosos e virais. A Confinity tinha ligado esse combustível viral a uma plataforma irrefreável: o e-mail. "Fazia sentido. Foi aí que nos perguntamos: Por que não pensamos nisso?", lembrou George.

Ele e Gerace se convenceram, mas ainda tinham que persuadir o conselho da BeFree. Ela tinha acabado de abrir seu capital; essa seria a primeira transação pós-IPO. O conselho estava desconfiado. George se lembrou de terem perguntado sobre a Confinity: "'O que vamos falar para a comunidade de investidores? O que eles têm? O que estão vendendo? Não vai gerar um retorno palpável'."[61]

Mas a parte que mais gerou conflito foi o preço. Thiel pediu US$100 milhões pela Confinity — quantia que o conselho da BeFree achava inaceitável. "Foi muito difícil convencer nosso conselho a aceitar o valor que Peter estava pedindo"[62], disse Gerace. O conselho autorizou uma transação inferior à metade da quantia almejada por Thiel.

George e Gerace planejaram um jantar de negócios com Thiel e Levchin para dar as más notícias. Os quatro se encontraram em um restaurante chinês nos arredores de Boston. A chuva batia nas janelas, e os representantes da BeFree começaram enfatizando o tanto que estavam animados com a

Confinity e com a oportunidade de trabalharem juntos — e, então, soltaram a oferta. "Pela expressão de Peter, ficou claro que não íamos fechar o acordo"[62], lembrou Gerace. "[Thiel e Levchin] me olharam, e só lembro que, quando falei a quantia, Max fechou os olhos e abaixou a cabeça"[63], disse George.

Mais tarde, Tom Gerace lembrou a não aquisição do PayPal como "um dos maiores erros da minha vida"[64]. Com o produto aumentando em tamanho e valor, Pat George chegava a cutucar seus antigos superiores e colegas da BeFree, brincando sobre o que a aquisição poderia ter sido.

Em retrospecto, Thiel e Levchin ficaram menos melancólicos. A BeFree se tornou apenas uma das muitas vítimas na época da explosão da bolha da internet. Depois de uma queda vertiginosa no preço das ações, a BeFree foi vendida para um concorrente por US$128 milhões em 2002 — pouco mais de três semanas após o IPO do PayPal, com um valor de mercado de quase US$1 bilhão.

■ ■ ■

O acordo fracassado revelou um pouco sobre a posição de Thiel. Durante a negociação, George observou que ele parecia estar doido para se livrar da empresa: "Parecia muito que ele queria sair da situação em que estava."[65]

Thiel detestava burocracia e, agora que a Confinity estava crescendo, havia o risco de ele cair nas armadilhas que achava ter deixado para trás ao abandonar a advocacia — administração, papelada, reuniões. "Peter é menos tolerante do que eu a essa besteira. E olha que a minha tolerância é baixa, mas a dele é zero"[66], comentou Musk, famoso pela sua aversão às funções administrativas.

Enquanto Thiel não conseguiu abdicar de seu cargo de CEO, Musk conseguiu: na primeira semana de dezembro de 1999, Elon renunciou ao cargo de CEO da X.com. "Quando Moritz investiu, ele falou: 'Podíamos contratar um CEO'. E respondi: 'Ótimo, não queria ser mesmo'. Eu não desejava de maneira alguma esse cargo, são muitas responsabilidades... Ser CEO é uma droga", disse Musk (acrescentando "tentei com todas as forças não ser o CEO da Tesla".[66])

Com o consentimento de Musk, a companhia recrutou Bill Harris, o antigo CEO da Intuit, para trabalhar como novo presidente e CEO. Vindo de uma família próspera de Boston, Harris fez uma grande carreira na edição de revistas, inclusive passando um período na *Time* e na *US News & World Report*. Mas ele queria uma mudança de cenário. Em 1990, enquanto ainda vivia em Nova York, ele foi convidado para participar do conselho da ChipSoft, que tinha sede em San Diego e criara o TurboTax, e, mais tarde, para ser o CEO. Ao aceitar a proposta, seus chefes da Madison Avenue ficaram sem palavras. Harris lembrou que disseram: "'San Diego? Isso fica mesmo nos Estados Unidos?'."[67]

Em 1993, a ChipSoft se fundiu com a Intuit, onde Harris passou os próximos seis anos, chegando a se tornar o CEO da Intuit. Desde 1995, ele estivera "tentando arrastar a empresa para a internet", com o argumento de que os produtos da companhia — Quicken, TurboTax e QuickBooks — tinham que existir tanto online como offline. Sua postura era caótica e, segundo ele, o trabalho de administrar uma grande empresa não explorava seus pontos fortes.

"Eu fui um péssimo CEO em uma companhia de capital aberto. Não era algo que me interessava, e eu também não era muito bom nisso", disse. Mas a experiência lhe ensinou os vaivéns da internet.

Apesar do histórico turbulento, quando Harris deixou a Intuit em setembro de 1999, as pessoas viam nele uma commodity valiosa. "Não falavam: 'Oi, quer fazer uma entrevista de emprego?', mas, sim, 'Gostaríamos que trabalhasse aqui'. Era um período de alta, e todos estavam abrindo alguma empresa. E os investidores de *venture capital* só precisavam de alguém que tivesse feito um nome, que tivesse alguma credibilidade ou algo assim", lembrou Harris.

Em meio ao frenesi, a X.com se destacou. "Eu gostava da ideia. Gostava de Elon e Mike [Moritz]. Parecia ser uma combinação poderosa", disse. Musk expôs sua visão, defendendo um sistema de serviços financeiros digital e abrangente, e Harris gamou na ideia. "A qualidade mais incrível de Elon é que ele é ousado"[67], disse, refletindo sobre o plano audacioso para a X.com em uma época em que a equipe ainda não totalizava dois dígitos.

Mike Moritz persuadiu Musk a colocar Harris como CEO, mas não foi o único a fazê-lo. Vários engenheiros da empresa também se lembraram de ter torcido por Harris, enviando um e-mail frio já tarde da noite. "É essas coisas que fazemos às três da manhã quando ingerimos muita cafeína"[68], admitiu Colin Catlan.

Musk tinha suas reservas. *Parece estar tudo ótimo, mas estou com uma sensação estranha*, lembrou-se de ter pensado[69]. Enquanto estavam na cozinha de Moritz, Musk lhe perguntou: ele já tinha visto várias idas e vindas de CEOs de startups, então qual a nota que daria a Harris, de 0 a 10? Moritz respondeu: "Dez." Musk ficou perplexo: "Fiquei pensando: *Uau, tá bem, vou ignorar essa minha insegurança, e vamos em frente, porque você sabe o que está fazendo.*"[69]

O novo CEO da X.com foi anunciado na mesma semana em que a empresa lançou seus produtos. Como resultado, seguiu-se uma bonança de relações públicas. Com o antigo CEO da Intuit a bordo, Musk poderia argumentar que a

X.com recrutara a pessoa ideal para servir de ponte entre o software de finanças pessoais e a internet. "A X.com parece muito uma Intuit atual"[70], escreveu um analista do setor após o anúncio sobre Harris.

■ ■ ■

Com o passar do tempo, Bill Harris foi praticamente excluído da história do PayPal. Em parte, por causa de sua postura fraca. Vários funcionários que trabalharam por um bom tempo no PayPal me disseram ter entrado na companhia por causa dele; um dos executivos o citou como o motivo que o levou a sair da empresa. A exclusão de Harris da história do PayPal também pode estar ligada a seu reinado de cinco meses como CEO.

Mas uma das perspectivas possíveis é a de que o futuro do PayPal dependia daquele período de cinco meses — e talvez até do próprio Harris. Porque, apesar dos trancos e barrancos, Bill Harris deixou uma marca tanto na X.com quanto na Confinity — ele foi o alicerce em um acordo desafiador para fundir as duas empresas.

9

A GUERRA DE *WIDGETS*

A X.com e a Confinity passaram a virada do século travando uma batalha acirrada pelo aumento de clientes. Essa competição consumiu as duas empresas do final de 1999 até o início de 2000, levando tanto funcionários quanto líderes ao limite e deixando marcas permanentes.

Por essa, ninguém esperava. Afinal, alguns meses antes, as companhias concorrentes eram vizinhas amigáveis. Ocupando os escritórios A e B, adjacentes, na University Avenue, 394, os membros das duas equipes se misturavam: faziam pausa para cigarro juntos, compravam café na mesma loja do andar de baixo e até dividiam um banheiro. As equipes se davam bem e, apesar de uma só saber vagamente do que a outra fazia, elas não pensavam muito nisso — sentiam-se confiantes de que a outra estava seguindo a estratégia errada.

Isso mudou quando as duas se aproximaram dos pagamentos por e-mail. Em meados de 1999, Luke Nosek irrompeu no escritório da Confinity trazendo uma informação preocupante: ele ouvira um funcionário da X.com falando de pagamentos por e-mail. A preocupação da equipe quanto à concorrente aumentou algumas semanas depois. A X.com anunciou que não só entraria no ramo de pagamentos, mas também compartilharia das estratégias de bônus em dinheiro e de indicação para conseguir clientes. O mais perturbador era que estava prometendo US$20 por usuário — o dobro da quantia da Confinity — e que a internet já tinha percebido isso. Os sites que cobriam novidades da internet mencionavam a Confinity e a X.com de uma vez só — e apontavam a humilhante discrepância entre os incentivos que ofereciam.

Surgiram teorias da conspiração. Será que a X.com roubara o manual de marketing viral da Confinity? "Estavam paranoicos. Ficaram até meio loucos com isso"[1], disse John Malloy, um dos membros do conselho da Confinity. Levchin lembra-se de ter instruído os funcionários: "Ei, se você passar pelo antigo escritório, tome cuidado com o que vai dizer. As paredes têm ouvidos."[2] Mais tarde, a X.com espalhou o boato de que os funcionários da Confinity procuraram os restos do plano de negócios da X.com na lixeira.

Mas a paranoia das equipes não era totalmente sem sentido. David Wallace, enquanto líder do serviço de atendimento ao cliente da Confinity, tinha uma visão diferenciada da concorrência. Nessas circunstâncias, ele se lembrou de ter percebido um sinal preocupante no final de 1999. "Muitos funcionários da X.com estavam se cadastrando aqui... Chamei o pessoal e falei: *Gente, acho que está acontecendo alguma coisa, achei melhor avisar vocês*"[3], recordou Wallace. Alarmado, ele encarregou a equipe da Confinity de examinar esses cadastros suspeitos.

Enquanto isso, na X.com, Musk também estava acompanhando os cadastros — e vários, recentes, chamaram a sua atenção. "Eu tinha uma janelinha aberta na tela que me mostrava o nome de quem se cadastrava em tempo real"[4], lembrou Musk, chamando esse recurso de "pequena análise dinâmica contra fraude" — um modo de separar os usuários reais dos falsos. Mas, logo depois do lançamento da X.com, um novo cliente chamado "Peter Thiel" apareceu na tela. Thiel, até onde Musk sabia, administrava uma companhia de transferências que já havia alugado o escritório ao lado. Esse cadastro, sim, valia a pena investigar. Ele pegou o telefone e ligou para Thiel.

■ ■ ■

Em dezembro daquele ano, a Confinity estava processando um número crescente de transações no eBay. "Nós tivemos uma vantagem inicial"[5], lembrou Ken Howery, cofundador da Confinity. Ao chegar primeiro ao mercado e coletar as recompensas, a empresa provou que a intuição de Musk estava certa: naquela era, saturada de startups, tempo no mercado era algo crucial. E para empresas de pagamento, mais ainda. "Os efeitos da rede superam todo o resto"[6], explicou Howery, fazendo alusão a um princípio da economia que fora desenvolvido para explicar o crescimento do telefone no início dos anos 1900. Cada telefone que era adicionado à rede aumentava o valor dos outros e incentivava aqueles que não tinham o aparelho a comprá-lo. No final do século XX, a Confinity colhia, comparativamente, os mesmos frutos que a AT&T tinha colhido no início do século. Todo vendedor no eBay que aceitava o PayPal incitava mais compradores a se cadastrarem, e os novos compradores que usavam o programa levavam os vendedores a o adotarem.

A companhia tomou medidas estratégicas para garantir e estimular a rede do eBay. A equipe extraiu dados de várias páginas do site e construiu ferramentas desenvolvidas especificamente para os vendedores e compradores dos leilões. As funcionalidades da Confinity agora incluíam uma ferramenta para redimensionar logos, bem como um atalho que carregava automaticamente a página de pagamentos do eBay (e pré-selecionava o PayPal como opção de pagamento). Outra funcionalidade, apelidada de "autolink", tornava o Paypal a opção padrão para todos os vendedores que já tinham usado o programa ao menos uma vez para transações. "Isso aumentou demais o delta"[7], disse Yu Pan, referindo-se à adoção do PayPal no eBay.

Pan fora designado para trabalhar exclusivamente nas ferramentas do site — tornando-se um dos muitos antropólogos da Confinity no eBay. Sob iniciativa dele, a equipe examinava os fóruns do site e de outras páginas de leilões, estudando a comunidade "PowerSeller". David Sacks também orientou os membros da equipe de produtos a comprarem itens do site. Os mais novos compradores do eBay então se encontravam para esmiuçar cada etapa da experiência de compra — e, especialmente, de pagamento. "Precisamos virar usuários", lembrou Denise Aptekar, que comprara um telefone fixo que, infelizmente, veio "com um cheiro horrível de cigarro"[8].

A própria equipe começou a vender. "Tínhamos cerca de mil ilhós de mesa e os colocamos à venda. Vira e mexe, tinha gente que comprava"[9], lembrou Oxana Wootton. Os funcionários da empresa ocasionalmente passavam no correio para completar uma venda do eBay.

Apesar de os usuários verem utilidade no PayPal, os executivos do eBay pensavam diferente — consideravam o serviço de pagamentos um concorrente da Billpoint, a empresa desse mesmo setor que tinham adquirido recentemente. Em seu início, o eBay chegou a tomar algumas medidas para atrapalhar a Confinity, inclusive bloqueando o uso de scripts que seus engenheiros rodavam para coletar dados das páginas do site de leilões — obstáculos esses que a Confinity custou a superar. "Foi quase uma hostilidade"[10], lembrou David Gausebeck, engenheiro da Confinity.

Nesse meio-tempo, os usuários do eBay, os primeiros a notar o PayPal, perceberam a existência da X.com. E, como essa empresa também estava distribuindo dinheiro — e mais do que a Confinity —, os compradores e vendedores a acolheram com um fervor parecido.

Tal como Levchin, Musk não queria que sua companhia se tornasse um fornecedor de pagamentos por e-mail do eBay. Mas ele não podia ignorar o uso explosivo da X.com na plataforma — e nem o avanço a passos lentos da empresa no site. Seguindo as maquinações da equipe da Confinity, Musk começou a respeitar a engenhosidade dela. "Pensei: *Olha só, esses caras até que são bem espertos*"[11], lembrou.

Ele concluiu que a X.com teria que fazer tudo que estivesse ao seu alcance para vencer no eBay — era um conflito que definiria o futuro dos pagamentos online, acreditava ele. Para Musk, derrotar a Confinity no site provavelmente a incapacitaria nas outras páginas. "Eles eram o único concorrente. Os bancos já estavam perdidos", lembrou.

■ ■ ■

E assim começou uma das batalhas mais violentas e estranhas da história da internet: a X.com e a Confinity travaram uma guerra durante várias semanas, disputando os consumidores do eBay. "Parecia uma corrida para ver quem ficava sem dinheiro mais rápido", disse Musk, irônico.

Os dois lados se lembram das semanas seguintes como um período de desespero, riscos altos de destruição e noites de sono curtas, dormindo debaixo das mesas em sacos de dormir. Ambas as equipes ficavam monitorando a arqui-inimiga para decidir seus próximos passos. "Eu falava: *Precisamos fazer um* widget *melhor que o deles!*. E depois: *Ah, caramba, agora o deles é melhor que o nosso!* Era quase uma guerra de *widgets*"[11], disse Musk.

A guerra logo se agravou — partindo para o lado pessoal. Para comemorar o aniversário de Yu Pan, a equipe da Confinity trouxe um bolo com as palavras "MORTE À X.COM" escritas com glacê. Durante esse período, Musk teria enviado um e-mail para todos da X.com com o assunto inofensivo "Um comentário gentil sobre os nossos concorrentes". O corpo da mensagem continha apenas uma linha, que, grosso modo, foi descrita pelos destinatários como: "ACABEM COM ELES. MATEM. MATEM. MATEM." "Todo mundo sabia que Musk estava brincando, mas ele ficava acordado para garantir que ficássemos em primeiro lugar e cadastrássemos o máximo de pessoas que conseguíssemos"[12], disse Douglas Mak, engenheiro da X.com.

Levchin colocou um cartaz no escritório, em que se lia "Memento Mori" junto ao logo da X.com. "Memento Mori" é uma antiga máxima filosófica em latim que pode ser traduzida como "lembre-se de que você vai morrer". Comumente vista como um lembrete do grande sentido da vida, para Levchin, o cartaz servia para lembrar a equipe da Confinity de que a causa da sua morte estava logo ali: a X.com. Mas alguns observaram que o cartaz talvez tenha sido desnecessário. "Não íamos esquecer de memento moriar"[13], disse Nosek.

■ ■ ■

Em Levchin e Thiel, Musk encontrou uma joia rara: concorrentes que eram tão determinados quanto ele. *Esse pessoal do PayPal é um adversário digno*, Musk lembra-se de ter pensado. Em particular, a velocidade com que Levchin implantava os códigos se destacava. "Fiquei muito impressionado. Eu me dou muito bem com tecnologia. Então, se alguém consegue me acompanhar, *Uau. Aí sim, merece respeito*", recordou Musk[14].

Apesar da velocidade de Levchin, Musk ainda estava confiante de que, no final, a X.com ganharia. Sua empresa tinha mais recursos do que a Confinity e poderia conseguir mais, se necessário. Musk também tinha a vantagem de contar com uma equipe de calibre, inclusive grandes talentos que foram captados de instituições bem estabelecidas. A X.com ainda tinha o apoio de uma das maiores empresas de *venture capital*, contava com a atenção da mídia e, em sua opinião, com um nome muito superior.

A confiança de Musk tornava a equipe mais segura de si. "Acho que acabávamos pensando que duraríamos mais que eles porque, na época, tínhamos mais dinheiro"[15], lembrou Julie Anderson. Como resultado, a empresa não ficava tão paranoica com plágios. "Nós éramos muito francos no que fazíamos. Elon não é nada acanhado"[16], lembrou Colin Catlan, engenheiro da X.com.

De sua parte, a equipe da Confinity alternava entre momentos de preocupação e outros de confiança. "É incrível, estamos animados — e é terrível, estamos com medo. Vamos dominar o mundo — e vamos morrer"[17], disse Thiel. Pan lembrou que a Confinity inicialmente ignorou a X.com por não trabalharem com tecnologia de dispositivos móveis. "Pensamos: *Ora, eles nem têm soluções para Palm!*"[18], recordou.

À medida que a competição se agravava, o nervosismo de Levchin também crescia. Ele não conhecia bem esse tal de Elon Musk, mas o pouco que sabia o deixava ansioso. Sabia, por exemplo, que Musk vendera a Zip2 por centenas de milhões de dólares e que seu carro era um McLaren F1. Levchin, por outro lado, ainda vivia em uma quitinete e "não podia pagar nem a assinatura da AAA (Associação Automobilística Americana)"[19]. Ele lembrou que "era muito *Olha sóóó, esse cara é bem-sucedido, e eu nem sei direito o que estou fazendo*"[20]. A equipe da Confinity também percebia a assimetria do conflito. "Elon já tinha ganhado muito dinheiro. [A X.com era] patrocinada pela Sequoia... que era bem diferente da Nokia. Eles tinham bolsos muito maiores e muito mais munição do que nós"[21], recordou Jack Selby.

Antes de muitos colegas, Thiel já via a X.com como uma ameaça à existência da Confinity. "Peter gosta de confrontar, de saber quando está errado. Ele fica sempre procurando possíveis brechas, possíveis falhas — é constante. E faz muito mais, é muito mais proativo do que muitos empresários que conheço"[22], disse Nosek. Thiel constatou que a X.com poderia desembolsar o valor de mercado da Confinity e tirá-la do mapa. "Peter soube reconhecer que ela era uma ameaça"[23], disse Malloy.

E Thiel não gostava de perder. "Não existe bom perdedor"[24], ele chegou a dizer para um funcionário da Confinity. O hábito de jogar xadrez aguçara a sua competitividade. David Wallace dividira brevemente um apartamento com Thiel e lembra que ele se prejudicava intencionalmente quando jogavam — mas só até certo ponto. "Ele tirava a rainha do tabuleiro — e ainda assim ganhava. Tirava a rainha e uma torre — e ainda assim ganhava... Uma vez, ele tirou a rainha e as duas torres, e eu finalmente ganhei. Ele nunca mais jogou comigo"[25], lembrou Wallace.

Seus oponentes de xadrez recordaram o estilo agressivo. "Thiel não tinha dó. Não jogava para brincar"[26], lembrou um de seus parceiros de jogo, Ed Bogas, que o enfrentou em alguns torneios da Califórnia. O que ele presenciou nos jogos o levou a investir na primeira rodada de investimento da Confinity.

■ ■ ■

Mas xadrez é xadrez, e negócios são negócios — aqui, deixar a competitividade vencer a razão não valia sempre a pena. A Confinity tinha cada vez mais usuários, mas os bônus que sustentavam esse crescimento também aceleraram seu ritmo de gastos. No mais, sua equipe, crescente, também inchara as folhas de pagamento. Essas despesas estavam insustentáveis, e mesmo as vantagens que elas conferiam à empresa não asseguravam muita coisa — além de uma base de usuários maior no eBay. Se um dia os executivos do site de leilões decidissem banir os sistemas de pagamento terceirizados, a X.com ainda teria seus investimentos e serviços bancários como garantia. Já a Confinity seria reduzida a meros potenciais clientes do seu aplicativo para PalmPilot.

Além de se enfrentarem no eBay, as duas companhias tinham começado a competir no desenvolvimento empresarial. A Confinity propunha parcerias a sites consolidados, oferecendo serviços de pagamento ou mesmo pagando-os para aumentar o tráfego *inbound* no Paypal.com. Ao abordar potenciais parceiros de negócios, a equipe descobria, muitas vezes, que a X.com já fizera uma oferta — e estava disposta a pagar mais para fechar o acordo. "Ficávamos trombando com eles, o que começou a dificultar muito as coisas"[27], lembrou Howery.

No final de dezembro, as duas empresas começaram a negociar com o Yahoo. Uma simples negociação de desenvolvimento empresarial logo se tornou algo mais sério, quando o Yahoo evocou a ideia de adquirir uma das empresas. A Confinity também estava em risco nesse contexto. Se o Yahoo adquirisse a X.com, o portal poderia usar seus bilhões em capital de mercado e sua influência para acabar de vez com a Confinity. Para piorar a situação, o principal investidor da X.com, Mike Moritz, era membro do conselho do Yahoo.

Não bastasse isso tudo, Thiel também previu riscos de mercado no ano seguinte. A animação que acompanhava a internet chegara ao seu ápice — novas empresas digitais de capital aberto como a Priceline.com tinham mais valor de mercado no papel do que o setor aéreo inteiro e assim por diante. A própria Confinity era um exemplo: ela não tinha modelo de receita viável, estava distribuindo dinheiro a torto e a direito e, ainda assim, era considerada uma das histórias de sucesso da internet.

Em 1999, quando o mercado estava em seu ápice, um investidor escreveu: "Sem dúvida, o que estamos presenciando é, de fato, a maior bolha financeira da história. Os excessos financeiros indescritíveis, o aumento massivo das dívidas, o uso monstruoso de alavancagem atrás de alavancagem, o colapso dos fundos privados, a quantidade incrível de déficits bancários e os ativos crescentes do Banco Central demonstram, todos, um severo desequilíbrio financeiro que não pode ser apagado, por mais que as revisões estatísticas e a mídia do CNBC tentem."[28]

Thiel estava preocupado, pensando que a Confinity talvez não sobrevivesse quando a bolha da internet estourasse. Ele se lembrou do processo[29] "excruciante" de arrecadação, durante o qual ele e a equipe foram rejeitados mais de cem vezes. Se o mercado amargasse, levantar fundos seria ainda mais excruciante.

Dado o mercado instável e o concorrente impiedoso, Thiel e os outros membros da companhia começaram a considerar uma alternativa. "Muitos de nós chegaram à conclusão que, nesse mercado, o vencedor ficaria com tudo e que seria uma única empresa. Ou que tanto a Confinity quanto a X.com gastariam até o fim, sendo esquecidas"[30], disse Ken Howery, cofundador da Confinity.

As táticas da X.com mudaram subitamente. Vince Sollitto, diretor de comunicações da Confinity, se tornou mestre da acalorada arte da política. "Meu primeiro impulso foi tentar encontrar as falhas da X.com e desqualificá-la"[31], disse. Mas David Sacks o mandou recuar. "Lembro que David me chamou para conversar e disse: 'Olhe, você pode fazer o que quiser quanto às relações públicas, mas não difame a X.com'", afirmou Sollitto. Ele percebeu que as duas companhias estavam negociando para se unirem.

■ ■ ■

Ao lado, na X.com, o CEO Bill Harris não estava nada tranquilo. "As duas empresas tinham o mesmo tamanho, estavam crescendo na mesma velocidade. Teríamos nos destruído se continuássemos competindo"[32], lembrou Harris. Ele percebeu o mau agouro: duas redes de pagamento compartilhando o mesmo mercado não conseguiriam atingir seus objetivos simultaneamente. "As verdadeiras redes são naturalmente monopolistas"[32], explicou.

Harris sentiu que tinha chegado a hora. Ele propôs uma reunião entre as duas empresas. Ao se encontrarem no Evvia Estiatorio, um restaurante chique de Palo Alto, Thiel e Levchin se sentaram de frente para Harris e Musk. O clima estava tenso. "Bill estava de terno e gravata e, sabe, Elon tinha vendido sua empresa por 300 milhões de dólares. Estavam tentando nos intimidar"[33], lembrou Levchin. A conversa se iniciou cheia de floreios e menções ao trabalho — mas sempre com um tom inquisidor. "Eles perguntaram: 'Quantos usuários *vocês* têm?'", disse Levchin.

Então, Harris partiu para o que interessava: e se as duas empresas evitassem sua destruição mútua e, em vez disso, se aliassem? Thiel perguntou a Harris sobre os termos que ele tinha em mente para tal acordo. Musk apresentou uma oferta inicial: a X.com adquiriria a Confinity, e a equipe da Confinity receberia 8% do valor conjunto das empresas. A oferta de fusão surpreendeu Levchin. "Eu não sabia se podia falar, mas não estava nem um pouco de acordo"[33], lembrou ele. Os cofundadores da Confinity pediram licença e deixaram a reunião — mas se sentiram ofendidos com os termos, que consideravam assimétricos. No encontro seguinte, que ocorreu no restaurante Il Fornaio, Pete Buhl e John Malloy, investidores da Confinity, compareceram — e recusaram os termos, desproporcionais. "Saímos de lá dizendo: 'De jeito nenhum'"[34], lembrou Buhl.

Para Malloy, as ofertas baixas reforçavam que a Confinity deveria tomar a dianteira por si mesma. "Oito por cento. Fiquei fulo da vida"[35], lembrou ele, negando com a cabeça. “Muito pelo contrário, *nós* é que deveríamos comprar a empresa *deles*, melhor ainda, nem deveríamos comprar nada.”

Ele tinha certeza de que a Confinity estava sendo desvalorizada. “Valíamos muito mais devido à equipe, mas [a equipe em si] não via isso, pois lhe faltava a segurança, o que era muito irônico, porque todos eram inteligentes para caramba. Eu torcia para que percebessem isso logo”, lembrou Malloy.

O investidor comparou a obsessão da Confinity pela X.com à “fixação de alvo” de um piloto de caça, um fenômeno em que o piloto foca totalmente o alvo — e acaba colidindo com ele ou ignorando alguma ameaça circundante. “Estavam concentrados demais na X.com, era uma imaturidade. E, cada vez que eu via os números, pensava que estávamos muito melhor do que eles. Então por que continuar falando deles o tempo inteiro? Aquilo virou uma obsessão”, lembrou Malloy. Ele se posicionou fortemente contra a fusão — e apontou logo de início que, se a empresa fosse adquirida pela X.com, isso forçaria Thiel e Levchin a se renderem a um modelo de negócios focado em operações bancárias, algo que, anteriormente, era objeto de zombaria para eles. “Vocês estão me dizendo que a empresa desses caras está superbem, mas querem aceitar um modelo de negócios que já me falaram que é falido? Foi isso que usei como argumento para impedir a fusão”, afirmou Malloy.

Apesar de sua postura cética, durante as semanas seguintes, Thiel o convenceu de que a fusão era a única opção que tinham. A Confinity estava ficando sem fundos e, provavelmente, seria superada pela X.com. Então Malloy engoliu o sapo e começou a tentar assegurar o melhor acordo possível.

Segundo vários testemunhos, Malloy conduziu uma negociação difícil. “Mike [Moritz] é um osso duro de roer”, comentou Malloy sobre o principal investidor da X.com — e ele próprio também era. Durante as reuniões, ele fingia estar distraído e desinteressado. “Para mim, parecia que eles estavam querendo empurrar o acordo de qualquer jeito para acabar rápido com aquilo. E eu pensei: ‘Não vai funcionar desse jeito aí não, gente’. Parecia que estavam lidando com pessoas sem experiência”[35], lembrou Malloy.

A fim de assegurar algum trunfo nas negociações, Thiel instruiu Luke Nosek a “pisar fundo no acelerador, o máximo [que desse]”[36] para adquirir novos usuários do eBay. Com o passar dos dias, o dinheiro dos cofres das empresas estava diminuindo, e aumentava a pressão para fechar o acordo. Mas a Confinity viu uma luz: com o crescimento dos usuários do PayPal, a porcentagem das ofertas da X.com continuava subindo.

■ ■ ■

Musk continuou cético quanto a qualquer tipo de fusão. Apesar de estar impressionado com a resistência da Confinity, ele insistiu que a X.com era um negócio fundamentalmente diferente — e, ainda por cima, superior. "Eu tinha a impressão de que esses caras eram inteligentes demais — mas que ainda conseguiríamos derrotá-los"[37], lembrou Musk. Apesar da vantagem que a Confinity levava no eBay, a X.com adquirira mais contas fora do site de leilões. "A X estava na frente — nós realmente gastávamos mais — mas estávamos na frente"[37], disse ele.

Tendo passado pela fusão malsucedida da Citysearch com a Zip2 no início de sua carreira, o ceticismo de Musk era honesto. "Elon era um parceiro relutante e disse: 'É raro essas [fusões] funcionarem, e podemos vencer'"[38], lembrou Bill Harris.

Todavia, Harris o pressionou para levar o acordo adiante. Os quatro executivos começaram a passar mais tempo juntos. Levchin achava Harris amigável e polido. E também passou a respeitar Musk. *Nossa, gosto muito desse Elon*, lembrou-se de ter pensado. "É óbvio que ele é completamente louco, mas ele é muito inteligente. E eu gosto de gente inteligente."[39]

Finalmente, os dois lados chegaram, com muito esforço, a um acordo provisório. Apesar de a Confinity continuar como o parceiro menos favorecido, a aquisição passou de 92/8 para 55/45. Levchin ainda estava "chateado" com os termos injustos para a Confinity, mas Thiel o convencera de que esse era o caminho correto — e muito melhor do que uma morte quase certa.

Os outros elogiaram o acordo — vendo seu potencial. "Mike Moritz me disse que essa era uma fusão para a vida inteira, que ia ser a mais importante da história do Vale do Silício", lembrou Levchin. Moritz lhe contou que, se a fusão acontecesse, ele nunca venderia uma única ação da companhia combinada.

Um dos principais personagens não compartilhava dessa animação. Elon Musk via a aquisição como uma rendição em uma guerra ganhável. Colocar a Confinity no mesmo nível de sua empresa já era ruim, mas ficava pior quando ele considerava a liderança da X.com fora do eBay. Ele não estava muito preocupado com as tendências do mercado, o crescimento de usuários, a perda financeira ou o cenário competitivo — a X.com poderia ter ganhado com sua determinação e habilidade.

Em um momento inoportuno, lembrou Levchin, a frustração explosiva de Musk escapou. Levchin estava visitando o escritório da X.com quando ele soltou que a Confinity conseguira "um acordo incrível". "Meu sangue ferveu, e eu pensei: *Ah, pronto, acabou.* Uma parceria é uma parceria. Se ele achava que estávamos aproveitando da situação, então não ia funcionar", recordou Levchin. Ele ligou para Thiel, dizendo que o acordo tinha acabado, pois não queria ser tratado como um ato de caridade ou como um parceiro inferior.

Quando a notícia chegou a Bill Harris, ele entrou no modo negociador. Harris ligou para Levchin e pediu que se encontrassem para discutir os termos. "Bill, acho que não vamos chegar a lugar nenhum com isso", respondeu Levchin. Harris lhe perguntou onde ele estava, e Levchin respondeu que estava em casa, lavando roupa. Harris lhe disse que ia encontrá-lo lá. "Eu ajudo a dobrar as roupas"[40], prometeu.

Harris chegou ao apartamento, que ficava na Grant Avenue, 469, e Levchin lhe disse o mesmo que falara com Thiel. "Não acho que vá funcionar se vocês nos verem como os caras que reduziram a sua participação acionária. Não vai ser uma boa parceria no longo prazo"[41], lembrou Levchin.

"E se fosse 50/50? E se fôssemos parceiros iguais?", questionou Harris.

"Então seria mais difícil afirmar que alguém está se aproveitando da situação", admitiu Levchin.

"Se você achar melhor, posso convencer os outros", respondeu Harris. Levchin falou que apoiaria uma parceria 50/50, mas perguntou o que Musk diria, dada a sua falta de entusiasmo quanto à divisão 55/45. Harris disse que Levchin não precisava se preocupar — ele ajeitaria o acordo.

■ ■ ■

Até hoje, Harris não fala muito abertamente sobre o que aconteceu em seguida. Já Musk, sim: "Eu falei: 'Vai se ferrar. Vamos destruir [a Confinity]'."[42] Se os caras da Confinity não aceitavam uma parceria minoritária, o problema era deles, ele não queria nem saber. "Era tipo *OK, então voltamos à batalha pelas contas do eBay*", disse Musk.

A resposta de Harris foi jogar uma bomba: ele lhe disse que, se não houvesse acordo entre as empresas, ele abandonaria o cargo de CEO da X.com. Musk lembrou ter afirmado: "'Bill, precisamos de mais dinheiro. Você está praticamente colocando uma arma na minha cabeça e dizendo que, se não fecharmos o acordo, perdemos nosso CEO. Estamos para captar mais dinheiro agora mesmo, literalmente. É uma situação muito difícil. Poderia até acabar com a empresa'."

Harris se manteve firme — deixando a Musk apenas uma escolha: ceder. "Só concordei com a parceria 50/50 porque Bill disse que, do contrário, ele se demitiria. Se não fosse por isso, eu teria recusado o acordo"[42], afirmou Musk. Da perspectiva de Harris, não havia outra opção. "Teria um [único] vencedor? Sim. Mas levaria muito mais tempo e muito mais recursos para chegar lá. E, mesmo assim, não teríamos como saber qual lado ganharia"[43], Harris lembra-se de ter argumentado.

Para ele, a fusão não era só defensiva — era uma ofensiva estratégica. Ele citou a lei de Metcalfe. Criada na década de 1980 por Robert Metcalfe, o inventor da Ethernet, ela dizia basicamente que o valor de uma rede cresce na razão do quadrado de seus usuários. Por exemplo, se uma rede de computadores tiver 5 máquinas, seu valor total é 25 — 5 ao quadrado; se tiver 1.000, seu valor total seria 1.000.000 — 1.000 ao quadrado. De acordo com Metcalfe, a maior rede pode ter 200 vezes mais máquinas — mas seu valor é 40.000 vezes maior.

Aplicável a telefones, a faxes e à internet, a lei de Metcalfe também se aplicava a pagamentos. "O que ganha é o volume. Ninguém quer usar um sistema de pagamentos em que não há pagadores e recebedores. Então, o que importa é aumentar de tamanho."[43] Apesar dos protestos de Musk, Harris achava que a fusão era a única saída — mesmo precisando de um ultimato para concluí-la.

■ ■ ■

Seria plausível prever que a fusão da X.com com a Confinity estava fadada ao fracasso. Elon Musk, fundador da X.com, era contrário à ideia. John Malloy, principal investidor da Confinity, estava cético. Max Levchin, CTO da Confinity, já havia cancelado o acordo uma vez. E Bill Harris, CEO da X.com, tinha entrado em conflito com Musk para fazê-la acontecer. "Sempre foi uma trégua muito difícil"[44], disse Malloy.

A união forçada fez surgir alguns questionamentos no PayPal: o que poderia ter acontecido? Quem teria ganhado a guerra do eBay? A Confinity teria falido sem a X.com? Mas os contrafactuais viriam só mais tarde. Por ora, os executivos e suas respectivas equipes tinham a tarefa ingrata de unir as duas startups. Apesar de Harris e Levchin terem fechado o acordo em meio a roupas limpas, eles não tinham resolvido os detalhes mais importantes.

Os acontecimentos seguintes lhes ensinaram lições valiosas sobre fusões empresariais — como funcionam e como fracassam. "Uma fusão não é a junção de duas companhias. Na verdade, está mais para uma contratação de cinquenta pessoas às cegas"[45], comentou Luke Nosek.

10

A QUEDA

No início dos anos 2000, Thiel e Musk se encontrariam com Mike Moritz no escritório da Sequoia, na Sand Hill Road, 2800, Menlo Park, para conversar sobre a fusão. Musk ofereceu carona para Thiel, partindo de Palo Alto.

No ano anterior, Musk comprara um McLaren F1 prateado, Chassi #067, de Gerd Petrik, um executivo farmacêutico alemão. Era um carro esportivo milionário com portas no estilo asas de gaivota e um compartimento de motor folheado a ouro. Musk chamou o carro de "obra de arte", "uma bela obra de engenharia"[1]. Mesmo entre os MacLaren[2], o #067 se destacava — era um dos sete McLaren F1 que podiam ser dirigidos nos Estados Unidos na época.

A McLaren baseou a arquitetura do veículo nos carros de fórmula 1, com a nobre ambição de criar o melhor carro do mundo. Ao lançar o F1 no mercado, a McLaren foi aclamada por todos. "O F1 será lembrado como um dos maiores acontecimentos da história automobilística e, possivelmente, trata-se do carro de produção em massa mais rápido que o mundo verá"[3], lia-se em uma revista.

O carro não pesava muito, mas ostentava uma potência de mais de 600 cavalos. "Imagine um carro que pesa o mesmo que um Miata, mas que tem o quádruplo da potência"[4], disse Erik Reynolds, um dos maiores fãs de McLaren do mundo. Como resultado de sua baixa relação peso/potência, o carro era capaz de atingir velocidades superiores a 320km/h.

No entanto, essa potência fazia dele um carro perigoso para motoristas inexperientes. O ator britânico Rowan Atkinson, por exemplo, saiu nas manchetes ao bater o seu McLaren duas vezes[5]. Por volta da mesma época em que Musk comprou seu F1, um jovem empreendedor britânico que tinha acabado de vender sua startup morreu, assim como os dois passageiros que o acompanhavam, ao bater o seu McLaren em uma árvore[6]. “Um McLaren exige moderação, porque não há como dirigi-lo dentro da legalidade sem abrir mão de explorar totalmente sua potência e velocidade”[7], avisou a revista *Car and Driver* em sua resenha que, fora esse pormenor, era só elogios.

Quando Musk recebeu o seu F1, a CNN cobriu o acontecimento. “Há apenas três anos, eu tomava banho na YMCA e dormia no chão do escritório, e agora, como podem ver, tenho um carro milionário... é só um momento na minha vida.”[8] Enquanto os outros donos de F1 pelo mundo — o sultão de Brunei, Wyclef Jean, Jay Leno, entre outros — compraram seus veículos confortavelmente, Musk fizera um rombo em sua conta bancária. E, ao contrário desses outros donos, ele usava o carro para ir trabalhar — e se recusava a fazer um seguro[9].

Enquanto Musk e Thiel passavam pela Sand Hill Road no F1, o carro foi o assunto de sua conversa. “Parecia um filme do Hitchcock, ficamos falando do carro por quinze minutos. Devíamos nos preparar para a reunião, mas só falávamos do carro”[10], lembrou Thiel. Durante o trajeto, ele teria olhado para Musk e perguntado: “E o que esse negócio faz?”[11]

“Vou mostrar”, respondeu Musk, pisando no acelerador e, ao mesmo tempo, mudando de pista na Sand Hill Road.

Em retrospecto, ele admitiu que foi superado pelo F1. “Eu não sabia dirigir direito aquele carro. Não tinha sistema de estabilidade nem controle de tração. E ele tem tanta potência que os pneus podem perder aderência a 80km/h”[12], lembrou.

Thiel se lembra de um carro próximo à sua frente — e de Musk desviando para não atingi-lo. O McLaren bateu na barreira da estrada, rodopiou no ar — “parecia um disco girando”[13], recordou Musk — e atingiu o chão violentamente. “As pessoas que viram o que aconteceu acharam que íamos morrer”, disse.

Thiel estava sem cinto de segurança, mas, surpreendentemente, nem ele e nem Musk se machucaram. A “obra de arte” de Musk não acabara bem, tomando uma direção cubista. Após a experiência de quase morte, Thiel sacudiu a roupa e foi andando para o escritório da Sequoia, onde Musk o encontrou pouco tempo depois.

Bill Harris, CEO da X.com, também estava os esperando no escritório, e lembra que os dois chegaram atrasados, mas que não se deram ao trabalho de explicar o motivo. “Não falaram nada, só fizemos a reunião”[14], disse.

Refletindo sobre o acontecido, Musk conseguiu ver humor na situação: "Acho que Peter nunca mais vai pegar carona comigo."[15] Thiel também tratou a experiência com certa leveza. "Consegui decolar com Elon, só não foi em um foguete"[16], brincou*.

■ ■ ■

Andar de carro juntos, nunca mais — mas Thiel e Musk agora andavam lado a lado profissionalmente, como colegas de trabalho na X.com.

No papel e na imprensa, a empresa parecia estar abalando: detinha uma equipe de profissionais de tecnologia talentosa; uma base de usuários que crescia rápido e já contabilizava meio milhão; e uma liderança que incluía o ex-CEO da Intuit e um empresário que ostentava um valor na casa dos bilhões, fruto de sua última startup. Graças à fusão, as companhias puderam fazer uma proposta poderosa: ao neutralizar o que antes fora seu maior concorrente, unir suas bases de usuários e alavancar os efeitos da rede, a empresa conjunta poderia capturar o mercado de pagamentos online inteiro. Mesmo quando os termos da fusão ainda nem tinham se finalizado, Bill Harris instruiu Levchin a dizer ao Yahoo que não havia mais a possibilidade de fazer acordo com nenhuma das duas companhias. "O melhor foi criar esse *front* unificado"[17], explicou Levchin anos depois a uma plateia da Stanford. Quando a notícia da fusão vazou, uma das novas clientes do PayPal escreveu para Julie Anderson, da X.com, e para o líder de relações públicas da Confinity, Vince Sollitto, compartilhando suas impressões sobre o que ela chamou de "ganho mútuo"[18]:

> A última coisa que quero ver no eBay (onde compro E vendo) é um jihad estilo BETA vs. VHS entre o PayPal e a X.com. Receber os pagamentos dos meus compradores via PayPal é infinitamente melhor do que ficar esperando o cheque e ainda esperar mais até ele cair.

---

* Musk ficou com o McLaren por vários anos. O carro também sobreviveu, com algumas complicações — que acabaram resolvidas. De acordo com um dos organizadores do 25º Tour de Aniversário do McLaren F1 Owners Club, que reunia os donos de carros McLaren F1: "O terceiro dono comprou o carro em 2007, cuidou bem dele e o dirigiu por alguns meses. No entanto, ele teve uma grande dor de cabeça quando o veículo pegou fogo por causa de um problema no catalisador em 2009, em Santa Rosa, nos Estados Unidos. O carro sofreu graves danos e foi enviado ao MSO (McLaren Special Operations) para ser reconstruído. As equipes do MSO e da McLaren conseguiram reconstruir o carro e, felizmente, ele [manteve] seu chassi de fibra de carbono original. O conserto levou um ano, e o veículo foi devolvido para o dono, que, aliás, ainda o tem em mãos. Ele fez a gentileza de trazê-lo para o 25º Tour de Aniversário do McLaren F1 Owners Club no Sul da França em 2017."

> Todo mundo no mercado de computadores sabe que "qualidade é importante"; e, se vocês realmente se tornarem o padrão de referência, vai facilitar a vida de muita gente. Por outro lado, vocês terão uma responsabilidade enorme para com seus usuários, muito mais do que teriam se existissem mais alternativas ao seu produto.

Mas nem todas as reações foram positivas. Os usuários do eBay podiam ter ficado satisfeitos com a junção da X.com com a Confinity, mas, enquanto empresa, o eBay se sentiu ameaçado. Eles também estavam preparando uma resposta. Pouco depois da notícia da fusão, o eBay anunciou uma parceria com a Wells Fargo para administrar sua plataforma de pagamentos, a Billpoint. Ele também apresentou sua parceria com a Visa, prometendo três meses grátis desse serviço de pagamento para seus usuários.

Essa foi uma boa notícia para muitos usuários do eBay. "A principal objeção que os vendedores têm com relação ao sistema da Billpoint é o custo. É por isso que empresas que oferecem serviços de pagamento grátis, como os do PayPal e da X.com, têm sido muito bem recebidas pela comunidade do eBay"[19], disse Rodrigo Sales, cofundador da AuctionWatch, uma plataforma online sobre leilões. Realmente, as parcerias do eBay com a Visa e a Wells Fargo pareciam ter um só objetivo: recuperar o terreno ocupado pela X.com e pelo PayPal, da Confinity.

O rápido crescimento de usuários da X.com e da Confinity também deu origem a cópias. Em março de 2000, um dos maiores bancos dos Estados Unidos, o Bank One, com sede em Chicago, lançou o eMoneyMail. Naquele mesmo mês, o Yahoo adquiriu o dotBank, outra plataforma que permitia pagamentos de pessoa para pessoa. Até um dos próprios investidores da Confinity, o IdeaLab Capital Partners, patrocinou um produto concorrente chamado PayMe.com.

■ ■ ■

Para piorar a situação, a carta que a X.com tinha na manga — o crescimento explosivo de clientes — era uma faca de dois gumes. Mais usuários, mais reclamações. O eBay e outros fóruns de leilões fervilhavam com reclamações toda vez que a X.com ou o PayPal caíam, que os bônus não eram creditados ou que um pagamento não dava certo.

Pouco tempo depois, as empresas tiveram que enfrentar ainda a fiscalização de órgãos regulamentadores. O acúmulo de reclamações dos usuários estimulou uma investigação da Federal Trade Commission, agência não governamental que visa proteger os consumidores, e o Serviço Secreto dos Estados Unidos ficou preocupado com o uso do PayPal em transações ilegais. No meio disso tudo, as duas companhias recebiam centenas de clientes por hora, uma taxa de crescimento que atrapalhava os esforços gerais para trazer ordem ao caos.

A própria fusão não trouxera calma alguma. À exceção do ex-CEO da Intuit, Bill Harris, as duas equipes não tinham quase nenhuma experiência de administração, muito menos experiência com fusões. A X.com e a Confinity tinham bases de usuários independentes e sites distintos, além de usarem sistemas operacionais diferentes para desenvolver seus serviços — a X.com usava o Microsoft Windows, e a Confinity, o Linux.

Não bastasse tudo isso, a fusão teve que ser concluída às pressas. Uma vez que as duas empresas chegaram a um acordo, frágil, nem Thiel nem Harris queriam arriscar rompê-lo — uma preocupação motivada, em parte, pela arrecadação. Ambas tentaram arrecadar fundos antes das negociações; quanto mais rápido fechassem o acordo, mais rápido conseguiriam arrecadar juntas.

Os candidatos convidados a trabalhar em uma das empresas durante esse período foram informados de que, em vez disso, integrariam uma companhia nova e maior. Um deles se lembrou de Levchin lhe pedindo que aceitasse a oferta de emprego quanto antes para aproveitar a distribuição de ações antes da fusão. Perguntas básicas — como o nome do principal produto da empresa — continuavam sem resposta. "Eu me lembro de debater por *horas a fio* sobre o logo. Tipo, como vamos combinar os logos?"[20], disse Amy Rowe Klement. Os dois lados concordaram que "X.com" seria o nome oficial da empresa conjunta e que "Confinity" seria deixado de lado — mas e quanto ao PayPal?

Uma das propostas foi chamar o produto de "X-PayPal" — um prefixo que atendia à visão de Musk, que previra que a X.com concentraria produtos financeiros e serviços de todo tipo. Um e-mail de Bill Harris, enviado em 18 de março de 2000, destacava o potencial de uma família de produtos com "X" no nome — inclusive "X-Fund", "X-Click", "X-Card", "X-Check" e "X-Account". Mas, para o contingente da Confinity, o hífen que separava o "X" do "PayPal" perpetuava seu medo de ser renegada à posição de parceiro minoritário.

A devida diligência antes da fusão revelou alguns alertas em ambos os lados. De acordo com vários executivos seniores, a X.com teve que providenciar imediatamente uma injeção de fundos nos cofres da Confinity. Apesar da Confinity ter feito outra rodada de investimento no início de 2000, seu crescimento, que se acelerou ao máximo, tinha consumido muito daqueles fundos.

A X.com tinha seus próprios problemas. Para aumentar sua base de clientes, ela havia distribuído linhas de crédito para potenciais clientes como parte de seu plano de oferecer o pacote completo de serviços financeiros. Mas, expandindo rápido como estava, a análise de riscos tinha ficado em segundo plano. "Nós emitíamos linhas de crédito para gente que nem existia ou que tinha roubado a identidade de alguém. E, além disso, concedíamos linhas de crédito ou crédito demais para gente que existia mesmo, mas que não merecia"[21], explicou Ken Miller.

Ambas as companhias acabaram aceitando defeitos como esses, acreditando ser o preço a se pagar para fazer um acordo tão crucial que, teoricamente, as tornaria mais fortes do que eram sozinhas. Mas a fusão não resolveu o problema principal: a taxa de queima de capital, agora combinada. A empresa conjunta estava quase gastando US$25 milhões só naquele trimestre, com salários, pagamentos de bônus, faturas de cartão de crédito e fraudes corroendo seu demonstrativo financeiro. "Se estivéssemos jogando maços de dinheiro do telhado do nosso prédio, ainda assim não gastaríamos tanto"[22], comentou Reid Hoffman.

Musk lembrou as inúmeras crises que coincidiram na época da fusão: "Se as fraudes não forem resolvidas, vamos morrer. Se o serviço de atendimento ao cliente não melhorar, vamos morrer. Se não tivéssemos um modelo de receita — se nosso negócio só desse gastos e nenhum retorno —, era óbvio que morreríamos."[23]

■ ■ ■

Antes, as duas equipes estavam prontas para uma batalha épica pela supremacia, contando com bolos mórbidos, cartazes sombrios e e-mails dilaceradores. Agora, só algumas semanas depois, era esperado que elas se unissem, formando uma família feliz e que só aumentava. Isso deixou muita gente nervosa.

No final de fevereiro, a notícia da fusão passou do alto escalão para os subalternos — e muitos ficaram surpresos. "Na época, acho que [a Confinity] acreditava que estava dando duro para nos derrotar. E nós pensávamos: *Ei, estamos na frente e vamos acabar com a raça de qualquer um que chegar perto.* Então o pessoal da X.com ficou um pouco chocado ao saber que iam integrar uma equipe conjunta"[24], lembrou Colin Catlan, engenheiro da X.com.

A história da fusão diferia dependendo de qual equipe a contava. "Internamente, a conversa que chegava era que nós éramos muito superiores a eles. A X.com estava oferecendo crédito, tinha uma péssima taxa de inadimplência e um monte de problemas — perto deles, nós estávamos ótimos. Mas, como não éramos a única empresa no mercado, isso prejudicava a nossa imagem na visão dos investidores"[25], recordou David Gausebeck, engenheiro da Confinity.

Em um relato, Eric Jackson, um dos membros da equipe de marketing da Confinity, mencionou que Luke Nosek, o gerente do setor, acalmou suas preocupações sobre a integração:

> Olhe só, não vamos sair perdendo nesse acordo. Para começar, [a X.com] tem cerca de 200 mil usuários, quase o mesmo que nós! Outra coisa, com todos os serviços financeiros que eles oferecem, como mercados monetários, fundos de índice e cartões de débito, uma conta no sistema deles provavelmente vale muito mais do que uma das nossas. E, já que estávamos torrando dinheiro muito rápido e teríamos que conseguir mais financiamentos em breve, nos fundir com nosso principal concorrente vai nos ajudar a arrecadar muito mais fundos.[26]

Aos funcionários da X.com, por outro lado, contou-se outra história: eles estavam "salvando" a Confinity, que tinha crescido mais rápido que a X.com no eBay, mas que queimara muito dinheiro no processo. No mais, a empresa disse aos funcionários que seus experientes líderes levariam sua indispensável expertise e seu know-how regulatório à equipe da Confinity, muito menos experiente.

No decorrer de março, vários grupos de funcionários começaram um vaivém entre escritórios, do da Confinity, na University Avenue, 165, para o da X.com, na University Avenue, 394 — onde ficava a antiga sede da Confinity. "Era engraçado, pois tínhamos [sublocado] o espaço da X.com e depois, quando nos unimos, tivemos que voltar para lá. Então levamos os móveis de volta, a três quarteirões de distância"[27], lembrou Ken Howery.

Nem todos os funcionários lembram aquele período como algo "engraçado". Um dos engenheiros, Erik Klein, resgatou uma reunião nada amigável da equipe de engenharia no restaurante Nola, em Palo Alto. "Passamos horas a fio discutindo, debatendo e gritando uns com os outros na frente do Nola. Não combinávamos de jeito nenhum, parecia água e óleo"[28], lembrou.

No entanto, outros se sentiram aliviados. "Ninguém queria uma diluição de cinquenta por cento"[29], disse Todd Pearson, da X.com, referindo-se à participação acionária dos funcionários após a fusão, "mas agora pelo menos não íamos nos matar". Julie Anderson, da X.com, viu a fusão como uma opção natural para a etapa seguinte da empresa. "Por causa da situação financeira, não foi bem um choque. Pensamos que seria bom passar para a próxima fase"[30], lembrou. Ambas as companhias aumentaram sua base de clientes, mas, juntas, observou ela, teriam uma chance melhor de explorar essa base como um negócio viável.

A fase seguinte requeria uma sede nova e maior: em março, a companhia alugou um escritório na Embarcadero Road, 1840, em Palo Alto, naquele que fora o antigo lar da Intuit — e de Bill Harris. O espaço, com 2.032 metros quadrados, custaria à empresa US$102.807,80 por mês no primeiro ano[31]. No entanto, Lee Hower, que entrou na X.com logo após se formar na Universidade da Pensilvânia, recordou a mudança como um desafio. "Pode parecer banal, mas, no contexto de aglutinar duas organizações, de crescer rápido, de contratar rápido e tudo o mais, foi só mais um elemento caótico."[32]

O espaço inacabado da Embarcadero Road serviu de local para uma das primeiras reuniões com ambas as equipes. Harris, Musk e Thiel discursaram, todos garantindo que a empresa conjunta estava no caminho certo. Os presentes lembraram que Thiel estava usando shorts e a camiseta baseada na Capela Sistina — o que contrastava com o terno e a calça social de Harris. Eles também se lembraram de ver Thiel calculando de cabeça a taxa de conversão entre as ações da Confinity e da X.com no palco.

Em 30 de março de 2000, Sal Giambanco, líder de recursos humanos da X.com, enviou um e-mail para os funcionários de ambas as equipes com o assunto "Agora é oficial"[33]. Ele escreveu: "A partir de hoje, a X.com e a Confinity são uma única empresa. Parabéns para todo mundo!!!!!"

■ ■ ■

A X.com e a Confinity tinham outro motivo para celebrar: no mesmo dia em que informaram oficialmente à imprensa sobre a fusão, seus líderes também anunciaram uma rodada de investimento série C de US$100 milhões. "Tivemos um baita retorno. Nossa rodada de investimento foi melhor do que o esperado, o que vemos como parte do grande entusiasmo das pessoas em participar da plataforma de serviços financeiros da X.com, que é única e tem crescido exponencialmente."[34] Musk completou: "A magnitude dessa rodada destaca a posição de liderança da X.com na área de pagamentos online."[34]

O processo de arrecadação fora frenético. Jack Selby, membro da equipe de finanças, não parava em casa já fazia semanas, viajando "literalmente sem parar"[35] para terminar a rodada. Thiel quisera fechar rápido os contratos — por pensar que a economia dos Estados Unidos estava no seu limite. "O crédito é do Peter. Ele teve uma visão macro das coisas e disse: 'Precisamos fechar isso logo... porque o fim está chegando'"[35], afirmou Selby.

Mas, apesar do medo da instabilidade econômica, a equipe não teve problemas em atrair o interesse dos investidores. "Não foi bem uma arrecadação, foi mais um *OK, de todo mundo que está quase arrombando a porta e oferecendo dinheiro, quem devemos aceitar?* Estavam nos metralhando com dinheiro"[36], lembrou Musk. Thiel recordou que era encurralado praticamente em todos os lugares. Certa vez, um potencial investidor o seguiu em um hotel; Thiel não estava lá para se encontrar com ele, mas o investidor simplesmente puxou uma cadeira para ouvir a proposta de Thiel para outro grupo de investidores.

Em uma viagem à Coreia, seu cartão corporativo foi recusado quando ele tentou comprar uma passagem de volta para casa. Os investidores que ele conhecera ficaram muito felizes em lhe fornecer uma passagem de primeira classe — o que fizeram na hora. "A animação deles era inacreditável. No dia seguinte, eles ligaram para os nossos advogados e perguntaram: 'Para qual conta podemos mandar o dinheiro?"[37], lembrou Thiel.

Tamanha maluquice confirmava as suspeitas de Thiel sobre o mercado. "Eu me lembro de pensar que as coisas não poderiam ficar mais loucas e que precisávamos mesmo garantir o dinheiro, rápido, pois a oportunidade não duraria para sempre"[37], disse.

A quantia final de US$100 milhões acabou desapontando parte da equipe. A Confinity e a X.com receberam propostas de acordos verbais que chegavam ao dobro dessa quantia, e alguns da equipe queriam esperar o resto dos investimentos ou pressionar uma avaliação bilionária da empresa.

Thiel discordou, pedindo que Selby e os outros da equipe de finanças transformassem os apertos de mão dos investidores em cheques palpáveis, que conseguissem as assinaturas dos termos e que confirmassem os depósitos. "Peter colocou todo mundo para trabalhar a fim de concluir aquela rodada de investimento"[38], lembrou David Sacks. Muitos dos funcionários da Confinity — que já tinham visto Thiel no seu pior momento — quase não se lembram dessa insistência. Howery lembra de ouvi-lo dizer: "Se não arrecadarmos esse dinheiro, a companhia pode quebrar."[39]

Musk também antecipou uma queda iminente. Em meados de 1999, ele alertou um entrevistador da revista de ex-alunos da Universidade da Pensilvânia sobre um colapso próximo. "Toda mudança de tamanha profundidade está propensa a desencadear um frenesi especulativo, e as pessoas precisam se preparar, não sair às cegas comprando ações de empresas que não são bem estruturadas. Há muitas aldeias de Potemkin por aí, construídas sobre alicerces frágeis, e muitas, mas muitas delas vão cair."[40]

Musk previu um acerto de contas. "Estamos na época de expansão mais longa da história, e para os jovens que nunca viram uma recessão — e todo mundo que já estudou história sabe que isso acontece —, a queda será barra-pesada."[41] Essa previsão contrastava com seu habitual otimismo grandiloquente — se Musk recomendava ter cuidado, era importante.

Ele também tinha o bom senso para saber que a avaliação da X.com em US$500 milhões era "ridícula"[42]. Quando sua antiga empresa, a Zip2, foi vendida por US$300 milhões, ela tinha clientes e uma receita milionária. A X.com fora avaliada em mais do dobro dessa quantia, mesmo que sua principal conquista tivesse sido trocar o dinheiro dos investidores por endereços de e-mail.

■ ■ ■

Oportunamente, para a rodada, a equipe escolheu um investidor principal que estava isolado da febre da internet: a Madison Dearborn Partners (MDP), uma empresa de *private equity* com sede em Chicago. A MDP experimentara de leve alguns investimentos de *venture capital*, fazendo várias pequenas apostas em startups de tecnologia, mídia e telecomunicações.

Tim Hurd, o parceiro da MDP que tomara a dianteira da rodada de investimento da Confinity/X.com, examinara o crescimento e a expansão de negócios online e, quando a proposta da empresa conjunta chegou ao seu conhecimento, ele ficou interessado. "Eu conhecia um pouco do setor de pagamentos e disse: 'Nossa, que interessante'."[43]. A X.com e a Confinity tinham conseguido um crescimento recorde de usuários, o que Hurd sabia que era difícil de fazer no mundo dos pagamentos. "Uma vez provocado um efeito na rede, fica muito mais difícil outra pessoa conseguir também", comentou.

Hurd não tinha vínculo prévio nem com a X.com e nem com a Confinity; era, como ele disse, "meu primeiro dólar". E, apesar de esses dólares terem sua importância, a MDP não estava investindo uma quantia decisiva — os US$30 milhões que estavam apostando eram só uma pequena parte dos seus fundos. "[O PayPal] foi um caso isolado para mim"[43], lembrou Hurd.

Com a MDP liderando a rodada, Selby, Thiel e a equipe de finanças da X.com começaram a arrecadar os US$70 milhões restantes do que descreveram como "uma falange dos principais investidores"[44]. Outros se uniram à MDP, inclusive três empresas de investimentos em Singapura, duas no Japão e uma em Taiwan. Nos EUA, a equipe conseguiu fechar com a LabMorgan, a unidade de finanças virtuais da JPMorgan, a Capital Research and Management Company, a Digital Century Capital e a Bayview 2000.

O momento foi propício: dias após a X.com fechar a rodada de investimento, os mercados de ações dos Estados Unidos iniciaram uma queda que, por fim, acabaria aniquilando US$2,5 trilhões em capitalização de mercado e amargaria a atmosfera das ações de tecnologia. "Os meses de cobiça que estimularam um dos maiores mercados de alta da história trouxeram medo, as pessoas perceberam que as maiores ações de tecnologia subiram demais, rápido demais"[45], comunicou a CNN em abril de 2000. Ao final daquele ano, as ações da Nasdaq perderam metade do seu valor. Às vésperas de 2001, a CNN pediu indicações de ações a um gerente de carteira de investimentos, que disse: "Eu esperaria por seis meses para deixar o anjo da morte recolher os corpos."[46]

Mais tarde, Thiel diria que aquele cataclismo fora esclarecedor. "Talvez o ápice da loucura também tenha sido o ápice da clareza, pois, de algum jeito, dava para ver nitidamente como seria o futuro, mesmo que, no final das contas, muitos detalhes específicos tenham dado errado"[47], disse.

De repente, o excesso do Vale do Silício se tornou austeridade. "Todas as outras empresas que, por algum motivo, estavam esperando para fechar as rodadas de investimento viram o dinheiro desaparecer — instantaneamente"[48], disse Sacks, estalando os dedos. Os membros da equipe lembraram o choque de ver Palo Alto, que já fora tão agitada, com as lojas agora fechadas.

Mesmo as poderosas já não valiam tanto quando a correção começou. Mike Moritz, da Sequoia, investira em uma das empresas da bolha da internet que mais avançara: o site de produtos para animais de estimação Pets.com. Em janeiro de 2000, o Pets.com adquiriu um comercial caríssimo no Super Bowl, que apareceu na tela por trinta segundos e era intitulado "If you leave me now". Em 7 de novembro de 2000, 282 dias após a estreia do comercial, ocorreu a triste ironia: a empresa faliu, e seu patrimônio foi liquidado — tornando "Pets.com" um exemplo dos perigos da especulação da bolha da internet.

Durante o colapso, a fuckedcompany.com — uma paródia da revista de tecnologia *Fast Company* — se tornou popular entre os entusiastas da tecnologia. Como o nome sugeria ["Companhia fodida", em tradução livre], a Fucked Company registrou muitas das desventuras daquela era. Vários funcionários da X.com lembram-se de ter acessado o site diariamente durante esse período — não por *Schadenfreude*, mas por medo de que fossem os próximos a aparecer lá.

Vários fatores impediram que a Confinity e a X.com acabassem na lixeira do Vale do Silício, sendo um dos principais a margem de manobra suficiente para superar aquele ano turbulento. "Naquela época, houve provavelmente de cinco a sete outros serviços de transferência insignificantes... que só ficaram sem alimento com o tempo. E todos já estavam mortos quando o outono chegou"[49], disse Vince Sollitto.

Antigos funcionários apontam que ter conseguido aqueles US$100 milhões na rodada de investimento foi um divisor de águas para o PayPal. "Acho que as pessoas não sabiam da gravidade da situação, se não tivéssemos arrecadado aquele dinheiro, não haveria mais PayPal"[50], disse Klement. Mark Woolway completou: "Se a equipe não tivesse fechado aquele acordo de 100 milhões, não haveria SpaceX, LinkedIn nem Tesla."[51]

Refletindo sobre o acontecido, David Wallace lançou mão da teologia: "Sabe, tinha essa sensação de que, se continuássemos dando duro, viveríamos um sonho. Chegamos à fusão *bem a tempo* de conseguir fechar o acordo antes do crash do mercado. [Na] teologia cristã, existe esse contraponto do esforço humano com a predestinação e, às vezes, esses conceitos se opõem. Mas a teologia só funciona de um jeito, que é quando vemos essas duas coisas em conjunto. Aquilo que está predestinado *inclui* o trabalho para alcançá-lo."[52]

■ ■ ■

As previsões apocalípticas de Thiel também suscitaram um pedido inusitado. Nos preparativos para uma reunião em meados de 2000, Thiel perguntou a Musk se ele podia apresentar uma proposta. Musk concordou. "Ah, o Peter tem um plano que quer abordar[53]", afirmou, entregando-lhe as rédeas.

Thiel começou, dizendo que os mercados entrariam ainda mais no vermelho. Ele profetizou que as coisas ficariam muito feias — para a companhia e para o mundo. Muitos viram o estouro da bolha da internet como uma correção de curto prazo, mas Thiel estava convencido de que esses otimistas estavam errados. Em sua opinião, a bolha era maior do que todos tinham pensado e nem começara a estourar ainda.

Na perspectiva da X.com, as implicações da previsão de Thiel eram péssimas. Como ela gastava muito, eles precisariam continuar arrecadando. Mas se — ou melhor, quando — a bolha realmente estourasse, os mercados fechariam ainda mais a mão, e os investimentos cessariam — mesmo para a X.com. O demonstrativo financeiro da empresa poderia cair para zero, e ela não teria mais nenhuma opção para arrecadar dinheiro.

Thiel apresentou uma solução: a companhia pegaria os US$100 milhões arrecadados em março e os transferiria para a sua empresa de fundos de hedge, a Thiel Capital. Então, ele usaria esse dinheiro para vender a descoberto nos mercados de ações. "Era uma lógica infalível; uma das características do PayPal era esse desapego do que se fazia no mundo real", lembrou o membro do conselho Tim Hurd, da MDP.

O conselho inteiro ficou pasmo. Membros como Moritz, Malloy e Hurd tentaram recuar. "Peter, eu entendo. Mas arrecadamos esse dinheiro apresentando um plano de negócios. Os investidores têm acesso a esses arquivos. E, neles, consta: 'os fundos serão utilizados para propósitos corporativos em geral', crescimento do negócio e por aí vai, e não para especulação financeira. Pode ser que o tempo prove que você está certo e que seria uma ideia brilhante, mas, se estiver errado, vamos ser processados"[53], respondeu Hurd. A reação de Mike Moritz se provou especialmente memorável. Revelando sua teatralidade, ele "perdeu a cabeça", lembrou outro membro do conselho, e censurou Thiel: "Peter, veja bem, é simples: se o conselho aprovar a sua ideia, eu me demito!"

"O drama da reação de Mike Moritz foi um dos melhores momentos do negócio"[54], lembrou Malloy, outro membro do conselho. Thiel ficou com raiva da recusa e faltou às reuniões seguintes em protesto. Para ele, o conselho não tinha visão de longo prazo diante de um colapso histórico do mercado financeiro que estava em processo — um colapso que, com a estratégia certa, poderia se provar um golpe de sorte. "A maré estava mudando. Peter sempre foi pessimista, mas reconheceu que estava mudando. E ele tinha razão. Teríamos ganhado muito mais dinheiro [investindo] do que com qualquer uma das coisas que fizemos no PayPal", disse Malloy.[54]

11

O GOLPE DO BAR DO AMENDOIM

Fórum do eBay, junho de 2000:

> O PayPal deu certo para mim. Talvez eu teste o bidpay também. Estou ABANDONANDO a Billpoint! Por mim, nós vendedores temos que nos unir e BOICOTAR a Billpoint!
>
> O PayPal é um serviço incrível para compradores e vendedores! E ninguém paga nada! Adoro! Não vejo por que alguém no eBay escolheria a Billpoint em vez dele!
>
> Tenho usado PayPal há uns dois meses e é maravilhoso. Metade dos meus compradores já usam... e as nossas transações são rápidas feito um raio, é o próprio *Greased Lightning* de Grease![1]

Feedbacks assim apoiaram a equipe do PayPal em seu início tumultuoso. "Os usuários nos adoravam. Recebíamos centenas de e-mails por dia de pessoas contando como o PayPal mudara as suas vidas"[2], lembrou Colin Catlan, engenheiro da X.com. Os empreendedores que vinham sonhando há tanto tempo em abrir o próprio negócio agora podiam — comprar e vender no eBay usando a tecnologia da X.com. "Realmente construímos algo que resolve problemas de verdade"[3], disse Jim Kellas, amigo de ensino médio de Levchin que agora era um engenheiro de controle de qualidade na nova empresa.

Mas com todo esse amor vieram também muitas reclamações. No início, na X.com e na Confinity, resolver esses problemas era algo secundário. Quando lançou o PayPal, em outubro de 1999, a equipe da Confinity simplesmente telefonava para conversar com os usuários um a um sobre seus problemas. No final do ano, à medida que a empresa crescia, um só funcionário, David Wallace, administrava todo o serviço de atendimento ao consumidor.

Mas, no início de 2000, o status quo falhou. No decorrer de 5 dias do mês de fevereiro, a X.com recebeu impressionantes 26.405 ligações no serviço de atendimento ao consumidor — ou 7 por minuto, aproximadamente. A Confinity sofreu com uma onda similar. "Vinte e quatro horas por dia, dava para pegar qualquer uma das linhas, sempre tinha um cliente reclamando"[4], lembrou Reid Hoffman.

Ambas as empresas ignoravam os e-mails, desconectavam as linhas de telefone do escritório ou mesmo substituíam os celulares da equipe. "[Wallace] apareceu e disse que havia 100 mil e-mails pendentes. Ficamos surpresos. 'Espere aí, o quê? Não era melhor ter falado antes?'"[5], lembrou David Sacks.

■ ■ ■

Para os usuários que confiavam suas vidas financeiras à Confinity e à X.com, falhas na plataforma tinham consequências sérias. Um dos primeiros usuários da X.com pegara um voo para San Diego para passar o final de semana com a namorada. "Por volta das 17h30 PST, chequei meu saldo da X.com pouco antes de sairmos para o aeroporto, e tinha US$746,14 na conta"[6], escreveu ele em um e-mail detalhado à equipe executiva da empresa. Ao pousarem, seu cartão da X.com foi recusado no balcão que alugava carros, não funcionou em um caixa automático ali por perto e depois ainda foi rejeitado no hotel. Ele ligou do hotel para um número de serviço da X.com, mas, após ficar esperando infinitamente, desistiu.

"Vale a pena observar que, se eu estivesse viajando sozinho, teria que dormir no banco do aeroporto sem carro, sem hotel e sem dinheiro, e que o seu departamento de 'atendimento ao cliente' nem sequer me atendia, muito menos fazia alguma coisa para me ajudar. Tenho sérias reservas quanto a continuar utilizando os serviços da sua empresa"[6], continuou ele no e-mail.

Os próprios funcionários da X.com também sofriam com os produtos. Em abril de 2000, um deles tentou pagar uma conta de US$59,22 na Starbucks, mas seu cartão de débito deu erro duas vezes. "Meu cartão acabou de ser recusado duas vezes, e [nosso representante de serviço de atendimento ao cliente] me disse que aconteceu porque no final do dia era assim mesmo. Isso não é nada bom"[7], escreveu o funcionário em um e-mail furioso aos seus colegas de trabalho. O patrono da Starbucks era o presidente e fundador da X.com, Elon Musk.

Um dos clientes de quem a X.com cobrara uma taxa de saque a descoberto foi para o site Epinions para compartilhar seu descontentamento, prometendo que entraria "em contato com a Federal Deposit Insurance Corporation e com o Ministério Público".[8] Os clientes frustrados contataram a empresa, o Better Business Bureau, bem como a Federal Trade Commission.

Vivien Go teve que lidar com as reclamações do Better Business Bureau. "Eu recebia umas ordens judiciais. Como não sou norte-americana, fiquei assustada... fui muito pressionada pela moça do San Jose Better Business Bureau. Ela era *durona*. Era tão difícil pensar: 'Hoje tenho que me encontrar com ela'."[9]

Alguns clientes quiseram fazer justiça com as próprias mãos. "As pessoas achavam que estávamos mantendo o dinheiro delas como refém. Então, teve um cara que entrou armado no escritório do PayPal pedindo o dinheiro dele de volta. Naquela época, nós nos preocupamos muito com a segurança"[10], lembrou Skye Lee.

Dionne McCray, gerente de garantia de qualidade, lembrou ter saído de casa um dia vestindo uma camiseta do PayPal. "Começaram a gritar comigo porque não tinham conseguido fazer alguma coisa no PayPal. É uma experiência muito surreal, pois acham que, por você trabalhar lá, pode dar um jeito de ajudá-los com todos os problemas, desbloquear a conta deles ou explicar tudo"[11], disse McCray. Ela, que ficou na área da tecnologia até se aposentar, tirou disso uma lição para a vida: "Até hoje, não visto nenhuma roupa com logo de empresa fora de casa."[11]

Realmente, algumas dessas questões não foram totalmente responsabilidade da companhia. O funcionamento de um cartão da X.com em um caixa eletrônico, um balcão de aluguel de carros ou uma Starbucks requeria uma sequência complexa de muitos passos, sendo que qualquer um deles poderia dar errado e comprometer tudo. Ao investigarem a situação do cliente em San Diego, por exemplo, os líderes da X.com descobriram que os problemas que ele tivera ocorreram devido à manutenção do servidor, pertencente a uma empresa terceirizada, que hospedava o sistema de processamento do cartão.

Mas a deficiência no atendimento ao cliente deixava os usuários desamparados, sem saber se era uma falha da companhia ou um erro de uma empresa terceirizada. Se algo desse errado, os usuários logo culpavam a X.com. O atendimento ao cliente, decidiram os líderes, precisava ser prioridade.

■ ■ ■

De início, a X.com tentou a abordagem padrão: terceirizar as ligações e as reclamações. Ela contratara empresas com sede na Califórnia, inclusive um call center em Burbank. Mas essas soluções eram caras e, muitas vezes, incapazes de resolver os problemas dos usuários. "Cobravam um dinheirão e eram péssimos"[12], disse Musk.

Julie Anderson, da X.com, buscou uma solução. Ela pesquisou outras empresas de atendimento ao cliente, inclusive uma que parecia promissora, em Boise, Idaho. Então, ela teve uma ideia. "Não sei como e nem de onde [essa ideia] saiu. Mas só pensei: *Ora, posso ensinar meus parentes a atenderem de casa os clientes*, pois minha família é grande, e eles são ótimos"[13], recordou.

Anderson lembrou especificamente da irmã, Jill Harriman, que vivia em Nebraska e tinha uma paciência que seria um antídoto potente à frustração explosiva dos usuários. Musk achou promissor. Ele se lembra de ter lhe falado: "Vá com tudo. Arrume um lugar, e mãos à obra. Precisamos conseguir cem pessoas em trinta dias."[14] Então, Anderson pegou um voo para Ceresco, Nebraska, e treinou a irmã — que, por sua vez, treinou quatorze amigos de lá.

Essa empreitada foi o primeiro passo da X.com dentro de Omaha — uma presença que cresceria com o tempo. O primeiro grupo de especialistas em atendimento ao consumidor se provou mais eficiente do que seus predecessores da Califórnia — mais rápidos, não tão caros e sem tantas barreiras linguísticas. "Eles eram ótimos — o melhor call center que tivemos. Confiáveis. Responsáveis. Esforçados. Tudo de bom"[15], lembrou Anderson.

Com o sucesso da filial, a liderança da X.com resolveu avançar, expandindo repentinamente suas operações em Nebraska, que, com 12 representantes de atendimento ao consumidor no dia 17 de abril, passou a 161 no dia 12 de maio. Em questão de poucas semanas, o call center de Nebraska tinha mais funcionários do que a sede da empresa em Palo Alto, e os resultados foram surpreendentes. Em 12 de maio de 2000, a X.com pôde anunciar com orgulho em um e-mail encaminhado a todos da companhia que "as reclamações por e-mail foram quase todas resolvidas"[16]. A empresa também encerrou a operação de atendimento ao cliente em Burbank.

Naqueles meados de 2000 e nos anos que se seguiram, os funcionários da X.com peregrinaram com frequência até Omaha — a equipe de produtos foi para entender as ferramentas que os representantes precisavam, e os executivos, para conhecer os gerentes seniores, e muito mais. A própria Anderson chegou a morar um tempo em Omaha para ajudar a equipe e elaborar o processo de atendimento ao cliente.

Os funcionários de Omaha também se tornaram a conexão entre a sede de Palo Alto e os clientes da empresa. Michelle Bonet, uma das primeiras funcionárias do PayPal em Omaha, recordou ter ficado impressionada com a velocidade do retorno às reclamações de clientes no site. "Achávamos uma falha no sistema, informávamos [à sede] e, no dia seguinte, estava resolvido."[17] Como representante da companhia, Bonet também lembrou como era difícil lidar com clientes furiosos: "Recebíamos ameaças de bombas. *Várias* ameaças — tanto verbalmente quanto por escrito."[17]

Amy Rowe Klement recordou que o sucesso de Omaha criou uma espécie de ponto cego em Palo Alto. "Em retrospecto, percebi que, caramba, eu não estava tão disponível para o serviço de atendimento ao cliente, pois meio que era o negócio de Omaha. Um dia, amadureci um pouco e percebi: *Ah, preciso pegar um avião e ir para Omaha, meu trabalho é esse. Se acontecer alguma coisa lá, é porque a minha equipe não está trabalhando direito. Precisamos ser mais unidos*"[18], lembrou ela.

Musk elogiava muito os funcionários do call center. "Eles arrasaram, foram incríveis! Custou bem menos, e os clientes ficaram muito mais satisfeitos"[19], recordou. Em 2 de junho, uma sexta-feira, ele próprio foi até Omaha para inaugurar o primeiro escritório da empresa em Nebraska. Compareceram ao evento alguns funcionários de Palo Alto, o prefeito da cidade, Hal Daub, e alguns membros da equipe de Omaha, inclusive um representante de serviço de atendimento ao cliente chamado Andre Duhan III, que comemorou a ocasião raspando o logo da X.com na cabeça e pintando-o de azul. O espetáculo arrecadou dinheiro para uma instituição local de caridade, o Child Saving Institute.

Ao escolher Omaha, a X.com se beneficiava não só das conexões de Anderson com sua família, mas também da presença dos militares norte-americanos na área. Com meio continente de cada lado para protegê-lo, o estado de Nebraska era a sede do Comando Aéreo Estratégico, o comando militar que controlava a maioria dos recursos nucleares do país. Durante a Guerra Fria, a base aérea de Offutt, em Nebraska, planejou a "destruição mútua garantida", a resposta dos EUA a um eventual ataque nuclear soviético. Interesses privados, como o da X.com, aproveitavam os investimentos militares nos sistemas de telecomunicações da região. No início da década de 1990, a região contava com uma das primeiras conexões por fibra óptica do país.

Isso deixou Omaha muito bem equipada para ser o call center distante de uma startup de pagamentos da Costa Oeste. Mais tarde, o serviço internacional de atendimento ao cliente do PayPal também surgiria a partir de Omaha. Os representantes de lá viajariam pelo mundo, treinando novos representantes e abrindo negócios similares na Índia, em Dublin e em Shangai. Com o tempo, o grupo inicial se expandiria em milhares de funcionários, se tornando muito maior do que o grupo da sede da X.com em Palo Alto. Até hoje, o PayPal continua sendo uma das principais fontes de emprego da região.

■ ■ ■

Anos depois, Anderson refletiu sobre sua abordagem improvisada para resolver a questão do serviço de atendimento ao cliente: "Nunca questionei se ia funcionar. Naquela época, essa pergunta foi esquecida completamente. O que eu me perguntava era: *O que dá para fazer? E como fazer rápido?*"[20].

A velocidade tinha um preço — mas a companhia estava disposta a pagá-lo. O designer Ryan Donahue recordou que, certa vez, comprometeu uma das principais funcionalidades do site em uma sexta-feira à tarde, quando o volume de pagamentos estava a todo vapor. Ele alertou o CTO da empresa, Levchin, que saiu e analisou o problema: "Ele voltou e disse: 'Meus parabéns. Você conseguiu comprometer sozinho a função de mandar dinheiro e custou US$1,5 milhão à empresa'."[21] Donahue entrou em pânico. "Nunca cometi um erro que saiu tão caro. Mas ficou tudo bem. Ele começou a rir, e fiquei pensando: 'Que lugar incrível'"[21], afirmou.

Musk e outros líderes seniores toleravam os erros, considerando-os um efeito colateral de tamanha iteração. "Eu lembro de ouvir Elon falando: 'Se você não souber me dizer ao menos quatro maneiras em que comprometeu um projeto... até conseguir acertar, provavelmente não foi você que trabalhou nele'"[22], lembrou Giacomo DiGrigoli.

Musk fez ecoar esse sentimento. "Se tivessem dois caminhos, duas escolhas a fazer, e uma fosse obviamente melhor que a outra, em vez de ficar um tempão tentando descobrir qual era um pouco melhor, o que nós fazíamos era escolher logo e começar. Às vezes, escolhíamos errado. Mas, na maioria das vezes, é melhor escolher logo um caminho e segui-lo em vez de ficar remoendo a escolha infinitamente"[23], explicou em um discurso na Stanford em 2003.

■ ■ ■

No entanto, do outro lado da fusão, tanto os funcionários quanto os executivos começaram a perceber que a empresa mais remoía do que escolhia. Mesmo questões básicas pareciam não ter solução. O sistema de e-mails corporativos da empresa levou meses para se fundir. Menos produtos eram lançados, menos códigos eram implantados. "Eu só aparecia e batia o ponto, mas não sabia o que era para fazer e nem quem era meu chefe"[24], compartilhou um funcionário.

Os atrasos se juntaram às mais novas ameaças que despontavam no horizonte: as estratégias de pagamento do eBay, os novos concorrentes e as fraudes mais elaboradas. "Esses dois ou três meses em que não fizemos nada na empresa pareciam uma eternidade, já que, dois ou três meses antes, tínhamos feito o lançamento, fundido as duas empresas, derrotado os concorrentes e fechado uma grande rodada de investimento"[25], lembrou Sacks. Aqueles com cargos executivos ou similares estavam acostumados com reuniões pequenas e informais, especialmente na Confinity. Mas, na nova X.com, as reuniões longas se tornaram parte da vida. "Comparecíamos a umas reuniões executivas com mais de vinte pessoas na sala!"[25], disse Sacks, exasperado.

O CEO Bill Harris tinha boa parte da culpa dessa lentidão. "Ele não resolveu o problema da duplicação"[26], lembrou um dos executivos, aludindo a dois funcionários na mesma função após a fusão das empresas. A título de exemplo, alguns funcionários apontaram que ambas as companhias tinham líderes seniores que cuidavam das finanças — e que os dois se chamavam David (David Jaques e David Johnson).

Harris enfrentou não só as complicações operacionais de uma empresa recém-combinada, mas também uma equipe recém-combinada com personalidades fortes. Dos quatro executivos mais importantes — Levchin, Musk, Thiel e o próprio Bill —, Harris comentou, rindo: "Eram quatro caras e todos [tinham] um ego tão enorme que não caberia no Maracanã."[27] Harris também não era um CEO com muito conhecimento técnico. Ele mesmo admitiu que isso dificultava o desenvolvimento da X.com, que era muito focada em engenharia.

Muitos dos executivos da empresa ficaram chateados com uma decisão dele em particular: sua pressão para acabar com os programas de bônus da X.com e reduzir o incentivo da Confinity de US$10 para US$5. Ele orientou[28] a companhia a enviar um anúncio a todos os consumidores, informando-os de que, a partir do dia 15 de março, o programa não funcionaria mais para antigos usuários da X.com, mas que o da Confinity continuaria — pagando metade do valor original. Se os clientes perguntavam por que um programa estava naufragando e o outro, sobrevivendo, a resposta padrão era: "Quando as empresas se fundem, não faz sentido ter dois programas de indicação."

A decisão de Harris de cortar os incentivos surgiu por preocupação com a curva de gastos da companhia. Harris se lembra de ter pensado: *Vamos estancar isso aqui, está sangrando muito*[29]. "Achei que já tínhamos ganhado e que precisávamos parar de gastar", disse, fazendo referência à dominação do mercado de pagamentos pela X.com após a fusão.

Outros acreditavam que tamanha confiança era prematura — que era imprudente pisar no freio em uma época que continuava precária para a empresa. Pelo fato de os usuários do eBay ainda representarem a maior parte dos clientes e do volume de pagamentos, a X.com ainda estava à mercê da gigante dos leilões. Com uma canetada, o eBay podia dizimar a companhia — um pesadelo que ela tinha visto em primeira mão. Para promover a Billpoint, em meados de 2000, o eBay anunciou que os vendedores não pagariam taxas para listar os itens dos leilões se a usassem como opção de pagamento. Passado o primeiro dia dessa abordagem, a Billpoint, antes presente em 1% das transações, foi incluída como opção de pagamento em 10% dos leilões. Para alcançar tamanha parcela do mercado, escreveu Eric Jackson, "o PayPal levou um mês"[30].

Por isso, muitos da equipe acreditavam que os bônus eram essenciais. A X.com agora tinha recursos limitados para atrair consumidores no eBay. Além de alguns fanáticos por uma ou outra opção, os vendedores dos leilões eram majoritariamente bem agnósticos — os serviços de pagamento não iam além da sua utilidade prática. Apesar de os vendedores gostarem da conveniência ao usar a X.com e o PayPal, da Confinity, eles tinham feito propaganda dos dois porque estavam sendo pagos para isso pelas próprias empresas. Acabados os bônus, pensavam muitos da equipe, seria o mesmo que despedir esses vendedores que eram tão motivados e que tinham uma eficiência tão excepcional.

Mesmo duas décadas depois, a decisão de acabar com os incentivos irrita os membros da equipe, inclusive Luke Nosek, um dos que arquitetaram o programa de indicação da Confinity. "Foi um erro"[31], declarou ele, direto. Apesar do sucesso posterior do PayPal, Nosek continuou pensando que o serviço de pagamento poderia ter crescido mais rápido se os bônus tivessem permanecido.

■ ■ ■

Certa vez, tarde da noite no escritório, Bill Harris notou que um engenheiro estava saindo mais cedo do que seus colegas. Ele mencionou que queria ver seu programa favorito e que depois voltaria ao escritório. "Mas se eu tivesse

TiVo, Bill, eu deixava programado e ficava aqui"[32], brincou o engenheiro, se referindo ao produto novo e famoso da época que permitia que os espectadores gravassem programas de televisão. Poucos dias depois, o engenheiro chegou e encontrou um TiVo novinho em sua mesa, uma cortesia de Bill Harris.

Nessa circunstância, bem como em outras, a compreensão de Harris oferecia um contraste agradável com os outros líderes da X.com. Ele também criou um organograma provisório e tentou trazer ordem às tarefas de engenharia durante esse período. Harris acelerou o desenvolvimento da empresa e, para aumentar a base de usuários da X.com, ajudou a fechar um acordo com um site chamado AllAdvantage — que pagava seus usuários para navegar na internet.

Os outros funcionários achavam que o foco de Harris nesses acordos não era bem um sucesso, mas, sim, um indicativo de uma questão mais ampla. A X.com, pensavam eles, precisava de uma estratégia de receita, não uma de crescimento. O serviço já estava crescendo em ritmo viral — em dezenas de milhares de usuários todos os dias — graças ao programa de bônus com que Harris queria acabar. Os acordos pelo desenvolvimento ajudavam, mas o maior problema continuava sendo o caminho mal definido da empresa quando se tratava de ganhar dinheiro.

Na X.com, o plano original era apostar na venda adicional, convencendo as pessoas a adquirir, a partir dos serviços de pagamento, um conjunto de serviços bancários — que, por sua vez, gerariam receita. Enquanto isso, na Confinity, a equipe pensara em cobrar juros sobre o saldo das contas do PayPal — uma estratégia batizada de "ganhar dinheiro fácil". Em ambos os casos, os planos não coincidiram com a realidade: as outras ofertas de serviços bancários da X.com não atraíram tantos usuários, e os ganhos "fáceis" da Confinity acabaram sendo insignificantes.

Para piorar as questões financeiras, a X.com também tinha que pagar taxas de transação pesadas. A maioria das contas da X.com estavam ligadas aos cartões de crédito dos consumidores, fazendo necessário que a empresa pagasse taxas para companhias como Visa, Mastercard e American Express a cada transação dos usuários. "Quanto mais transações eles faziam, mais perdíamos dinheiro"[33], observou Amy Rowe Klement.

Harris não estava cego aos custos avultantes e nem à falta de recursos, então ele propôs uma solução: cobrar uma taxa fixa dos que transferiam dinheiro — algo parecido com as taxas de ordens de pagamento ou transferências eletrônicas. Thiel achou a ideia desastrosa. Para ele, parte do motivo de o PayPal ter decolado foi a promessa de um serviço de pagamentos sem taxas, algo que seus concorrentes não ofereciam. Muitos dos compradores e vendedores do eBay, principalmente, usavam o PayPal para evitar as cobranças e as chateações da Western Union. Instituir taxas seria arriscar perder parte do mercado para a Billpoint, especialmente porque, nessa época, o eBay estava se esforçando para recuperar usuários.

Ao cobrar pelos seus serviços, a X.com e a Confinity também arriscavam irritar ainda mais clientes. Seus respectivos produtos de transferência por e-mail vieram ao mundo se autodeclarando gratuitos. No site da Confinity, lia-se as palavras "SEMPRE GRÁTIS", e Musk já proclamara a guerra da X.com às taxas irrelevantes de toda natureza. Ambos os lados acreditavam que, uma vez que a empresa atraísse clientes o suficiente, a receita seria fácil de resolver.

Por esses motivos, a ideia de cobrar os usuários foi rechaçada na época. Discussões acaloradas no alto escalão revelaram diferenças graves entre Harris e outros administradores seniores quanto aos gastos e à estratégia de receita. Mais fundamentalmente, a equipe da X.com sentia que, mesmo se conseguisse encontrar a solução para ambos os problemas, a companhia já tinha se tornado caótica e lenta demais para aplicá-la. Como os gastos continuaram a crescer, a pressão também aumentou — ameaçando romper a organização.

■ ■ ■

Peter Thiel passou boa parte da vida ponderando sobre a liberdade humana. Na Stanford, a questão surgiu como uma exploração filosófica; mais tarde, ela tomaria um rumo político em sua vida. Mas, na época em que trabalhou na X.com, ela tinha um caráter distintamente pessoal.

Em 5 de maio de 2000, uma sexta-feira, pouco depois do meio-dia, Thiel encontrou uma resposta e enviou um e-mail para todos da companhia com o assunto "Renúncia ao cargo de Vice-presidente Executivo":

> Olá a todos,
>
> A partir de hoje, estou renunciando ao cargo de Vice-presidente Executivo da X.com. As três principais razões que motivam a minha decisão são:
>
> (1) A equipe cresceu de 4 (no lado do PayPal) para mais de 300 pessoas, construiu uma base de clientes de mais de 1,5 milhão de usuários e se tornou um dos principais sites de e-finance do mundo. Tem sido uma subida extasiante, mas, depois de um ano e meio trabalhando literalmente dia e noite, estou exausto.

(2) Nesse processo, passamos de um grupo planejando os primeiros passos de um negócio para uma empresa que está implementando nosso plano de dominar o mundo. O plano é, basicamente, construir um sistema de operações financeiras para o mundo inteiro e, com isso, sustentar o comércio mundial. Sou mais um visionário do que um gerente. E é exatamente por essa visão inicial ter ganhado tanta força que ela tornou ainda mais crítica a transição para uma equipe que administre e faça crescer as operações da X.com.

(3) A recente rodada de investimento de US$100 milhões (com uma avaliação pré-monetária de US$500 milhões) foi uma confirmação de que a comunidade de investidores acredita no futuro da X.com. Esse pareceu um encerramento natural do meu envolvimento diário com a empresa, e também um bom momento para a transição para aqueles que vão liderar o IPO da X.com.

Minha intenção é permanecer ativo enquanto conselheiro estratégico da empresa. Fiquem sempre à vontade para me contatar, seja com perguntas ou preocupações que vocês possam ter.

Pessoalmente, eu cresci e aprendi muito mais aqui do que em qualquer outra época da minha vida (talvez só não mais do que quando passei de dois para três anos). Ainda mais importante, fiz amizades ótimas com os indivíduos incríveis que reunimos aqui na X.com. E tenho certeza de que elas continuarão nos meses e nos anos seguintes.

Obrigado por tudo,

Peter Thiel[34]

Quaisquer que fossem as razões apresentadas por Thiel, os mais próximos entenderam as entrelinhas: ele ficara frustrado demais com Bill Harris. Thiel se opusera à sua proposta de taxar os usuários do PayPal e à sua decisão de usar o dinheiro para pagar lobistas que resolvessem as questões de regulamentação — o que ele achava um desperdício. O relacionamento dos dois não melhorou com o tempo.

As objeções de Thiel à vida na X.com não se limitavam ao CEO. A companhia crescera, começando com alguns funcionários que se tornaram centenas, e ele detestava as demandas de uma operação maior. Depois da fusão, Thiel foi nomeado "vice-presidente executivo de finanças" e estava subordinado a Harris e a Musk. Nessa estrutura, ele tinha cinco subordinados diretos — David Jaques, o CFO; Mark Woolway, Ken Howery e Jack Selby, que formavam a equipe de finanças; e aquele que seria contratado como conselheiro geral. Da perspectiva de Thiel, cinco subordinados e dois chefes já era demais.

Entre o final de fevereiro e o de março, ele terminara a rodada de investimento; e, agora que a X.com tinha os fundos necessários para sobreviver, Thiel não via mais necessidade em continuar ali. A empresa ficaria bem, não precisava dele em um cargo operacional — e, ainda por cima, sua vida seria muito melhor sem as incumbências de executivo.

■ ■ ■

A partida de Thiel preocupou profundamente muitos dos discípulos da Confinity. "Fiquei muito triste quando ele saiu"[35], lembrou Sacks, que fora contratado por Thiel apesar da objeção dos colegas.

Para Musk, a partida de Thiel era mais um sinal preocupante a respeito do CEO. Claro, as preocupações de Musk quanto a Harris precediam a saída de Thiel. Ele nunca o perdoara por ter feito o futuro da companhia de refém para concluir a fusão. "Eu fiquei bem chateado por ele ter me chantageado, colocado uma arma na minha cabeça. Foi uma jogada escrota"[36], lembrou Musk.

O estado atual da empresa só agravava a frustração de Musk. Ele observara a lentidão no desenvolvimento do produto com grande insatisfação e discordou da estratégia de redefinir o roadmap tecnológico da empresa. Um documento do dia 7 de abril que indicava os objetivos da equipe de engenharia listava funcionalidades para pagamentos em sites de leilão acima de outras prioridades como "corretagem", "cartões de crédito" e "fundos de investimento". Musk ainda acreditava firmemente que os pagamentos em sites de leilão não passavam de um empurrão inicial para a empresa e concluiu que, ao desvalorizar essa visão, Harris queria "tomar direções estratégicas que não [faziam] sentido para a companhia".

Musk também ficou chocado com a proposta do CEO de contratar mais pesos-pesados para cuidar dos negócios e das finanças. "Ele ia 'nos domar, os jovens fedelhos', com uns executivos financeiros experientes ou algo assim. E falamos: 'Ué, são os mesmos executivos experientes dos bancos que não fazem nada, que não conseguem competir conosco? Não faz sentido'", lembrou. Musk acreditava que eram "fedelhos" como Thiel — cuja saída o incomodava — que tinham mais chance de inovar e vencer.

■ ■ ■

A essa altura, Musk também conhecera David Sacks e gostara dele. Os dois tinham emigrado da África do Sul e trouxeram intensidade e energia visíveis ao trabalho. "Eu e David nos demos muito bem", lembrou Musk.

Na semana seguinte à partida de Thiel, Sacks, Musk e Mark Woolway se encontraram em um bar das redondezas chamado Antonio's Nut House. O estabelecimento era um caldeirão cultural, mais conhecido pelos amendoins grátis — e pelo barulho das cascas no chão quando os clientes pisavam nelas.

Musk e Sacks conversaram sobre suas visões para o produto da X.com. "Foi uma bela troca de ideias"[36], lembrou Musk. Sacks fez algumas propostas incipientes, inclusive a de que ele achava que a empresa poderia gerir pagamentos não só no eBay, mas em todos os lugares que realizavam transações online. Com a expansão do e-commerce, ele previu que os outros sites enfrentariam o mesmo problema que a X.com resolvera no eBay: permitir que pequenos pagamentos ocorressem rápido.

O assunto da conversa logo se tornou o CEO da X.com. Musk se abriu, confessando que tinha muitas reservas quanto a Harris, inclusive por causa da tática da terra arrasada que ele usara para conseguir a fusão, algo que ainda incomodava Musk. Para Sacks, essa foi uma revelação. Até então, muitos dos discípulos da Confinity presumiam que Harris e Musk eram unha e carne.

Tal como Musk, Sacks pensava que o crescimento e o desenvolvimento pós-fusão tinham desacelerado a ponto de comprometer o futuro da operação. Ele acreditava que as imposições de Harris, acrescentando reuniões, formalidades e processos, ocorriam em detrimento da criação de novas funcionalidades. Sacks também discordava da decisão de diminuir os incentivos aos clientes, duvidando que a insustentabilidade dos gastos com os bônus fosse tão grave como apontava o CEO. O maior risco, para ele, era a X.com perder a guerra de sistemas de pagamento do eBay. Além disso, Sacks achava que aumentar a receita devia ter mais prioridade do que cortar os bônus. Musk concordava.

A reunião no Nut House revelou convergências entre os dois em assuntos que esperavam divergências. Aquela união inesperada sugeriu que passassem à ação imediatamente. Sacks e Musk ligaram para outros funcionários da X.com, inclusive Levchin, que chegou ao Antonio's pouco depois para ouvir as novidades — e planejar.

"Quando saímos do Nut House, percebemos que todos concordavam: não estava funcionando"[37], disse um dos participantes. Naquela noite, os funcionários reunidos começaram a conspirar um golpe contra o CEO.

■ ■ ■

O plano era simples — e, dada a abordagem de Harris durante as discussões sobre a fusão, justo. Os rebeldes planejaram ir até o conselho da companhia e apresentar um ultimato. Se Harris não fosse demitido do cargo, eles — no caso, Sacks e Levchin, bem como seus subordinados que apoiavam a causa — pediriam demissão.

Os revoltados estavam confiantes. Dois deles — Levchin e Musk — eram parte do conselho. Thiel, também membro do conselho, claramente compartilhava dessa visão, e eles previram que John Malloy ficaria do lado de Thiel e Levchin. Só faltavam dois: Mike Moritz e Tim Hurd — mas, mesmo sem sua aprovação, os desafiantes já tinham os votos necessários.

Naquela noite, os organizadores ligaram para Tim Hurd. "Ele ficou chocado"[38], lembrou um dos participantes do golpe. Eles torceram para que Harris simplesmente pedisse demissão face à revolta. Mas ele não cairia sem fazer barulho. Harris ficara sabendo da situação e preparara um contra-ataque — uma apresentação ao conselho, tentando convencê-lo de que tinha um plano vitorioso para o futuro da companhia.

Em uma reunião de emergência do conselho, "[Harris] tentou alegar... que não sabíamos o que estávamos fazendo e que uma liderança mais experiente era necessária, pelo bem da companhia"[39], lembrou Musk. O conselho não permitiu que Harris chegasse muito longe. Com os votos funcionando conforme o esperado, eles lhe disseram que as coisas não poderiam continuar daquele jeito e que ele precisaria renunciar.

Dados os números, Harris nunca teve chance de ganhar. Em vez de falar sobre seu plano, o conselho optou por discutir sua renúncia, e, daí, os próximos passos se desenrolaram rapidamente. Precisamente uma semana e vinte minutos depois que Thiel enviara sua carta de demissão, Musk enviou a seguinte mensagem aos funcionários:

> Oi, gente,
>
> Enquanto empresa, a X.com realmente está em seu período mais empolgante:
>
> - Somos o site de finanças nº 1 da internet em termos de tráfego de usuário. É incrível pensar que tem mais pessoas usando o nosso site diariamente do que utilizando qualquer banco, corretora ou site de finanças do planeta.

- Conseguimos montar com sucesso um centro de atendimento ao cliente de quinhentos funcionários em Omaha em tempo recorde.
- Agora temos mais de 1,7 milhão de usuários e mais de 30% do mercado do eBay.
- A Red Herring nos reconhece como uma das 50 empresas privadas mais importantes do mundo, e a Fortune Magazine nos colocou entre os 25 melhores pequenos negócios dos Estados Unidos.
- Fechamos nossa segunda rodada de investimento, arrecadando US$100 milhões, e fomos avaliados em meio bilhão de dólares.

No entanto, nosso crescimento acelerado requer atenção, foco e decisões rápidas, ainda mais do que antes, para atender às condições de mercado da economia digital, que estão sempre mudando. Como muitos de vocês já sabem, eu e Bill Harris compartilhamos o cargo de CEO. Acreditamos que a X.com agora chegou a um ponto em que é importante seguir individualmente uma direção, uma visão e um propósito claros. Nosso conselho concorda com essa opinião.

Por isso, a partir de agora, nosso conselho me pediu para assumir sozinho a função de CEO.

Gostaria de agradecer ao Bill pelo trabalho e pela liderança que ofereceu à X.com durante os últimos seis meses e lhe desejar muito sucesso em seus planos futuros.

Este será um período incrível para a X.com, pois vamos continuar a expandir nosso modelo de negócios e a estender o nosso produto, com o objetivo de nos tornarmos o maior sistema de operações financeiras da internet. Estou animado para trabalhar com vocês e espero que, juntos, possamos realizar esse sonho e mudar o mundo, de verdade.

Fiquem à vontade para me abordar no corredor ou me enviar um e-mail se tiverem alguma pergunta.

Obrigado,

Elon[40]

■ ■ ■

Para alguns, a partida de Harris foi uma surpresa. Para Sandeep Lal, foi "chocante". "Foi chocante porque me mostrou [um] jeito de resolver as coisas que eu não achava — e ainda não acho — o mais ético do Vale do Silício"[41], disse.

Lal sentiu uma pontada de culpa por Harris ter dado uma festa para a companhia inteira para celebrar a fusão e a rodada de US$100 milhões — quando já estavam conspirando contra ele.

Para muitos, a luta pelo poder no conselho da empresa era totalmente secundária. "O principal é que, independentemente da confusão entre a X.com e Bill Harris, Peter, Elon e tudo o mais, eu chegava todos os dias e me divertia trabalhando. Acho que esse era meu jeito de dizer para essas pessoas que aquilo não tinha nada a ver comigo. Eu só fazia meu trabalho. Podia acontecer o que fosse, eu normalmente só descobria depois pelo que as pessoas falavam. *Ah, agora é um novo CEO. OK, vou voltar a trabalhar*"[42], disse Denise Aptekar.

Alguns membros da equipe favorita de Harris, a de desenvolvimento empresarial, ficaram chateados. "Meu Deus... vocês deram o golpe do bar do amendoim!", gritou um executivo da equipe para Sacks e os outros, frustrado com a possibilidade de diminuição do departamento após a partida de Harris. Sua provocação imortalizou a revolta como "o golpe do bar do amendoim".

■ ■ ■

Harris foi gentil em sua partida, agradecendo aos funcionários pelo trabalho ao sair do escritório. Ele se lembrou de se sentir "desapontado"[43] com o resultado, mas não ressentido. Na sua visão, ele, o CEO, e Musk, o presidente e cofundador da empresa, tinham suas diferenças do ponto de vista estratégico. "Acho que nosso desentendimento foi legitimamente profissional. Se for esse o motivo, então é a coisa certa para impulsionar esse tipo de decisão", disse.

Apesar de ter ficado pouco tempo na empresa, Harris teve algumas conquistas. Sua chegada à X.com aumentou a credibilidade da empresa. Ele também foi um ímã de talentos, inspirando os funcionários a continuar na companhia durante as adversidades de uma fusão complicada.

Harris também deu o seu melhor para conferir um aspecto profissional à operação. Ele se lembrou de um momento em que a X.com tinha negligenciado o descarte de documentos dos clientes e precisou se apressar para lidar com isso antes da vistoria, e o próprio CEO arrastou os papéis triturados para o lixo. "Ainda estávamos funcionando como uma república de faculdade, não como uma companhia de serviços financeiros", lembrou Harris ao pensar em seus primeiros dias na X.com. Entre outros avanços, ele abriu portas para importantes agências governamentais — relacionamentos que vieram a calhar mais tarde para a empresa.

No entanto, sua contribuição permanente foi a fusão da X.com e da Confinity. Se ele não tivesse, bem ou mal, convencido Levchin e Musk, é muito provável que a Confinity teria ficado sem dinheiro ou que a X.com perdesse na corrida pelo eBay — ou as duas coisas. Sem aquele acordo, talvez o PayPal não existisse ainda hoje.

Ironicamente, ao selar esse acordo lendário, Harris também selou seu destino como CEO. Uma vez dado o seu ultimato para Musk, os dois nunca mais trabalhariam bem juntos, mesmo se concordassem quanto às importantes questões que estavam em jogo. Musk, que era o presidente, também ficou rondando, esperando o momento certo durante o período pós-fusão, uma iniciativa não muito usual para um membro do conselho. "Tivemos muitos casos de pessoas que, a certa altura, ou foram CEOs ou se sentiram CEOs"[43], disse Harris, sorrindo.

Seu estilo — deliberativo e baseado no consenso — pode ter sido uma qualidade em outra empresa, mas comprometeu sua reputação na X.com. "De acordo com fontes internas, [Harris] criou muitas estruturas e fez reuniões intermináveis, que não acarretaram nenhuma solução. A tomada de decisões na empresa desacelerou muito"[44], escreveu a revista *Fortune* no final de 2000. Seus críticos o culparam pela inatividade pós-fusão, e alguns achavam que Harris já não acreditava na companhia.

Os críticos mais detalhistas disseram que ele só estava "sobrecarregado" pelo caos, pelo crescimento, pelos gastos, pelas personalidades fortes e pela mistura de duas equipes ultracompetitivas — um caos que poderia ter sobrecarregado qualquer um que assumisse o controle dessas entidades ainda não combinadas. De acordo com eles, seria justo culpar os dois lados, não esquecendo os rebeldes. "Eles o colocaram para vigiar crianças. Mas não funcionou"[45], disse John Malloy.

■ ■ ■

Certo ou errado, esse episódio consolidou a aversão da equipe à "experiência executiva".

Essa crença surgiria como um truísmo das startups mais tarde, mas, na época, ela desafiava as boas práticas convencionais. O procedimento padrão era um CEO experiente ser empossado pelo conselho para guiar as empresas de internet depois que tivessem se estabelecido: Meg Whitman, no eBay; Tim Koogle, no Yahoo; e Eric Schmidt, no Google, eram apenas alguns exemplos mais famosos. Mesmo na Amazon, que estava sob o punho de ferro de Jeff

Bezos, houve um breve flerte com um COO chamado Joseph Galli em 1999, que deveria entrar para fornecer uma "supervisão de adulto". Galli durou grandiosos treze meses, e a Amazon não teve um COO desde então.

Os líderes da X.com consideraram a estada turbulenta de Bill Harris uma evidência de que tal "supervisão" não era só desnecessária, mas contraproducente. Para cada sucesso à la Schmidt, parecia ter um John Sculley rondando e esperando o momento certo. Sculley, o antigo CEO da PepsiCo, tinha sido empossado como líder na Apple depois de Steve Jobs — trazendo resultados inconclusivos. "Vimos o que aconteceu com a Apple quando o executivo da Pepsi assumiu, o que aconteceu com a Netscape quando Jim Barksdale assumiu. E vimos que estávamos seguindo um caminho parecido"[46], recordou David Sacks.

Musk também se mostrou cético à ideia de que uma figura adulta era necessária para moldar as jovens companhias:

> O fundador[47] pode ser bizarro e errático, mas se trata de uma força criativa que deve dirigir a companhia. Se alguém for a força criativa, ou uma delas, por trás da empresa, a pessoa ao menos saberá qual direção seguir. Talvez não comande perfeitamente o navio. Talvez o navio seja um pouco errante, e os ânimos, variados. Algumas partes podem não estar funcionando direito, mas ele estará indo na direção certa. Ou pode-se ter um navio nos trinques. As velas estendidas. Os ânimos lá em cima. Todos entusiasmados. Em direção às pedras.

Musk admirava Steve Jobs e estudou o período de sua saída da Apple. "O navio estava indo muito bem... em direção às pedras"[47], observou.

David Sacks se lembrou disso como "um período em que o Vale do Silício não confiava em seus próprios executivos", disse, argumentando que essa abordagem fora desastrosa. "Pode ter sido o momento em que o Vale do Silício se desvencilhou do 'modelo Sculley', passando ao 'modelo Zuckerberg', que é crescer com os empreendedores e deixá-los continuar administrando a empresa."[48]

Isso tudo podia até ser interpretado como egoísmo pelos críticos: *é claro* que um grupo de jovens fundadores rechaçaria a "supervisão de adultos". E, assim que vários supervisores adultos de alto nível caíram, a abordagem oposta — patrocinar fundadores neófitos até eles se desenvolverem — forneceu tantos exemplos desastrosos quanto bem-sucedidos. Afinal de contas, durante o ano 2000, vários fundadores/CEOs recém-saídos da faculdade acabaram com muitas empresas de internet.

Mas, na época, Musk, Sacks, Thiel e sua coorte não estavam interessados em estudos de caso para compreender a situação a fundo. Eles viram na X.com um CEO que sentiam não ter crescido com a companhia, que não estava indo rápido o suficiente e em quem não acreditavam. "Acho que só perdemos a confiança nele"[49], concluiu Musk.

■ ■ ■

Em maio de 2000, pouco antes de seu aniversário de 29 anos, Elon Musk retomou o cargo de CEO da X.com. "Foi meio que por eliminação que me escolheram. Eu não estava planejando me tornar CEO. Mas fiquei pensando: 'Se não eu, quem? E, OK, Peter não está aqui. Então acho que vou ser CEO'"[49], disse.

Foi um bom resumo — mas talvez subestimado — de sua decisão. Musk não se tornou CEO por acaso ou por escolha padrão. Thiel saíra depois da fusão; Musk continuara a se atracar com os problemas da X.com. E, pensando que esses problemas não estavam sendo resolvidos corretamente, ele comandou a deposição do CEO da empresa.

O navio agora era dele, assim como o trabalho de desviar das várias pedras no meio do caminho da X.com. Muitos dos envolvidos, inclusive Musk, lembrariam os meses que se seguiram como os períodos mais desafiadores de suas vidas. "Não foi bem uma crise de meia-idade, porque tínhamos 25 anos. Mas estávamos bem deprimidos"[50], disse Luke Nosek, cofundador da Confinity.

12

COM SEUS BOTÕES

Reassumindo o cargo de CEO, Musk instituiu mudanças rapidamente. "Ele mudou o foco da empresa em vários sentidos"[1], lembrou Mark Woolway.

Em 1º de junho de 2000 — há dezenove dias no cargo —, Musk apresentou uma reforma na estrutura executiva. Agora, ele contaria com sete subordinados diretos: David Jaques, CFO; David Johnson, vice-presidente sênior de finanças; Sandeep Lal, vice-presidente de serviço de atendimento ao cliente e operações; David Sacks, vice-presidente sênior de produto; Reid Hoffman, agora vice-presidente sênior de desenvolvimento empresarial e internacionalização; Jamie Templeton, antigo vice-presidente de engenharia da Confinity que lideraria mais uma vez a equipe de engenharia; e Levchin, que continuaria como CTO, sem subordinados diretos. Notavelmente, a reorganização não deixou espaço para um COO nem para um presidente.

Uma semana depois, Musk fez outro comunicado[2]. "Fico feliz em anunciar que Peter Thiel foi nomeado presidente do conselho da X.com. Ele também ajudará Jack [Selby], Mark [Woolway] e Kenny [Howery] na rodada de financiamento série D e atuará como conselheiro estratégico", escreveu em um e-mail para toda a empresa. Após a saída súbita, Thiel fizera uma pausa. E seu retorno como presidente era um sinal reconfortante para os funcionários que tinham vindo da Confinity.

No entanto, muitos outros subordinados viam essas mudanças internas com indiferença. A essa altura, a companhia resistira ao caos intenso pré-fusão, a uma fusão turbulenta em si e à confusão extensa que se seguiu. Para os funcionários da Confinity, Musk era o terceiro CEO em pouco tempo. As mudanças no comando da empresa se tornaram rotineiras, e havia trabalho demais para eles se preocuparem com quem assumira a liderança.

Vários funcionários subalternos e intermediários também descreveram um ambiente de trabalho em que os líderes os isolavam da discórdia do alto escalão. "Eu me sentia bem protegido... Eu tinha o luxo da ingenuidade"[3], lembrou James Hogan, um dos primeiros engenheiros da Confinity, sobre a rotatividade executiva.

■ ■ ■

Para os subordinados a David Sacks, a reorganização — e a promoção dele — trouxeram consequências.

A reforma de Musk incluía uma mudança importante: os líderes do departamento de engenharia agora trabalhariam com os gerentes de produto em equipes distintas e semi-independentes. Anteriormente, os engenheiros eram mais livres, sendo colocados em projetos de acordo com suas habilidades, seu interesse e a necessidade da empresa. Mas isso poderia causar confusão e desorganização.

A implantação de equipes semi-independentes poderia levar a uma iteração mais rápida, esperavam Sacks e Musk. Ambos tinham observado um paradoxo desagradável e próprio das startups: à medida que a X.com aumentava de tamanho, ela começou a realizar menos trabalhos substanciais. Mas eles não foram os primeiros a identificar esse paradoxo. Em 1975, décadas antes da comercialização da internet, o Dr. Frederick P. Brooks, engenheiro da IBM e, mais tarde, fundador do Departamento de Ciências da Computação da Universidade da Carolina do Norte em Chapel Hill, explorou esse dilema em sua bíblia da engenharia de software, *O mítico homem-mês*.

"[Q]uando se reconhece um atraso no projeto, a resposta natural (e tradicional) é aumentar a força de trabalho. Tal como alimentar o fogo com gasolina, isso piora as coisas, e muito. Com mais fogo, é necessário mais gasolina, e assim começa um ciclo regenerativo que termina em desastre"[4], escreveu Brooks. Colocar mais programadores em um determinado projeto multiplica os canais de comunicação, disse ele. Esse tempo despendido em conversas — seja para manter os membros da equipe a par do projeto ou para construir relacionamentos interpessoais — foi um tempo não utilizado para programar. Em outras palavras, duas cabeças não necessariamente pensam melhor do que uma.

Várias soluções para esse problema se popularizaram mais tarde, muitas vezes sob a bandeira de "desenvolvimento ágil de software", que priorizava iterações rápidas e equipes pequenas. Mas, em meados de 2000, essa literatura era limitada, e a X.com precisou improvisar. Sacks criou unidades pequenas e autônomas, juntando, por exemplo, o produtor Paul Martin com um designer e um engenheiro: Chad Hurley e Yu Pan, respectivamente. Enquanto grupo, eles focavam tudo relacionado a leilões. Sacks e Musk acreditavam que pequenas unidades libertavam os inovadores dos nós da burocracia.

As grandes mudanças na estrutura das equipes se combinaram a outras na atmosfera do escritório. Por exemplo, a equipe optou por chamar os envolvidos na etapa de produto — cujo trabalho incluía uma mistura de estratégia, análise e operações — de "produtores" em vez do termo mais tradicional "gerentes de produto". "A palavra *gerente* tinha adquirido uma conotação negativa. Chamá-los de 'gerentes de produto' sugeriria que seu trabalho era só 'gerenciar coisas', não 'fazer as coisas acontecerem'"[5], explicou Sacks.

Para encorajar a "mentalidade de dono", a X.com encarregou até os novatos de tarefas importantes e delicadas. Janet He deixara seu emprego em uma grande companhia de finanças e se juntara à X.com enquanto analista de marketing quantitativo. Poucos dias depois de sua contratação, Sacks lhe atribuiu uma pesquisa: determinar a participação do PayPal nos leilões do eBay. Ela ficou surpresa com a abordagem: Sacks, um dos executivos seniores, não só fez o pedido de análise diretamente a uma funcionária recém-chegada (sem o consentimento do gerente de projeto dela), mas também estava mais confortável com uma planilha do que com um PowerPoint elaborado.

"Quando entrei no PayPal, parecia que ninguém me dizia o que fazer. Eles só me lançavam perguntas. Uma atrás da outra. E eu precisava descobrir como responder. A empresa inteira era pragmática"[6], comentou He.

No mesmo tom pragmático, Sacks e Musk baniram as grandes reuniões, o que Sacks chamou de "uma tática intencional para romper com essa cultura bancária e reinstituir a cultura original de startups no PayPal"[5]. Um funcionário lembrou ter visto Sacks olhando fixamente pela janela de uma sala de conferência, observando as muitas pessoas ali reunidas — sua mensagem era inconfundível.

■ ■ ■

Na opinião dos líderes da X.com, organizações que estavam crescendo normalmente cometiam um erro grave: a felicidade dos funcionários se tornava uma preocupação maior do que a produtividade. Os líderes temiam que a X.com caísse nessa mesma armadilha e, para evitá-la, instituíram uma cultura de impaciência. Sacrificaram a solidariedade pela velocidade e tomaram decisões por decreto quando necessário. "Não era uma democracia aberta a ideias"[7], lembrou Jeremy Stoppelman, um dos primeiros engenheiros da X.com que, mais tarde, seria o cofundador da Yelp.

O progresso requeria implantar códigos e lançar produtos, agressivamente e o tempo inteiro. A liderança da X.com acreditava que essa abordagem seria sua estratégia para o sucesso. Mas isso também significava que os funcionários trabalhavam sem parar. "Quando fiz minha entrevista, lembro-me de ver sacos de dormir debaixo das mesas das pessoas e de pensar: *Ah, nunca que vou dormir debaixo da minha mesa*. E depois, lá estava eu, durante um dos primeiros lançamentos de que participei, quando mudamos a processadora de cartão de crédito. Acho que fiz um turno de 36 horas... e cheguei a dormir em uma das salas de conferência", lembrou Kim-Elisha Proctor[8].

O consumo de cafeína da X.com era lendário. Doug Ihde, um engenheiro, ficou famoso por sua proeza enquanto engenheiro de software — e pelas montanhas de latinhas de Coca Cola Diet que populavam seu escritório. Levchin também consumia café feito água. Mais tarde, durante uma entrevista para o NerdTV, um programa da PBS que acabou sendo cancelado, ele discorreu sobre as virtudes de virar a noite. O entrevistador Robert X. Cringely chegara ao escritório de Levchin antes das 10h. Levchin trabalhara a noite inteira.

— Você virou a noite. Por que fez isso?[9] — perguntou Cringely.

— Estou me divertindo, e é isso que fazemos quando nos divertimos, não queremos parar — respondeu Levchin, sem rodeios. Então, ele fez uma longa reflexão sobre as maravilhas da madrugada.

> Acho que tem algo muito especial na ética dos que viram a noite... Com certeza, há algo no estilo de vida noturno dos engenheiros, especificamente, que abre os chacras da criatividade ou da programação. As pessoas tendem a ficar mais bobas, mas talvez um pouco mais criativas também. Elas ficam cansadas, e é nessas horas que a inspiração e a camaradagem despertam. Elas também produzem mais, porque não têm receio de mandar alguém para aquele lugar quando identificam algo errado, e as interações ficam mais interessantes.
>
> Mas também aproveitamos um valor gigantesco quando viramos a noite, quando passamos sete ou oito horas trabalhando e estamos chegando a um ponto em que alguma coisa vai nascer — e então trabalhamos mais oito horas! E, em vez de pararmos para dormir e deixarmos

> essas ideias se dissiparem, nós realmente focamos as descobertas das últimas horas, enlouquecemos e trabalhamos um pouco mais.[9]

O tom era definido pelo alto escalão. O engenheiro William Wu lembrou que Musk esperava que os funcionários trabalhassem até tarde na sexta e voltassem para o escritório no sábado de manhã. (Mais tarde, baseando-se nessa experiência, Wu comprou ações da Tesla pouco depois do IPO: "[Ser um *workaholic*] não me faz nada bem enquanto funcionário, mas também sinto que, se Elon age assim na Tesla, então ela vai ser bem-sucedida, não importa o que aconteça. É doloroso trabalhar para ele — mas investir na sua empresa é uma decisão sábia."[10]

Dionne McCray, que trabalhou no controle de qualidade, recordou tanto a pressão dos colegas quanto os laços formados por essa coação. "Chegávamos às 9h30 ou às 10h. E ficávamos Deus sabe até quando — talvez 22h, era fácil ultrapassarmos doze horas trabalhando. Os colegas faziam uma pressão muito estranha. Se alguém saísse, os outros falavam: 'Já vai embora? Mas não ficou só quatorze horas? Está cansado?'. Apesar disso, também criávamos laços"[11], compartilhou.

A empresa se unia com rituais idiossincráticos no meio da madrugada: berrar a música *Push It*, do Salt-N-Pepa, durante os pushes de código; arremessar batatas na parede externa com armas de PVC de alta velocidade; e até mesmo fazer testes simples de resistência, como ver quem conseguia ficar mais tempo sentado em uma bola de basquete sem cair.

Muitos funcionários descreveram a atração magnética que o caos da companhia exercia. "As pessoas eram sugadas para dentro. A não ser que deixassem a empresa, não dava para *não* se envolver. Por exemplo, quando tinha uma reunião, e apresentavam um novo objetivo, todo mundo ficava *completamente* imerso, tentando alcançá-lo."[12]

■ ■ ■

Outros elementos da cultura do PayPal exauriam os funcionários. Hábitos de higiene pessoal, por exemplo, variavam muito. Uma analista do controle de qualidade se lembrou de ver um engenheiro colocando os pés descalços em cima da mesa — e limpando as unhas na frente de todo mundo. "Adquiríamos certa tolerância por precisarmos ser indiferentes a essas coisas"[13], lembrou ela.

A intensidade impiedosa do trabalho enfraquecia casamentos e famílias. Um funcionário recordou que precisara levar a filha de oito meses para o escritório em um sábado e em um domingo. "Enquanto carregava minha filha pelos corredores da X.com, eu me lembro das pessoas olhando como se estivessem pensando: *Que diabos é isso?*. Era muito estressante"[14], disse. Muitos do alto escalão não tinham filhos — e marcavam reuniões no final de semana a torto e a direito. Vários pais sofriam em silêncio.

Embora o tempo tenha suavizado as memórias negativas, muitos tinham lembranças vívidas da hostilidade do ambiente de trabalho da X.com. Apesar da conversa sobre inimigos comuns e foco em expandir, a empresa estava cheia de rivalidades tão fortes que deixariam George R. R. Martin no chinelo. Os funcionários humilhavam os outros em *threads* de e-mail, e mesmo os debates técnicos tinham uma ferocidade fora do comum.

Em um desses vaivéns — um debate sobre a aprovação de cartões de débito, que levava sessenta dias —, os membros da equipe trocaram uma enxurrada de e-mails explosivos. Um deles disse que o prazo de sessenta dias era "crítico"[15], ao que outro revidou: "Entendemos que você acha o prazo de sessenta dias crítico. Acho que as pessoas só querem uma explicação convincente para isso." Outro devolveu uma alfinetada: "Se você se der o trabalho de comparecer às reuniões, terá uma explicação convincente."

E assim por diante. Discussões feias como essa perturbavam a organização, além das politicagens e provocações nos bastidores. Apesar de todas as suas qualidades, a X.com também era um ambiente de trabalho em que um colega era capaz de concluir sua opinião sobre um assunto inocente como transferências ACH, limites de transferência internacional e emissão de cartões com um comentário mordaz do tipo: "Entendeu a diferença??!!"[15]

■ ■ ■

O produto PayPal que o mundo conhece hoje tomou forma em meados de 2000. Durante esses meses, a X.com anunciou várias funcionalidades únicas do PayPal — funcionalidades que transformariam o produto viral em um negócio viável.

Duas semanas depois do comunicado de reestruturação, a X.com lançou um site com design diferente para o produto, e Sacks enviou um e-mail a todos os funcionários, elogiando "vários indivíduos que trabalharam dia e noite para nos trazer até aqui em um prazo relativamente curto"[16]. Entre as novas funcionalidades, o site incluía uma atualização criada para contornar as grandes empresas de cartão de crédito como Visa, Mastercard e American Express.

Desde o lançamento, a X.com mantinha uma relação de amor e ódio com as companhias de cartão de crédito. Para quem fazia vendas pequenas, se tornar um comerciante autorizado a trabalhar com cartões de crédito era um processo problemático que envolvia toda uma papelada — e a X.com ganhava dinheiro justamente em cima dessas dificuldades. Ela entrava como uma câmara de compensação virtual de cartões de crédito para os vendedores de leilão — efetivamente declarando que seus clientes tinham negócios respeitáveis e, com isso, possibilitando que milhares de pessoas, em vez de receber por cheque, dinheiro ou ordem de pagamento, aceitassem cartões de crédito pelo PayPal. "Em sua essência, o PayPal era [um sistema que permitia que] pequenos comerciantes de alto risco aceitassem pagamentos online com cartão de crédito"[17], disse Vince Sollitto.

Mas fazer o papel de "facilitador de pagamento no eBay", no vernáculo dos cartões de crédito, introduzia outra vulnerabilidade ao negócio principal da X.com: a Visa e a Mastercard assistiam às transações da empresa *e*, ao mesmo tempo, competiam diretamente com ela. "Deveriam ter nos matado quando ainda conseguiam. Éramos tão competitivos, estávamos abusando tanto do sistema delas. É difícil sentir pena dessas empresas gigantes que monopolizam tudo. Mas elas deveriam ter acabado conosco"[18], lembrou Todd Pearson, um dos responsáveis pelo relacionamento da X.com com as empresas de cartão de crédito.

A confiança da X.com nas companhias de cartão de crédito, combinada às taxas exorbitantes cobradas por elas, formava uma aliança instável. Isso também forçou as equipes a dedicarem anos a uma diplomacia tensa com as associações de cartões e os bancos que os emitiam. Mais de um discípulo do PayPal exaltou os funcionários Todd Pearson, Alyssa Cuthright e suas equipes por terem "salvado a companhia" — simplesmente por evitar que a Visa, a Mastercard e suas semelhantes dessem o último golpe.

A questão dos cartões de crédito também motivou um imperativo estratégico: a empresa tinha que encorajar os usuários a conectarem suas contas do PayPal a bancos em vez de a cartões de crédito. Essa questão chegou ao alto escalão da companhia, inclusive ao conselho. "Batizei de 'guerra aos fundos de cartão de crédito', eu estava obcecado"[19], disse Tim Hurd, membro do conselho.

■ ■ ■

A grandiosa visão de Musk de construir um império de serviços financeiros oferecia uma solução. A equipe percebeu que, se um número suficiente de clientes deixasse o dinheiro na conta da X.com, a empresa poderia transferir dinheiro de um usuário para outro sem custo algum. "A transação interna... custa, tipo, menos que um centavo. Basicamente nada. E é por isso que queremos manter os saldos nas contas"[20], explicou Musk.

Para isso, ele passou ao amplo portfólio do produto "X-Finance" da empresa, inclusive as cadernetas de poupança e as contas de corretagem. Para fazer os usuários transferirem dinheiro para a plataforma, a empresa começou a pagar uma taxa de juros de 5% na poupança, uma das maiores dos Estados Unidos. "Revertemos 100% [dos lucros com as cadernetas de poupança]. Não queríamos ganhar dinheiro, mas incentivar as pessoas a manterem o dinheiro nas contas"[21], observou Sacks.

Esse processo também acarretou algumas ideias contraprodutivas. Por exemplo, a empresa descobriu que quanto mais fácil era retirar o dinheiro das contas, mais dinheiro os usuários colocavam. Logo, Musk insistiu que a companhia continuasse distribuindo cartões de débito e mesmo cheques. "Se alguém for forçado a tirar dinheiro do PayPal para seguir com a vida, vão tirar dinheiro do PayPal. Se tiverem que fazer um cheque — e o PayPal não deixar, vão precisar tirar o dinheiro e colocar em uma outra conta corrente"[22], disse Musk. (Ao comentar sobre a falta de cheques no novo PayPal, ele se exaltou novamente: "Então, é só dar cheques para todo mundo! Minha nossa, o que tem de errado com vocês?!").

Para Musk, o acúmulo de todo o dinheiro dos usuários — e não só de todas as transações — era a estrela guia da empresa. "Quem conseguir manter mais dinheiro no sistema, ganha. Encham o sistema e, em algum momento, todo o dinheiro estará no PayPal. Por que as pessoas se dariam o trabalho de colocá-lo em outro lugar?", explicou Musk. Claro que ele agiu de acordo, mantendo na plataforma os milhões da própria fortuna.

Mas os usuários comuns não estavam seguindo o exemplo de Musk, o que se provou um obstáculo. Os usuários da X.com já tinham contas correntes e cadernetas de poupança em bancos offline. Para a maioria deles, não valia a pena o esforço de mover esses fundos para a X.com por uma taxa de juros ligeiramente mais lucrativa.

A segunda melhor opção seria a empresa mudar sua base de transações, passando de transações financiadas por cartões de crédito para outras financiadas por contas bancárias. Cada pagamento de cartão de crédito custava à

X.com 2% ou mais; uma transação equivalente partindo da conta bancária do usuário custaria apenas alguns centavos. Se mais usuários conectassem suas contas bancárias ao PayPal, a companhia poderia poupar milhões — e conseguir uma vantagem poderosa em relação à Visa, à Mastercard e a outras.

Para tanto, a X.com precisaria usar uma ferramenta da infraestrutura bancária chamada Automated Clearing House (ACH). A ACH era um sistema que existia já há muitas décadas e que digitalizava pagamentos repetidos e previsíveis como salários e contas. Sem gastar com papel e nem com postagem no correio, os pagamentos por ACH tinham metade dos custos do envio de cheques. Em meados de 1994, um terço dos norte-americanos recebiam seus salários eletronicamente, por ACH.

Se a X.com conseguisse usar isso para os pagamentos do PayPal — conectar suas transações ao sistema de ACH —, a empresa reduziria sua custosa dependência em relação aos cartões de crédito. Mas ganhar acesso às contas bancárias trazia seus próprios riscos, inclusive alguns que a X.com já conhecia — a artilharia pesada da imprensa que enfrentou em janeiro de 2000 foi fruto de uma abordagem negligente quanto à segurança das contas bancárias.

De modo a fazer da ACH uma base segura para os pagamentos da X.com, a empresa precisaria autenticar a titularidade das contas bancárias, o que tinha tudo para ser muito problemático. "A questão era a seguinte: como autenticar uma conta bancária sem usar algum tipo de cartão de assinatura? Basicamente, sem uma verificação em pessoa, que seria muito cara, nós cresceríamos a passos de formiga, muito lentamente. A não ser que houvesse algum jeito de autenticar as contas bancárias, estávamos ferrados"[22], explicou Musk.

■ ■ ■

O processo de autenticação da X.com se provou uma das contribuições permanentes da empresa ao maquinário de finanças digitais. Ele surgiu por meio de um livro, de uma saída para tomar café e de uma descoberta de um dos membros da X.com sobre sinais e ruídos.

Sanjay Bhargava trabalhava no departamento de pagamentos internacionais do Citibank, onde ficou por mais de uma década antes de ir para a X.com. No início de sua carreira no Citibank, ele concluiu que um endereço de e-mail podia ser uma forma poderosa e simples de mandar dinheiro para o exterior — uma espécie de passaporte financeiro internacional.

Quando ele propôs um negócio de pagamentos internacionais por e-mail, seus chefes não pareceram muito animados. "Eles meio que gostaram. Mas, em certo momento, disseram: '*Por que deveríamos inovar? Vai canibalizar o nosso negócio*'"[23], lembrou. O Citibank estava ganhando rios de dinheiro com transferências tradicionais. Os pagamentos por e-mail poderiam ameaçar esses lucros.

Bhargava deixou o Citibank para seguir seu próprio caminho. No início de 1999, ele cofundou uma companhia chamada ZipPay. Depois, foi expulso. Quando isso aconteceu, ele já tinha 42 anos e planejou simplesmente voltar para a sua vida bem-sucedida como bancário.

Mas suas propostas na ZipPay o colocaram de frente com vários investidores de *venture capital*, inclusive Mike Moritz, da Sequoia — que tinha outros planos para ele. Em agosto de 1999, pouco depois do êxodo de executivos da X.com, Musk entrou em uma fase de recrutamento e, a pedido de Moritz, ligou para Bhargava, combinando de se encontrarem. "Eu disse: 'OK, da próxima vez que eu estiver no Vale, nos encontramos'. E [Musk] disse: 'Não, não, vou comprar uma passagem para você, venha agora mesmo'", lembrou Bhargava.

A reunião que duraria dez minutos se estendeu para um jantar em uma hamburgueria das redondezas chamada Taxi's Hamburgers. "Nós nos encontramos por volta das 20h e ficamos conversando até umas 4h. E aí Elon me disse para chegar na empresa às 7h e aceitar a proposta."

■ ■ ■

De seus primeiros dias na X.com, Bhargava se lembra de trabalhar cem horas por semana e de uma cultura em que a rapidez era mais importante que o planejamento. "Eu, Colin e Elon ficávamos até umas 3h só esboçando as coisas. Lembro-me de falar para Colin uma vez: 'Ah, preciso anotar isso aqui' e de ele ter dito: 'Não precisa, nós conversamos, e eu crio, assim que as coisas funcionam por aqui'", afirmou.

A X.com era bem diferente dos grandes bancos, uma mudança que Bhargava aceitou de braços abertos, mas não sem frustrações. Quando a equipe começou a conectar contas bancárias às dos usuários da X.com, ele defendeu segurança e verificação consistentes — desafiando a abordagem da empresa de primeiro lançar os produtos e depois consertar os problemas. "Vocês não podem fazer isso, pois as pessoas colocarão informações de terceiros", argumentou Bhargava. Musk o vetou, dizendo que um sistema de segurança elaborado atrapalharia o crescimento das contas. "Elon achava que as pessoas, em geral, eram honestas", lembrou Bhargava.

A decisão de Musk ultrapassou os limites da paciência do novato, que normalmente era ampla. "Eu realmente perdi as estribeiras com aquilo. Depois, pensei: *OK, por que estou tão irritado?*", lembrou. Se ele estivesse certo, a empresa seria fraudada rapidamente. Se não, todos poderiam seguir em frente. "E claro, em dez dias, saíram os relatórios", disse Bhargava, fazendo referência ao primeiro relato de atividade não autorizada em uma das contas.

Depois da controvérsia das contas bancárias, a X.com correu para instalar métodos de verificação desajeitados e tradicionais — os usuários teriam que lhes enviar cheques inutilizados para confirmar a titularidade da conta. Mais tarde, a X.com possibilitou que esses cheques fossem enviados via fax, sem muito sucesso. "Tinha vezes que mal dava para ler esses cheques enviados por fax"[23], lembrou Bhargava.

Essa experiência o fez refletir sobre as verificações de segurança e de identidade em sistemas complexos. No início de 2000, ele lera *Segurança.com: Segredos e mentiras sobre a proteção na vida digital*, escrito pelo arquiteto de segurança da informação Bruce Schneier — um best-seller da área de TI que explicava a criptografia, o hackeamento e, o mais importante para Bhargava, os conceitos de sinal e ruído de forma compreensível e lúcida.

Os sinais eram bits relevantes de informação que o emissor esperava passar para seu receptor — uma música tocando no rádio, por exemplo. Já o ruído era o que interferia na transmissão da informação — por exemplo, a estática que distorce a música. Bhargava percebeu que a X.com precisava de um sinal mais limpo e rápido do que cheques inutilizados ou faxes insondáveis para confirmar a titularidade das contas bancárias.

Os bancos já usavam esses sinais: em um caixa eletrônico, por exemplo, é uma senha de quatro dígitos que confirma a titularidade do cartão de débito. A X.com precisava de algo assim — de um sinal simples como o do caixa eletrônico.

Então, Bhargava teve uma ideia: e se a X.com gerasse um código de uso único? A companhia poderia manufaturar senhas de quatro dígitos ao enviar dois depósitos aleatórios de menos de US$1 para a conta do usuário. Se ele recebesse US$0,35 e US$0,07, por exemplo, colocaria o código "3507" no site do PayPal. Se digitado corretamente, o código de uso único confirmaria o acesso à conta bancária em questão — tudo isso sem faxes embaçados nem cheques que demoravam para chegar.

Bhargava arquivou a ideia e foi dormir. Na manhã seguinte, ele e seu colega Todd Pearson saíram para tomar um café, como era de hábito. Os dois eram muito parecidos: ambos tinham entrado na X.com antes da fusão, eram veteranos céticos da indústria financeira e tinham filhos, o que era uma raridade em uma empresa com tantos jovens.

Enquanto caminhavam, Bhargava explicou sua ideia de fazer dois depósitos aleatórios para autenticar a titularidade das contas bancárias. A reação de Pearson foi imediata: "Que incrível! Você é um gênio!"[24] A proposta de Bhargava também caiu nas graças da equipe, e logo começou o trabalho para torná-la realidade.

Com os depósitos aleatórios e as outras jogadas da empresa para conectar contas bancárias, a equipe de produto tinha um trabalho difícil pela frente. Para muitos usuários, naquele início do e-commerce, mesmo digitar o número do cartão de crédito já era pedir demais. Agora, a empresa tinha que ajudar os usuários a localizar os números de identificação do banco e da conta — o que representava mais dígitos e o dobro de campos para preencher. "Os modelos dos cheques também diferem entre si. Então precisamos criar isso para a experiência do usuário e descobrir 'como explicar uma coisa tão complicada sendo que não temos nenhuma referência parecida no mercado?'"[25], lembrou Skye Lee. Os designers da companhia tiraram *prints* de cheques, circularam os números relevantes e os disponibilizaram no site como exemplo gráfico. A inovação da imagem resistiu ao tempo: o designer Ryan Donahue lembrou-se de ver essas imagens originalmente postadas no site da empresa circulando pela internet por muitos anos, os mesmos números fictícios visíveis em outros sites.

A X.com ligou o lançamento da funcionalidade proposta por Sanjay Bhargava aos bônus. Agora, para o novo usuário receber o bônus de cadastro, ele deveria conectar sua conta bancária ao PayPal e confirmar os dois depósitos. Essa mudança, combinada a outros produtos, valeu muito a pena. No final de junho, um terço dos novos usuários estavam registrando também suas contas bancárias.

Com o tempo[26], a empresa tomou várias outras medidas para encorajar a vinculação das contas bancárias, inclusive funcionalidades reservadas aos clientes que as tinham conectado ao PayPal, bem como sorteios de US$10 mil em julho de 2000. Quando já tinha mais contas verificadas, a empresa também utilizou a tática já familiar de alterar as predefinições em seu benefício: a certa altura, os usuários que tinham conectado tanto o cartão de crédito quanto a conta ao PayPal tiveram seus pagamentos automaticamente associados aos bancos, e não mais aos cartões — uma mudança arriscada, mas crítica para diminuir a curva de gastos da empresa.

Essas jogadas ajudaram a X.com a se desvincular das operações garantidas pela Visa e pela Mastercard, cortando as altas taxas de transação, reduzindo os riscos comerciais associados e deixando uma marca permanente no setor. A inovação de Sanjay Bhargava, por exemplo, continua: hoje, depósitos aleatórios são comuns nos serviços bancários.

Musk não fez cerimônia ao elogiar esses depósitos: "Foi uma inovação *fundamental.*"[27] David Sacks capturou a simplicidade elegante da ideia ao anunciar seu lançamento, dizendo que era "uma ideia que, como a do velcro, todo mundo queria ter tido primeiro"[28].

■ ■ ■

Criado para combater as fraudes, o novo sistema de autenticação revelou uma honestidade surpreendente dos usuários. Quando o mecanismo foi lançado, alguns deles se sentiram na obrigação de devolver os depósitos aleatórios da empresa pelo correio.

Esse dilúvio de envelopes cheios de moedinhas soltas criou uma dor de cabeça administrativa. "Enquanto instituição financeira legal, somos responsáveis por depositar esses fundos na conta deles. E eu precisava fazer isso manualmente. Então, levava o dinheiro até o Silicon Valley Bank e fazia os depósitos"[29], disse Daniel Chan, o jovem recruta encarregado de abrir os envelopes.

Fora do trabalho, Chan estava treinando para ser mágico, fazendo performances em eventos para crianças e truques no escritório para seus colegas. "Eu ganhava mais trabalhando em aniversário de criança no Vale do Silício do que no PayPal"[29], admitiu. Quando cansou de depositar as moedas dos clientes da X.com, Chan se demitiu — e acabou levando uma vida bem-sucedida como mágico profissional. Claro que um de seus truques incluía fazer moedas desaparecerem diante dos olhos da plateia.

■ ■ ■

A autenticação com depósitos aleatórios mitigou alguns riscos, mas ainda havia outro que pairava sobre a empresa: o eBay.

Em certo sentido, a dominância da X.com no eBay era um triunfo — ela administrava, com efeito, parte das caixas registradoras da loja alheia. Mas também era um perigo: em meados de junho, a grande maioria das transações da X.com tinham origem no eBay, e os líderes da empresa temiam que era apenas uma questão de tempo até que essa loja de leilões confiscasse seus caixas. A companhia precisava reduzir a influência do eBay, e rápido.

Quando a Confinity percebeu o entusiasmo com que os clientes do eBay utilizavam o PayPal e seus outros produtos, o designer Ryan Donahue trabalhou com David Sacks para melhorar o mecanismo de pagamentos de leilões. Uma das primeiras versões desse programa abrangia dois passos: primeiro, o usuário apertaria o botão do PayPal; depois, ele digitaria o valor da transação e clicaria em "Pagar". Donahue teve a ideia de emendar o segundo passo com o primeiro: se os usuários digitassem a quantia e apertassem o botão, a página seguinte preveria o total e confirmaria o pagamento.

A mudança parecia peculiar, óbvia e mesmo trivial — mas eliminava alguns segundos preciosos das transações. E, para David Sacks, todo momento de atrito deveria ser cortado. Ele acreditava que melhorias pequenas e que economizassem tempo levavam a produtos mais resistentes — e que a gratificação instantânea conquistaria os usuários impacientes.

Essas melhorias no design de pagamento conduziram a um corolário: e se os botões fossem o produto principal? E se esses pedaços de pixeis pudessem ajudar o PayPal a se tornar o sistema de pagamento padrão da internet? A equipe começou um *brainstorming*, e Sacks imaginou "um conjunto de botões integráveis que poderiam ser clicados por alguém que estivesse em um site e quisesse pagar"[30], explicou Sacks.

Botões? A ideia parecia risível, mas suas consequências eram significativas. Estrategicamente, focar botões catapultaria a empresa para uma área sem muitos concorrentes. Claro, outros sites poderiam copiar a X.com e unir o dinheiro ao e-mail; atrair potenciais usuários com bônus; e mesmo lutar pelo território do site de leilões. Mas levariam um tempo para ficarem obcecados por botões.

A abordagem de um botão único realmente resolvia um problema dos comerciantes virtuais. O e-commerce crescera rapidamente do final dos anos 1990 até o início dos anos 2000, e uma nova leva de comerciantes menores enfrentava questões parecidas sobre como mover o dinheiro de um local para o outro com rapidez e segurança.

Ironicamente, foi no próprio eBay que a X.com percebeu o crescimento dessa parcela independente do e-commerce. Os PowerSellers — os principais usuários do eBay e os que mais leiloavam — estavam começando a migrar do site. "Qualquer vendedor do eBay que fosse avançado o suficiente podia criar seu próprio site de e-commerce e vender lá", lembrou Sacks. A equipe também notou um sinal do mercado: esses vendedores independentes usavam o PayPal com frequência.

A X.com alimentou essa rebelião — para a tristeza do eBay. "Uma das preocupações [do eBay] em relação ao PayPal era que estávamos possibilitando a saída dos vendedores"[30], disse Sacks. A X.com chegou a pegar algumas das principais funcionalidades do site e replicá-las para esses comerciantes rebeldes, copiando, por exemplo, o sistema de reputação do eBay e o incorporando ao PayPal. O desenvolvimento do botão alimentaria ainda mais essa insurreição. Isso também lembrava as origens da empresa: foi o redimensionamento de um botão que levara uma usuária do eBay a contatar a Confinity, alertando-a sobre o uso do PayPal nos leilões.

Os botões foram inovadores naquela época — e Sacks e os outros acreditavam que eles poderiam potencializar o crescimento da empresa no futuro. Donahue se lembrou das primeiras ambições, modestas, da equipe para o conjunto de botões. "Eu pensava: 'Ah, gente, sabe, deve ter tanta banda por aí querendo vender camisetas e CDs'. Estava animado para achar pessoas que faziam transações na faixa de dez e vinte dólares. Para mim, parecia muito legal e punk o fato de que qualquer um sem conhecimento técnico podia transformar uma página da internet em algo que aceitasse pagamentos"[31], disse ele.

■ ■ ■

Mesmo antes da fusão no final de 1999, David Sacks já tinha feito o esboço de um produto que envolvia botões. Com o tempo, a especificação do produto incorporou inúmeras ideias dos membros da equipe e capturou muitos dos conceitos que levaram o PayPal à ubiquidade virtual. Em vários sentidos, o documento representava a origem do PayPal moderno.

Em homenagem à paixão de Musk em colocar "X" nos nomes dos produtos, a equipe inicialmente batizou o botão de X-Click, apesar de depois ter mudado o nome para Web Accept. Seu precursor mais próximo era uma funcionalidade do PayPal chamada Money Request, que permitia que os usuários requisitassem dinheiro por uma mensagem privada de e-mail contendo um link para uma página do PayPal. Já o X-Click transformaria essa função em algo onipresente, "possibilitando que os usuários do PayPal colassem o link do Money Request em seus próprios sites, suas páginas iniciais, seus catálogos de leilões ou em outras URLs... O que resultava em um sistema de pagamento em um só clique para a internet inteira"[32].

A especificação do produto também contribuía para os negócios da X.com. Ela tornaria o PayPal ainda mais viral, levando seus produtos para todos os cantos da internet e aumentando seu efeito de rede. Outros "concorrentes muito integrados como eBay e Billpoint, Yahoo e dotBank, 1-Click da Amazon e zShops" continuariam tão focados em pagamentos locais que perderiam de vista a expansão do PayPal pela internet.

O documento batia em uma tecla familiar sobre a importância do tempo no mercado. "A velocidade é essencial por três motivos", lia-se na especificação:

1. Os efeitos de rede inerentes ao produto fazem com que a empresa pioneira tenha uma vantagem enorme. Todo dia em que dominamos o mercado é uma chance única de construir uma liderança insuperável.
2. A companhia precisa demonstrar um registro das receitas dos últimos seis meses, pelo menos, para o IPO. O X-Click poderia fornecer as receitas imediatamente.
3. Concorrentes como Yahoo, eBay e Amazon estão no nosso encalço quanto à funcionalidade P2P. O X-Click é necessário para compensar sua distribuição e capacidade de integração superiores.[32]

A equipe objetivava liberar uma versão piloto do produto em 1º de junho, e seria Sacks quem cuidaria pessoalmente de seu desenvolvimento. O projeto do X-Click no início dos anos 2000 sugeria que o futuro do PayPal seria separado do eBay — o que dava à equipe um novo horizonte de possibilidades para explorar. "Anunciava a visão de como o PayPal se proliferaria na internet"[33], observou Amy Rowe Klement.

■ ■ ■

A reorganização da X.com, o desenvolvimento do X-Click e a inovação dos depósitos aleatórios coincidiram com outra evolução que virou o jogo: em meados de 2000, a companhia instituiu suas primeiras taxas.

Ela sabia que isso seria inevitável. Longos debates surgiram quanto à melhor providência a ser tomada. A empresa cobraria dos remetentes ou dos destinatários? Como a X.com faria a transição para afastar dos usuários a promessa de "sempre grátis"? E se a companhia cobrasse mesmo pelos serviços, a Billpoint, do eBay, não a prejudicaria? "É *isso*. *Isso* que vai determinar se nossos clientes vão ficar conosco ou não"[34], disse Lal. O próprio Musk capturou o dilema da empresa: "Nós precisamos dar um jeito de gerar receita sem destruir o crescimento de usuários."[35]

As respostas certas estavam na interseção nebulosa entre o comportamento dos usuários e a modelagem financeira. A equipe aprendeu muito observando o comportamento dos clientes da X.com e dos sistemas concorrentes, inclusive de sua rival do eBay, a Billpoint, cuja estrutura de taxas — uma taxa fixa *e* uma porcentagem do pagamento — irritava os usuários do site de leilões.

Certamente, algumas dessas queixas estavam relacionadas à origem do site. "O surgimento do eBay foi em uma comunidade de vendedores que precisava arrumar seus pagamentos por conta própria, pois o site não fornecia isso. Então acho que a ideia de uma empresa de pagamentos — que, por sinal, era fonte de dinheiro para o eBay, porque [a Billpoint] cobrava taxas — não foi uma ideia que todo mundo aceitou de braços abertos. Porque os vendedores não queriam pagar mais taxas. Já estavam pagando para o eBay"[36], admitiu Robert Chestnut, um dos advogados do eBay daquela época.

A X.com também percebeu que cobrar taxas gerais de quem enviava dinheiro seria um golpe mortal. Ninguém queria pagar para enviar dinheiro — os usuários simplesmente migrariam para opções mais baratas que cobravam do destinatário, não do remetente. Por outro lado, se escolhida com cuidado, uma estrutura de taxas específicas poderia funcionar, especialmente se ligada a algum atrativo, pelo qual os clientes aceitassem pagar, e direcionada ao público certo.

Assim, a equipe decidiu começar a cobrar taxas, criando uma categoria de produtos premium que ofereciam mais funcionalidades do que as contas grátis e padrão. Seriam as chamadas contas "Business" ou "Premier", dependendo se o usuário fosse pessoa jurídica ou física. Era de suma importância que os usuários pudessem escolher entre pagar pelas funcionalidades premium e continuar com os serviços grátis.

Ao anunciar o surgimento das contas pagas, a empresa promoveu três funcionalidades modestas: (1) a possibilidade de os negócios se registrarem com um nome corporativo ou conjunto (para contas "Business"); (2) uma linha de serviço de atendimento ao cliente 24 horas; e (3) uma transferência automática de fundos para uma conta bancária todos os dias. Não era muito, mas a empresa prometeu adicionar mais benefícios em breve.

Inicialmente, a X.com cobraria 1,9% sobre os pagamentos recebidos, sem taxas fixas — uma pechincha comparada ao seu principal concorrente. No anúncio, a empresa se gabava de que suas taxas eram "menos da metade do que você pagaria por outros serviços de pagamento (por exemplo, a Billpoint tem uma taxa fixa de 3,5% e mais US$0,35 por transação)"[37]. A X.com conhecia seu público: explicitar que as cobranças eram menores do que as da Billpoint apelava para os PowerSellers do eBay, que eram sensíveis às taxas.

Em uma reunião durante esse período, Musk reconheceu o risco de cobrar por um produto que antes era gratuito. "Naquela reunião, [Musk] disse: 'Vamos cobrar. Vamos precificar. Parece que estamos jogando dados. É uma aposta, mas é disso que se trata. Parece uma aposta' — eu me lembro da palavra que ele usou — 'de cem milhões de doletas'"[38], lembrou Lal.

A companhia foi explícita sobre a possibilidade de escolher. "**Ninguém será forçado a mudar para uma conta Business/Premier**"[39], declarava, em negrito, o anúncio do produto. Em outras palavras, se a pessoa gostasse da conta grátis do PayPal, poderia continuar com ela.

Mas, se os usuários podiam continuar com as contas grátis, será que alguém ia querer mudar para a outra, que tinha benefícios limitados? Às 17h do primeiro dia de lançamento, a equipe já sabia a resposta. Apesar de só terem enviado o anúncio para alguns usuários, foram criadas 1.300 contas. Graças a esse sucesso, os produtos pagos foram divulgados para toda a base de usuários. Uma semana depois, em 19 de junho, a companhia reunira 9 mil clientes premium. Naquele dia, a X.com embolsou US$1.000 em taxas; no dia seguinte, esse número quase triplicou, chegando a US$2.680.

"Uma vez que pegamos no embalo [das contas pagas], elas pelo menos se tornaram uma espécie de *opção* de receita — era *possível* receber de alguém. Alguns estavam se beneficiando de funcionalidades um tanto avançadas. E o principal era que todas as funcionalidades novas que construíamos tinham aonde ir, um lugar em que atrairiam pessoas para pagar por elas. Conceptualmente, passamos a focar mais 'gente pagante' e menos 'gente gratuita'"[40], lembrou David Wallace.

Dado o frenesi de atividade daquela época, o lançamento das contas com taxas não culminou em nenhuma festança com todos os funcionários e nem atraiu a atenção do mundo. Mas, com as contas premium enraizadas, a empresa conquistara o que muitas de suas contemporâneas digitais não conseguiram: seu site agora estava ganhando dinheiro, não só distribuindo.

■ ■ ■

Quando retomou o cargo de CEO, Musk fez uma apresentação para a empresa inteira, parecida com a que fizera em maio de 2000 para o conselho, contando inclusive com um slide que se intitulava "Ações Importantes" e que percorria as tarefas pendentes mais urgentes. "Se tornarmos realidade esses itens, estou confiante de que seremos irrefreáveis"[41], escreveu ele em um texto pós-reunião para toda a equipe.

Musk tinha um bom motivo para estar confiante. Em meados de 2000, a empresa voltara a lançar novos produtos. Seis semanas depois do texto de David Sacks sobre a mudança do site, Julie Anderson anunciou que o X-Click estava oficialmente disponível online — e que, pela primeira vez, sites não vinculados ao eBay estavam usando serviços da X.com. A companhia também unificara sua marca: "Os usuários que digitarem www.PayPal.com no navegador serão redirecionados para www.X.com"[42], anunciou a empresa.

Quando a X.com fez essas mudanças importantes, o resto do mundo notou. Ela ganhou o prêmio "People's Voice Award" na competição Webby — o Oscar da internet — e ficou entre as cem melhores companhias digitais, de acordo com o periódico online de tecnologia *Red Herring*. Por quatro semanas consecutivas, a X.com foi o site de finanças mais visitado da internet, segundo os dados da PC Data Online. E, como a cereja do bolo, a revista *Fortune* nomeou a empresa uma das mais famosas entre os novos negócios do país.

Autoridades do setor começaram a prestar atenção na novata que adentrava seu território. A American Bankers Association organizou uma mesa-redonda de banqueiros da comunidade, na qual surgiu o assunto da X.com:

> *Andrew Trainor:* A X.com se fundiu recentemente com o PayPal, um serviço de pagamentos online via e-mail. As duas empresas usam um estilo de marketing totalmente diferente. Em vez de gastar muito para vender o seu peixe, elas pagam US$20 a todos que se cadastrarem. Depois, pagam os clientes por cada indicação, até um certo limite. A esta altura, elas têm 1,5 milhão de clientes.
>
> O motivo para terem feito isso é o seguinte: o CEO [Elon Musk], que tem 27 anos e é de Palo Alto, na Califórnia, disse que eles vão conseguir clientes e desenvolvê-los, como uma incorporadora, cobrando taxas, oferecendo empréstimos e tudo o mais.
>
> *Henry Radix:* Até certo ponto, os bancos já fizeram isso. Nós já conseguimos clientes e agora precisamos explorar essa relação.

Não tivemos que pagar US$20 por cabeça. Ou talvez sim, só não nos demos conta.

David Beito: Esse modelo da X.com é uma ameaça séria. Dá para mandar dinheiro para qualquer um que tenha um endereço de e-mail com esse serviço deles. Tenho um monte de amigos que trabalham em leilões online, e todos se cadastraram no PayPal.

Estão nos tirando o sistema de pagamentos. Eles vão viciar as pessoas nisso e, muito em breve, vão poder começar a cobrar. Vale a pena pagar, digamos, seis pratas por mês para ter acesso a isso? Os banqueiros não tinham certeza se podiam cobrar US$25 por um cheque especial, mas todo mundo cobra, e as pessoas pagam.[43]

Ainda por cima, a base de usuários da companhia só crescia, com mais de 10 mil novos cadastros diários. "Ontem, a X.com ultrapassou a marca de 2 MILHÕES de contas. Já as do PayPal chegaram a 1.738.989, e as do X-Finance alcançaram 267.621 usuários"[44], escreveu Eric Jackson em uma mensagem de atualização para a equipe em 1º de junho.

Como sempre, foi a estratégia "viral" da companhia que estimulou o crescimento. Esse vírus começou no eBay, sem deixar sinais de que pararia por aí. Em abril, a X.com estimara que seus serviços apareciam em 20% dos leilões do eBay; no final de junho, eles estavam em 40%, com 2 milhões de catálogos apresentando produtos da empresa. Por outro lado, a Billpoint, a plataforma de pagamentos interna do eBay, prestava serviço a apenas 9% dos leilões. "O crescimento torrencial da X.com no mundo dos leilões é um mau presságio para todas as agências de correios. Os cheques físicos estão entrando em extinção"[45], brincou o *Weekly eXpert*.

Uma coisa importante era que o crescimento de usuários não estava mais em conflito com o serviço de atendimento ao cliente. A equipe de Omaha tinha zerado as reclamações pendentes, e os sites que acompanhavam as opiniões dos internautas quase sempre davam boas classificações ao serviço de atendimento do PayPal e da X.com — algo muito diferente da situação de dois meses antes.

Mesmo o governo dos Estados Unidos começou a gostar da X.com. O departamento de monitoramento das contas ajudou o FBI na investigação de uma organização criminosa multimilionária de Chicago, e a empresa agora estava sempre em contato com o Serviço Secreto, com os investigadores do Serviço Postal e com as autoridades policiais locais.

■ ■ ■

Internamente, a equipe também tomou medidas para se integrar. Em junho de 2000, a X.com se mudou oficialmente para seu escritório na Embarcadero, 1840. "Sair do mundo caótico da University Avenue, com seus cubículos lotados, sua radiação, seus cheiros estranhos e ares-condicionados temperamentais e vir para o mundo limpo, organizado e enorme do 1840 (todo equipado com máquinas de refrigerante grátis e videogames) é meio chocante..."[46], observou a *newsletter* da empresa.

Aquela época até trouxe leveza e camaradagem. A empresa alugou a sala do cinema Century Cinema 16, em Mountain View, para ver o novo filme dos X-men no dia 14 de julho. A funcionária Tameca Carr organizou o passeio e "conseguiu até repelir Steve Jobs, que tinha oferecido o dobro pela sala"[47], observou ainda a *newsletter*. Como já tinha assinado o contrato com a X.com, o cinema recusou Jobs, dando ao cofundador da Apple uma rara derrota de negociações. A equipe chegou ao local vestindo camisetas da X.com.

Além da noite no cinema, a empresa organizou uma festa para celebrar o solstício de verão — que dizem ter sido louca. "Nosso presidente, Peter Thiel, conseguiu chegar à pista de dança, mas não competir com as acrobacias de Max Levchin"[48], citou a *newsletter*. A equipe fez uma festa surpresa para Elon Musk no seu aniversário de 29 anos. Musk foi "levado ao Fanny & Alexander pela esposa, Justine, sob o pretexto de jantar com alguns amigos. No entanto, ao chegar ao pátio do F&A, foi recebido por mais de quarenta funcionários, todos prontos para beber com ele até o sol raiar. Elon até foi convencido a virar algumas doses de tequila"[49]. Algumas semanas depois, a empresa organizou um churrasco para comemorar o aniversário de 25 anos de Levchin — com direito a um animado jogo de basquete.

Essas três atualizações do cotidiano da companhia vieram da *Weekly eXpert* — uma *newsletter* que reunia crônicas das efemeridades corporativas, celebrava os aniversários dos funcionários e apresentava os novatos. A mera existência de um documento assim sinalizava a chegada da maturidade. A essa altura, o número de contratados chegou à casa das centenas — já não bastava comunicar as novidades durante um café na padaria do andar de baixo. Naquele mês de agosto, uma reunião com todos os funcionários precisou ser dividida em duas — aqueles com sobrenome de "A" a "Kn" compareceram à sessão das 10h; e os de "Ko" a "Z", à das 11h. "Sim, crescemos mesmo!"[50], exclamou a *newsletter*.

■ ■ ■

Durante esses meses, Musk observava a paisagem e não via nenhuma nuvem no céu — mas os outros da empresa percebiam alguns avisos. Apesar da receita crescente e da redução dos custos, a companhia estava sofrendo uma hemorragia com as fraudes e as taxas. Apesar de todas as demonstrações de união, a equipe executiva não conseguia concordar em nada, incluindo questões de marca, arquitetura tecnológica e missão da empresa. E, apesar de todo o foco de Musk, alguns — principalmente os veteranos da Confinity — acreditavam que ele estava conduzindo o navio em direção às pedras.

Os conflitos borbulhavam internamente, mas, em meados de 2000, eles explodiram em uma sequência de eventos que mudou a vida de Musk e o futuro da empresa. Sem saber, ele tinha previsto tudo em um texto que acompanhava o organograma atualizado. "Naturalmente, como somos uma companhia com mais de quatrocentos funcionários e que só está crescendo, o organograma vai mudar, adaptando-se com o tempo."[51] E de fato mudou, mais rápido do que ele — ou qualquer um — previra.

13

A ESPADA

Se Roelof Botha olhasse para cima, veria a lista, um lembrete constante, assim como ele, futuro CFO da X.com, planejara.

Pregada na parede em frente à escrivaninha, a lista detalhava os objetivos do jovem Botha. Se ele desviasse o olhar do dever de casa, ela o lembraria de suas metas e o forçaria a se concentrar novamente. Se tentasse sair do quarto, veria uma cópia da lista atrás da porta, avisando para voltar aos estudos.

A estratégia das duas listas foi uma beleza. Ele conseguiu atingir suas ambições acadêmicas com maestria — *ficar entre os dez melhores estudantes da África do Sul.* Ele não só alcançou o top 10, mas chegou a ocupar o primeiro lugar, conquistando as melhores notas da história na área que era considerada a mais competitiva do país: ciências atuariais.

Roelof Botha vinha de uma das famílias de políticos mais importantes da África do Sul. Mas ele queria construir seu próprio caminho em vez de recorrer à reputação que seu sobrenome lhe conferia. Com isso em mente, ele deixou o país e foi fazer um MBA em Stanford.

Depois do primeiro ano de estudos, ele fez um estágio na Goldman Sachs em Londres, onde trabalhou com IPOs de empresas virtuais, inclusive no do site de serviços financeiros egg.com. Botha terminou seu estágio na Goldman com duas conclusões: investimentos bancários não eram nada interessantes, mas finanças ao consumidor via internet sim.

Em Stanford, o quarto de Botha ficava em frente ao de Jeremy Liew. Liew trabalhara na Citysearch, onde cruzara com um concorrente (que também era um empreendedor sul-africano) chamado Elon Musk, e, por achar que Botha e Musk teriam muito em comum, ele intermediou o contato entre os dois. Quando se conheceram em meados de 1999, Musk propôs que seu compatriota entrasse na X.com com uma urgência característica. O outro recusou — estava com visto de estudante nos Estados Unidos sem autorização para trabalhar e não queria burlar as regras de imigração. Além disso, ele não ia sair de Stanford para entrar em uma startup. Alguns meses depois, Musk tentou abordá-lo de novo, mas Botha recusou novamente. Mesmo assim, ele não se esqueceu de Musk. “Há pessoas que conhecemos e, duas semanas depois, já nem lembramos mais nada delas. Mas Elon é memorável”[1], disse Botha.

A ideia da X.com também era. Botha transformou suas tarefas em Stanford em oportunidades para explorar os negócios da X.com, seus concorrentes e as finanças ao consumidor. “Eu aproveitei ao máximo para pensar no PayPal enquanto empresa. Fiquei tentando pensar *Que modelo de negócios eles usam para os serviços de pagamento? Como funciona o aspecto bancário, os depósitos, as linhas de crédito?*”, lembrou.

Com esse distanciamento crítico, Botha não achou nada seguro apostar na X.com. “Ela não tinha uma vantagem comparativa. Não tinha efeito de rede. O custo de aquisição de consumidores era alto. E não estava claro se a economia unitária estava indo bem”, disse Botha, comentando o cenário de 1999 da empresa. Mas ele enxergava potencial no produto de pagamentos via e-mail — principalmente porque poderia viralizar.

À medida que alguns problemas pessoais foram surgindo, a confiança de Botha na empresa aumentou. No final de 1999 e no início de 2000, uma crise financeira na África do Sul dizimou seus investimentos pessoais. Ele precisava dar um jeito de pagar o aluguel e não tinha chegado até ali para, logo agora, pedir ajuda da família. Precisando de dinheiro, Botha perguntou a Musk se ele poderia trabalhar em regime de meio período na X.com.

■ ■ ■

A mensagem que Botha mandou para Musk em fevereiro de 2000 coincidiu com os últimos preparativos para a fusão da X.com com a Confinity. Já que Botha entraria na nova empresa unificada, Musk pediu que Peter Thiel o entrevistasse. Quando se conheceram, Thiel soltou um desafio para o candidato:

> É uma mesa totalmente redonda de tamanho indeterminado, que você não tem como saber antes da partida. Há dois jogadores, cada um

> com uma bolsa cheia de moedas, que são infinitas. Eles colocam uma moeda na mesa, um de cada vez, e elas podem ficar encostadas uma na outra, mas não se sobrepor. Quem colocar a última moeda na mesa, preenchendo-a, ganha o jogo. Existe algum jeito de garantir a vitória antes de o jogo começar? Ser o primeiro ou o segundo a jogar influenciaria o resultado?*

Botha deu a resposta certa e recebeu sua proposta no mesmo dia que a X.com e a Confinity anunciaram a fusão.

Pouco depois de começar a trabalhar, uma das disciplinas de negócios que Botha tinha em Stanford convidou uma palestrante visitante: Meg Whitman, CEO do eBay. Durante a palestra, Botha ouviu alguém perguntar a Whitman sobre o crescimento do PayPal no eBay. Deixariam essa empresa terceirizada fazer seu ninho no ecossistema de leilões do eBay?, perguntou um estudante. Botha se lembra do que a CEO respondeu: *Vamos acabar com eles.*

Botha ficou pasmo. "Fiquei pensando: *Não fale assim!*", lembrou. Essa precariedade assombrou Botha e muitos outros durante sua estada na empresa. "David [Sacks] disse que a espada de Dâmocles estava suspensa sobre nossa cabeça o tempo inteiro. E foi esse o meu primeiro contato com a espada", recordou.

■ ■ ■

Botha começou a trabalhar no período vespertino e noturno depois das aulas, ocupando o cubículo ao lado do de Musk. Sua primeira tarefa foi reconstruir o modelo financeiro da X.com, do zero.

Apesar de a empresa ter arrecadado milhões, Botha achava seu modelo financeiro "supersimplista". Ele começou a construir um mais robusto, adotando uma abordagem mais completa. Qual a porcentagem de contas realmente ativas? Quanto a empresa paga em taxas de cartão de crédito? O que acontece se a taxa de fraudes subir ou descer? E se eliminassem os bônus? A planilha de Botha permitiu à equipe passar de uma hipótese a outra e prever os resultados — fornecendo uma visão panorâmica e preditiva do futuro da companhia.

---

* Resposta: Sim, e ser o primeiro a jogar influencia o resultado. Coloque a moeda no centro da mesa. O outro jogador colocará a dele em outro lugar. Então, coloque a sua moeda no mesmo diâmetro que a moeda dele, e à mesma distância da borda da mesa. Continue repetindo esses passos, e o oponente ficará sem espaço antes de você.

Com o tempo, a planilha assumiu uma carga de oráculo — era necessário consultar "o modelo" antes de tomar decisões importantes. Graças a esse trabalho, Botha recebeu um convite para trabalhar em tempo integral na empresa depois de se formar e para participar da reunião do conselho em junho de 2000 — que foi memorável. "[Mike] Moritz chegou à reunião e disse: 'Olha, gente, vocês ainda têm sete meses de recursos. Não vamos arrecadar mais dinheiro. O mercado acabou!'", lembrou Botha. O comentário de Moritz foi encorajador, mas também esclarecedor. "Ajudou muito, pois ele só falou na lata que não era para ficarmos contando com outra arrecadação", disse Botha.

A reunião do conselho foi marcante por outro motivo. Na pressa, ele apresentara dados incorretos sobre o fluxo financeiro da empresa — na última linha da tabela que, fora isso, estava impecável. Mike Moritz percebeu o erro. Botha, perfeccionista, ficou vermelho de vergonha e, depois que a reunião acabou, voltou para sua mesa e chorou. Levchin, também perfeccionista, foi consolá-lo.

■ ■ ■

O mergulho de Botha nos submundos financeiros da X.com o levou a ficar obcecado pelas perdas da empresa. Para construir um modelo minucioso, ele precisou aprender sobre os tipos de perda, entender sua origem — taxas, estornos ou fraude — e computá-las linha a linha. Seus cálculos revelaram uma discrepância perturbadora: as perdas atuais da X.com eram mais baixas do que as projeções que constavam em seu modelo. Botha abriu os olhos, "Fiquei investigando, tentando entender de onde isso tinha vindo", disse.

Ele acabou descobrindo: a X.com não tinha considerado o atraso para a devolução de transações feitas com cartão de crédito que tinham sido contestadas ou fraudadas. Se o recurso fosse aprovado pela empresa de cartão de crédito, ela estornaria o valor para o cliente. Mas até começar o processo de estorno, seria preciso esperar a fatura ser fechada, o cliente perceber e reclamar, e a questão ser investigada — um trâmite que podia levar mais de um mês, e, nesse meio-tempo, a X.com já teria pago o vendedor. "Os estornos de maio eram referentes a transações de fevereiro ou março", lembrou Botha.

As previsões da X.com não tinham considerado esse atraso — deixando-a à mercê de um tsunami iminente. "Foi por volta de junho que comecei a perceber que tínhamos um problema gigantesco pairando sobre nós", recordou Botha.

Ele entendia problemas assim melhor do que muitos: em sua formação em ciências atuárias, ele vira técnicas como a do método *chain ladder*, usado por companhias de seguros para estimar as reservas necessárias para futuros sinistros. Quando Botha aplicou seus conhecimentos atuariais aos livros contábeis da X.com, ele descobriu a dura realidade: as reservas da empresa não estavam nem perto do necessário.

Ele lembrou de ter pensado: *Se não consertarmos isso, vamos morrer*[1]. Para piorar, Botha percebeu que o CEO da X.com não partilhava desse medo. Parecia que Musk estava mais preocupado em continuar expandindo a empresa.

■ ■ ■

Botha deu um curso intensivo sobre o método *chain ladder* para Levchin — e usou essa oportunidade para lhe mostrar o estado desastroso das reservas da empresa. Mesmo antes desse aviso, Levchin estava com os nervos à flor da pele, pensando no futuro. Ele examinara de perto o perfil das fraudes que ocorriam na empresa — e ficou chocado com o que encontrou.

Luke Nosek lembrou-se nitidamente de ouvir seu pager vibrando de madrugada. Era Levchin — ele queria conversar. "Luke, acho que é o nosso fim"[2], começou antes de explicar como os fraudadores estavam sugando milhões da empresa.

Não bastasse isso, Levchin se viu no meio de um jogo de forças. Apesar de ele ser CTO, seu chefe, Musk, se apropriou das questões tecnológicas da companhia. A contenda ocorreu em um momento crítico para a arquitetura do sistema da empresa.

"O site estava crescendo muito, dobrando de tamanho toda semana ou a cada duas semanas, independentemente das circunstâncias"[3], lembrou Ken Brownfield, um dos engenheiros do banco de dados da companhia. Com o crescimento rápido do site, ele se tornou instável e ficava fora do ar semanalmente, deixando os usuários esperando por muitas horas. "E minha vida era assim. Foram alguns dos dias mais sombrios; ficávamos de cabeça baixa, tentando manter o site no ar, garantindo a nossa sobrevivência por mais uma semana", lembrou Brownfield.

Parte desse desafio estava ligada à construção do site. Com as transferências de fundos, observou Brownfield, "você tinha que parar tudo, garantir que uma pessoa conseguisse receber o dinheiro, que a transferência estivesse programada direito, que a outra pessoa desembolsasse o dinheiro. E tudo isso sem que nada externo interferisse no processo. Por isso, há muitos conflitos quanto às informações desse banco de dados". Parar tudo era algo que sobrecarregava o servidor. "Nós descobríamos limites que realmente [não podíamos] ter previsto"[3], lembrou ele.

Sendo sincero, esses problemas não eram exclusivos da X.com. Antes da era da computação em nuvem, muitos sites tinham dificuldades quanto à capacidade e às quedas, inclusive o eBay, que sofreu indisponibilidades lendárias, como uma interrupção de revirar o estômago que durou um dia inteiro em junho de 1999. Mas o monopólio do eBay sobre os leilões online possibilitou a superação dessa crise, e seus usuários voltaram aos bandos. Já a X.com não podia contar com a lealdade de seus clientes se o serviço falhasse — eles tinham muitas outras opções de serviços de pagamento.

A fusão aumentou as falhas técnicas. "Ainda tínhamos dois sites que estavam funcionando separadamente"[4], lembrou o engenheiro David Gausebeck. Eram dois sites — e duas equipes de engenharia: a da Confinity, recrutada por Levchin, e a da X.com, recrutada por Musk. As fissuras só pioraram com o passar do tempo, bem como os crescentes problemas de capacidade do servidor.

Musk propôs uma solução: reescrever o código base do PayPal.com. Ele achava que o original — criado pelos engenheiros da Confinity no Linux — tinha que ser reconstruído do zero em uma plataforma da Microsoft, como fora o site original da X.com. Musk acreditava que isso traria estabilidade e eficiência, batizando esse projeto de "PayPal 2.0", que ficou conhecido entre os funcionários como "V2".

■ ■ ■

Por mais obscuro que pareça, o debate Linux versus Microsoft era mais do que uma mera questão técnica na X.com. A empresa era só mais um campo de batalha em uma guerra muito mais ampla entre os profissionais da tecnologia.

Em 1999, a Microsoft já tinha se tornado a empresa de software que predominava no mundo. Esse sucesso viera, em parte, pela simplificação. O Microsoft Windows tinha suplantado as interfaces confusas do passado — telas pretas com cursores piscando, que precisavam de comandos como "c:\photos" ou "del *.*" para abrir fotos ou deletar arquivos, respectivamente. Já o Windows — com seus ícones, botões e cursores simples e elegantes — melhorava a experiência da computação, elevando-a de impenetrável a convidativa.

As funcionalidades simplificadas da Microsoft também lhe renderam grandes inimigos, em particular aqueles que tinham crescido mexendo nos computadores do jeito difícil. Os programadores eram críticos especialmente expressivos. Os softwares da Microsoft eram pagos e patenteados. Os hackers viam os produtos da empresa como simplistas, deselegantes e rústicos — equivalendo, no mundo da computação, a uma minivan.

A partir dessas críticas, surgiu uma série de sistemas operacionais de código aberto e distribuição gratuita, normalmente construídos em uma plataforma chamada Unix. O Linux, o mais famoso desses sistemas operacionais, foi criado por um universitário chamado Linus Torvalds em 1991. Seus defensores o preferiam porque ele era totalmente diferente da Microsoft: flexível, responsivo e grátis. Seus usuários poderiam alterar o cerne do sistema operacional, adaptando-o às suas necessidades.

Mas essa flexibilidade comprometia a usabilidade. Em um sistema Linux, mesmo uma tarefa simples, como instalar um modem, levaria à chamada *geek fatigue* ["fatiga geek", em tradução livre][5], por complicar um processo que tinha tudo para ser fácil — um mal parecido com o que acometeu o PayPal.com. Levchin, fiel a suas raízes hacker, tinha construído o site no Linux. Ele contratara engenheiros que, como ele, tinham começado com esse sistema operacional. Mas construir o site no Linux resultou em um código base mais extenso e muito mais problemático. "Era como se os últimos dez anos de avanços em desenvolvimento de software não tivessem, por algum motivo, comparecido à criação do PayPal"[6], brincou um dos engenheiros.

Musk quis acabar com a base que Levchin construíra no Linux e mudar para a Microsoft. Por estarem mais familiarizados com a plataforma da empresa, essa mudança exigia que os três engenheiros responsáveis pelos primeiros produtos da X.com — Jeff Gates, Tod Semple e Nick Carroll — recriassem o site do PayPal inteiro. Essa tarefa também deixaria de lado os engenheiros que tinham construído o primeiro site.

■ ■ ■

Musk justificou a troca de um sistema baseado em Unix para um baseado em Microsoft como uma questão de alocar recursos de maneira mais eficiente. Ele estimou que as soluções prontas que a Microsoft oferecia agilizaria o trabalho dos engenheiros, aumentando a produtividade com menos funcionários. "Por sinal, uma evidência nesse sentido é que tínhamos uns quarenta ou cinquenta engenheiros trabalhando no Linux"[7], disse Musk, referindo-se ao contingente da Confinity trabalhando no primeiro código base do PayPal.com. "E quatro engenheiros [da X.com] replicaram todas aquelas funcionalidades em três meses usando o Microsoft C++. Quatro pessoas versus quarenta", acrescentou.

Sendo um ávido usuário e, no passado, engenheiro de videogames, Musk também apontou a utilização da Microsoft nos códigos dos jogos mais avançados como evidência da superioridade do sistema. "As coisas que faziam em videogames eram muito mais avançadas do que as que faziam em qualquer outra área. Os melhores programadores são os de videogames", explicou Musk. Ele observou que os jogos cheios de funcionalidades eram complexos do ponto de vista técnico — muito mais complexos, em certos pontos, do que os sites daquela era. Musk também considerou as vantagens que um código base da Microsoft traria ao recrutamento. Na época, "o Linux era estranho e incomum", disse; e, ao mudar a arquitetura da empresa, a X.com conseguiria explorar um maior banco de talentos. "O Linux de 2019 não é o mesmo do de 2000. O Linux de 2000 era muito primitivo. Não oferecia muito suporte. Então por que raios usávamos o Linux?", afirmou Musk.

Estrategicamente, ele via o V2 como um primeiro passo em direção a uma X.com mais acessível e que um dia seria o centro financeiro do mundo. "Para isso, precisávamos de muito mais software do que o PayPal tinha. Então, na minha visão, fazia sentido usar o sistema de desenvolvimento mais potente do mundo — o da Microsoft[7]", lembrou Musk.

Em julho de 2000, a equipe da X.com viajou para Redmond e se encontrou com o alto escalão da Microsoft, inclusive com o CEO, Steve Ballmer. A newsletter semanal da empresa relatou a reunião com entusiasmo:

> Nossa equipe de engenharia se encontrou recentemente com alguns dos membros mais antigos da Microsoft — uns tão antigos que estão subordinados ao próprio Bill Gates [que já foi presidente do conselho]! O que a Microsoft quer conosco? Nossa opinião! A versão 2.0 dos sites da X.com/PayPal está sendo integrada a uma plataforma da Microsoft 2000, e foi essa notícia que fez a empresa nos procurar. Eles solicitaram uma reunião para descobrir como melhorar ou modificar suas ferramentas para nos agradar e nos ajudar a trabalhar na plataforma deles.[8]

Musk descreveu a X.com como uma empresa que veio para ficar — não muito diferente da gigante de Seattle. Essa ambição pedia uma reforma na arquitetura da empresa. "Ele dizia que, se for para construir uma companhia que dure décadas a fio, é melhor construí-la em cima de uma base que também durará várias décadas"[9], lembrou Luke Nosek.

■ ■ ■

Talvez não seja nenhuma surpresa, mas a renovação proposta por Musk não agradou nem um pouco os engenheiros mais antigos da equipe, principalmente Levchin.

O maior problema: o PayPal rodava em um banco de dados único e monolítico. Da perspectiva dos engenheiros da Confinity, o jeito mais simples e barato de expandir o banco de dados era adicionar servidores da Sun Microsystems. Por outro lado, esses engenheiros achavam que a tecnologia da Microsoft era mais cara e, além disso, não era ideal para atender ao tamanho e às necessidades do PayPal. "O servidor de banco de dados da Microsoft foi projetado para empresas. [A Microsoft] foi concebida para gerenciar a empresa e ter 10 mil arquivos com os dados dos funcionários, não para ser um sistema de processamento online de alta performance que vai durar vários anos"[10], observou Brownfield — defensor do Linux.

Outro engenheiro alfinetou a Microsoft, dizendo que ela "fora adotada porque resolvia um problema já existente. Se formos usar essas ferramentas prontas que substituem o nosso trabalho, então não estamos fazendo algo novo, nem interessante e nem original"[11]. O PayPal só enfrentava problemas novos e originais — o que, para alguns defensores do Linux, tornava a opção pelos serviços da Microsoft uma má escolha.

Do ponto de vista operacional, os sistemas baseados em Linux e os baseados em Microsoft diferiam em alguns aspectos. Por exemplo: as respostas às requisições de processos. A Microsoft deixava os processos em execução mesmo depois de concluídas as requisições. "O problema é que, se um processo que atende requisições estiver sempre ativo, o sistema vai ficando cada vez mais lento. O servidor do Linux não tinha esse problema. É que o servidor web Linux funciona da seguinte forma: toda vez que aparece uma requisição, ele começa um novo processo"[12], observou Jawed Karim.

Um bom exemplo: as primeiras iterações do V2 apresentaram dificuldades como "vazamentos de memória". Os processos que se prolongavam infinitamente sobrecarregavam os sistemas e exigiam que o servidor fosse reiniciado frequentemente. "Para um purista técnico, reiniciar as máquinas é uma solução meio vergonhosa. É tipo virar para um fã de carros e dizer: 'Nossa, gostei desse seu carro de corrida — mas você tem que desligar o motor a cada cinco minutos'"[12], comentou Jawed Karim.

Os outros previram que esse problema pioraria com o passar do tempo — e de fato piorou. "Estávamos fazendo os testes de carga e reiniciávamos os servidores praticamente todos os dias"[13], disse o engenheiro David Kang.

Realmente, em um comunicado do dia 10 de julho, um dos engenheiros do V2 confirmou esses problemas. Quando lhe perguntaram qual seria o impacto de 1 milhão de novas contas no sistema V2, ele respondeu: "Agora, a lógica de negócio não está lá em seu melhor estado para lidar com a criação de 1 milhão de contas. Isso devido aos vazamentos de memória, que são a causa direta do problema (a velocidade de processamento caiu para 20 mil requisições/segundo sob carga máxima — então a lógica de negócio vai aguentar aproximadamente 2 horas e meia de operação e, com isso, 225 mil contas antes de precisar ser reiniciada)."[14] Depois, lembrou outro engenheiro, os servidores precisavam ser reiniciados "a cada treze segundos"[15].

Com o andamento do trabalho, as dúvidas da equipe se agravaram. Ao testar uma primeira iteração do V2, o botão de enviar dinheiro — talvez o mais importante de todos — não funcionou. "Continuando com o processo de desenvolvimento, acho que ficou bem claro para os desenvolvedores que aquele não era o caminho certo. E, apesar de termos construído um monte de coisa, a distância até o nosso objetivo não era nada pequena e estava diminuindo bem aos poucos"[16], lembrou um engenheiro.

■ ■ ■

Mesmo alguns dos defensores da X.com reconheceram que uma arquitetura baseada em Microsoft talvez não fosse ideal. Sugu Sougoumarane fizera uma entrevista de emprego na X.com antes da fusão — e foi rejeitado. "Cheguei em casa e recebi um e-mail do recrutador dizendo: 'Elon não escolheu você'. Então respondi: 'Preciso do e-mail do Elon. Vou mandar uma mensagem para ele'"[17], lembrou.

Sougoumarane mandou um recado entusiasmado para o CEO da X.com, levando Musk a ligar para ele. No telefone, Sougoumarane lhe disse que "[a X.com] ia mudar a internet, basicamente. Eu falei: 'Pode ser o emprego que for. Se for para limpar o chão, eu limpo'". Musk o contratou — e encaminhou seu e-mail para a equipe inteira da X.com. Quando ele entrou na empresa, a fusão já tinha começado, e a guerra Linux versus Microsoft ainda estava no forno. Sougoumarane dedicara a carreira à construção de ferramentas de desenvolvimento de banco de dados e, de sua perspectiva, "o sistema [baseado em Linux] nos levaria muito mais longe do que o [Microsoft] SQL Server... não sei como esse sistema [da Microsoft] poderia ser escalado"[17].

Doug Mak, um dos primeiros engenheiros da X.com, via vantagens em ambos. De um lado, um sistema baseado em Unix era mais fácil para os engenheiros e conseguiria comportar vários programadores trabalhando ao mesmo tempo. Além disso, ele atendia bem a um site que sempre teria vários usuários online ao mesmo tempo. "O Unix oferece um ambiente mais favorável para escrever as coisas, pois ele sempre foi, desde o início, uma plataforma para vários usuários. Já o Windows surgiu como um OS [sistema operacional] para computador de mesa. Nunca foi planejado para transferências simultâneas envolvendo vários usuários"[18], explicou Mak.

Por outro lado, as ferramentas prontas da Microsoft simplificavam as tarefas. "É fácil escrever lógica de negócio no Windows. No Unix, já é mais trabalhoso." A Microsoft simplificara tarefas básicas como criar um site simples com poucos recursos, lembrou Mak. E, se aparecesse algum problema, era só ligar para o serviço de atendimento ao cliente.

No entanto, no final das contas, Doug Mak e muitos outros membros da equipe concluíram que, apesar do esforço para a construção do V2 ter conduzido a algumas pequenas melhorias, ele não valia a viagem. "Escrevemos de novo, de novo e de novo coisas que não precisavam ser reescritas. Nesse tempo que desperdiçamos o trabalho de engenharia, daria para ter lançado um produto novo seis meses atrás, e o PayPal já teria muito mais sucesso"[18], disse Mak.

O custo de oportunidade desse tempo mal administrado foi significativo. Durante esses vários meses, a empresa perdeu milhões de dólares devido a fraudes. "Gastar esse tempo consertando vazamentos de memória não resolveu o problema que estava causando uma perda de US$30 milhões"[19], comentou um analista do controle de qualidade.

■ ■ ■

Vários engenheiros — inclusive alguns leais a Levchin e ao código base original do PayPal — disseram que reescrever tudo com ferramentas da Microsoft poderia ter funcionado. Com tempo e esforço, eles teriam conseguido reconstruir o site inteiro, retreinado os engenheiros e reorganizado um PayPal.com baseado em Windows. Mas a pergunta que não queria calar era: por que fazer tudo isso? Os problemas que Musk queria resolver poderiam ter sido solucionados sem tamanha reforma.

Os fóruns de tecnologia da internet comentavam sobre esse cisma Microsoft versus Linux — e ilustravam o caráter levemente religioso do debate. "Havia fãs de carteirinha dos dois lados defendendo até a morte que sua religião/sistema operacional era melhor e mais seguro"[20], escreveu um especialista em TI no preâmbulo da postagem que discutia a segurança dos sistemas. "Eu prefiro o Linux. É mais difícil de se adaptar, mas quando se pega o jeito, superando o início da curva de aprendizagem, ele traz muitos benefícios em longo prazo. (Como tudo na vida, é preciso paciência e persistência)"[19], respondeu um engenheiro.

Com os benefícios da maturidade e da experiência, os engenheiros reconheceram que parte da aversão ao V2 era um sintoma de um desgosto geral pelos produtos da Microsoft. Para os engenheiros da Confinity, "seguir o caminho do Linux" *era* a única opção. "Naquela época, acho que na minha vida só dava Linux. Eu não queria encostar no Windows nem a pau"[21], disse Brownfield, representando muitos dos discípulos da Confinity. Com seu código base *open-source* e raízes hacker, o Linux refletia tanto uma preferência individual quanto uma escolha de arquitetura — e dificultava aceitar a mudança para um sistema fechado criado por uma corporação multibilionária.

"Muita gente ficou bastante frustrada"[22], admitiu Karim. Ele se lembrou de ter topado no estacionamento com um engenheiro da Confinity que estava saindo bem cedo do trabalho. Quando Karim lhe perguntou onde estava indo, ele respondeu: "Estou indo passear de barco. Essa porcaria de V2 nunca vai funcionar. Foda-se."

O engenheiro William Wu entrara na X.com no final de 1999, enquanto fazia um mestrado noturno em ciências da computação e morava em São Francisco, indo a Palo Alto todos os dias para trabalhar. Quando a X.com e a Confinity se fundiram, ele adicionou "programar em duas plataformas" em sua lista de afazeres já abarrotada.

"Quando estava programando o cartão de débito do PayPal, cheguei a escrever duas versões do código. Uma no Windows, caso Elon conseguisse o que queria. Mas também precisei escrever uma versão completamente separada no Unix, na plataforma do PayPal, caso o PayPal ganhasse dessa vez. Passei muitas horas programando: escrevendo duas versões do código e testando em duas plataformas"[23], lembrou Wu. Ele admitiu que fizera todo esse esforço pela autopreservação. "Eu meio que planejei as coisas daquele jeito para que conseguisse sobreviver, de um jeito ou de outro. Acho que foi a fase mais difícil da minha vida", disse.

O V2 também prejudicou os ânimos da equipe de engenharia. "Foi uma época muito estranha. Deve ter sido muito urgente, porque era um período bem arriscado, e não fazíamos ideia se ia dar certo. E ainda assim, da perspectiva de um desenvolvedor — eu não deveria falar isso —, fazia dias que eu ia ao cinema às 15h"[24], disse o engenheiro David Kang.

■ ■ ■

Musk sabia que a decisão do V2 não era muito popular. Mas, em sua visão, a alternativa ao V2 — que implicaria um progresso lento do produto, dois sites e interrupções quase semanais — parecia pior.

Ele tentou recompensar (e acelerar) o trabalho da equipe, lançando um programa de incentivos em agosto: "Para o prazo dos lançamentos do V2.0 e do V2.1 ficar mais interessante, serão aplicados os seguintes planos de bônus: uma remuneração de US$5 mil para antecipar o lançamento do V2 para a meia-noite do dia 15 de setembro, sendo que, a cada dia de atraso, serão retirados US$500. Por exemplo, se o site entrar no ar em 20 de setembro, todo mundo ganha US$2.500."[25] O resultado final "precisa estar de acordo com as condições de escalabilidade estabelecidas por Max, e quaisquer problemas que se sigam ao lançamento do V2 não devem ser significativos (ou seja, não devem chegar à imprensa)".

"Trabalhem como nunca"[25], concluiu Musk no comunicado. Mas os prazos passaram — e nenhum produto foi concluído. Mesmo os que não eram engenheiros começaram a ficar preocupados. "Eu sabia que esse negócio de engenharia era um problemão. [Terminar de reconstruir o site] ia levar três semanas, e depois essas três semanas viraram três meses"[26], disse Todd Pearson, que não era engenheiro.

Quase um mês após o e-mail de Musk, a *newsletter* semanal da companhia tentou disfarçar o atraso, apresentando-o com bons olhos:

> Está querendo saber quando o V2.0 vai sair? É fácil entender por que um projeto enorme desses pode atrasar um pouco. O pessoal do design precisa criar um site totalmente novo em uma nova plataforma. O grupo do projeto está sempre tentando atualizar nossos serviços e fazer nossos concorrentes comerem poeira e, no meio disso tudo, está garantindo que as mudanças no nosso site sejam consistentes. Nossa equipe de desenvolvedores está trabalhando dia e noite para criar uma nova versão atualizada das ferramentas de administração na nova plataforma. Nossos engenheiros estão perdendo os cabelos tentando dar conta da carga gigantesca de programação e, além disso, ainda estão chegando solicitações de mudanças para o site! A equipe do controle de qualidade está trabalhando sem parar para encontrar e consertar as falhas do sistema. O grupo de integração de produtos [PIG] está trabalhando para garantir que cada detalhe seja incorpora-

> do durante a mudança. E, com isso tudo, ainda estão mantendo o site atual, fazendo mudanças constantes para melhorá-lo, como ilustram o novo sistema de telefonia em Omaha, a campanha para aumentar as vendas, o serviço de atendimento ao cliente e muito mais. Então agora sabemos por que tantos de nós viram a noite trabalhando e bebem tanto café! Estamos todos dando duro para entregar o melhor produto possível e trabalhando em dobro, pois estamos criando um site espelho em uma nova plataforma! É muito esforço, equipe, mas vai valer a pena no final, quando estivermos relaxando no Mediterrâneo com uma bebida na mão e areia nos pés...[27]

Para acelerar as coisas, Musk forçou uma pausa em todos os projetos de desenvolvimento e implantação de códigos não ligados ao PayPal — o que preocupou muito a equipe devido ao grande número de clientes do PayPal 1.0. Então veio outro alerta vermelho: Musk anunciou que planejava lançar o PayPal 2.0 no mundo sem nenhum plano bem definido de remediação.

Segundo Hoffman, ele teria dito: "Nosso tempo está muito limitado, e o dinheiro também, então precisamos apressar as coisas. Não temos tempo para planejar a remediação. Só precisamos construir o novo sistema e transferir tudo diretamente para ele."[28]

O engenheiro Santosh Janardhan observou que essa abordagem parecia ser muito mais perigosa do que de fato era. "Uma frase que se falava muito no início dos anos 2000 era: 'é melhor prevenir do que remediar'. Quer dizer: *Levamos nosso trabalho a sério. Vamos lançar o produto nem que leve a noite inteira trabalhando*. Era melhor passar a noite consertando os erros do que passar a semana inteira fazendo a remediação"[29], disse.

Mesmo assim, essa estratégia preocupou muita gente. A essa altura, corriam milhões de dólares em transferências pelo PayPal todos os dias. Se algo desse errado com o V2, o resultado seria desastroso.

■ ■ ■

O V2 foi um divisor de águas — mas não foi o único. Desde a fusão das empresas, a questão do nome continuara sendo problemática.

A essa altura, digitar "www.paypal.com" levava os usuários ao site www.x.com — uma decisão de Musk. Muitos veteranos da Confinity reclamavam entre si. Eles achavam que os números falavam por si sós: em julho de 2000, o total de transferências do PayPal estava na casa dos milhões, e o da X.com, na dos milhares. Os usuários tinham se unido para defender a marca do PayPal — deixando, em seus leilões no eBay, um link para o site, e o adicionando às suas assinaturas de e-mail. Os veteranos da Confinity achavam que Musk estava arriscando destruir essa confiança, ganha a duras penas.

Musk decretou que todos deveriam se referir ao produto como "X-PayPal" e que todas as referências ligadas unicamente ao PayPal fossem apagadas. O "X" serviria como prefixo para todo o ecossistema da empresa — inclusive produtos como o X-PayPal e o X-Finance. "Se quiser um sistema de pagamentos de nicho, 'PayPal' é o melhor nome. Mas se quiser, digamos, basicamente dominar o sistema financeiro mundial, então é melhor o nome ser 'X', porque o PayPal é uma funcionalidade, não a companhia em si"[30], disse Musk. Para ele, chamar a empresa de PayPal "seria como a Apple se chamar de Mac".

A questão chegou a um momento crítico. Em uma pesquisa, o grupo focal preferiu o nome "PayPal" a "X.com". Vivien Go, que ajudou a encabeçar a pesquisa de marketing, lembrou: "Ouvi várias e várias vezes a mesma coisa: *Meu Deus, eu não confiaria nesse site. Parece site de conteúdo adulto.*"[31]

Go admitiu que a opinião dos usuários tinha seus limites — "algumas pessoas achavam que 'Apple' também era um nome estranho, sabe" —, mas ela estava ouvindo as preocupações em primeira mão. "É meio difícil contestar quando se ouve as mesmas palavras várias vezes. *Eu não confiaria nisso. Parece misterioso demais*", disse.

Rena Fischer, que trabalhava na empresa de contabilidade KPMG antes de chegar à X.com, recordou a experiência que compartilhou com outros funcionários, recebendo "muitos e-mails terríveis"[32] por causa do nome aparentemente lascivo da companhia. "Nosso produto *era* o PayPal. E, para mim, era fácil explicar os objetivos da empresa a partir dele"[32], disse.

Amy Rowe Klement originalmente se juntara à X.com por ter sido persuadida pela visão da empresa. "A X era o centro de tudo, e se tornaria o lar de várias marcas"[33], observou. Mas, a essa altura, ela viu que a revolução da empresa se situava nos pequenos pagamentos via e-mail. "O PayPal cresceu mais rápido, em parte, porque as contas da X.com eram contas bancárias, então eram muito mais caras e demandavam muito mais tempo para administrar. No final das contas, se não conseguíssemos aumentar suas vendas, incluindo uma variedade de outros produtos com lucro significativo, não faria sentido construir uma plataforma para a X.com", afirmou.

Musk estava decidido — o nome precisava mudar. Sua reação ao grupo focal gerou ressentimentos. Os defensores do "PayPal" achavam que ele estava seguindo uma opinião pessoal, e não a preferência dos usuários.

Mas o conflito do nome era só a ponta do iceberg. "Se aquele fosse o único problema, talvez pudéssemos tê-lo superado"[34], admitiu Hoffman. Segundo Musk, "PayPal" era um nome bom — para um serviço de pagamentos não ligado a outros produtos. Mas "X.com" era (ou ao menos seria) o centro financeiro mundial. "Era preciso decidir: buscar o grande prêmio ou *não* buscar o grande prêmio?"[35]

Os colegas de Musk reconheciam — e mesmo admiravam — a sua visão. "Acho que o que eu mais elogiaria no Elon é que ele tinha uma visão enorme, superambiciosa para o PayPal e para o potencial da empresa — mais do que qualquer um de nós. Não era só uma empresa de pagamentos"[36], disse Thiel. No contexto certo, pensar grande era uma das cartas na manga de Musk. "Ele é o tipo de empresário que tem uma visão, que tem certeza absoluta de que ela vai se realizar"[37], observou Hoffman.

Mas, naquele momento, os líderes da companhia e os membros do conselho, inclusive Thiel e Hoffman, não compraram a ideia. Para eles, não se tratava de uma visão — mas de números. "Em setembro de 2000, havia cerca de US$65 milhões no banco, e acho que a taxa de gastos era de US$12 milhões. Tínhamos a sensação de que precisávamos reduzir isso — super-rápido"[38], lembrou Thiel.

As metas pessoais também eram importantes nesse contexto. Musk tinha estabelecido um objetivo grande porque queria uma grande vitória — maior do que a da Zip2. "Eu abri uma empresa quatro anos depois de me formar e a vendi por US$300 milhões. Então um resultado nessa faixa não seria novidade. Seria, tipo, *já fiz isso antes*"[39], admitiu Musk.

Mas os outros executivos — inclusive Levchin, Sacks, Hoffman e Nosek — ainda não tinham feito nada parecido. Os líderes seniores da X.com não pretendiam buscar um grande prêmio, pois correriam o risco de receber o prêmio de consolação "Empresa Fodida".

■ ■ ■

Os códigos podiam se tornar surpreendentemente pessoais. O código base original do PayPal, por exemplo, era a quintessência de Levchin e tinha até algumas convenções de padronização com o nome "código do Max". As mudanças de Musk no V2 eliminariam completamente o código do Max — e, temiam alguns engenheiros, também seu autor homônimo.

Realmente, Levchin considerou sair da empresa. Ele acompanhara o período de gestação da startup, quando o futuro ainda era desconhecido e seu impacto na companhia, inconfundível. Agora, Levchin se tornara apenas um entre dezenas de funcionários; e, com seu trabalho sendo desfeito por seu chefe, ele cogitou largar tudo e abrir algo novo. Levchin se lembra de ter pensado: *Vou sair. Esse negócio do V2 está acabando com a minha vontade de viver*[40].

Assim como Musk e Thiel, Levchin tinha aversão à parte política do escritório. Mas, também como eles, Levchin era extremamente competitivo. A essa altura, ele sabia que o CEO da X.com não cederia — nem quanto à decisão da Microsoft nem quanto ao nome — e que definitivamente não abandonaria sua estratégia. Mas, ao tocar nesse assunto com os outros, o CTO da X.com foi convencido a não desistir.

Em meados de 2000, Levchin encontrou outros executivos da X.com que se mostraram simpatizantes da sua causa. Todos tinham participado do motim contra o antigo CEO. Eles achavam que, se tinha dado certo uma vez, poderia funcionar de novo. E assim começou um esforço clandestino para destituir Musk — o cofundador, CEO e principal acionista da empresa.

14

O PREÇO DA AMBIÇÃO

Em janeiro de 2000, Musk se casou com sua namorada de longa data, Justine Wilson. Mas sua lua de mel foi cancelada devido ao que Musk chamou de "dramas da empresa"[1]. Ele queria compensar isso com uma viagem para a Austrália em meados de setembro, para verem as Olimpíadas de Verão de 2000 em Sydney. O itinerário dos ainda recém-casados percorreria o mundo, inclusive Singapura e Londres.

Sempre pensando em trabalho, Musk também planejou várias reuniões de arrecadação e encontros com funcionários da X.com que moravam no exterior. "Era para ser uma lua de mel atrasada *e* uma viagem de negócios para arrecadar dinheiro", explicou ele.

Quando partiram, Musk sentiu que havia algo diferente na empresa. "As interações estavam cada vez mais estranhas", recordou. Ligações antes comuns pareciam "atípicas". "Eles estavam extremamente preocupados e tristes e disseram: 'Não queremos fazer isso'. E eu respondi: 'Não, vocês precisam fazer, sim'. E acho que isso causou a reviravolta, basicamente"[1], lembrou Musk.

Ele não percebeu que estavam armando um esquema contra ele — e acabou precipitando a reação. Sua equipe executiva tinha bolado um golpe. Não conseguindo convencer Musk nem a abandonar o V2 e nem a desistir de mudar o nome da empresa para X-PayPal, eles planejaram dar um ultimato ao conselho, exigindo a destituição de Musk e ameaçando pedir demissão em massa. Tinham rascunhado um "voto de não confiança" e coletado assinaturas dos funcionários simpatizantes.

Alguns assinaram — apesar de não contarem com a mesma confiança que os organizadores do golpe. "A ignorância é mesmo uma bênção. David [Sacks] nos levou para uma sala e falou: 'Estou furioso. Se acreditarem em mim e no futuro da empresa, preciso que assinem esse documento. Vou levá-lo para o conselho. Mãos à obra!'. E claro que, com meus 23 anos, eu pensava: 'Acho que é assim que se faz negócios. É isso que acontece nos negócios'. Mas eu não fazia ideia do que estava acontecendo"[2], recordou Giacomo DiGrigoli, membro da equipe de produtos.

Ao ver o motim se armando contra Musk, um funcionário se lembra de ter pensado: *Só mais uma terça normal no escritório*[3].

■ ■ ■

O plano ganhou forma nas semanas que antecederam a viagem de Musk. Luke Nosek, Peter Thiel, Max Levchin e Scott Banister, um dos primeiros membros do conselho, compareceram à mesma conferência de tecnologia em agosto daquele ano. Enquanto estavam lá, compartilharam suas frustrações sobre o rumo que a companhia estava tomando.

Naquele final de semana e nas reuniões seguintes, o grupo também conversou sobre Musk. Eles acreditavam que seu CEO estava atrapalhando o sucesso da X.com e que seria necessário eliminá-lo. Derrubar Musk seria mais difícil — e mais arriscado — do que o "golpe do bar do amendoim". Bill Harris estava há pouco tempo no conselho e tinha poucos contatos dentro da empresa; Musk era o cofundador, contando com muitos apoiadores leais, um dos maiores sendo, inclusive, Mike Moritz, membro do conselho. Ainda por cima, Musk era habilidoso e tinha personalidade forte. Para destituí-lo do cargo de CEO, seria necessário estratégia — e discrição.

A lua de mel era a oportunidade perfeita para dar início à operação. Um dos líderes do golpe comentou que, apesar da crueldade de agir nesse contexto, isso era necessário. Segundo ele, fundadores como Musk traziam tanto carisma às batalhas do conselho que, com sua persuasão, conseguiam driblar os fatos. Em sua visão, era preciso que Musk se ausentasse para que o processo fosse justo.

Mais tarde, Musk entendeu por que foram tão discretos. "Talvez acharam que eu voltaria, convenceria o conselho a apoiar minha estratégia original e depois os demitiria. Acho que era essa a preocupação deles"[4], afirmou. A essa altura da vida, ele também estava ciente do efeito que causava nas pessoas. "Acho que eles estavam morrendo de medo de que eu voltasse e acabasse com a raça deles. As pessoas ficam, tipo, com medo de mim. Não sei. Eu não ia matar ninguém", disse, rindo.

Com o passar do tempo, Musk até tratou a situação com seu humor característico. "Esses malditos vieram na surdina e me apunhalaram pelas costas. Estavam assustados demais para me enfrentar. Vocês querem me atacar? Bora! Mas venham pela frente! Vocês estão em doze"[4], brincou.

■ ■ ■

John Malloy, um dos membros do conselho, estava fora do país quando recebeu a ligação de Levchin — "estava no lobby de uma gigante de investimentos chinesa"[5], lembrou Malloy. Levchin lhe informou que vários dos líderes da companhia tinham decidido agir contra Musk. "E pensei: *Ai, caramba, preciso resolver logo isso aqui e voltar para lá*"[6], recordou Malloy.

O voo de Musk decolou em uma terça-feira, no dia 19 de setembro de 2000. Sabendo que ele já estava no avião, Thiel, Levchin, Botha, Hoffman e Sacks fizeram uma caravana até o escritório da Sequoia para convencer Mike Moritz, membro do conselho da X.com — cujo voto era crucial. Se Moritz — o mais forte aliado de Musk no conselho — ficasse do lado dele e convencesse Tim Hurd, outro membro, a fazer o mesmo, o conselho ficaria empatado em 3 a 3, com Thiel, Levchin e Malloy de um lado, e Hurd, Musk e Moritz de outro.

O grupo chegou à Sequoia com o voto de não confiança assinado por todos os funcionários que prometeram pedir demissão caso Musk continuasse como CEO. Moritz escutou tudo sem se deixar abalar, e fez várias perguntas para entender melhor. Além de informar Malloy e Moritz, Thiel também ficou responsável por ligar para Tim Hurd e marcar uma reunião de emergência do conselho.

Com Musk no exterior, Hurd em Chicago e Malloy voltando correndo da China, boa parte das conversas seguintes ocorreu por telefone. Os conspiradores se reuniram pessoalmente, alternando entre o apartamento de Levchin e o de Nosek, na Grant Avenue, 469, em Palo Alto. Enquanto membros do conselho, Thiel e Levchin participavam das reuniões por telefone e depois voltavam para o outro apartamento para inteirar os outros.

Os dois lados apresentaram seus argumentos. Thiel e Levchin focaram, principalmente, a preocupante mudança na tecnologia do site. Foi a primeira vez que o conselho ouviu falar do problema. Os outros membros ficaram chocados ao descobrirem que uma mudança tão importante não passara pelo conselho primeiro, e que o plano de remediação não existia. "Isso deveria ter sido avaliado pelo conselho. Eu não conseguia acreditar... Fiquei horrorizado por terem assumido tamanho risco"[6], disse um dos membros.

Hurd fez uma analogia, comparando a situação a pilotar um Boeing 747. "Ele tem quatro motores. Está sobrevoando o Himalaia em uma tempestade, uma tempestade feia. Dois motores param de funcionar. Não tem nenhum mecânico a bordo, mas decidem trocar os outros dois motores em pleno voo."[7] Os membros do conselho Hurd, Malloy e Moritz não eram engenheiros, mas foram convencidos pelos argumentos de Levchin mesmo assim.

Thiel e Levchin também trouxeram outras questões à tona. Em sua primeira versão, a X.com oferecia linhas de crédito aos clientes. Mas, na pressa de lançar logo o serviço, a empresa não foi tão rigorosa na triagem dos requerentes. Como resultado, a X.com concedeu empréstimos problemáticos que, em algum momento, precisariam ser registrados como perdas. No início de 2000, Musk anunciara o fechamento do programa. Mas, para a surpresa do conselho, os empréstimos ainda constavam nos livros contábeis como ativos geradores de juros — com a expectativa de serem pagos.

Outros questionavam a acusação, alegando que Musk acabara muito antes com o programa de linhas de crédito sem garantia. A questão, para alguns de seus apoiadores, era que Musk desejava continuar com algumas atividades da X.com por mais tempo do que outros da empresa queriam — um sinal que seus opositores interpretavam como riscos desnecessários. "[Musk] percebeu que os projetos [mais amplos da X.com] tinham que acabar. Precisávamos encerrar. Sofrer alguns danos. Acontece que ele estava comprometido com os clientes, pois sentia que tinha criado um produto e não queria puxar o tapete deles. Então estava demorando muito mais do que alguns da empresa gostariam"[8], lembrou Sandeep Lal.

Ele concluiu que "Musk queria encerrar... o prazo estava no ritmo certo". Parte do motivo para atraso, segundo Lal, foi a influência do acordo original que a X.com fechara com o First Western National Bank. Um representante do banco citara alguns regulamentos que estavam atrasando o encerramento dos produtos bancários e de empréstimos da X.com. Por trás daquelas reivindicações específicas, o conselho viu pela primeira vez a profundidade das falhas da X.com e da Confinity. "Houve muito tumulto entre as duas empresas. Não acho que o conselho tinha sido informado sobre o nível da discórdia. E a dimensão dos problemas subjacentes não era explícita"[9], lembrou Malloy.

■ ■ ■

O golpe se baseava principalmente no risco de demissão em massa. A participação de David Sacks e Roelof Botha trazia um peso considerável: Sacks tinha sido promovido por Musk; Botha, contratado por ele. Ambos tinham uma certa afinidade com o CEO, mas nenhum dos dois conseguia ver uma saída para os dilemas atuais da empresa com sua permanência no cargo. Para Botha, principalmente, ameaçar pedir demissão poderia levá-lo a perder o emprego — e seu status de imigrante nos Estados Unidos — caso Musk ganhasse. Ele levou a escolha a sério.

"O conselho se reuniu — sem mim"[10], disse Musk. O vaivém entre os executivos da empresa e o conselho levou vários dias. Musk seria o segundo CEO destituído em um ano; sem dúvida alguma, isso teria um impacto na mídia. Mas, para o conselho, o risco da dinâmica interna superava o do barulho da imprensa. Musk continuaria com boa parte das ações da empresa mesmo se deixasse de ser CEO. Como o conselho de administração funcionaria? Como Musk continuaria a trabalhar com Thiel e Levchin?

Durante esse período, o conselho também ouviu os funcionários. Um deles escreveu um e-mail longo e inflamado para Hurd, encaminhando-o para Musk e outros colegas que pareciam ter dúvidas quanto ao golpe. "Recebi uma carta que descrevia um voto de não confiança em relação ao nosso atual CEO, Elon Musk. Não assinei essa carta e não concordo com o que li"[11], começou o autor. Então, ele passou a um resumo das qualidades de Musk enquanto CEO:

> Minha opinião é que, profissionalmente, Elon é um CEO muito bom. Ele é acessível, pois lê todos os e-mails que recebe. Nas reuniões em que estive com ele (como as da Intuit, Microsoft e muitas outras), sua performance foi impressionante, e, ao apresentar nossa empresa, ele fez um trabalho incrível. Elon é muito exigente nas negociações, e, por isso, conseguimos um acordo excelente com a Intuit e com muitas outras empresas (como a First Data e a MasterCard). Em breve, devemos fechar um acordo com a Microsoft, e acredito que temos uma boa chance de conseguirmos outro, com a AOL, até o final do ano.[11]

Ele concluiu a carta encorajando Hurd a solicitar um leque de opiniões antes da decisão do conselho.

Musk respondeu ao grupo, removendo Hurd dos destinatários. "Valeu, gente. Esse negócio está me deixando tão triste que fico sem palavras. Eu me esforcei até não poder mais, investi quase todo o dinheiro da Zip2, coloquei meu casamento em risco, e ainda assim me acusam de má conduta, sem mesmo me darem a oportunidade de contestar — nem sei o que falaram de mim."[12]

Do meio daquela semana até domingo à noite, o conselho deliberou. Mas, por fim, Musk simplesmente não teve votos suficientes para apoiá-lo. "O caso já estava encerrado quando cheguei"[13], lembrou ele. "Já tinha sido decidido. Ele nem estava presente quando aconteceu, estava no exterior, voltando de avião e não teve a oportunidade de se defender a tempo. Quando chegou, já era tarde demais"[14], disse Lal.

■ ■ ■

Em um domingo à noite, no dia 24 de setembro, Peter Thiel enviou um e-mail para todos da empresa:

> Prezados,
>
> Como vocês sabem, Elon Musk concordou em reassumir o cargo de CEO da X.com em maio, durante o período de instabilidade que se seguiu à partida inesperada do antigo CEO. Demonstrando uma ética profissional e uma liderança empresarial inacreditáveis, ele logo recuperou a estabilidade interna e externa da empresa. Com seu esforço, a empresa progrediu enormemente em diversas áreas: o X-Finance e o PayPal contam com quase 4 milhões de usuários, o volume de pagamentos está próximo de US$2 bilhões/ano, e algumas pesquisas apontam que a X.com se tornou a maior companhia de finanças da internet. Estamos prontos para mais um grande salto em termos da organização de espaço, complexidade e parcerias estratégicas.
>
> Como resultado desse crescimento bem-sucedido, Elon e o conselho decidiram montar um comitê para recrutar um CEO veterano que leve a empresa a um outro nível. Elon continuará participando do conselho como diretor e principal acionista. Concordei em atuar como presidente, assumindo também as responsabilidades operacionais até que o próximo CEO seja nomeado. Meus subordinados serão Reid Hoffman, Dave Johnson, Sandeep Lal, Max Levchin, David Sacks e Jamie Templeton.
>
> Peter Thiel
>
> Presidente da X.com[15]

Cinco horas depois, Musk enviou uma mensagem com o assunto "Levando a X.com a outro nível":

Olá a todos,

A X.com tem crescido muito rápido, chegando a um ponto em que, em menos de dois anos, já contamos com mais de quinhentos funcionários. Então, depois de refletir muito, decidi que chegou a hora de trazer um CEO mais experiente, que tenha trabalhado em grandes empresas, para levar a X.com a outro nível. Enquanto empresário, meus interesses estão muito mais na fundação e na criação de algo novo do que na administração quotidiana de uma empresa grande (mas também incrível).

Vou me esforçar para encontrar um ótimo CEO e atuar nas Relações Públicas de um jeito que faça sentido para a empresa. Depois de completar essa busca, planejo tirar um período de folga de três a quatro meses, pensar em algumas coisas e, então, abrir outra empresa no início do ano que vem.

Peter Thiel, que esteve envolvido na companhia desde o início e é um cara de uma inteligência excepcional e completamente ciente dos problemas que estamos enfrentando, vai assumir as responsabilidades operacionais por ora, possibilitando que eu me concentre na busca pelo CEO. Por favor, deem todo o apoio a Peter e à empresa nos próximos meses, pois temos muito o que fazer e enfrentaremos uma concorrência pesada. No fim das contas, não duvido nem um pouco que a X.com se tornará uma empresa de enorme valor e que representará, ao criar um novo sistema de pagamentos global, um dos maiores avanços possibilitados pela internet.

Foi ótimo trabalhar com vocês (mas ainda vou ficar um tempo por aqui). Vocês são como uma família para mim.

Elon[16]

■ ■ ■

Musk *realmente* via a equipe da X.com como uma família — mesmo porque passava mais tempo no escritório do que em casa. Mas "refletir muito" não foi o que levou à sua saída da empresa — ele só afirmou isso para manter as aparências.

Ainda assim, a mensagem foi surpreendentemente gentil, o que mesmo seus críticos admitiram. Elogiar Thiel em público — sendo que algumas horas antes ele o dispensara — mostrava muito autocontrole.

De fato, Musk não buscava retaliação. Jeremy Stoppelman — um dos primeiros que Musk recrutara para a X.com — o contatou logo depois do e-mail, perguntando se ele e os outros deveriam apoiá-lo e ameaçar pedir demissão em massa. Musk instruiu que não fizessem nada. Mesmo seus aliados mais antigos na companhia ficaram surpresos com sua moderação. "Achei muito estranho ele estar levando numa boa. Se fosse comigo, eu estaria furioso"[17], disse Branden Spikes.

A postura de Musk prezava o realismo. "Apesar de não concordar com a conclusão deles, eu entendi por que agiram daquele modo"[18], explicou ele anos mais tarde. O conselho tomara sua decisão e, da perspectiva extremamente pragmática de Musk, brigar não seria nada produtivo. "Eu podia ter brigado, ido com tudo, mas pensei: 'em uma época crítica dessas, é melhor ceder'", lembrou. Ele ainda acrescentou: "Peter, Max, David e os outros são inteligentes, suas motivações geralmente são boas, e eles fizeram o que achavam certo, pelos motivos certos. Só que, na minha opinião, esses motivos não eram válidos."

"É fácil ficar amargado e odiá-los para sempre. Mas o melhor caminho é dar a outra face e consertar o relacionamento. E me esforcei muito para isso", continuou. Outros reconheceram esse esforço e, apesar de terem suas dúvidas quanto a Musk no cargo de CEO, elogiaram-no pela moderação. "Seu comportamento foi pelo bem da companhia"[19], lembrou Malloy. "Ele não guarda mágoa. Fiquei surpreso com tamanha gentileza, pois basicamente o destituímos enquanto ele estava na lua de mel"[20], observou Levchin.

Quando o pressionaram a falar sobre sua concessão, Musk fez referência à passagem bíblica do Julgamento de Salomão. Nela, duas mulheres brigavam por uma criança, e o rei Salomão precisou adjudicar o direito ao bebê. Ele propôs que cortassem-no ao meio — o que fez a primeira mulher desistir imediatamente para salvar a vida da criança. "Não matem a criança! Deem-na à primeira mulher. Ela é a mãe"[21], decretou o rei Salomão.

"Eu realmente via a empresa como um filho, ao menos em parte. Se eu atacasse a companhia e os funcionários, seria como... atacar o meu bebê. E não queria isso"[22], disse Musk, com a voz emocionada.

Essa foi a segunda vez que o dispensaram de uma empresa que ele próprio fundara, e isso o magoou. Jawed Karim se lembrou de um momento na cantina da empresa, quando o destino de Musk ainda estava sendo decidido. Ele entrou em silêncio e se dirigiu a um fliperama de Street Fighter. "Elon parecia muito transtornado... e estava jogando Street Fighter sozinho no fliperama. Aí, eu disse: 'Oi, Elon, como vão as coisas?'. E ele respondeu: 'Ah, tudo bem'... E, dois dias depois, anunciaram a demissão dele pelo conselho"[23], disse Karim.

■ ■ ■

Os conspiradores da peça *Júlio César*, de Shakespeare, descobriram que dar um golpe era algo bem diferente de justificar um regicídio. Com o sangue ainda quente na faca, Marco Bruto se dirigiu a uma multidão de romanos confusos e raivosos. "Não fujam; fiquem aqui, está quitado o preço da ambição"[24], diz Bruto. Mas a multidão não comprou a ideia, expulsou de Roma os conspiradores e começou uma guerra civil.

Thiel, Levchin, Sacks e os outros que planejaram o golpe agora enfrentavam uma tarefa parecida: unir o grupo fragmentado de revolucionários e lealistas. O engenheiro Erik Klein lembra-se de ter pensado: *Ninguém está contente quando uma guerra civil chega ao fim*[25].

A atmosfera do escritório estava tensa, e alguns acontecimentos pós-golpe destacaram as divisões em meio à empresa. Dois engenheiros favoráveis ao sistema baseado em Linux celebraram a queda do V2, destruindo os livros *VBScript in a Nutshell* [Sem tradução até o momento] e *Inside COM+: Base Services* [Sem tradução até o momento] — dois guias de referência para programação em ambientes da Microsoft.

Mesmo os que apoiaram a destituição de Musk se viram em situações desconfortáveis. Mark Woolway, membro da equipe de finanças, estava na Ásia quando o golpe aconteceu, mas os organizadores o avisaram dos planos. Quando Musk lhe telefonou para dizer "Ei, acabei de ser demitido"[26], Woolway precisou fingir estar chocado.

A divisão na empresa ia além de momentos desconfortáveis e de uma imatura falta de sensibilidade. Apesar das assinaturas no voto de não confiança, a X.com contava com uma porção de apoiadores de Musk. "Eu me lembro até hoje de ter visto gente chorando. Tipo, de soluçar. Alguns engenheiros tinham despendido muito esforço no V2"[27], lembrou Jawed Karim.

Amy Rowe Klement disse que, para ela, o golpe foi uma "minicrise"[28]. Ela entrara na X.com no final de 1999, mas sua aversão ao golpe não surgiu por lealdade a Musk. O que a perturbava era a estratégia do motim, que o apunhalara pelas costas. "O jeito que aconteceu — chegarem a pedir assinaturas para a petição — desafiou a moral e os bons costumes, o que me incomodou", disse.

Klement saía de São Francisco todos os dias, e quase sempre chegava ao escritório ao amanhecer, para não pegar trânsito. Ela lembrou ter visto, mais de uma vez, Musk dormindo no escritório depois de virar a noite trabalhando.

"Nós trabalhamos tanto, investimos tanta energia, por que não podíamos tentar resolver as coisas de um jeito produtivo e maduro?"[28], afirmou.

Jeremy Stoppelman, outro engenheiro da X.com, ficou enfurecido. "Nós todos adorávamos o Elon. Ele era meio que um flautista de Hamelin para os engenheiros"[29], disse. Sobre o motim, Stoppelman não economizou nas palavras: "Fiquei muito puto. Furioso." Na época com 25 anos, ele descontou em Thiel e Levchin e se opôs principalmente ao processo de destituição de Musk. "Fui muito direto. Eu me lembro de ter falado que achava muito absurdo o que estava acontecendo. Acho que entendi o raciocínio... mas era horrível pensar que ele estava embarcando no avião e que não teve condições de se defender", disse.

Thiel e Levchin ouviram Stoppelman e fizeram questão de se explicar — convencendo-o no processo. "Eles não chegaram e disseram: 'Ah, não estamos nem aí para você, seu engenheiro júnior'. Eu me senti querido, e isso definitivamente me desarmou"[29], lembrou Stoppelman.

Sandeep Lal deixara muito clara sua opinião sobre a partida de Musk, e ele achou que isso poderia prejudicar seu relacionamento com Thiel, o novo CEO. Mas não aconteceu. Quando Thiel lhe perguntou qual era o problema mais grave da empresa no momento, Lal compartilhou seus pensamentos, e Thiel organizou uma reunião no dia seguinte, colocou uma equipe para trabalhar na questão e exigiu que houvesse uma mudança nas próximas 24 horas. "Até hoje, fico maravilhado com tamanha confiança, ele nem me conhecia"[30], disse Lal.

Reid Hoffman, outro organizador do golpe, recorreu à diplomacia após a destituição de Musk. Ele mandou uma série de mensagens a funcionários insatisfeitos, tentando tranquilizá-los e mostrando, grosso modo, o que o futuro traria. Mesmo assim, não era tudo que se resolvia com diplomacia. Os membros das equipes que antes eram distintas — uma da Confinity e uma da X.com — continuaram frequentando seus bares favoritos separadamente.

Boa parte do motivo para essa divisão eram conflitos pessoais. Os organizadores do golpe não incluíram vários dos funcionários da X.com no voto de não confiança — pensando que nenhum simpatizaria com a causa. Assim, muitos ficaram de fora das maquinações. "Quando o golpe aconteceu, eu estava em Nebraska, e recebi uma mensagem de Reid dizendo: 'De que lado do golpe você está?'. E respondi: 'Golpe? Que golpe? Acabei de chegar do Citibank! Lá, nós não temos golpes"[31], lembrou Sandeep Lal.

Levchin e Thiel se abstiveram de testar a lealdade dos funcionários, e muitos dos contratados por Musk prosperaram mesmo na sua ausência. Julie Anderson, Sandeep Lal, Roelof Botha, Jeremy Stoppelman, Lee Hower, Amy

Rowe Klement e muitos outros ficaram na empresa e subiram de cargo. Até hoje, Musk se orgulha de ter recrutado esses talentos.

Mas, para outros, essas falhas se tornaram insuportáveis. Uma vez que Musk saiu, eles foram deixados de lado ou colocados em cargos que tornavam seu trabalho na X.com extremamente desconfortável. "Eles foram até educados. Mas, sendo um fã do Elon, não era nada divertido trabalhar ali"[32], lembrou Spikes. Como resultado do golpe, o trio de engenheiros da Harvey Mudd — os primeiros desenvolvedores da X.com e os principais engenheiros do PayPal 2.0 — se demitiu, quase simultaneamente. Foi um gesto motivado tanto por solidariedade quanto pela suposição de que seus dias de utilidade na companhia enquanto especialistas em Microsoft estavam contados. Com Levchin no controle da tecnologia da empresa, o PayPal 2.0 deixaria de existir.

Mas a partida do contingente da Harvey Mudd assustou Thiel e Levchin. Será que os outros engenheiros seguiriam o exemplo, saindo com raiva e desfalcando a equipe de engenharia do PayPal? Na verdade, a maioria não foi tão longe quanto o trio, em parte porque via potencial na empresa. "Eu sabia que algo mágico estava acontecendo ali, e que então, se conseguíssemos manter o ritmo, o resultado seria bom. Não estava disposto a jogar tudo pela janela"[33], disse Stoppelman. Com o tempo, mesmo os que se opunham ao golpe reconheceram que a X.com precisava mudar sua estratégia. "Os desafios que a empresa estava enfrentando eram visíveis"[34], afirmou Lee Hower.

■ ■ ■

Vinte anos depois, os organizadores do golpe comentaram esse momento com cuidado. Muitos continuam tendo um bom relacionamento com Musk, comunicando-se regularmente com ele e considerando-o um amigo querido. O grupo também admirou suas conquistas nos anos seguintes; vários investiram em suas empreitadas pós-X.com. Alguns escolheram continuar em silêncio por causa de suas dúvidas quanto às circunstâncias da destituição; ainda outros acreditam que é melhor não cutucar onça com vara curta.

Apesar da reticência, eles não se arrependeram da decisão. Em sua opinião, a companhia estava, inegavelmente, na direção errada; e, para corrigir seu curso, foi necessário destituir Musk. Um dos organizadores do golpe continua achando que a empresa não teria durado nem mais seis meses se Musk tivesse continuado como CEO. Outros ecoam esse sentimento, dizendo que a combinação da alta taxa de fraudes, da crise de dívidas com as linhas de crédito, dos produtos financeiros ainda não encerrados e do processo interrompido do V2 teria deixado a companhia em uma situação precária — com gastos exorbitantes, a equipe técnica dividida e servidores que não conseguiam lidar com o crescimento ainda rápido do site.

Dito isso, o grupo também expressou suas apreensões quanto a alguns que pintaram na mídia uma imagem depreciativa da postura de Musk durante seu período no PayPal. Essa imagem, afirmou o grupo, não condizia com a realidade. Para eles, não vinha ao caso questionar sua contribuição para a empresa — seu comprometimento descomunal, seu investimento financeiro, sua posição no conselho e sua visão fundadora. Durante a gestão de Musk, a empresa lançou os primeiros produtos que trouxeram retorno financeiro, começou a mudar a composição de financiamento para as transferências, reforçou a gama de produtos, promoveu pessoas de importância fundamental a cargos de liderança, lidou com a fusão e superou a partida de Bill Harris. Mesmo aqueles que o destituíram achavam que as narrativas da mídia removiam Musk injustamente da história de origem da empresa.

■ ■ ■

Vinte anos depois, Musk conseguiu reunir certo respeito relutante pela revolta. "Foi um golpe muito bem executado. É quase um elogio só terem conseguido agir quando eu não estava presente"[35], disse, sorrindo.

E, com a dádiva do tempo, Musk tirou algumas lições dessa situação. Ele achava, por exemplo, que tinha errado ao sair para uma viagem pessoal em meio a transições tão complicadas e controversas na empresa. "Certamente não foi uma boa escolha... me afastar do campo de batalha enquanto havia tantos riscos extremos correndo soltos. Não estar lá para acalmar os ânimos", confessou Musk.

Se estivesse, ele acreditava que teria conseguido persuadir seus críticos — ou ao menos intimidá-los à submissão. "Apostando em uma combinação de tranquilização e medo, não acho que o golpe aconteceria", disse.

Apesar da circunspecção, Musk continuava convencido de que sua visão para a companhia era a certa. Ele reconhecia as preocupações dos críticos quanto ao PayPal 2.0 ("Será mesmo que trocar as rodas do ônibus enquanto ele está descendo a ladeira é uma boa opção?"). Mas ainda acreditava que era o certo a se fazer. "Do meu ponto de vista, se mudássemos para uma nova arquitetura, conseguiríamos fazer o sistema evoluir muito mais rápido. Da minha perspectiva, essa era a troca em questão. Então devíamos ter corrido o risco e seguido em frente", observou Musk.

Ele também refletiu sobre a parte humana do conflito. "Eu não considerei muito bem o aspecto emocional. É um pouco complicado se você pensa em se livrar de um 'Código do Max'. É compreensível que Max tenha se ofendido", disse. Musk também achava que podia ter comunicado melhor a sua visão — especialmente a Levchin. "Eu precisava ter me esforçado muito mais para convencer Max, principalmente, de que a estratégia certa era aquela"[35], observou.

Hoje, Musk consegue encarar a demissão com o bom humor de alguém que já conquistou grandes feitos desde então. "É difícil contestar o resultado, que, no final, foi positivo"[36], disse. Ele também fez as pazes com aqueles que o derrubaram — ou, como ele mesmo diria, "eu que *perdoei*"[36]. Ainda assim, obsessivo até o fim, Musk lamentou o que considera o maior fracasso da X.com: ela não se tornou a Amazon dos serviços financeiros, como ele esperava, uma "empresa trilionária"[37].

■ ■ ■

Os primeiros funcionários do PayPal comentaram os altos e baixos da companhia, que lembravam as histórias de Dickens — fundar uma startup de serviços de pagamento em meio à explosão da bolha da internet representava a "primavera da esperança"[38] e o "inverno do desespero"[38] da tecnologia.

Elon Musk foi um dos poucos a vivenciar tão intensamente essas oscilações. De 1999 a 2002, ele ganhou uma fortuna ao vender sua primeira startup, fundou outra empresa bem-sucedida, garantiu outra fortuna quando a companhia abriu seu capital e partiu em uma terceira empreitada. Durante esse período, ele combateu um motim, quase morreu em um acidente de carro, foi destituído do cargo de CEO da empresa que cofundara, quase morreu *de novo* ao contrair uma combinação de malária e meningite e perdeu um filho para a síndrome da morte súbita infantil (SMSI).

Pouco depois da partida de Musk, um dos primeiros funcionários da X.com, Seshu Kanuri, lhe escreveu. "Elon, sinto muito pelos últimos acontecimentos referentes ao seu cargo na nossa equipe. Espero que você não se deixe abalar, pois tenho certeza de que terá um destino brilhante na tecnologia."[39] Kanuri lembrou que Musk o respondeu com gratidão.

Apesar da bagunça, a destituição de Musk abriu espaço para a sua criatividade. Livre das tarefas da empresa, ele pôde retornar a suas primeiras paixões: o espaço e a energia elétrica. "Steve Jobs fez a Pixar ser o que é porque foi demitido da Apple. Elon fundou a SpaceX e a Tesla porque foi demitido da X.com"[40], observou Scott Alexander, um dos primeiros engenheiros da empresa.

Essas novas empreitadas começaram bruscamente: não houve muito tempo para curar as feridas ou processar o luto. Alguns meses depois do golpe, Mark Woolway saiu com Musk para beber. "Perguntei o que ele ia fazer, e ele disse: 'Vou colonizar Marte'. Estávamos em um barzinho em Palo Alto chamado Fanny & Alexander, sentados do lado de fora. Ele afirmou: 'Minha missão de vida é tornar a humanidade uma civilização interplanetária'. Respondi: 'Cara, você pirou na batatinha'"[41], lembrou Woolway.

Menos de dois anos depois, em 6 de maio de 2002, Elon Musk preencheu os documentos necessários para constituir uma nova empresa, a Space Exploration Technologies Corporation. Uma semana depois, ele registrou a URL: www.spacex.com. Em 4 de agosto de 2008, a SpaceX anunciou que tinha recebido um investimento de capital de US$20 milhões da Founders Fund, de Peter Thiel, e Luke Nosek, que ajudava a administrar os fundos, integrou o conselho da SpaceX.

Em 28 de setembro de 2008 — quase oito anos após ter sido deposto do cargo de CEO da X.com —, Elon Musk assistia ao foguete Falcon 1, da SpaceX, alçar voo na ilha de Omelek, em Kwajalein Atoll, no sudeste do Havaí. Nove minutos e trinta e um segundos depois do lançamento, o Falcon 1 se tornou "o primeiro foguete de combustível líquido do setor privado a orbitar a Terra"[42].

PARTE 3

TORRES DOBRADAS

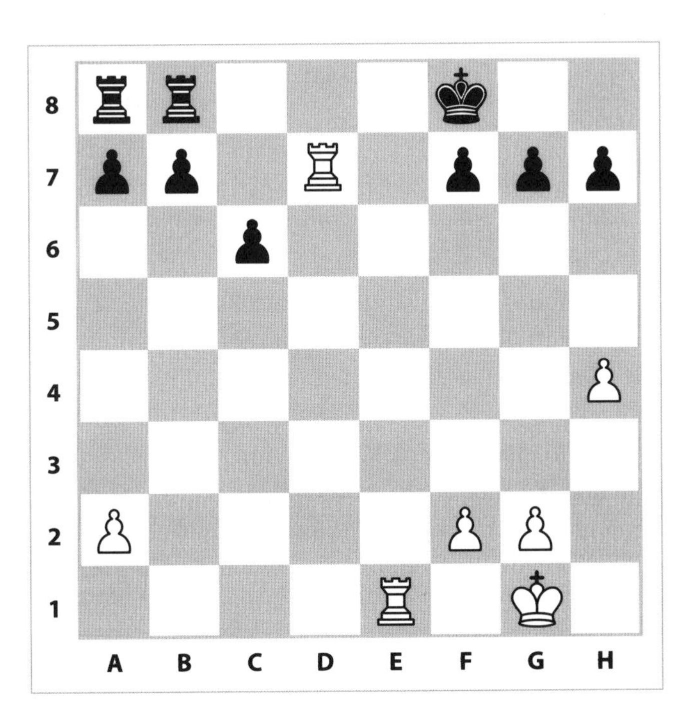

15

IGOR

Quando o conselho expulsou Musk, Mike Moritz insistiu em uma condição. Thiel poderia ser o CEO interino, mas eles precisariam procurar um CEO adequado para o PayPal. Para isso, o conselho contratou uma empresa profissional de caça talentos, a Heidrick & Struggles, e pediu que Thiel e Levchin bolassem juntos a descrição do cargo.

Eles entregaram um sonho impossível. Para os dois, o candidato ideal teria proeza tecnológica, habilidades estratégicas, QI alto, experiência em liderar empresas no IPO, se sentiria confortável com a cultura informal das startups e se divertiria com os debates acalorados do PayPal. "Foi engraçado pra caramba, estavam procurando o humano perfeito. Eram jovens ingênuos"[1], disse outro membro do conselho.

Os caça talentos sugeriram uma dúzia de candidatos, mas nenhum atendeu aos requisitos, o que não foi nenhuma surpresa. Alguns foram rejeitados por "não serem intelectualmente rigorosos o suficiente"[2], pelo que John Malloy se lembra do feedback da equipe executiva do PayPal. Outros candidatos foram desclassificados após o árduo processo de seleção. Malloy se lembrou de uma ligação de um candidato especialmente raivoso que, depois da entrevista, quis saber o que enigmas de matemática tinham a ver com administrar uma empresa.

Para falar a verdade, Thiel compartilhava da vontade geral de contratar um novo CEO. "Peter não queria trabalhar com pessoas de jeito nenhum"[3], explicou Reid Hoffman, o que incluía os membros do conselho do PayPal. Mas os outros da equipe queriam que Thiel continuasse e sabotaram o processo de seleção. "Fazíamos umas entrevistas de emprego falsas. Fingíamos entrevistar e ficávamos empurrando com a barriga"[4], lembrou Sacks. Mark Woolway chamou o processo de "projeto de fachada".

■ ■ ■

Um candidato sobreviveu à farsa. David Solo, com seus trinta e poucos anos, acumulara uma enorme experiência em serviços financeiros. Depois de se formar em engenharia elétrica e em ciências da computação no MIT, Solo trabalhou na O'Connor & Associates, uma empresa *fintech* pioneira na tecnologia de negociação de derivativos. Com 26, ele se tornou sócio e, aos trinta e poucos anos, supervisionou uma fusão entre a O'Connor e o Banco Nacional Suíço. "Ele era um matemático brilhante, entendia tudo e teria se encaixado perfeitamente"[5], disse Thiel.

Mesmo antes de competir pelo cargo de CEO, Solo já tinha cruzado com a X.com. Em 1999, quando ele acabara de chegar à Costa Oeste, um amigo que era investidor de *venture capital* o apresentou a Musk. Solo se lembrou do "X" enorme da fachada do escritório e da explicação de Musk sobre sua visão ainda não definida. Eles trocaram algumas ideias e, apesar de ter ficado impressionado com Musk, Solo não ficou convencido do apelo comercial da X.com.

Passado um ano, Solo estava sentado em um espaço mais amplo. Dessa vez, foram Levchin e Thiel que o interrogaram. O destino (e o jogo) virou: Thiel e Solo tinham se conhecido anos antes, justamente em uma entrevista de emprego para a O'Connor & Associates.

Depois da entrevista, Solo conversou com sua esposa sobre a ênfase meritocrática da empresa — que ecoava o ambiente de que ele tanto gostava na O'Connor. "Quando estava quase entrando nos meus 30 anos, um sócio administrativo da O'Connor disse: 'David, queremos fazer de você o líder global da divisão de renda fixa e derivativos do banco'"[6], recordou Solo. "E eu me lembro de ter respondido: 'Que ótimo, mas você não acha que seria melhor contratar alguém do Salomon Brothers que saiba o que está fazendo?'. E ele afirmou: 'Sabe de uma coisa, acho que podemos até perder nove meses ou um ano se não contratarmos o cara mais experiente, mas, no final das contas, sempre deu certo apostarmos nas pessoas que conhecemos e nas quais vemos talento e ética profissional'", continuou Solo.

Depois de refletir, ele sentiu que a lógica do PayPal era a mesma. "Eu me lembro de voltar para casa e pensar: *Sabe de uma coisa, esse Peter está com tudo*. Para ser sincero, ele provavelmente trabalha melhor do que eu, pois está na empresa desde o início. Conhece as pessoas. Elas claramente têm um respeito muito grande por ele, e com razão, na minha opinião", disse Solo. Ele se retirou da seleção e disse a Mike Moritz: "Se eu fosse você, apostaria no Peter."

O membro do conselho Tim Hurd chegara a essa mesma conclusão sozinho. "É muito provável que só Peter poderia ter sido bem-sucedido como CEO, porque todos precisavam dele e o respeitavam. Max precisava respeitá-lo. Reid, os outros, todos estavam ali porque Peter também estava."[7] Hurd disse: "Peter sabia administrar as coisas? De jeito nenhum. E ele mesmo admitia, mas não havia mais ninguém que conseguiria fazer aquilo."

Quando Solo foi entrevistado, inúmeros candidatos tinham perdido o combate do PayPal. Thiel assumiu o cargo em setembro de 2000; em meados de 2001, a empresa ainda estava no processo de recrutamento. Solo seria o último dos entrevistados, e o conselho tirou o "interino" do título do cargo de Thiel. Ele admitiu que o incentivo externo de Solo "foi de grande importância para convencer o conselho a ficar comigo"[8].

Para Thiel, o processo de seleção obrigatório deixou um travo. Um dos presentes disse que Thiel estava "bem infeliz"[9] com a tentativa de expulsá-lo, comandada por alguns do conselho. Isso criou uma rixa entre ele e Mike Moritz, da Sequoia, que nunca foi totalmente resolvida e que reforçava a aversão do PayPal à "experiência executiva".

Thiel era favorável a colocar novatos talentosos no comando, sendo ele próprio um exemplo disso. No início, Thiel indicara Reid Hoffman como COO — contrariando a recomendação dos outros membros do conselho. Ele colocara Sacks como vice-presidente estratégico — apesar das preocupações quanto ao coleguismo de Sacks. Ele promoveu Roelof Botha, que tinha acabado de sair da faculdade de negócios, a CFO e colocou uma jovem advogada chamada Rebecca Eisenberg para participar do IPO como presidente do comitê jurídico. Mais tarde, quando se falava da contrariedade de Thiel, focava-se em suas decisões quanto ao mercado e à política. Mas, durante a época do PayPal, sua tendência a quebrar padrões não tinha nada a ver com matemática ou filosofia política — e sim com pessoas.

Rebecca Eisenberg era uma advogada formada em Harvard e colunista de tecnologia que chegara à empresa no auge da ruptura da bolha da internet — algumas semanas depois de ser despedida. Ela fez um comentário apaixonado sobre o seu ingresso na empresa, ligando-o à cultura do PayPal: "Peter e seu grupo são ótimos, porque eles realmente não estavam nem aí para outras coisas. Por exemplo, não ligavam para o fato de que fui uma colunista sem rodeios; que, antes, meu rosto [ficava] estampado em anúncios nos ônibus; que eu falava o que pensava; que eu era mulher; que me conheciam como feminista; e que admiti ser bissexual. Peter não queria nem saber. Ele queria pessoas inteligentes que trabalhassem duro."[10]

■ ■ ■

Pouco depois da partida de Musk, Thiel convocou um pequeno grupo, inclusive Botha, Sacks e Levchin. Eles se sentaram em uma mesa redonda e grande de madeira no apartamento da namorada de Botha, e Levchin lembrou a gravidade do momento: tinham conseguido o que queriam — com Musk fora do jogo, a empresa agora era deles. Mas as crises também. Thiel dividiu as responsabilidades entre os presentes; cada um combateria uma ameaça à existência da empresa.

Outro grupo se reuniu em Gualala, na Califórnia, onde moravam os avós de Reid Hoffman. Eles dividiram os dias da seguinte maneira: 1º dia, diagnosticar os problemas da empresa; 2º dia, propor soluções. Todos concordavam em uma questão em particular: a empresa abandonaria o X-Finance e se concentraria em consolidar sua posição como "facilitador de pagamento" no eBay. (No terceiro dia, o grupo também fez um *brainstorming* sobre os próximos passos caso a empresa falisse. Hoffman sugeriu uma ideia que, mais tarde, ele acabaria realizando: uma rede social profissional, que seria conhecida mundialmente como LinkedIn.)

Em meados de 2000, os funcionários de todas as esferas perceberam a atividade e a urgência. "Naquela época, no PayPal, cada detalhe e cada segundo importavam. Dependendo, você — você sozinho! — podia ser o que atrasaria tudo. E nós sentíamos essa pressão e entendíamos. E essa sensação de urgência nos motivava. Nós pulávamos refeições, deixávamos de ir ao banheiro. Tudo para fazer o que tinha que ser feito"[11], disse Oxana Wootton.

E tinha muito a ser feito no PayPal. As ameaças do eBay, da Visa, da Mastercard e de muitas outras ainda pairavam no ar e as reservas da companhia estavam sempre diminuindo. Em meados de 2000, o PayPal tinha dinheiro para apenas alguns meses, sem muita esperança de conseguir mais investimento. A não ser que a empresa conseguisse dar a volta por cima e mostrar saúde financeira, não parecia possível que os investidores desconfiados jogassem mais dinheiro pela janela. "Pensamos que chegaríamos a falir"[12], lembrou Mark Woolway.

O conselho se reuniu uma semana após a partida de Musk; e, em 28 de setembro, Thiel esboçou uma virada estratégica em um e-mail a todos da companhia:

> Prezados,
>
> Aqui vai uma pequena atualização quanto às prioridades da X.com para o próximo mês:
>
> (1) Prevenção de fraudes. Max Levchin comandará essa operação, e Sarah Imbach coordenará os elementos técnicos, financeiros e operacionais necessários para que a empresa consiga chegar lá. A boa notícia é que a crise das fraudes pode ser facilmente controlada e que temos várias soluções front-end (impedindo os fraudadores de entrarem no sistema) e back-end (detectando-os caso entrem no sistema).
>
> (2) Ciclo de produtos/plataforma V1. O ciclo de produtos será acelerado o mais rápido possível e, com isso, todos os recursos de engenharia serão concentrados na plataforma V1...
>
> (3) Marcas. Nossas marcas não vão mudar: o produto se chamará PayPal (porque é com esse nome que os clientes estão familiarizados), e a empresa, X.com (porque é com esse nome que os investidores estão familiarizados).
>
> (4) X-Finance. Encerraremos as operações do X-Finance e começaremos a consolidar tudo no PayPal. Todos que estão trabalhando no X-Finance serão transferidos para o Paypal, pois é ele que requer todo o nosso foco no momento.
>
> Obrigado,
>
> Peter[13]

■ ■ ■

Para uma empresa de serviços financeiros que, no início, era, como observou Levchin, "ingênua quanto às fraudes"[14], o fato de justamente a fraude ter se tornado uma das suas prioridades estratégicas representou uma virada sísmica. Alguns dias antes do e-mail de Thiel, ele e o resto do conselho ouviram Roelof Botha e Levchin exporem a severidade do problema das fraudes no PayPal.

A análise contínua de Botha sobre os negócios produziu uma observação crítica: as fraudes que assolavam o site surgiam de muitas formas. O primeiro tipo era a fraude comercial, praticada pelos compradores. Uma pessoa comprava um item e afirmava, de má-fé, que ele chegara quebrado, que era o item errado ou que nem chegara. O comprador pediria reembolso, e o PayPal — o intermediário financeiro — era responsável por pagar. A empresa percebeu que esse tipo de fraude atingia tanto empresas grandes como pequenas; era uma jogada padrão. "As fraudes comerciais eram meio irritantes, mas era um dos preços a se pagar para fazer negócios"[15], lembrou Botha.

O tipo de fraude mais preocupante envolvia cartões de crédito, sites de transportadoras estrangeiras e mesmo empresas de fachada. Alguns hackers faziam contas no PayPal com cartões de crédito roubados, compravam e enviavam produtos para o exterior e os revendiam. Outros fraudadores inventavam empresas de fachada e enganavam compradores incautos, fazendo-os comprar produtos falsos e embolsando o dinheiro sem enviar nada. Para cobrir seus rastros, os fraudadores movimentavam o dinheiro por uma série elaborada de contas fantasmas indetectáveis de bancos estrangeiros.

Esse tipo de criminalidade profissional apresentava um risco mais sério para a empresa. "Se alguns criminosos espertos tirassem milhões e mais milhões da conta de alguém, poderiam levá-lo à falência. Não tinha como frear as fraudes não autorizadas"[15], explicou Botha.

O principal desafio no combate à fraude profissional era separar as cobranças autorizadas das não autorizadas com velocidade e em grande escala. No início, a empresa tentou ser leniente — evitando passos suplementares nos processos de transferência para aumentar o número de usuários. Mas agora, com o PayPal ganhando notoriedade, sua leniência estava o colocando em risco. A companhia já não estava em guerra com universitários entediados criando contas falsas e aproveitando o bônus para comprar cerveja — agora, estava enfrentando criminosos profissionais que roubavam milhões de dólares.

A fraude era mais do que um aborrecimento, concluiu Botha — se não fosse checada, ela poderia afundar a empresa. Ele compartilhou essas ideias com o conselho do PayPal, que concordou com sua análise calamitosa. "Se não tivéssemos resolvido o problema, o PayPal não existiria mais"[16], disse Tim Hurd.

■ ■ ■

No filme favorito de Levchin, *Os sete samurais*, o líder dos samurais, Kambei Shimada, instrui um colega a "ir para o norte"[17], onde uma batalha decisiva acontecerá. Se Kambei sabe onde a batalha será, pergunta o guerreiro, por que não construir uma cerca para manter longe o inimigo? Ele responde: "Um bom forte precisa ter uma falha. Precisamos atrair o inimigo para podermos atacá-lo. Se só ficarmos na defensiva, perdemos a guerra."[17]

Com seu crescimento vertiginoso, o PayPal acabou construindo, sem querer, um forte com falhas enormes — e os fraudadores se aproveitaram disso. Mas, tal como em *Os sete samurais*, as falhas na armadura do PayPal tiveram importância crítica. Observar de perto os muitos criminosos na plataforma ajudou a empresa a implementar consertos de ponta, inclusive vários que se tornaram padrão de deterrência para o setor. "[As fraudes] nos salvaram — por acidente. E foi mais barato do que comprar anúncios no Super Bowl"[18], explicou Luke Nosek.

Antes da destituição de Musk do cargo de CEO, a transição lenta para o PayPal 2.0 deixara Levchin com tempo livre. Ele usou isso para fazer uma imersão nas salas de bate-papo e fóruns dos fraudadores, vigiando os que atacavam a empresa em seu habitat natural. "Eu ficava maravilhado vendo Levchin resolver aqueles problemas de fraude. Quanta criatividade... ele entrava nas salas dos hackers russos e ficava espionando. Eu pensava: *Nossos concorrentes, pobrezinhos, estão ferrados*"[19], lembrou Todd Pearson. Tim Hurd, membro do conselho, recordou ter visto Levchin ligando para os fraudadores e falando com eles em ucraniano.

Levchin e seus colegas descobriram os muitos níveis de sofisticação dos que atacavam a companhia. Um deles, relativamente esperto, conseguiu uma pequena fortuna ao criar uma cópia do site, o "PayPai.com" — explorando a proximidade entre as teclas "l" e "i" para atrair os usuários a uma réplica funcional do PayPal.com. Mas outros esquemas mais sofisticados e ameaçadores também surgiram. Desde seu início, por exemplo, o PayPal enfrentara ataques de robôs, fragmentos de códigos escritos para abrir um grande número de contas e captar os bônus de US$10 e US$20.

Para consertar esse problema dos robôs, a equipe de engenharia do PayPal se viu confrontada com uma pergunta filosófica centenária. Nos anos 1600, René Descartes se perguntou o que diferenciava os humanos dos robôs — ou "autômatos". Estes ainda não existiam quando Descartes escreveu seu *Discurso sobre o método*, mas algumas versões primitivas já circulavam nos anos 1950, quando o cientista da computação e matemático britânico Alan Turing assumiu a pesquisa de Descartes. "Proponho considerar a seguinte pergunta: 'As máquinas conseguem pensar?'"[20], escreveu Turing.

Sua resposta foi sujeitar computadores a "um jogo da imitação", no qual um humano e um computador ficariam trancados em cômodos separados e seriam encarregados de responder a perguntas vindas de um terceiro cômodo. Se quem perguntava não conseguisse distinguir as respostas da máquina das do humano, então o computador passava no teste de Turing.

Motivados por razões mais utilitárias, os engenheiros do PayPal se juntaram ao combate algumas décadas depois de Turing. Levchin consultou sua equipe de engenheiros: "O que o computador não consegue fazer de jeito nenhum — mas que os humanos conseguem em um piscar de olhos?"[21] Um deles, David Gausebeck, se lembrou de suas pesquisas da faculdade que testavam a habilidade dos computadores quanto a decifrar imagens. Humanos, recordou, conseguiam ler as letras deformadas, escondidas ou distorcidas — uma tarefa muito mais difícil para os computadores. Ele olhou para Levchin e disse "OCR", referindo-se ao reconhecimento óptico de caracteres ("Optical Character Recognition", em inglês).

O conceito não era nada novo para Levchin. No Usenet e nos outros fóruns que frequentava, os hackers distorciam palavras o tempo inteiro para esconder informações de curiosos. Então "*SWEET*" ["doce", em tradução livre] se tornava "$VV££|", e "*HELLO*" ["olá", em tradução livre] poderia ser escrito como "|-|3|_|_()" ou ")-(3££0". Os humanos conseguiam ler esses códigos, já os computadores do governo, não.

"Então, naquela noite, fiquei pensando: *Que problemas as pessoas acham fáceis de resolver, mas que são difíceis para um computador?* E reconhecer letras parece um exemplo perfeito disso. Escrevi um e-mail para Max dizendo: 'Por que não colocamos imagens de caracteres e pedimos que o usuário os digite? Isso seria difícil para um autômato'", lembrou Gausebeck. O engenheiro enviou esse e-mail já tarde da noite e, ao chegar no escritório no dia seguinte, encontrou Levchin "com meio caminho andado". Em um ritmo frenético, ele terminou um protótipo naquele mesmo final de semana. Quando finalizou, colocou o código no site — e ouviu a *Cavalgada das Valquírias*, de Richard Wagner, no último volume em um alto-falante instalado em um cubículo.

■ ■ ■

Para aperfeiçoar sua criação, Levchin e a equipe estudaram as ferramentas de automação disponíveis naquela época. Ele foi até uma loja de computadores das redondezas e comprou vários softwares de reconhecimento óptico de caracteres — programas (ainda incipientes) que extraíam texto legível por máquinas a partir de imagens ou caligrafia. Essa pesquisa levou a alguns refinamentos posteriores, inclusive o uso de fontes stencil e a adição de linhas grossas e translúcidas sobre o texto, os quais enganaram o software OCR comprado na loja.

A equipe previu que o "teste Gausebeck-Levchin" — como o batizaram — funcionaria bem no início, mas se degradaria com o tempo. Como outras criações do PayPal, a equipe planejou pesquisar as falhas, reimplantar e repetir o processo. Apesar de a solução inicial ser muito inteligente, Gausebeck esperava que os fraudadores conseguissem derrotar o sistema com o tempo. *É um problema que dá para resolver*, ele se lembrou de ter pensado.

A funcionalidade foi implantada, e a equipe ficou esperando que falhasse. Para a sua surpresa, ela não falhou. "Acabou que a versão original aguentou bem por muitos anos. Acho que as pessoas que estavam motivadas para derrotá-la não eram as que tinham habilidade para isso. Requer um conjunto de habilidades bem diferente das necessárias para interagir com uma página da internet", lembrou Gausebeck. O teste Gausebeck-Levchin se tornou a primeira aplicação comercial do "Teste de Turing público e completamente automatizado para distinguir computadores de pessoas" — ou CAPTCHA, na sigla em inglês. Hoje, os testes CAPTCHA são comuns na internet — estar online é estar sujeito a encontrar uma imagem específica (um hidrante, uma bicicleta ou um barco) em meio a uma série de outras fotos. Mas, na época, o PayPal foi a primeira empresa a usar esse método para os usuários provarem que eram humanos. Gausebeck e Levchin não inventaram o CAPTCHA — pesquisadores da Carnegie Mellon desenvolveram algo parecido em 1999 —, mas a versão do PayPal foi a primeira de peso, e está entre as primeiras que resolveu o desafio secular de separar máquinas de humanos.

■ ■ ■

"O mundo é controlado pelos robôs. E passamos boa parte do dia lhes dizendo que não somos robôs só para logar e olhar *nossas próprias* coisas"[22], diria mais tarde o comediante John Mulaney, brincando com os testes CAPTCHA.

Algumas pessoas no PayPal previram esse problema — o de que tais testes poderiam incomodar usuários que eram humanos de verdade. Quando Levchin abordou David Sacks para apresentar um teste que envolvia uma linha grossa em cima de um texto distorcido, Sacks se lembrou de ter dito: "'Está de sacanagem? Ninguém vai entender isso, não. Vai acabar espantando as pessoas que iam se cadastrar... O que quer fazer com minha página de cadastro?!'."[23] Skye Lee recordou o longo vaivém para criar imagens que funcionavam no teste CAPTCHA, mas que não restringiam o uso do site. "Não pode demorar muito para baixar a imagem. Queremos que seja rápido — não só performativo"[24], disse ela.

Por fim, Sacks cedeu. Mas sua resistência atestava um exercício eterno de equilíbrio no PayPal entre a segurança do site, sua usabilidade e seus cofres. "Peter dizia que eram 'os indicadores'. É fácil dar um basta na fraude quando se está disposto a acabar com a usabilidade. O difícil é manter um nível suficiente de usabilidade sem deixar que a fraude assuma o controle. Então, Max controlava os indicadores de fraude, e eu, os de usabilidade. E nós nos juntávamos para chegar a um acordo"[25], lembrou Sacks.

Durante esse período, a liderança da companhia criou o que Sacks chamou de "um loop iterativo e rígido entre o produto e as finanças"[26]. Reuniões semanais nos finais de semana se tornaram de praxe, e a companhia observava de perto todos os ajustes dos indicadores — para ver, por exemplo, como a redução do crescimento das contas afetava a receita ou como a mudança nas transações partindo de contas bancárias impactava nos custos.

Com o tempo, o ajuste desses indicadores deu ao PayPal uma vantagem competitiva. "Uma falha de muitos dos nossos concorrentes quando começaram a apanhar da fraude foi começar imediatamente a transformar suas páginas de cadastro em sites com aquelas quatro flechas e umas mil perguntas, sabe"[27], lembrou Ken Miller. Apesar de ter perdido milhões de dólares para fraudes, o PayPal não tomou medidas tão draconianas. Em vez disso, a empresa fez ajustes pontuais, usando uma mistura de design de produto, análises detalhadas e ferramentas de combate à fraude para transformar essas perdas em superação.

■ ■ ■

Tanto o teste Gausebeck-Levchin quanto a técnica de "depósitos aleatórios" de Sanjay Bhargava barravam a entrada de fraudadores — mas não impediam *todos*. Muitos conseguiam ultrapassar essas barreiras. Para combatê-los, a empresa também precisou descobrir como monitorar transações *back-end*; ou seja, como ficar de olho nos usuários que já tinham contas estabelecidas.

Nesse quesito, o PayPal deixaria outra marca pioneira no setor — em parte, graças às contribuições de um engenheiro estagiário. Bob Frezza chegara à empresa indiretamente. Em 1999, seu pai participara de uma conferência do Cato Institute em que Peter Thiel discursara sobre o caráter promissor das empresas de internet. Bill Frezza e o palestrante trocaram e-mails; e, quando o filho de Frezza, que estudava em Stanford na época, foi procurar um estágio de férias, seu pai mandou uma mensagem para Thiel com o currículo do filho.

Thiel respondeu prontamente: "Obrigado por nos recomendar o Robert. Temos quatorze ex-alunos de Stanford trabalhando na Confinity (inclusive eu mesmo), e sempre tento contratar mais pessoas que estudaram lá, então com certeza vou ligar para ele."[28] Frezza era um engenheiro de peso, então Thiel encaminhou o e-mail para Levchin.

"De início, pensei: *Peter, como assim, por que me mandou um estagiário?* Não preciso de ninguém para pegar meu café"[29], lembrou Levchin. A Confinity não tinha nenhum estagiário tradicional: Levchin preferia equipes pequenas e engenheiros autossuficientes, pois não queria servir de tutor para um universitário.

Quando chegavam estagiários para as entrevistas, Levchin os incentivava a trabalhar em tempo integral. Um dos primeiros funcionários, Jawed Karim, estava no terceiro ano da faculdade quando ele o entrevistou, achando que seria um bico de verão. "Então, falei: 'Estou mais interessado em um estágio de verão ou algo assim'. E [Levchin] ignorou, me oferecendo um trabalho em tempo integral"[30], disse. Karim aceitou a oferta, começando sua vida profissional aos 20 anos de idade e se juntando aos muitos funcionários da companhia que não terminaram a faculdade. (Encorajada por sua habilidade de captar das universidades os talentos de ponta, a empresa colocou um anúncio no jornal *The Stanford Daily*, incentivando os estudantes a largarem a faculdade e trabalharem lá.)

Ao contrário de Karim, Frezza deixou mais explícito que só estava procurando um trabalho de férias, e Thiel implorou a Levchin que entrasse em contato com ele para conversar. "Encontrei com [Frezza] no University Café, em Palo Alto, e percebi que ele era um garoto especial"[31], lembrou Levchin.

Frezza iniciou seu estágio no PayPal em 20 de junho, por volta do período em que Levchin começou a se atentar para as fraudes. Um dos melhores amigos de Frezza na empresa era Bob McGrew, outro estagiário de Stanford. O resto da equipe se referia aos dois como "os estagiários Bobs". "Acho que a piada chegou a um ponto em que ele era 'Bob, o estagiário', e eu, 'o estagiário Bob'. Ninguém lembrava quem era quem"[32], recordou McGrew.

Sem um programa formal de estágio, os estagiários pioneiros do PayPal acabavam fazendo o mesmo trabalho que funcionários de tempo integral — e eram devidamente remunerados. Frezza recebeu uma pequena parte de ativos da empresa, o que não era comum para funcionários temporários. Bora Chung, que entrou para estagiar na empresa nas férias de 2000, concluiu seu estágio e continuou trabalhando em meio período até terminar a faculdade de negócios em Stanford, recebendo opções de ações naquela época — tudo isso antes de entrar em tempo integral em 2001. A empresa até disponibilizava opções de ações para alguns consultores e funcionários temporários.

Frezza, McGrew e os outros que trabalhavam em meio período penavam tanto quanto o resto dos funcionários de tempo integral e participavam de projetos igualmente complexos. McGrew, por exemplo, desenvolveu um jeito de aumentar a complexidade das senhas master do PayPal. "Max pensou [na minha ideia] por um tempo. Era diferente do que tinha feito. Ele disse: 'Que ótima ideia. Vamos implementá-la'. Então, reformulei completamente nosso jeito de administrar senhas", lembrou McGrew.

Ele também se lembrou da liberdade que os melhores funcionários recebiam — inclusive o "estagiário Bob". Um dia, Frezza chegou para trabalhar às 14h, matando uma reunião marcada com seu chefe, Levchin. Quando ele lhe perguntou o que acontecera, Frezza explicou que tinha acabado de comprar um volante para computador e que ficara jogando até tarde. "Naquele lugar, coisas assim realmente aconteciam"[32], disse McGrew, rindo.

■ ■ ■

John Kothanek, o investigador sênior de segurança da empresa, lembrou que Frezza ficou empolgado com o problema das fraudes — porque ele mesmo sofrera com isso, duas vezes. Dois vendedores lhe enviaram caixas vazias em vez dos itens que encomendara. "Ele me disse várias vezes: 'Não quero que isso aconteça com mais ninguém. Não quero que ninguém seja enganado. Quero ajudar a acabar com esse troço'"[33], lembrou Kothanek.

Em meados de 2000, Frezza se juntou à Levchin na busca por padrões de fraudes. Os fraudadores deixavam pistas e seguiam comportamentos consistentes. De início, esses padrões revelavam regras simples: o tempo ou o valor da transferência, por exemplo, poderia ser utilizado para detectar comportamentos fraudulentos. A certa altura, Levchin percebeu que contas fraudadas normalmente se denunciavam: o fraudador não utilizava maiúscula na primeira letra do primeiro nome dos perfis falsos. Esse padrão poderia servir de teste de prevenção. Uma conta com um "t" minúsculo em "tom", por exemplo, seria examinada com atenção redobrada pelos analistas de fraude da equipe.

No entanto, os fraudadores logo pegaram a manha dessa lógica simples. "Os vilões testam para ver se as regras são simples"[34], disse Levchin à revista do setor *The American Banker*. Se ele e sua equipe estabelecessem, digamos, um limite de US$10 mil, acima do qual as transferências seriam monitoradas manualmente por um funcionário do PayPal, os ladrões perceberiam e iterariam. "Em vez disso, faziam dez operações de U$1.000. Então, estabelecíamos, tipo, um monitoramento a partir de um total de US$10 mil em transferências. E eles respondiam: 'OK, e se eu criar dez contas falsas e enviar US$999 para cada uma?' Desse jeito, fica bem difícil criar regras"[35], afirmou McGrew.

Quanto mais a companhia crescia, mais sofisticadas se tornavam as fraudes. Mas os problemas de verdade só surgiram quando hackers internacionais começaram a atacar a empresa. Os fraudadores mais diretos começaram um jogo de gato e rato com Levchin e a equipe de engenharia. Eles achavam uma falha, os engenheiros a consertavam, e eles tentavam de novo. "Virou uma corrida armamentista. Fazíamos uma coisa, e eles revidavam na mesma moeda com um esquema novo"[36], disse Ken Miller.

Um ladrão particularmente insistente usava o pseudônimo "Igor". Um de seus truques era criar duas contas, com ar legítimo o suficiente para passar pela verificação inicial do PayPal. Depois, ele ficava esperando. Passado tempo suficiente para evitar suspeita, ele usava uma das contas para comprar produtos da outra com um número de cartão de crédito roubado. Então, o falso vendedor transferia o dinheiro para uma conta que não era do PayPal.

Para qualquer um que presenciasse, as transferências pareciam normais, nada diferentes das outras inúmeras trocas entre compradores e vendedores que o PayPal facilitava todos os dias. A grande sacada de Igor era criar um fac-símile de uma transferência nada suspeita para os funcionários.

■ ■ ■

No final de 2000, a companhia estava processando dezenas de milhares de transferências todos os dias, e as quantias e os detalhes variavam muito. Buscar malfeitores manualmente não levaria a nada. Então, Levchin, Frezza e os outros começaram a examinar padrões mais sofisticados — CEPs suspeitos, endereços de IP, contas que passavam dos limites de transações ou outros campos —, percorrendo a variedade de fraudes do PayPal.

Enquanto Levchin, Frezza e os outros tentavam reconhecer padrões, eles ficaram se perguntando se a atividade no sistema do PayPal poderia ser disposta visualmente em vez de numericamente. Então, a equipe resolveu construir o equivalente de um ecocardiograma da empresa — uma representação visual do fluxo de dinheiro.

Em um monitor de computador, via-se na imagem uma série de linhas representando o fluxo de dinheiro, sendo que a grossura de cada traço variava de acordo com a quantia transferida. Se uma conta só contava com riscos finos, representando transferências de pouco valor, uma linha grossa e repentina em meio ao histórico de transações poderia indicar que havia um problema ali.

Ilustrar fraudes financeiras reforçava a intuição humana, e essas ferramentas digitais conferiam às equipes de análise de fraude algo mais concreto para caçar em meio ao labirinto de números. Antes desses recursos, como Kothanek bem lembrou, a equipe estava abarrotada de documentos em papel: "Nós literalmente imprimíamos tudo, tipo, caixas e mais caixas de documentos para conseguirmos examiná-los com marcador de texto e pregá-los nas paredes. Eu já tinha visto em filmes, mas, na vida real, só no PayPal."[37]

Com o tempo, uma combinação de chefes de produto e engenheiros ajudou a iterar os designs originais, criando ferramentas para investigadores de fraudes examinarem as atividades alarmantes em escala. "De repente, com um clique, conseguíamos ver uma rede de 4.300 contas, que, para nós, estavam todas relacionadas, sendo parte de um mesmo círculo. Em comparação, antes teríamos levado semanas para esquematizar tudo aquilo"[38], disse Ken Miller.

O aspecto visual também facilitou a comparação das categorias de fraude. A certa altura, Frezza sugeriu a McGrew que a equipe comparasse gráfico com gráfico. Em termos teóricos da ciência da computação, o que ele estava descrevendo era o problema do isomorfismo de subgrafos, uma tarefa desafiadora na computação. Essa técnica fora utilizada por programadores para, entre outras coisas, comparar as nuances de compostos químicos.

Frezza e Levchin, ao aplicarem essa estratégia aos padrões de atividade fraudulenta, conseguiram outro avanço: agora, o PayPal era capaz não apenas de comparar números com números, mas também padrões com padrões. Eles acrescentaram regras geradas por computador que emitiam um alerta se um padrão fosse semelhante a um padrão fraudulento anterior. Se ele fosse registrado com frequência, a equipe poderia criar uma regra geral para evitar que isso acontecesse novamente.

"Explicando de um jeito simples, para leigos, começamos a enfrentar padrões — mais do que [enfrentávamos] fraudadores. Padrões são matemática. Uma parte do pessoal que acabou trabalhando com isso era basicamente matemáticos de Stanford que Max contratou, e eles criaram modelos que detectavam mudanças e anomalias nos padrões, o que foi um método bastante à frente do seu tempo, considerando a época"[39], comentou o engenheiro Santosh Janardhan.

Forçados a utilizarem meios ainda mais complexos para dar golpes, os fraudadores do PayPal muitas vezes se cansavam no processo. "[Nosso trabalho] levou os burros à falência"[40], lembrou McGrew. Os esforços extras também levaram a mais erros nas fraudes. "Quanto mais complexo o esquema, mais provável é deixar algum rastro no processo. Quando se reutiliza um endereço de IP que já tinha sido detectado em uma transação suspeita, por exemplo, isso pode acionar um alerta, alarmando os analistas de fraude. Eles examinam o gráfico e, de repente, reconhecem um padrão, vendo que há algo de suspeito"[40], explicou McGrew.

O novo sistema de detecção de fraudes de Frezza e Levchin foi batizado de "IGOR" — em homenagem ao famoso fraudador do PayPal. O Igor humano não só tinha abusado dos sistemas do site, mas também tinha levado as coisas para o lado pessoal, implicando com Levchin em e-mails zombadores e inflamados. Imortalizá-lo no nome do programa — que aparecia em meio às propostas para os parceiros e mesmo nos documentos da Comissão de Valores Mobiliários dos Estados Unidos — conferia um toque irônico à situação: IGOR ajudara a acabar com o terrível reinado de Igor.

■ ■ ■

Ferramentas como o IGOR ofereciam ao PayPal um panorama de fraudes em tempo real de cada uma das contas: se uma conta parecesse suspeita, a equipe de combate à fraude examinava o fluxo de dinheiro e investigava esse comportamento na hora. Havia ainda outras inovações que ajudaram a equipe a rastrear as fraudes depois que já tinham sido cometidas.

Nesse processo, a companhia usou matemática aplicada para compensar a falta de experiência. "As pessoas que acabaram trabalhando nisso não eram especialistas da área. E, para falar a verdade, isso foi bom. Não tinham nenhuma noção prévia; abordaram a questão com um olhar novo. E converteram [a fraude] em um objeto matemático e tratável"[41], comentou o engenheiro Santosh Janardhan.

Um que trouxe esse olhar novo foi Mike Greenfield, que se juntara à empresa como analista de fraude, subordinado a Levchin. "Eles realmente me contrataram para, tipo, dar uma olhada no problema como um inteligente (espero) jovem de 22 anos e ver o que dava para fazer. Para ser sincero, nos primeiros seis meses, eu não fui lá muito útil"[42], lembrou Greenfield. Ele criou um software que gerava árvores de decisão para prever fraudes, mas "[joguei] dados demais", comprometendo sua utilidade. No entanto, o software acabou se revelando uma boa pedida para identificar fraudes comerciais.

O processo algorítmico por trás do programa de Greenfield é conhecido como "floresta aleatória" — que consiste em várias árvores de decisão compiladas para melhorar as previsões. Essa abordagem permitiu que o PayPal passasse um pente fino nas transações. "Depois de passar por 18 etapas, dizíamos: 'OK, há 20% de chance de essa transferência ser problemática. Para essa outra, há 0,01%'. Criávamos uns cem desses"[42], explicou Greenfield.

A abordagem do PayPal diferia da de outras empresas de serviços financeiros: seus modelos cuidavam de centenas de variáveis ao mesmo tempo em vez de se limitarem aos de regressão linear utilizados por bancos tradicionais. Em 2000 e 2001, os setores que decolariam com o *machine learning* e o big data ainda estavam muito distantes — mas o PayPal inaugurou muitas técnicas que definiram esses setores. Sua utilização de florestas aleatórias, por exemplo, foi uma das primeiras aplicações desse método de aprendizado a um propósito comercial no mundo inteiro.

Com essas evoluções, o PayPal efetivamente se reinventou, afirmando-se como uma das primeiras empresas de segurança big data. "O PayPal, na verdade, está mais para um negócio de commodities. Parece muito legal e inovador transferir dinheiro na internet. Mas as interfaces dos cartões de crédito existem há mais de vinte anos. [O que fizemos] foi só acrescentar uma fachada bonitinha na internet e deixar as pessoas usarem seus endereços de e-mail como número da conta"[43], comentou Levchin. Mas, segundo ele, era abaixo da superfície que as principais inovações do PayPal brilhavam:

> A parte submersa do PayPal é um sistema de gerenciamento de risco gigantesco e muito baseado em números, o que nos permite perceber instantaneamente quando o usuário está transferindo dinheiro para outra pessoa, tudo isso com um alto grau de certeza quanto à natureza do dinheiro, se é do usuário mesmo, se foi obtido ilegalmente. Pode ser que, mais tarde, sejamos responsáveis por ajudar as autoridades a investigar ou recuperar o dinheiro.[43]

Mesmo os milhões de dólares transferidos em operações problemáticas poderiam ser justificados pelo extenso conjunto de dados gerados. "Perder muito dinheiro por fraude era um subproduto necessário para reunirmos os dados, entendermos o problema e criarmos bons modelos de previsão. Com milhões de transferências e dezenas de milhares de transações fraudulentas, nossa equipe de analistas de fraude conseguiria encontrar padrões mais sutis e detectar fraudes com maior exatidão"[44], escreveu Greenfield mais tarde em um blog pessoal.

De modo geral, as fraudes que ameaçavam a existência do PayPal se tornaram um dos maiores triunfos da empresa, acarretando também o benefício inesperado de diminuir a concorrência. "À medida que os mafiosos russos cresciam cada vez mais, eles se tornavam cada vez melhores em destruir toda a nossa concorrência"[45], disse Thiel. Os ladrões, forçados a trabalhar ainda mais duro para se aproveitarem dos clientes do PayPal, passaram às presas mais fáceis. "Também achávamos que os fraudadores eram meio preguiçosos, né? Só queriam as coisas de bandeja... Então, de certa forma, esperávamos mandá-los para lá [nossos concorrentes]", comentou Miller.

■ ■ ■

Em 19 de dezembro de 2000, Roelof Botha enviou uma mensagem a vários dos executivos: agora ele já podia anunciar que os custos com as fraudes diminuíram quase US$2 milhões em um mês — de outubro para novembro. Com o tempo, o PayPal alcançaria uma das menores taxas de fraude do setor de serviços financeiros, reduzindo muito essa taxa ao final de 2001. Alguns sinais anedóticos também comprovavam o progresso da empresa na luta contra os golpes. No final de 2000 e no início de 2001, Levchin, Miller e outros funcionários examinaram vários canais do sistema de bate-papo Internet Relay Chat (IRC) frequentado por fraudadores e perceberam que as contas ativas do PayPal tinham se tornado um item de colecionador. À medida que a empresa fechava as contas dos malfeitores, as poucas que sobreviveram eram vendidas como commodities. "Dava para ver que o custo de adquirir contas do PayPal só subia, o que sabíamos que era um bom sinal"[46], disse Miller. Em 2001, a companhia comprou as contas roubadas só para fazer uma engenharia reversa e entender melhor seus oponentes.

O sucesso da equipe de combate à fraude rendeu reconhecimento aos membros. Em 2002, Levchin conseguiu um lugar na lista prestigiosa e revisada por pares "Inovadores com menos de 35", compilada anualmente pela revista *MIT Technology Review*[47]. Outros prestigiados ao longo dos anos incluíram Mark Zuckerberg, fundador do Facebook; Larry Page e Sergey Brin, cofundadores do Google; e Linus Torvalds, fundador do Linux. Pelo trabalho com o IGOR, Levchin e Frezza ganharam a patente US7249094B2, um "sistema e método digital para analisar transações online"[48].

Frezza ganhou a patente postumamente. Em 18 de dezembro de 2001, três dias depois das provas finais e a meras três semanas do seu aniversário de 22 anos, Robert Frezza faleceu devido à insuficiência cardíaca. Seu obituário no *Stanford Daily* destacava seu trabalho no PayPal e no IGOR. "O IGOR é um dos dois ou três motivos que fazem do PayPal uma empresa de ponta, e não só mais uma das que explodiram com a bolha da internet"[49], disse McGrew ao jornal.

A morte de Frezza teve forte impacto em seus colegas. "Foi um luto muito grande quando ele faleceu, porque todo mundo o adorava"[50], observou o recrutador da equipe, Tim Wenzel. O PayPal convidou psicólogos para irem ao escritório, e Levchin foi de avião até Lawrenceville, na Pensilvânia, para o funeral de Frezza no dia 22 de dezembro.

Sal Giambanco também sugeriu que a equipe compilasse um livro de memórias do PayPal para os pais e o irmão de Frezza, e Levchin pediu a todos da empresa que enviassem algo "interessante, pessoal, engraçado, bobo, qualquer coisa relacionada ao seu trabalho com Bobster"[51].

Levchin lhes entregou o livro no funeral, e a família ficou emocionada. "Posso dizer sem exagero que nem um pensamento, nem uma palavra, ação ou gesto foi tão importante quanto o livro de memórias que vocês do PayPal fizeram"[52], escreveu Bill Frezza para a equipe. Ele observou que o falecido filho apreciara sua estada no PayPal e "o desafio de provar seu valor para seus colegas talentosos, céticos e exigentes".

"Eu sabia que Bob chegara ao ápice de suas habilidades enquanto engenheiro. E saber que ele sentiu uma alegria imensa em sua vida tão curta sempre será um conforto enorme"[52], escreveu. Algumas semanas depois, a família Frezza visitou o escritório do PayPal. Alguns anos mais tarde, diante de uma plateia de fundadores de startups, Levchin mencionou Frezza para defender que a experiência não era obstáculo para o impacto.

16

USE A FORÇA

Pouco antes da partida de Musk, a equipe de produto iniciou um segundo projeto para aumentar a receita da empresa. Com uma campanha chamada "o upsell", o PayPal encorajaria os usuários — gentil, mas também firmemente — a admitir se usavam o produto para fins empresariais. Se respondessem que sim, o site proporia uma atualização para as contas Business ou Premium.

A tarefa de unir os elementos de engenharia, design e negócios recaiu sobre dois principais produtores: Paul Martin e Eric Jackson. Jackson, outro ex-aluno de Stanford recrutado por Thiel, chegara à empresa no final de 1999. Originalmente responsável por trabalhar com marketing ao lado de Luke Nosek, mais tarde, ele se tornou um discípulo de David Sacks na equipe de produto.

Paul Martin praticara atletismo e estudara história em Stanford, se conectando a Thiel por meio do *Stanford Review*. Em uma visita ao escritório da Confinity, Martin viu "um grupo muito legal que... tinha uma mentalidade maravilhosa... bem maniqueísta"[1]. Pouco tempo depois, Martin saiu de Stanford e se juntou à Confinity, trabalhando com marketing e ganhando US$35 mil por ano.

Tendo lançado suas contas Business e Premier originais em maio, o PayPal abandonou sua filosofia de "sempre grátis", mas, por não forçar as atualizações, a empresa não foi tão criticada — e provou que conseguia gerar receita. "Tivemos sucesso em um aspecto em que muitas companhias falharam, naquela que era considerada a tarefa mais difícil do Vale do Silício na época: convencer as pessoas a pagarem por um serviço que antes era gratuito"[1], disse Martin.

Com o upsell, agora seria possível explorar ainda mais essas atualizações de contas. A equipe de produto passou a se concentrar coletivamente nessa campanha — e se preparou para enfrentar um turbilhão furioso de usuários. Martin entendia melhor do que muitos outros a veemência dos usuários de leilões online. Em seu cargo, trabalhando com os produtos de leilão, ele entrara em vários fóruns relacionados à área e se tornara uma presença conhecida. "Paul do PayPal", como era conhecido no fórum de feedbacks do eBay, na AuctionWatch e na Online Traders Web Alliance (OTWA), também era um dos vários funcionários da empresa que eram massacrados sempre que o site tinha suas crises — fossem elas reais ou só aparentes.

Ele não era o único. O eBay também sofria com usuários diretos. Quando Mary Lou Song, uma das primeiras funcionárias da empresa, fez o design das novas categorias dos leilões, ela inocentemente agrupou a seção de "botões" junto à de "objetos de costura colecionáveis". Essa designação parecia até bem lógica, mas os fóruns dos leilões estremeceram de raiva. O jornalista Adam Cohen registrou o caso dos botões no livro *The Perfect Store* [Sem tradução até o momento], uma das primeiras histórias da criação do eBay:

> Os colecionadores de botões, um grupo cuja existência ela desconhecia até o momento, a repreenderam pela sua ignorância. "Você sabia que existem os vintage, os antigos e os modernos? Que os botões não se encaixam em Objetos de Costura Colecionáveis? Que eles têm sua própria categoria? Sabia que podem ser de plástico ou de metal? Você estava falando dos bótons ou dos botões de quatro furos?", dizia o sermão de uma vendedora de botões furiosa.[2]

Song admitiu a derrota e criou uma nova categoria para os botões. *Se o McDonald's anuncia um sanduíche novo, as pessoas decidem se querem ou não comprá-lo. Não dizem: "Mas por que não falou comigo antes?"*[2], disse Song a Cohen. Tanto ela quanto Martin reconheceram que, querendo ou não, a comunidade de leilões online se sentia dona das plataformas e das ferramentas, o que era peculiar.

■ ■ ■

Com o upsell, o PayPal reverteu sua política de "sempre grátis" com ainda mais intensidade, e a equipe sabia que teria vários pepinos pela frente com os usuários. A companhia anunciaria o upsell como uma pequena modificação em seus procedimentos — pedindo aos usuários que já usavam o PayPal para propósitos empresariais para simplesmente se nomearem como empresa no site. "*Não é uma nova política*, só uma referência a uma antiga"[3], escreveu a equipe nos tópicos que foram compartilhados com os outros funcionários.

Claro que já não era tão provável que os usuários interpretassem a mudança desse jeito. Os vendedores do eBay que usavam o PayPal não costumavam se considerar empresas. A maioria não tinha nem vitrine nem inventário e nem funcionários; eles se consideravam mais anfitriões de vendas de garagem virtuais do que empreendedores iniciantes.

A equipe escreveu e editou rigorosamente a página que os usuários veriam ao entrar no PayPal.com. Ela lhes pedia que "reafirmassem" em que categoria se encontravam e citava os "termos de uso" do serviço, o que requeria que os usuários que faziam comércio se registrassem como empresa. Eles recebiam três opções:

- Atualizar para Business: para empresas que vendem online.
- Atualizar para Premier: para indivíduos que vendem online por meio período ou tempo integral ou que, simplesmente, querem ter acesso a todas as nossas melhores funcionalidades.
- Não sou Vendedor: para indivíduos que usam o PayPal apenas para fins não comerciais e que desejam continuar com uma Conta Pessoal.[4]

De início, a equipe optou por mostrar a página apenas para os vendedores mais prolíficos do eBay — cujos negócios, com alto volume de pagamentos, os levariam a escolher as opções 1 ou 2 já de imediato. Sua reação às escolhas seria um sinal importante.

Nos últimos dias antes do lançamento do upsell, a atmosfera do PayPal parecia a de uma cidade se preparando para um cerco. O esforço geral incluía as equipes de engenharia, design, produto e serviço de atendimento ao cliente. Sacks escreveu o rascunho da página intersticial, e a companhia inteira foi avisada do clamor que estava por vir dos consumidores. Os funcionários foram instruídos a encaminhar todas as solicitações da mídia para o chefe de Relações Públicas, Vince Sollitto, e todas as do serviço de atendimento ao cliente para a central em Omaha.

"Que os upsells comecem, e boa sorte"[5], escreveu Jackson para a equipe inteira em 12 de setembro de 2000, na noite antes do lançamento.

■ ■ ■

E então: impacto. Os usuários se enfureceram, e os fóruns dos leilões explodiram com críticas. “Quando entrei para o PayPal, eles diziam que era grátis e que continuaria assim. Isso que fizeram foi jogar sujo e baixo. Atraíram todo mundo prometendo contas grátis — ‘Não se preocupem, gente, ganhamos dinheiro com os juros’”, escreveu a usuária “kellyb1”[6]. No Honesty.com, um site que fornecia serviços para vendedores de leilão e cujos usuários recorriam ao PayPal, um cliente zangado escreveu: “É o PayPal que vai determinar se sou ou não uma empresa? Me parece que isso é assunto meu e do governo.”[7]

O funcionário Damon Billian era o responsável em tempo integral pela imersão nas discussões dos clientes. Todos os dias, ele enviava à empresa um resumo da situação das mensagens, bem como algumas citações selecionadas, tanto positivas quanto negativas. Em seu relatório do dia do lançamento, Billian não teve nada animador para encaminhar. As cinco melhores frases e sentimentos sobre o PayPal eram:

1. Propaganda enganosa.
2. Juros.
3. Mentirosos (disseram que nunca nos forçariam a atualizar).
4. Vendedores menores estão preocupados com as taxas.
5. Alguns talvez façam um logo “NADA DE PAYPAL” para seus sites.[8]

Na maioria dos dias, Billian fazia questão de responder a cada mensagem individualmente. Naquele dia, ele ficou simplesmente sobrecarregado. “Há bem mais de quinhentas postagens só na OTWA e mais ainda na AuctionWatch. Não consigo nem ler todas, muito menos cuidar da maioria das solicitações a essa altura”[9], disse ele à equipe. As linhas de Omaha também pipocavam com reclamações.

Billian avisou que o descontentamento dos usuários não pararia nos fóruns. “Como resultado das mudanças/página, tenho quatro relatos de usuários que foram para as redes sociais, comentaram e contataram várias agências reguladoras”[10], escreveu ele. Os clientes copiaram o texto da página intersticial e o compartilharam com repórteres de tecnologia. Sites como o CNET embarcaram nas críticas e publicaram matérias.

A enxurrada de protestos dos usuários e de comentários negativos da imprensa fez daqueles dias muito cansativos. Mas, com o tempo, o poder da rede de contatos da empresa começou a ofuscar esses problemas. “Os primeiros resultados são encorajadores"[11], relatou Jackson em um e-mail para toda a companhia.

Das 30 mil pessoas, aproximadamente, que tinham visto a página do upsell até então, quase 20% tinham se convertido para contas pagas, uma taxa que ultrapassava mesmo as previsões mais otimistas da equipe. O que talvez seja ainda mais importante é que apenas um punhado de usuários abandonaram o navio. "Apesar da baderna nos fóruns, só 158 usuários chegaram a encerrar suas contas (0,004% da nossa base de usuários!)", comunicou a *newsletter* semanal da empresa no final da campanha.

Como parte das mensagens, o PayPal enfatizou que seu serviço ainda seria a opção de pagamento mais barata do mercado. Conforme um e-mail que a empresa escreveu aos seus clientes:

> A X.com tem o compromisso de manter seu serviço do PayPal grátis para uso pessoal. No entanto, de modo a continuar como negócio forte e viável, precisamos que os vendedores assumam os custos dos cartões de crédito que aceitam. A Visa e a Mastercard nos cobram por todas as transações que intermediamos, e precisamos passar essa taxa para os vendedores de modo a alcançar um equilíbrio.
>
> Outras empresas cobram o dobro de taxas — um pagamento de US$50 com a X.com custa US$1,20 para os vendedores; já com a Billpoint, o custo é de US$2,34; e com o BidPay, US$5. Não se deixem enganar pelas ofertas promocionais de serviços não comprovados — ninguém consegue oferecer pagamentos instantâneos, seguros e protegidos das fraudes de modo sustentável a vendedores online por um preço mais baixo.[12]

Os usuários ecoaram a mensagem sobre as taxas em público. Um deles, que usava o nome "waspstar", escreveu: "Então, finalmente chegou a hora... o PayPal não é mais grátis para os vendedores do eBay."[13] No entanto, apesar do descontentamento aparente em relação à troca, ele admitiu que não abandonaria o serviço. "Vou continuar com eles. Acho que é mais barato do que os outros"[13], escreveu.

O upsell de setembro de 2000 forneceu uma informação importante: "Descobrimos que as taxas eram completamente inelásticas. Quando aumentávamos os preços, nenhum cliente conseguia nos abandonar. Diziam: 'Nós nos recusamos a pagar' e saíam, mas não havia outro lugar online em que pudessem receber, então voltavam"[14], explicou Thiel. Esse episódio ofereceu uma lição vital sobre o comportamento dos usuários e os custos. A equipe percebeu que, uma vez imbuído nas vidas dos usuários, se desvencilhar de um produto ou de um serviço requeria um esforço considerável. "Os seres humanos são criaturas com ímpeto, e encontrar um jeito de mudar o padrão (seja de comportamento, pensamento, narrativa etc.) pode resultar em uma mudança gigantesca"[15], comentou Amy Rowe Klement.

■ ■ ■

A campanha do upsell se baseava na franqueza, e não em mecanismos de imposição. "Pedimos aos vendedores que possuem uma Conta Pessoal para jogar limpo e atualizar para a Conta Premier ou para a Business. Contamos com a honestidade de vocês ao lhes darmos as opções para o tipo de conta"[16], escreveu a equipe.

Sem nenhuma penalidade envolvida, os usuários do PayPal ainda podiam desrespeitar as regras e optar pelo mesmo serviço que tinham antes. A empresa disse aos funcionários que não planejava aplicar nenhuma imposição, mas que reavaliaria a situação caso os usuários não atualizassem para as contas Premier e Business em uma velocidade aceitável.

Em setembro de 2000, a hora chegou. De maio a setembro, 200 mil usuários se registraram nessas contas pagas — mas não foi o suficiente para curar as aflições do balanço patrimonial da empresa. O total de taxas pagas pelas contas não cobria as fraudes, as despesas gerais, os pagamentos de cartão de crédito e nem os estornos — que ainda eram uma categoria muito onerosa. Apesar dos esforços de transferir as transações dos usuários para as contas bancárias, no início de setembro de 2000, quase 70% dos pagamentos do PayPal ainda se respaldavam em cartões de crédito. "Estávamos sempre pagando o pato das falhas da ideia de negócios original. O PayPal começou como um produto sem caso de uso. Então, conseguimos um, mas não tínhamos um modelo de negócio. Depois, precisamos construir um modelo sustentável"[17], comentou Klement.

Por ora, o PayPal continuava sendo uma empresa que estava perdendo dinheiro; os usuários com contas pagas representavam menos de 10% da base total. A empresa precisaria se tornar mais incisiva para atualizar os usuários para contas pagas *e* mudar seu mix de transações, afastando-se dos caros pagamentos financiados por cartões de crédito. Em outras palavras, o PayPal já não poderia incentivar os usuários a "jogar limpo" — agora, ele teria que arbitrar a situação e forçá-los a se adequar.

O produto crescera rápido graças à sua permissividade — em todos os aspectos, incluindo a distribuição de bônus, a tolerância às fraudes e o financiamento de pequenos compradores e vendedores, cobrindo suas taxas de cartão de crédito. Agora vinha a "atualização forçada" — uma jogada que representava a mudança mais arriscada até então no produto.

A companhia requereria que os usuários com empresas cumprissem os termos e atualizassem suas contas e, ao mesmo tempo, converteria as transações financiadas por cartões de crédito para transações financiadas por contas bancárias e fundos internos. Alguns funcionários se referiam à "atualização forçada" ("forced update", em inglês) como "FU" (acrônimo de "Fuck You", ou "Vão se foder", em português) — um reconhecimento de que era a mudança mais controversa em seu relacionamento com os clientes e que desencadearia a fúria deles.

Essa jogada causou uma nova onda de preocupação na empresa. "A atualização forçada era assustadora pra caramba. Não sabíamos o que ia acontecer", lembrou Klement, rindo. Será que os quase 20 mil novos usuários que chegavam diariamente ao PayPal sumiriam de repente? Ou pior, será que a Billpoint e o eBay — que cobravam taxas desde o início — prejudicariam o PayPal, cobrando preços mais baixos para ganhar usuários? Para as equipes executiva e de produto, a atualização forçada resolveria o enigma fundamental dos negócios — ou revelaria o limite da insensibilidade de seus usuários aos preços.

Bem mais tarde, as empresas de internet poderiam recorrer a corpos de pesquisa já estabelecidos sobre os modelos de cobrança "freemium". Estudos de caso e exemplos bem-documentados responderiam às perguntas cabulosas sobre quando, quanto e como cobrar. Mas a palavra *freemium*[18] não existia até 2006 — e nisso, bem como em muitas outras questões, a equipe apelou para o instinto, a improvisação e a iteração para encontrar respostas.

Os executivos do PayPal perceberam que uma atualização forçada — mais do que qualquer outra decisão até então — arriscava provocar uma avalanche de deserções dos usuários, e era nisso que os debates internos insistiam furiosamente enquanto a equipe lutava com a dinâmica da mudança. Um conceito-chave foi desenvolvido durante esse período: o PayPal precisava sincronizar o processo de atualização — algo que os usuários não queriam — com uma coisa que eles não conseguiriam deixar de fazer. Assim, a equipe chegou ao conceito que sustentava a atualização forçada: vinculá-la ao recebimento de dinheiro.

Ao longo desse processo, os usuários que utilizavam Contas Pessoais teriam um limite de US$500 para os pagamentos recebidos via cartão de crédito durante um período de seis meses. Se eles ultrapassassem essa quantia, ainda poderiam receber os pagamentos — mas só teriam acesso ao dinheiro da conta se atualizassem para Premier ou Business. "Pensamos que ninguém ia querer rejeitar um pagamento de um cliente. Essa era a graça. Não deixávamos as pessoas escolherem se queriam ou não mudar para uma conta empresarial. Nós as fazíamos escolher se queriam ou não aceitar um pagamento"[19], explicou Martin em uma participação que fez no podcast *The Investor Show*.

O PayPal também estabeleceu uma alternativa: se o destinatário do dinheiro atingisse o limite de US$500, mas ainda quisesse receber, poderia pedir que o remetente reenviasse os fundos — de uma conta bancária ou de sua conta do PayPal. Desse modo, a empresa faria os destinatários do dinheiro forçarem outros usuários a efetuar transações financiadas por contas bancárias ou pelo saldo existente no site.

Em ambos os casos, o PayPal ganharia — obrigando o destinatário a atualizar para uma conta paga ou mudando o pagamento para um tipo mais barato de transação.

■ ■ ■

Em 3 de outubro de 2000, a empresa enviou uma mensagem aos seus usuários de Contas Pessoais mais ativos:

> Daqui a duas semanas, na segunda-feira, dia 16 de outubro, a X.com implementará um novo limite para as Contas Pessoais do PayPal: os pagamentos com cartão de crédito estarão limitados a US$500 semestralmente. Após a implementação desses termos, daqui a duas semanas, as Contas Pessoais que ultrapassarem esse limite de US$500 não poderão mais aceitar os pagamentos com cartão de crédito, a não ser que sejam atualizadas para as contas Premier ou Business. Os pagamentos com cartão de crédito enviados a uma Conta Pessoal que exceda esse limite serão colocados como "pendentes" até que o destinatário escolha aceitá-lo, atualizando sua conta, ou recusá-lo, devolvendo-o ao remetente. (O remetente poderá, então, reenviar o pagamento de uma conta bancária ou de um saldo existente no PayPal.)[20]

Nas comunicações durante esse período, a empresa deixou os usuários terem acesso ao seu raciocínio — teorizando que a franqueza ajudaria a acalmar o descontentamento.

> Prometemos aos usuários que desenvolveríamos termos que atendessem a diversos critérios: (1) que fossem justos e razoáveis de modo geral; (2) que fossem anunciados duas semanas antes da implementação; (3) que não forçassem ninguém a atualizar suas contas (apesar de poderem eliminar funcionalidades custosas das Contas Pessoais, como a capacidade de aceitar pagamentos de cartão de crédito); e (4) que atendessem à necessidade do PayPal de alinhar os custos de processamento de cartões de crédito (e outros gastos, como os do serviço de atendimento ao cliente e os de proteção contra fraude) aos usuários de alto volume que geram muitos dos nossos custos.[20]

Ainda assim, a mensagem continha uma manha retórica; efetivamente, a empresa não deixava os usuários escolherem. "Para falar a verdade, não foi forçado. Eles tinham uma escolha. Mas, se quisessem continuar usando o PayPal, precisariam atualizar"[21], reiterou David Sacks sem sair muito do script. Previsivelmente, os fóruns e as linhas de atendimento ao cliente em Omaha pipocaram novamente com reclamações inflamadas. "[O PayPal] nos dava tudo de graça, depois nos viciou e começou a cobrar"[22], escreveu um usuário. "Estou muito desapontado. E pensar que ajudei a promover, a construir a empresa e vocês ainda fazem isso? Deveriam se envergonhar", resmungou outro.

Os usuários esbravejaram que a atualização comprometeria sua receita e que ela contrariava manifestadamente a promessa de ser "sempre grátis". "Nunca mais uso o PayPal. E ponto final. Eles ajustaram seus termos, e eu não concordo, então minha decisão é NÃO usar mais"[22], escreveu um deles. Os funcionários da empresa se inquietaram ao ver menções a boicotes e embargos passarem pelos fóruns de mensagem.

Também se manifestaram os defensores do PayPal. "Podem protestar o quanto quiserem, mas acho que vão se sentir muito sozinhos. Conversei com muitas pessoas ultimamente sobre isso, todas eram vendedoras do eBay, e a maioria das pessoas razoáveis concordam que, se isso é preciso para manter o PayPal no mercado, somos a favor. Claro que as pessoas não estão felizes com as taxas. Fiquem à vontade para protestar, mas acho que estão cuspindo no prato em que comeram"[23], disse outro usuário.

Outros até entendiam a perspectiva da empresa. "Por que tanta negatividade quanto ao PayPal? Ele é fantástico. Meu negócio tem aumentado consideravelmente as vendas, aceitando tanto pagamentos quanto depósitos na minha conta. Que outro serviço chega perto disso? Não consigo pensar em nenhum"[24], escreveu um usuário. Outro apontou que, devido ao PayPal estar melhor estabelecido no mercado do que os concorrentes, seu uso levava a lances mais altos nos leilões: "Sim, as novas taxas são péssimas, mas os lances realmente são mais altos [quando aceito pagamentos pelo PayPal]; acho que isso mais do que compensa as taxas. Vou continuar com o PayPal e vou continuar recomendando para colegas leiloeiros."

Algumas questões éticas perturbavam a campanha de atualização forçada. De um lado, a companhia tinha renegado uma promessa explícita. Essa reviravolta incomodava os usuários, particularmente porque a comunidade PowerSeller tinha ajudado o PayPal a avançar em seus interesses ao anunciar o serviço em suas páginas de leilões. A empresa também tinha concebido sua campanha de tal forma que não atualizar custaria dinheiro aos usuários — o remetente do pagamento não necessariamente saberia se o destinatário tinha atualizado ou se já tinha atingido o limite de US$500.

Por outro lado, o PayPal era uma empresa, não uma instituição de caridade. A mudança no mix de transações, afastando-se dos cartões de crédito, era algo crucial para a sua sobrevivência, bem como para a geração de receita em seu principal produto. A companhia também não tinha optado por fechar as opções grátis de uma só vez — ela passara de atualizações opcionais a outras recomendadas e, então, a mudanças forçadas, todas distribuídas em um intervalo de seis meses. Além do mais, se o PayPal não tivesse tomado essas atitudes, a empresa correria o risco de fechar completamente seu serviço de pagamentos — um resultado desastroso para todos os envolvidos, inclusive para vendedores e compradores de leilões online.

Ao longo dos anos, esses dilemas de design de produtos perseguiram outras empresas que escolheram entrar no mar agitado dos modelos freemium. Esses modelos permitiram a proliferação de empolgantes novas tecnologias — enquanto evocavam sentimentos não muito agradáveis nos usuários, que se sentiam como sapos em uma água que fervia aos poucos, a síndrome do sapo fervido. Um blogueiro capturou essa esquizofrenia: "Os desenvolvedores de freemium agem feito traficantes de cocaína. Eles nos dão o básico de graça e começam a cobrar quando pedimos mais."[25] Então, poucos parágrafos adiante, o escritor reconheceu o poder da adoção desse modelo: "O aparecimento do modelo freemium é provavelmente a melhor coisa que aconteceu na internet."

Um mês após o lançamento da campanha no final de outubro, 95% das contas pessoais almejadas tinham atualizado para o status de Business ou para o de Premier. Isso se provou de suma importância para o salto do PayPal, que se tornou um negócio plenamente desenvolvido — e representou um final absoluto para a promessa que lançara o produto da Confinity ao mundo.

■ ■ ■

Além do breve turbilhão midiático abordando a campanha do upsell, as iterações de 2000 da empresa não foram tão bem noticiadas pela mídia. Claro que a equipe preferia assim, pensando que quanto menos escrevessem sobre IGOR ou a estratégia de cobrança da companhia, melhor.

Mas, internamente, ela entendia a importância das iterações e dos aprimoramentos daquele período — particularmente no que dizia respeito ao mix de transações, um incômodo que datava do início do modelo do PayPal. Durante o final de outubro e o início de novembro, Eric Jackson distribuiu gráficos de linha que mostravam a linha azul (pagamentos com bancos e com o saldo do PayPal) subindo e a vermelha (pagamentos com cartão de crédito) caindo. Em 2 de novembro, Jackson enviou os gráficos em um e-mail com o assunto "Finalmente aconteceu — as linhas se cruzaram!!!" Os pagamentos financiados por contas bancárias e pelas do PayPal agora compensavam os efetuados com cartões de crédito.

Pouco depois, a empresa atingiu dois outros marcos importantes. "Na sexta-feira, dia 24 de novembro, atingimos *um bilhão de dólares processados pelo sistema do PayPal*. Estamos lidando com números grandes, mas não vamos parar por aqui. Claro que não desaceleraremos até alcançar nosso principal objetivo: dominar o mundo!"[26], escreveu a gerente de produto Jennifer Kuo. E, em 8 de dezembro de 2000, o PayPal deu mais um passo em direção a esse objetivo, registrando 5 milhões de contas.

Chegando ao fim de um ano de muita turbulência interna e em meio a uma queda brutal do mercado de ações, esses acontecimentos deram aos funcionários a confiança de que o PayPal talvez pudesse evitar o declínio que estava afetando outras empresas de internet. As crises internas, como quedas do site, começaram a parecer menos apocalípticas e mais gerenciáveis. Em novembro, quando o site do PayPal ficou indisponível por um longo período, a atualização interna foi uma prova da confiança crescente da equipe:

> A má notícia é que o site do PayPal tem demonstrado problemas sérios de performance durante a manhã. É possível dizer que já está fora do ar há sete horas.
>
> A boa notícia é que esse é um problema de alto padrão que só aparece nos sites mais bem-sucedidos. Temos ganhado mais usuários hoje de manhã do que o nosso balanceamento de cargas de rede consegue suportar.[27]

As quedas do site ainda levavam os funcionários a virar a noite em pânico, mas, diferente dos primeiros meses, a empresa sentia que os usuários perdoavam mais fácil. A essa altura, eles precisavam tanto do PayPal quanto o serviço precisava deles.

O PayPal também foi bastante elogiado pelo público. Em novembro de 2000, a revista *GQ* o nomeou como "site do mês", e a *US News & World Report* o incluiu na lista "os melhores da internet". Em outubro do mesmo ano, os líderes da empresa participaram da cerimônia de premiação Rave Awards, da revista *Wired*, no Regency Center, em São Francisco. Com tapetes vermelhos, holofotes e tudo, o evento contou com convidados como David Spade, Courtney Love, Thomas Dolby e o prefeito de São Francisco, Willie Brown, bem como uma performance do artista Beck.

O PayPal fora nomeado para a categoria "Melhor campanha de marketing de guerrilha" pela *Wired* e, apesar de ter perdido para o serviço de música Napster, a nomeação já dizia muito. Também foi o PayPal que riu por último. "O Napster acabou vencendo em todas as três categorias a que foi nomeado. Há especulações de que [o Napster] pode ter recebido os votos por pena, já que, com a ordem recente de um dos juízes federais, é provável que eles entrem em falência até o final do ano!"[28], comentou a *newsletter* da empresa. Depois de ser processado por violação de direitos autorais por vários grupos da indústria musical, o Napster realmente fechou em julho de 2001.

Agora, o PayPal se tornara um elemento permanente do firmamento digital, permitindo que o estresse contínuo de seus fundadores diminuísse um pouco. A equipe celebrou na mesma medida. David Sacks levou o departamento de produto para um retiro de rafting, o que ele prometera fazer caso "as linhas se cruzassem" — uma referência aos indicadores azul e vermelho do gráfico de transações. Alguns pequenos luxos, antes limitados, começaram a aparecer: o escritório agora contava com festas gerais da empresa, oferecia massagens relaxantes e tinha smoothies do Jamba Juice disponíveis.

No Halloween de 2000, os membros da empresa chegaram fantasiados ao escritório. "Nosso Peter Thiel foi visto fantasiado de Obi-Wan Kenobi"[29], relatou a *newsletter* semanal, que expressou um certo desapontamento por Luke Nosek não ter aparecido de Luke Skywalker, como ele teria prometido. Em vez disso, comentou a *newsletter*, Nosek compareceu à festa de Halloween vestido de mafioso.

17

CRIME EM ANDAMENTO

Vasily Gorshkov e Alexey Ivanov usavam os nomes "Kvakin" e "Subbsta", respectivamente, para hackear. Residentes de Chelyabinsk, na Rússia, eles adquiriram o costume de aplicar golpes em empresas de serviços financeiros dos Estados Unidos — roubando os cartões de crédito e as informações bancárias dos clientes e usando-os para fazer compras. Os itens eram enviados para pontos de retirada perto do Cazaquistão, da Geórgia e de outros ex-estados satélite soviéticos. As mercadorias se tornavam virtualmente irrastreáveis depois de atravessar as fronteiras e os fusos horários, e Gorshkov e Ivanov as vendiam, obtendo lucro.

Com seus vinte e poucos anos, os hackers também administravam um negócio paralelo, que esperavam que os levasse a uma vida legítima no setor de tecnologia. Os dois hackeavam sistemas computacionais corporativos, enviavam evidências da invasão para a empresa e ofereciam "serviços de consultoria de segurança"[1]. Aparentemente, rumores desse negócio paralelo se espalharam, porque, em meados de 2000, Gorshkov e Ivanov foram contatados por uma empresa com sede nos Estados Unidos chamada Invita Security, que os procurou para fazer a engenharia reversa de suas proteções contra hackers.

A Invita ofereceu pagar seus voos até Seattle para conversar com eles pessoalmente. Os dois tinham ouvido algumas histórias de hackers mal-intencionados (black hat) se tornando especialistas de segurança bem pagos e "do bem" (white hat), e um contrato com a Invita Security parecia promissor. A viagem do centro-oeste da Rússia até Seattle levou trinta horas, e a dupla chegou aos Estados Unidos no dia 10 de novembro de 2000. A empresa mandou buscá-los no aeroporto e levá-los até a sua sede, que ficava em um parque empresarial das redondezas. No caminho até a sede, Ivanov ficou pasmo ao ver que os norte-americanos obedeciam às leis de trânsito. "Por que vocês dirigem tão pacificamente? Na Rússia... nós pisamos no acelerador assim que o sinal muda de cor. Na Rússia, [é] comum ver pessoas dirigindo em cima das calçadas para conseguirem chegar onde querem", disse ele a um de seus anfitriões.

Tendo chegado ao escritório da Invita Security, Ivanov acessou remotamente o seu PC (que deixara em casa, na Rússia) e demonstrou as técnicas que utilizara para invadir os sistemas norte-americanos. Seus anfitriões ficaram impressionados. Quando quiseram saber mais detalhes de como eles acessavam as informações dos cartões de crédito, Gorshkov pareceu evasivo. "É melhor responder a esse tipo de pergunta na Rússia", disse. Quando os executivos da Invita perguntaram se eles se preocupavam com o FBI, Gorshkov deu de ombros: "Nem paramos para pensar no FBI, pois eles não conseguem nos pegar na Rússia."

Assim que a demonstração acabou, os dois entraram em uma van da empresa para serem levados ao hotel. Quando chegaram ao estacionamento, o motorista pisou forte nos freios de repente. A porta se abriu, e uma voz gritou de fora: "FBI! Saiam do veículo com as mãos para o alto!"[1]

A dupla estava cercada de agentes armados e uniformizados. Os hackers foram tirados às pressas da van e algemados; os policiais leram a Advertência de Miranda em inglês e lhes entregaram um papel com a tradução em russo.

■ ■ ■

Para atrair Gorshkov e Ivanov, a emboscada do FBI — cujo codinome era "Operação Flyhook" — usou a Invita Security, uma empresa falsa, cujos "executivos" eram, na verdade, os agentes especiais do FBI Michael Schuler e Marty Prewett, que estavam disfarçados. O computador que os hackers usaram para exibir suas habilidades de invasão estava equipado com um programa "farejador" que registrava cada tecla apertada, e, na sala, havia um equipamento audiovisual que gravou todas as falas e movimentos. Uma vez que Gorshkov entrou em seu computador que estava na Rússia, os agentes baixaram um tesouro de vários gigabytes com os ataques maliciosos.

Como documentado no livro *The Lure* [Sem tradução até o momento], de Steve Schroeder, a dupla foi prolífica. Juntos, eles comprometeram mais de quarenta empresas norte-americanas, inclusive a Western Union — de cujo site eles roubaram mais de 16 mil números de cartão de crédito — e um site chamado CD Universe, de onde tiraram mais 350 mil números[2]. O procurador designado para o caso comentou que as habilidades de invasão de Gorshkov eram "de primeira linha"[3]. Um dos especialistas forenses os descreveu como "dois dos melhores integradores de sistema [que] já [tinha] visto".

O arquivo também revelou o que os procuradores chamaram de "um esquema gigantesco" para fraudar o PayPal. Os dois geraram centenas de contas falsas no site e no eBay. Depois, criaram leilões online, pagaram com cartões de crédito roubados e passaram o dinheiro de uma conta para a outra sem enviar produto algum. O que parecia uma transação comum para o PayPal era, na verdade, uma operação complicada para converter números de cartões de crédito roubados em dinheiro.

Eles também usavam esses cartões para fazer lances em outros leilões — encarregando robôs disso. "O esquema de Ivanov e Gorshkov era elaborado e impressionante: os números dos cartões de crédito eram roubados de contas do PayPal, adquiridos por meio de ataques *phishing* bem-elaborados. Depois, esses cartões eram usados pelos robôs para comprar produtos em leilões do eBay, que eram enviados até a Rússia para serem revendidos"[3], escreveu Ray Pompon, um especialista de segurança cibernética ligado ao caso. O PayPal perdeu quase US$1,5 milhão no total.

Ivanov e Gorshkov também fraudaram comerciantes fora do eBay que aceitavam o PayPal. Certa vez, eles encomendaram vários componentes de hardware de um que vendia peças de computador. Quando o vendedor enviou a fatura, a dupla pagou a mercadoria usando um cartão de crédito roubado acessado pelo PayPal. O comerciante, então, enviou as compras para um endereço do Cazaquistão, onde Gorshkov tinha subornado alguns agentes para enviar os produtos para a Rússia em uma balsa.

■ ■ ■

O agente especial Prewett contatou o PayPal para comunicar os achados do FBI. Do outro lado da linha, estava John Kothanek, o investigador sênior de segurança da empresa. Kothanek tinha um passado único para uma empresa de tecnologia: tinha começado a carreira na inteligência militar do Corpo de Fuzileiros Navais dos Estados Unidos.

"Quando voltei da Guerra do Golfo, comprei um computador e gastei um dinheirão em um 486 DX. E foi só colocar o primeiro disquete 3.5 que fiquei viciado. Parecia que acionou alguma coisa na minha cabeça."[4] Por causa de suas nerdices incipientes, seus colegas do Corpo de Fuzileiros Navais caçoavam dele. "Todos os meus amigos me zoavam. Ficavam falando: 'Nossa. Só fica no computador. Não vai chegar a lugar nenhum. Ninguém liga para isso'"[4], lembrou Kothanek.

Após o serviço militar, ele trabalhou na Macy's como investigador interno. Depois, um amigo que trabalhava no eBay lhe deu uma dica, dizendo que a X.com e a Confinity estavam unindo forças — e que poderiam precisar de alguém que conectasse as empresas e as leis.

Pouco depois de se juntar ao PayPal, Kothanek se deparou com uma barreira linguística. Ele buscou ajuda, escrevendo para a companhia inteira: "Alguém da X.com sabe falar/ler russo? Estou trabalhando em um caso de crime organizado que está ligado ao russo. Por estar à procura de pistas, gostaria de arrumar alguém para dar uma olhada em alguns e-mails e me falar se eles significam alguma coisa. DESESPERO!!!"[5] As respostas vieram rápido ao novato da X.com. "As pessoas falaram: 'O Max sabe, você não sabia??!' E eu respondi: 'Quem diabos é esse Max, não faço ideia'. E, quando vi, um cara de óculos entrou no meu cubículo"[6], lembrou Kothanek.

A dupla improvável, Levchin e Kothanek, se juntou e trocou mensagens com os fraudadores russos; Kothanek ditava o tom, e Levchin traduzia. "Eu falava: 'Bem, é assim que eu responderia. Vamos sacanear um pouco. Sabe, vamos irritar esses caras'. E Max dizia: 'OK', e então ele digitava alguma coisa em ucraniano e enviava para eles. Claro que, no dia seguinte, me mandavam outro e-mail."[6] Foi assim que começou o "relacionamento bizarro"[7] de Kothanek e Levchin com os fraudadores russos do PayPal.

■ ■ ■

Kothanek conhecia Ivanov e Gorshkov — apesar de não ser com esses nomes. Ele, Levchin e os outros do PayPal os conheciam como "Greg Stivenson" e "Murat Nasirov". A planilha em que Kothanek catalogava as façanhas da dupla chegara a 10.796 transações. Depois que o FBI o contatara, ele trocou e-mails com os agentes: "Devo dizer que graças a vocês não ganhei o dia, mas a década inteira com as notícias de ontem. Fiquei obcecado com esse grupo pelos últimos dez meses."[8]

Assim como Igor, "Greg Stivenson" surgira como um arqui-inimigo particularmente irritante do PayPal. Nos primeiros preparativos para enfrentá-lo, Kothanek e a equipe de combate à fraude simplesmente fecharam as contas com o sobrenome "Stivenson" e escreveram para o e-mail do usuário, avisando-o. O criminoso, Ivanov, respondeu Kothanek dizendo o seguinte: "Acha mesmo que me pegou? Veja só isso."[9] Centenas de contas fraudulentas foram abertas no mesmo dia.

Em meados de outubro, Kothanek lhe escreveu, avisando que o PayPal o pegara no flagra:

> *Kothanek:* Ei, amigo, sou eu de novo. Alguns dos nossos clientes disseram que receberam e-mails seus pedindo que enviassem os produtos. Adivinhe só, eles não vão chegar. ENTÃO, basicamente, se não receber seu pacote, é porque interrompemos o processo. Fica para a próxima.
>
> *Stivenson:* Você está mesmo aí ou esse endereço de e-mail é NULO? Por favor, responda, quero falar com você sobre a segurança da empresa.
>
> *Kothanek:* Que tal falarmos das suas atividades fraudulentas no nosso sistema?[10]

Nesse e-mail e em muitos outros, Stivenson sugeriu um trabalho pago para aumentar a segurança da empresa. "Não vou interromper minhas atividades com o PayPal. Posso vender esse sistema inteiro para terceiros", disse ele a Kothanek certa vez. Em uma grande mensagem para Levchin, escrita em russo, Stivenson tentou oferecer novamente seus serviços de segurança, compartilhando um pouco de suas técnicas de espionagem e zombando dos esforços da equipe para derrotá-lo:

> Olá. Você provavelmente já entendeu que temos todo um sistema aqui para pagar produtos via PayPal.
>
> Pode parecer estranho, mas passamos mais tempo analisando e avaliando o fator humano (é precisamente graças a ele que consigo trabalhar via PayPal, de modo que, por exemplo, ninguém conseguiu revogar a maldade humana). Seus movimentos em defesa da empresa podem ser interpretados como vários avanços.
>
> No mais, começamos presumindo que a maioria das pessoas são usuários que respeitam as regras e que, logo depois de cada mudança, tento agir de modo que seu sistema ache que faço parte deles.
>
> No que diz respeito à sua última mudança, em um futuro bem próximo, alterações parecidas acontecerão também em outros sites da internet

> (lojas, bancos etc.). Mudanças assim só servem para ganhar tempo (acho que não mais de dois meses).
>
> Agora, quanto às questões de segurança, posso ajudar, mas um mero "obrigado" não será suficiente para resolvê-las, porque isso não coloca comida na mesa. Nesse meio-tempo, cada um faz o que achar melhor... Você, as suas coisas; eu, as minhas. Espero que não me leve a mal.
>
> Com meus melhores votos.

O jogo de gato e rato persistiu. O PayPal tentava parar Stivenson, e ele achava um jeito de invadir o sistema de segurança da empresa. O hacker também provocava: "Vão se ferrar, americanos malditos. Eu voltarei"[11], escreveu à equipe certa vez.

"Eles eram descarados. Achavam que não conseguiríamos alcançá-los por estarem na Rússia!"[12], disse Kothanek à CNN. Levchin diria a um jornalista, mais tarde, que ele começou a levar as implicâncias de Stivenson para o lado pessoal. "Eu sou o russo inviolável. As regras do jogo são claras. Eles tentam roubar, e eu os impeço"[13], disse ele ao *San Francisco Chronicle*. A equipe conseguia impedi-lo ocasionalmente. Levchin e Kothanek se lembraram do orgulho que sentiram ao falar para Stivenson tentar quebrar o Gausebeck-Levchin CAPTCHA — e ele não conseguiu.

■ ■ ■

Nem todos os ladrões estavam em fusos horários diferentes. Certa vez, a empresa descobriu um fraudador talentoso que morava a apenas alguns quilômetros do escritório. A equipe reuniu seus ataques em um catálogo e até deixou as fraudes continuarem para que a polícia tivesse tempo para agir. "Conseguimos todas as evidências necessárias para fazer uma queixa formal para o Serviço Secreto e o FBI. E eles falaram: 'Bem, vamos precisar descobrir em que jurisdição ele está'. E respondemos: 'Pelo amor de Deus, ele está roubando dinheiro ao vivo e a cores! O endereço é este! A aparência é esta! Aqui estão as evidências!'... Era um crime em andamento!... Finalmente, dois ou três meses depois, eles o prenderam. Demorou demais"[14], lembrou Musk.

Apesar de frustrante e demorado, a companhia esperava trabalhar com a polícia para estabelecer medidas inibidoras. "Conseguir fazer o governo prender alguém era importante. Porque, se ninguém fosse preso, as pessoas continuariam fraudando de um jeito ou de outro. As coisas se espalham rápido

Max Levchin emigrou da Ucrânia para a área metropolitana de Chicago. Ele se tornou um membro ativo do Clube de Computação da escola Stephen Tyng Mather High School, cujos membros de 1993 estão na foto ao lado. Levchin (fileira de cima, no meio) está ao lado do futuro engenheiro do PayPal, Erik Klein (fileira de cima, à esquerda). Como em períodos de pico se fazia necessário recrutar novos talentos de tecnologia, muitos dos primeiros funcionários do PayPal eram contatos do ensino médio e da faculdade. *Cortesia de Max Levchin*

Esta é uma das primeiras fotos da equipe da Confinity, a empresa cofundada por Peter Thiel e Max Levchin, que lançou o PayPal. Na última fileira, estão Max Levchin, Jamie Templeton e David Wallace; na do meio, David Terrell, Peter Thiel, Tom Pytel, Russel Simmons e Luke Nosek; e, na da frente, Yu Pan, Lauri Schultheis, Ken Howery, Matt Bogumill e David Jaques. *Cortesia de Russel Simmons*

No restaurante Buck's, em Woodside, a Confinity lançou seu primeiro produto: um serviço de transferência de dinheiro entre PalmPilots com sensor infravermelho. O produto os ajudou a garantir o investimento de *venture capital* da Nokia Ventures em meados de 1999, encaminhando a empresa para a criação do PayPal — um serviço financeiro de transferência via e-mail. *Cortesia de Russel Simmons*

Tendo acabado de vender sua primeira startup, a Zip2, Elon Musk entrou no mundo das finanças virtuais com uma empresa de serviços financeiros robusta que ele batizou de X.com. Os membros da equipe se lembraram da felicidade de Musk quando ele conseguiu usar o cartão de débito da X.com para sacar dinheiro em um caixa eletrônico perto do escritório da empresa, em Palo Alto. *Cortesia de Seshu Kanuri*

Em 1999, Musk adquiriu o raro carro esportivo representado no anúncio ao lado: o McLaren F1, Chassis #067. No início de 2000, Musk buscou Thiel, e eles foram juntos até a Sand Hill Road. Quando Musk tentou demonstrar a potência e a velocidade do veículo, ele capotou violentamente. *Cortesia de duPont REGISTRY™*

Elon Musk assumiu o cargo de CEO da X.com pouco antes de completar 29 anos. À medida que a companhia cresceu, ela começou a atrair a atenção da mídia e, aqui, Thiel e Musk mostram o site e os cartões de débito da empresa. A marca "X-PayPal" que aparece no computador incomodou muitos veteranos da Confinity, que achavam que, das duas, o PayPal era a marca mais bem-sucedida e apropriada. *Associated Press*

As irmãs Jill Harriman (à esquerda) e Julie Anderson (no meio) ajudaram a inaugurar a operação de serviço de atendimento ao consumidor do PayPal em Omaha, Nebraska, que recebeu muitos créditos por ter ajudado a resolver os vários problemas da empresa nessa área e ter se tornado uma das mais importantes filiais da empresa. "Não contam a história das trezentas pessoas em Omaha que trabalharam dia e noite para garantir o sucesso do PayPal", afirmou Sarah Imbach, uma das executivas que ajudou a conduzir a expansão para Nebraska. *Cortesia de Steve Kudlacek*

Por trás do PayPal, estava uma complexa operação de combate à fraude, que contou com a ajuda de Levchin e outros engenheiros. A tecnologia desenvolvida nesse sentido rendeu a Levchin o prêmio "MIT Innovator of the Year" ("Inovador do Ano do MIT"), de 2002. Ao lado, está a foto dele com o troféu. *Getty Images*

A cultura do PayPal tinha um foco estatístico, e o escritório contava com várias televisões que exibiam dados em tempo real. Ao lado da tela está um boneco de papelão do personagem "Scotty", de *Star Trek*, um dos resquícios da campanha de marketing "Beam Me Up, Scotty!"*, da época em que a empresa ainda estava promovendo a tecnologia de transferências via infravermelho. *Cortesia de Russel Simmons*

* No contexto da série *Star Trek*, "beam up" está relacionado ao teletransporte e, na vida real, "beam" se refere à tecnologia de transferência de dinheiro via infravermelho. No mais, essa frase entrou para a cultura pop, apesar de nunca aparecer na série com essas exatas palavras. (N. da T.)

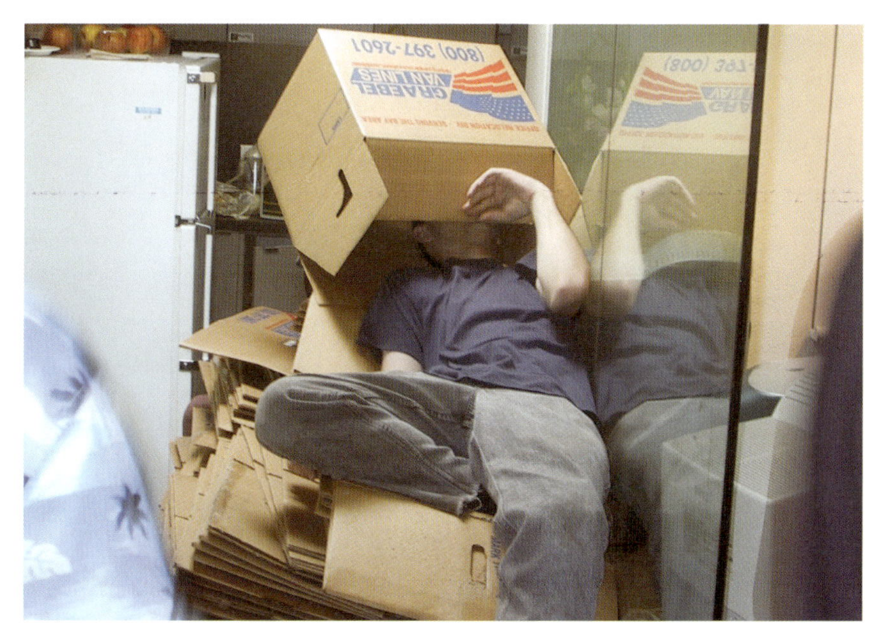

O PayPal, por vezes, era um ambiente de uma intensidade implacável, e os funcionários dormiam onde e quando conseguiam. Um dos engenheiros estava sem dormir há tanto tempo que deu perda total em dois veículos ao voltar para casa. *Cortesia de Russel Simmons*

A vida no PayPal se provou uma mistura de momentos leves e graves. Pegadinhas eram comuns no escritório, e, na foto acima, uma funcionária da empresa, Karen Seto, está dentro de um cubículo cheio de balões — foi uma surpresa de aniversário por parte dos colegas de trabalho. *Cortesia de Russel Simmons*

A cultura do PayPal era permeada de jogos e enigmas e, em teoria, sempre que possível, tudo se tornava uma competição. *Cortesia de Max Levchin*

Com origens modestas, o PayPal estreou na Nasdaq como uma empresa de capital aberto em 15 de fevereiro de 2002. Muitos funcionários que já trabalhavam há anos na empresa sentiram que seu esforço valera a pena ao ver a startup, que já fora uma pequena companhia, entrar na bolsa de valores. *Cortesia de Russel Simmons*

Para a maioria dos funcionários, a memória mais marcante do dia do IPO foi ver Peter Thiel (à direita) jogar dez partidas-relâmpago de xadrez simultaneamente. Os observadores, maravilhados, ficaram se perguntando como ele conseguia. Thiel só perdeu para David Sacks (à esquerda), o COO da empresa. *Cortesia de Russel Simmons*

Money

Monday, July 1, 2002

Moneyline

Friday markets

Stocks on course for 3 straight losing y

Bulls see great chance to buy; bears urge caution

Major indexes firmly in red

WorldCo
report w
face scru

EBay faithful expect loyalty in return

Corporate moves rattle some

O PayPal invadiu um evento do eBay e distribuiu milhares de camisetas com o logo da empresa aos presentes. A camiseta do PayPal virou manchete da seção financeira do *USA Today*, que mostra um usuário vestido com ela ao lado da CEO do eBay, Meg Whitman. A invasão bem-sucedida do PayPal no evento abriu caminho para uma renovação das negociações de aquisição com o eBay. *Cortesia de Oliver Kurlander*

No último dia do PayPal enquanto empresa independente, seus executivos vestiram roupas de sumô infláveis e lutaram em um ringue gigante. *Cortesia de Russel Simmons*

O apelido de "Máfia do PayPal" foi criado, na verdade, em 2007, quando vários dos ex-discípulos da empresa posaram para uma foto que sairia na capa da revista *Fortune*. A imagem era controversa, pois excluía vários membros essenciais na criação do PayPal. Apesar disso, a foto inspirou outras pessoas, inclusive dois jovens em uma prisão de segurança máxima perto de Jessup, em Maryland, que estudaram sobre os fundadores do PayPal e suas conquistas, compartilhando essas histórias com outros detentos. *Robyn Twomey/Redux*

nas comunidades de fraudadores. 'OK, o PayPal está prendendo gente, então é melhor pensarmos duas vezes'"[14], explicou ele.

Melanie Cervantes, uma analista de fraude, se lembrou de ter abordado a polícia de vários estados — e de receber respostas confusas: "Começávamos assim: 'Oi, aqui é o PayPal, sabe, nós fomos vítima de um crime financeiro, foi um cara da jurisdição de vocês'. E eles respondiam: 'PayPal? O que é isso?'."[15] Mesmo quando a empresa atraía o interesse da polícia, os policiais não sabiam ao certo como classificar crimes digitais e nem se eles constituíam lavagem de dinheiro, fraude no dispositivo de acesso, fraude de transferência ou erros na transmissão do dinheiro, lembrou Cervantes. "Consultávamos advogados, e eles diziam: 'Acho que o crime aconteceu mesmo, mas não há lei que o condene'"[15], recordou ela.

Assim, os esforços do FBI em relação ao caso de Ivanov e Gorshkov representaram uma mudança muito bem-vinda. Alguns dias depois que o FBI contatou a empresa para falar da Operação Flyhook, uma delegação do PayPal — inclusive Kothanek, Levchin, Erik Klein e Sarah Imbach (a vice-presidente sênior de Operações de Serviço de Atendimento ao Cliente e Fraude) — se reuniu em Seattle com os agentes, que revelaram os detalhes descobertos na armadilha.

O FBI e o PayPal começaram a colaborar no caso. "Conseguimos estabelecer uma relação entre o endereço de IP da máquina, os cartões de crédito utilizados em nosso sistema e os *scripts* Perl usados para abrir as contas"[16], lembrou Kothanek. A equipe descobriu que Ivanov e Gorshkov estavam por trás do paypai.com — o site que se passava pelo PayPal.

Apesar de a empresa estar feliz por envolver o governo no caso, a mídia originada desse esforço nem sempre era bem-vinda. Quando os procuradores submeteram seu depoimento à corte, um jornal de Seattle fez uma matéria sobre o caso. Nela, foi afirmado erroneamente que o PayPal estava entre os bancos de dados invadidos por Ivanov e Gorshkov. Os dois tinham usado cartões de crédito roubados *no* PayPal — e não *do* PayPal — e, para Levchin, a diferença era da água para o vinho. Ele sabia que o primeiro caso era um problema de que a empresa poderia se esquivar; mas, quanto ao segundo, havia o risco de erodir a confiança geral na segurança do sistema.

Levchin estava, de acordo com o procurador, "furioso com razão"[17], e pressionou o Departamento de Justiça para corrigir as informações. O procurador ligou para o repórter, explicou o erro e conseguiu uma errata que sairia no jornal do dia seguinte.

■ ■ ■

A desavença com o jornal envolveu um dos maiores princípios de Levchin: independentemente do que viesse a acontecer — as confusões com o eBay, as quedas longas e agonizantes, o volume de reclamações de consumidores —, nenhum hacker deveria conseguir invadir os sistemas do PayPal e obter informações pessoais, nunca. "A equipe de desenvolvimento estava muito antenada com esses valores. Quanto aos padrões que deveríamos seguir, especialmente em questão de segurança e exatidão, 'claro que temos que garantir que eles sejam à prova de balas'"[18], lembrou David Gausebeck.

O "russo inviolável" começara a sentir que o setor de serviços financeiros não levava segurança da informação tanto a sério. Levchin e a equipe tinham estudado com cuidado os padrões de segurança cibernética do setor e não ficaram impressionados. Se era mesmo para o sistema do PayPal ser seguro, corresponder a esses critérios não bastaria. "Eram padrões que abordavam diretrizes de segurança, mas que cobriam talvez um décimo das maneiras que o adversário poderia atacar seu sistema. O trabalho do PayPal não tinha muita estrutura, mas era de uma qualidade realmente muito boa. Era feito por pessoas que se importavam de verdade em alcançar um sistema realmente seguro, e não por uma equipe que só queria seguir o protocolo para garantir a segurança dos cartões de crédito"[19], lembrou o engenheiro Bob McGrew.

Levchin também reconheceu que caberia ao PayPal manter um padrão mais alto. A empresa não trabalhava com caixas automáticos e nem filiais públicas; a "marca do PayPal" era o site. Hackear esse site seria o equivalente a ladrões atacando todas as filiais locais de um banco tradicional ao mesmo tempo. "A Wells Fargo tinha um sistema de pagamento que era nosso concorrente, mas eles não iam desaparecer se fossem hackeados. No PayPal, qualquer questão de segurança computacional apresentava uma ameaça existencial absoluta", explicou McGrew.

A equipe criou diretrizes internas além das externas. "Tínhamos proteções contra fraude que partiam dos nossos analistas de fraude"[19], lembrou McGrew. Huey Lin ajudou na criação das ferramentas de "permissionamento"[20] da empresa. No início da companhia, ela lembrou que todos, "Deus e o mundo", tinham acesso a informações sensíveis. Com o tempo, o PayPal restringiu esses controles, de modo que mesmo os gerentes executivos da própria empresa não tinham acesso direto às informações de cartão de crédito dos usuários. A senha master se transformou em um sistema compartilhado e intricado — quaisquer tentativas de acesso alertavam todos os outros executivos simultânea e automaticamente. No mundo da segurança digital, não se podia confiar em ninguém — nem mesmo nos fundadores e líderes da empresa.

Colin Corbett se juntou à equipe em 2001 como arquiteto de redes. Ele ajudou a renovar o data center do PayPal. Nesse cargo, ele criou uma arquitetura de rede de três níveis com uma sequência elaborada de camadas de proteção que se tornavam cada vez mais difíceis à medida que alguém se aproximava da base do sistema; "chegou a um ponto que, sabe, os administradores dos sistemas não gostavam do funcionamento em alguns casos, pois era muito oneroso"[21].

Além da "segmentação lógica" da rede, a companhia implementou uma "segmentação física". Certos roteadores "chegavam a ficar em gabinetes físicos separados e trancados"[21], lembrou Corbett. O acesso à infraestrutura central da companhia só era concedido ao engenheiro depois que ele passava a mão por "cinco leitores biométricos físicos". Depois de verificar a impressão manual cinco vezes seguidas, o engenheiro ainda precisava inserir "um código único de oito dígitos para conseguir entrar no gabinete", comentou Corbett.

Além dos protocolos de segurança formais, a empresa também contava com métodos informais para proteger informações. O funcionário que cometesse o erro de deixar um notebook sozinho ficava "queimado": outro funcionário invadia a máquina e enviava um e-mail humilhante para a empresa inteira, se passando pelo dono do notebook.

Com o tempo, essas zoações se tornaram lendárias, e os funcionários se preparavam com antecedência. "Era muito elaborado. Os engenheiros adoravam. Sempre estavam de olho e deixavam os e-mails prontos. Era eu levantar da mesa, e, se [meu computador] estivesse desbloqueado, eles me mandavam o e-mail, corriam até lá e o enviavam para a lista. E, quando eu via, pensava: 'Droga'"[22], lembrou Kim-Elisha Proctor, que era uma vítima de tempos em tempos.

■ ■ ■

Com o aumento das fraudes, a equipe de combate à fraude também cresceu no PayPal. Antes de entrar na empresa, Cervantes trabalhara em casos de fraude para uma processadora da Visa — um trabalho que achava embrutecedor. Lá, ela começou a perceber que uma nova empresa de Palo Alto aparecia repetidamente em seus relatórios de fraude. Cervantes apostou em um movimento ousado. "Quando seu trabalho é investigar fraudes, é preciso segui-las... então, abordei [o PayPal] e basicamente — não sei de onde tirei os *cojones* — falei:

'Vocês sofrem muitas fraudes. Sei porque sou eu que analiso as contestações de compra. Parece que vocês precisam de ajuda'."[23]

A equipe de combate à fraude do PayPal teve contato com o pior da humanidade. Jeremy Roybal chegara à Confinity por meio de uma agência de emprego. Ele se provou ser um dos melhores representantes de serviço de atendimento ao cliente, mas, quando a central migrou para Omaha, precisou assumir outras funções. "Kothanek me tirou do ferro-velho e disse: 'quero que você seja um analista de fraude'"[24], lembrou Roybal.

Nesse cargo, Roybal catalogava informações para atender às intimações da polícia — uma exposição brutal ao lado sombrio da base de usuários do PayPal. Ele se lembrou de compilar tabelas e mais tabelas de compras relacionadas à pornografia infantil. "Aquilo me machucava, [c]ada linha daquelas tabelas era uma venda ou uma compra horrível, horrível mesmo", recordou. Certa vez, depois de servir de testemunha no tribunal, Roybal voltou ao quarto de hotel e caiu no choro. "Acabava comigo", disse.

Apesar do contato com criminosos e depravados, Cervantes, Kothanek, Roybal e os outros da equipe de combate à fraude citaram a experiência como um bom momento da carreira, em parte por causa do papel de defender pessoas vulneráveis diretamente, mas também porque os criativos fraudadores do PayPal forçavam a equipe a inovar. Dadas as ferramentas e as técnicas avançadas, era frequente o sistema conseguir identificar os malfeitos antes dos bancos ou das empresas de cartão de crédito. Lutar contra o crime digital "era muito empoderador e gratificante", lembrou Roybal. Ele e seus colegas se sentiam os próprios "super-heróis modernos".

Roybal e a equipe contavam com o apoio de seus colegas "super-heróis" — inclusive os policiais que conheceram, os quais, com o tempo, se tornaram aliados importantes na missão de levar à justiça os malfeitores do mundo online. Roybal se lembrou vividamente da vez que ligou para um policial de Arkansas. "'Senhor, acho que tem alguém enganando uma pessoa mais velha', e foi tão reconfortante, porque ele disse: 'No meu condado, não', e pronto, fomos pegá-lo."[24]

Roybal trabalhou oito anos na empresa. Cervantes, quatorze. "Sabe quando você conhece pessoas magnânimas, carismáticas, geniais e quer ficar perto delas? É assim que todo mundo se sentia no escritório"[25], disse Cervantes. John Kothanek, que agora monitora investigações globais para a corretora de criptomoedas Coinbase, confirmou. "Eu estava viciado. Não sairia daquele emprego nem a pau."[26]

Mesmo Levchin se lembra daquilo que quase acabou com a empresa como um elemento formativo de sua experiência no PayPal. Ele recordou um famoso e-mail que enviara a Musk, com o assunto "Fraude é amor"[27], uma piada interna cínica. "Em retrospecto, era mais do que uma piada. Eu realmente começara a gostar [de combater fraudes]. É o que chega mais perto de ser o herói da história. No fundo, sou um leitor fanático de romances de espionagem; e, quando se é um nerd de tecnologias financeiras, combater fraudes é o mais perto da espionagem que dá para chegar."[27]

A equipe também servia para lembrar que, apesar de todos os avanços no combate à fraude algorítmico e automatizado do PayPal, as empresas de tecnologia ainda precisavam de humanos de carne e osso para fornecer uma última proteção. "Detectar fraudes é uma combinação de pessoas, *machine learning* e regras automatizadas. As pessoas sempre farão parte desse processo. Sempre. Porque há um elemento do comportamento humano que robôs não conseguem emular direito"[28], observou Cervantes.

■ ■ ■

Os agentes do FBI e os procuradores do caso Ivanov-Gorshkov visitavam a empresa regularmente e fizeram da "fraude do PayPal" uma prioridade federal. A colaboração da companhia com o FBI marcou uma virada irônica em sua história: quando a Confinity fora lançada, ela flertara com a ideia de criar uma moeda digital universal livre dos entraves do governo. Agora, a mesma equipe sentava lado a lado com os agentes do FBI, ajudando-os a julgar crimes financeiros.

"Acho que a grande virada foi quando chegamos ao ponto de ligar para alguém de algum estado, fossem escritórios do FBI ou do Serviço Secreto, e falar: 'Cara, tenho um caso aqui para você', e eles atenderem o telefone e nos escutarem"[29], lembrou Kothanek.

Era uma via de mão dupla. Os agentes que participaram do caso de Ivanov e Gorshkov pediram que Kothanek e Levchin testemunhassem no julgamento, e Kothanek concordou em comparecer como testemunha. Ele explicou ao tribunal os esquemas de Ivanov e Gorshkov no PayPal, inclusive a criação do paypai.com e as fraudes com cartões de crédito roubados. O advogado geral do caso leu em voz alta o longo e-mail de Ivanov com o trecho "isso não coloca comida na mesa" para o júri. Tanto Ivanov como Gorshkov foram acusados de vários crimes, inclusive conspiração, fraude de computadores, invasão e extorsão. Ivanov se declarou culpado e cumpriu quase quatro anos de prisão;

Gorshkov compareceu em juízo e foi sentenciado a três anos de pena. Esses casos se tornaram marcos históricos dos processos jurídicos da área emergente de segurança cibernética, e os agentes do FBI envolvidos ganharam um prêmio pela excelência na investigação.

Em retaliação, a Rússia processou o FBI, alegando que o departamento acessara ilegalmente os computadores de Ivanov e Gorshkov; e, em 2002, o governo russo abriu um processo criminal contra o agente especial Schuler. A notícia apareceu na primeira página do *Moscow Times*[30].

Depois que Vasily "Kvakin" Gorshkov cumpriu sua pena, ele foi deportado para a Rússia. Enquanto estava na cadeia, sua namorada da época deu à luz e, após a deportação, ele se reuniu com sua família na Rússia. Quanto a Alexey "Subbsta" Ivanov, o hacker realizou seu desejo de trabalhar legalmente na área de tecnologia. Em uma versão nada ortodoxa do sonho americano, Ivanov conseguiu um trabalho como engenheiro nos Estados Unidos.

18

GUERRILHAS

No final de 2000, o eBay estava em festa. Naquele mesmo ano, a companhia tinha chegado a US$3 bilhões em valor de mercado, apesar de as outras empresas de tecnologia terem despencado. De setembro a dezembro de 2000[1], o eBay exibiu um aumento de receita líquida de 108%, um de 146% no número de usuários cadastrados e uma multiplicação incrível de seu lucro líquido, que alcançou um valor 12 vezes maior do que no ano anterior.

Um analista comentou que os resultados desse período tornavam o eBay "uma das poucas empresas de internet cuja força financeira já rivaliza com as melhores companhias offline"[2]. Ademais, já que o eBay não dependia de anúncios, seu futuro parecia mais seguro do que o do AOL ou do Yahoo, escreveu ele. Alguns diziam que o modelo de leilões do eBay parecia estar destinado a revolucionar as regras do comércio virtual como um todo. Segundo suas hipóteses, o comércio a preço fixo estava com os dias contados — e seria morto pelas mãos do eBay.

Daí a importância do e-mail de David Sacks, do PayPal, enviado a um punhado de executivos e outros líderes da empresa durante esse período para transmitir um aviso: "Como já devem saber, o eBay (em conluio com a Visa) declarou guerra à nossa empresa ao tornar os serviços da Visa gratuitos para vendedores..."[3].

■ ■ ■

A alguns quilômetros da sede do PayPal, a equipe da plataforma de pagamentos Billpoint, que era propriedade do eBay e gerenciada por ele, estava acompanhando de perto as mudanças adotadas pelo PayPal — em particular a introdução de taxas e de atualizações forçadas. A Billpoint entrevia uma oportunidade para recuperar um território perdido e, no final de 2000, deu os primeiros passos exatamente nessa direção.

Em 19 de setembro, a Billpoint criticou o PayPal diretamente em um e-mail para os vendedores dos leilões. A mensagem apresentava uma taxa nova e melhorada, anunciando a eliminação do período de três dias de espera para as transferências de dinheiro. "Melhor ainda, ao contrário do PayPal, conosco, não é necessário fazer nenhuma solicitação especial toda vez que quiser acessar seus fundos"[4], dizia a mensagem. A Billpoint era "controlada e aprovada pelo eBay", tinha "selo de aprovação do Wells Fargo Bank e da Visa dos EUA" e foi o primeiro serviço a oferecer pagamentos internacionais, gabava-se a companhia.

Algumas semanas depois, a Billpoint fez outra jogada que provocou abalos sísmicos pelo PayPal. Do dia 23 de outubro até o final de novembro, os vendedores que usassem a plataforma de pagamentos do eBay não pagariam taxa alguma em transações mediadas pela Visa, e os compradores que usassem um cartão de crédito da Visa pela Billpoint ganhariam US$1 a cada compra. "Sem pegadinhas. Sem papo-furado. Só conversas sérias com nomes confiáveis e seguros do mercado — eBay, Wells Fargo e Visa."[5]

Já que as transações com Visa representavam mais da metade do volume total de pagamentos com cartão de crédito no eBay, o alto escalão do PayPal entrou em pânico. Ao compartilhar a "declaração de guerra" do site de leilões, Sacks comentou que essa usurpação estava acontecendo em um período precário. "Infelizmente, por causa da nossa atualização forçada, que está agendada para começar na segunda-feira, estamos no nosso momento mais vulnerável. É de importância crítica que revidemos com rapidez e criatividade na próxima semana de modo a conseguirmos a maior chance de sucesso (sobrevivência?) durante o mês seguinte"[6], explicou.

O que os preocupava era que, pela primeira vez na saga Billpoint-PayPal, o concorrente conseguira superar as taxas do PayPal. "... será um teste decisivo", escreveu Sacks no e-mail que batizou de "Equipe de resposta ao Ebay [*sic*]". Ele incluiu os melhores nomes da companhia dentre os mais variados cargos: a equipe executiva inteira, os responsáveis pelos produtos para leilões, o líder de Relações Públicas, os embaixadores da Visa/Mastercard, o conselho geral, os especialistas em dados e outros que ele achou que poderiam ajudar. A primeira contramedida da equipe de resposta ao eBay foi refutar o e-mail que comparava os dois serviços de pagamento. Eles decidiram escrever a própria mensagem para os PowerSellers do site de leilões para lembrá-los das muitas vantagens que o PayPal oferecia, e a Billpoint, não, como um melhor serviço de atendimento ao cliente e controle de fraudes. O texto também acusou a Billpoint de deturpar a nova estrutura de pagamentos do PayPal. "A Billpoint usou uma tabela falaciosa, comparando nossa conta Premier/Business à alternativa de menor taxa disponível em seu site"[6], explicou a equipe do PayPal.

Eles também fizeram outras investidas. David Sacks instruiu Damon Billian a entrar nos fóruns e corrigir a "desinformação tarifária", e pediu que Reid Hoffman apelasse a seus contatos do eBay para corrigir a mensagem. Sacks também lançou mão de outras ideias. Será que já estava na hora de mandar uma "notificação extrajudicial" para a empresa, bem como solicitar uma medida cautelar contra os preços anticompetitivos? Será que Vince Sollitto, líder de Relações Públicas, poderia fazer algo para "reconquistar a opinião do público, mas sem mostrar fraqueza"? Será que o serviço de atendimento ao cliente poderia criar títulos especiais para usuários fiéis ao PayPal? "Todas as sugestões são bem-vindas. Vamos precisar de um monte de boas ideias para ganhar do eBay nas outras categorias que não o preço", completou Sacks.

■ ■ ■

O relacionamento conturbado do eBay com os pagamentos antecedia, e muito, o atrito com o PayPal. Nas primeiras versões do site de leilões, o fundador, Pierre Omidyar, simplesmente confiara nos usuários, acreditando que todos lhe enviariam por correio o pagamento das taxas dos leilões. Os primeiros funcionários do eBay se lembraram de ver milhares de envelopes chegando ao escritório, alguns com centavos colados em fichas catalográficas.

Mesmo com o crescimento do site, os pagamentos continuaram secundários[7]. Reed Maltzman, um dos primeiros funcionários do eBay, se lembrou de ter chegado a um cômodo cheio de máquinas de fax funcionando a pleno vapor. Quando perguntou o que elas estavam imprimindo, lhe disseram que estavam coletando os recibos de autorização de pagamento dos cartões de crédito. Os papéis inundavam o chão do escritório.

Omidyar sabia que os pagamentos de leilões poderiam ser fontes lucrativas de receita. Ele testemunhara concorrentes como a Auction Universe introduzirem programas como o BidSafe, que forneciam o processamento das transações de cartão de crédito dos vendedores por US$19,95 ao ano[8]. Mas naquela época, e mesmo mais tarde, o foco do eBay continuou sendo o crescimento e a melhoria de seus principais negócios, os leilões, o que o levava a colocar em segundo plano muitos dos floreios propostos. Por esse motivo, o eBay escolheu continuar com uma postura admiravelmente passiva em relação a seus usuários. Além de deixá-los escolher seus métodos de pagamento favoritos, ele não oferecia opções de envio ou de intermediação, não tirava fotos dos produtos e nem fornecia um amplo serviço de atendimento ao cliente. A abordagem *laissez faire* de Omidyar vinha de sua veia libertária e de sua crença fundamental de que "as pessoas, essencialmente, são boas".

Com o crescimento e a maturação do eBay, sua posição quanto aos pagamentos apresentou uma pequena mudança, adquirindo a Billpoint no início de 1999 de modo a incorporar a última peça do processo de leilões. Mas a integração lenta da plataforma de pagamentos abriu margem para serviços de terceiros, inclusive as opções oferecidas pela Confinity e pela X.com no final de 1999. "Contratamos executivos do setor bancário para administrar a Billpoint, e eles assumiram uma postura típica dos bancos, qual seja, examinar todos que batem à porta antes de lhes fornecer uma conta. Mas esse processo mais complicado estava afastando os clientes, inclusive os vendedores do eBay, os quais eram recebidos de braços abertos pelo PayPal; era só clicar aqui e ali, e, ainda por cima, ganhavam um bônus em dinheiro"[9], escreveu Meg Whitman anos mais tarde.

Tanto no início como em meados de 2000, a Billpoint teve o azar de competir com o generoso programa de bônus e a promessa da ausência de taxas do PayPal. Jason May, um dos cofundadores da Billpoint, se lembrou de discussões inflamadas no eBay quanto à Billpoint aderir à distribuição de bônus em dinheiro ou anular as taxas. "Não tinha muito o que fazer [para competir com os bônus e as taxas]. Porque nosso modelo de precificação era meio que controlado pelo nosso conselho, que era administrado pelo eBay e pela Wells [Fargo]. Uma vez ou outra, sugeríamos: 'Bem, talvez pudéssemos oferecer o serviço grátis por seis meses, ou fazer tal coisa como manobra'. E era aí que eu sentia que o PayPal tinha ganhado. Estava muito claro que a nossa organização continuaria dizendo: 'Não vamos entrar nessa para falir'"[10], lembrou May.

No final de 2000, os usuários do eBay tinham acolhido completamente o PayPal, mas esse acolhimento criou um impasse operacional para o site de leilões. De um lado, o PayPal estava recolhendo taxas que teoricamente deveriam estar sendo pagas ao próprio serviço do eBay, a Billpoint; de outro, estava ajudando os usuários do eBay a completar suas transações. "De certa forma, independentemente do serviço de pagamento utilizado, se [o eBay] fechar mais transações, estará ganhando mais dinheiro"[11], comentou Ken Howery.

Para o eBay, o serviço de pagamento era cachorro pequeno perto de seu serviço principal, os leilões. O grande aumento da receita do site de 1999 a 2000 se deu pelo crescente número de usuários e pela expansão das categorias de leilões — não pelos serviços secundários da Billpoint. "As pessoas provavelmente olhavam para a Billpoint e diziam: 'Ah, isso aí só representa alguns pontos percentuais [para a receita total do eBay]'. Já para o PayPal, era tudo o que tínhamos"[12], disse Howery.

Apesar disso, o eBay parecia pronto para lutar pelo mercado de serviços de pagamento. Ele deu o passo seguinte na batalha, optando por integrar a Billpoint mais rigidamente à plataforma de leilões. A começar pela mudança de "Billpoint" para "eBay Pagamentos", uma alteração sutil, mas que visava conduzir diretamente os usuários ao método de pagamento mais favorável à empresa. Então, discretamente, o eBay fez outra mudança, dessa vez de mais peso, lançando uma funcionalidade chamada "Compre Agora". Os vendedores agora poderiam definir um preço — e, se o comprador resolvesse pagá-lo, o leilão terminaria imediatamente.

Em um primeiro momento, o "Compre Agora" não parecia ameaçar o PayPal. Sendo o preço definido pelo vendedor ou pelo leilão, não fazia diferença para o PayPal — era só continuarem usando seus serviços. Mas, uma vez que a equipe do PayPal examinou mais de perto o funcionamento do botão "Compre Agora", ela começou a entrar em pânico. Em um leilão tradicional, um usuário do eBay faria um lance, receberia um e-mail informando se tinha ganhado e escolheria um sistema de pagamento. Já que os compradores deixavam o site no meio do leilão, o PayPal tinha a oportunidade de se infiltrar no processo de pagamento, enviando alertas quando o leilão tivesse terminado — e propondo que o usuário fosse para seu site completar a transação. A partir de seu e-mail, o ganhador poderia ir direto para o PayPal e pagar o vendedor — completando, assim, o pagamento do leilão sem voltar ao eBay.com.

O "Compre Agora" reconfigurava radicalmente essa dinâmica. Se um comprador clicasse nesse botão, a forma de pagamento do eBay já apareceria, permitindo ao comprador completar seu pagamento diretamente no site. Ou seja, nenhum e-mail seria enviado e não haveria mais intervalo algum em que o usuário se afastaria da página de leilões. O comprador ainda poderia abrir uma nova janela no navegador e entrar no www.paypal.com para usar o serviço se quisesse, mas a página automática do eBay Pagamentos aumentaria significativamente os obstáculos à utilização do PayPal. "Foi de longe a jogada mais ousada que o eBay adotara até o momento"[13], escreveu Eric Jackson em seu relato sobre o PayPal.

■ ■ ■

O eBay anunciou o "Compre Agora" com floreios, dispensando as taxas das transações de modo a encorajar a sua adoção pelo público. A empresa explicou que consultara 20 mil usuários e fizera diversos testes em grupo, descobrindo que "apesar de os usuários adorarem a seleção do eBay, muitos compradores desejam a opção de comprar itens mais rápido e certeiramente, e muitos vendedores desejam a opção de vender um item sem precisar esperar o leilão acabar"[14].

A funcionalidade foi lançada — e despencou rapidamente. Em 23 de outubro, pouco depois do lançamento, os fóruns do eBay pipocaram com críticas sobre uma falha no eBay Pagamentos. As notificações de pagamento demoravam a aparecer, o que enfurecia os usuários. "Demorou mais de uma semana para meus fundos voltarem à minha conta depois que consertaram o troço. Que saco. Voltei para o PayPal e dei um pé na bunda da Billpoint"[15], escreveu um usuário. Outro comentou: "Acabei de receber uma carta da Billpoint dizendo que uma compra foi paga na manhã do dia 17. Ah, vá. Hoje já é dia 21. Sempre mandamos a encomenda pela opção mais rápida, e, agora, o envio atrasou. Valeu mesmo, Billpoint, não faz nada direito!"[15]

Mesmo no final de novembro, o "Compre Agora" continuava com defeito. "Sou vendedor e estou tentando receber um pagamento. Meu cliente usou o Compre Agora para pagar, e não recebi uma notificação de pagamento do eBay. Eu me registrei na Billpoint para tentar receber, mas foi em vão. A página de informações da funcionalidade... não ajuda em nada. O Compre Agora tornou essa transação a mais difícil que já fiz, e vou remover essa opção dos meus leilões"[16], escreveu um usuário.

A imprensa ficou sabendo dos problemas no eBay, e uma matéria saiu pela *eWeek* — "A defeituosa funcionalidade 'Compre Agora'". O artigo apontava que a ferramenta falhava se o vendedor colocasse a mesma oferta mínima do leilão como o preço no "Compre Agora". Nesse caso, os compradores que apertassem o botão receberiam a mensagem de erro "Problema com o valor do lance". "Estamos nos esforçando para corrigir o problema e devemos consertá-lo até o início da semana que vem"[17], disseram os líderes do eBay em um comunicado oficial. Nesse meio-tempo, o site pediu que os vendedores colocassem o preço do "Compre Agora" um centavo acima da oferta mínima.

A funcionalidade estava passando por maus bocados, mas o eBay tinha o tempo ao seu favor. "É uma maratona, não uma corrida de curta distância"[18], teria dito Meg Whitman sobre as manobras do eBay para recuperar os pagamentos. No final de novembro de 2000, a equipe do PayPal teve um bom motivo para se preocupar com a resistência do eBay. "A participação da Billpoint no mercado de serviços de pagamento cresceu de aproximadamente 9% para pouco menos de 15% nesse último mês"[19], escreveu Eric Jackson em um comunicado à equipe de produto. Os números absolutos também eram preocupantes. Pelas estimativas do PayPal, a Billpoint, que aparecia listada em apenas 400 mil leilões em setembro, passou a figurar em mais de 800 mil no início de novembro — e quem observava de longe, inclusive a mídia, estava começando a perceber esse crescimento.

Depois que os ganhos de setembro a dezembro do eBay ultrapassaram as expectativas de Wall Street, um repórter comentou: "O sistema de pagamento online Billpoint finalmente parece estar ganhando tração depois que o PayPal começou a cobrar taxas de alguns usuários."[20]

■ ■ ■

O eBay agora realmente tinha chance de recuperar os pagamentos, e cada nova mudança fazia os executivos do PayPal — principalmente Thiel e Sacks — ficarem roxos de raiva. "David e Peter ficavam totalmente histéricos e falavam coisas do tipo: *Mas eles não podem fazer isso! Como ousam?*. E nós respondíamos: 'A plataforma é deles. Eles fazem o que bem entenderem'"[21], comentou um dos executivos.

Raiva e frustrações à parte, a rixa levou as duas empresas a restabelecerem contato. Reid Hoffman se aproximou de Rob Chestnut, um dos advogados do eBay, e, juntos, eles ajudaram a apaziguar as tensões de 2000 e 2001.

Chestnut já trabalhara como procurador federal e fora contratado no início de 1999 para garantir "confiança e segurança"[22] no eBay, um papel que envolvia um pouco de tudo, incluindo as denúncias de pequenas fraudes, a decisão de permitir ou não que os usuários leiloassem os próprios órgãos e o relacionamento com outras empresas, como o PayPal, que havia se estabelecido no eBay.

Para Chestnut, o PayPal era um problema para a confiança e a segurança do eBay. O site teria mais dificuldade em regular seu mercado de leilões se houvesse outra empresa controlando o fluxo de fundos. "Controlando o dinheiro, dá para cuidar muito melhor das fraudes. Se um sistema de pagamentos externo administra parte do seu mercado, então ele controla a confiança — mas você não consegue controlar a fraude", observou.

Com o tempo, Chestnut começou a respeitar os esforços agressivos da equipe do PayPal para garantir seu crescimento. "Eu diria que seus concorrentes provavelmente iam para casa às 18h ou 19h. Àquela altura, o pessoal do PayPal ainda estava no escritório, pedindo delivery para o jantar. Eram empreendedores até o fim, bem agressivos. Só resta admirá-los"[22], brincou. A CEO do eBay, Meg Whitman, concordava com as reflexões de Chestnut. "O PayPal era uma empresa de pessoas extremamente agressivas com um viés que pendia muito para a ação"[23], escreveu ela em seu relato de negócios, *The Power of Many* [Sem tradução até o momento].

■ ■ ■

Enquanto diplomatas digitais, Chestnut e Hoffman conversavam frequentemente — "eram muitos debates longos, épicos", lembrou Chestnut. Uma crise especialmente tensa foi causada pelo logo "verificado pelo PayPal". Os vendedores do eBay podiam consegui-lo assim que verificassem suas contas bancárias, assinalando aos compradores que eles eram confiáveis. Para o PayPal, essa era mais uma estratégia para desencorajar os usuários a efetuarem pagamentos com cartão de crédito. Para o eBay, o logo era mais um grafite frustrante promovendo o PayPal no site.

O eBay optou por banir o logo imediatamente, usando seu tamanho como pretexto para a remoção. Como era de se esperar, isso levou à fúria na sede do PayPal. Mas também chateou os vendedores do eBay que tinham se dado o trabalho de passar pelo processo de verificação. Hoffman recebeu a tarefa de pressionar Chestnut para reinstituir o logo. As tensões, por vezes, eram tão altas que não permitiam visitas oficiais, e as várias trocas bilaterais dos dois muitas vezes se davam sorrateiramente em um Boston Market perto dos escritórios das empresas.

Hoffman conseguiu convencer Chestnut a reinstituir o logo, recorrendo ao trunfo do PayPal: os usuários do eBay e seus protestos quanto à remoção dele. No entanto, em outros casos, Hoffman e Chestnut precisaram utilizar vaivéns diplomáticos oficiais, registrando as concessões de ambos os lados em determinada briga. Em meio ao atrito com relação às taxas da Billpoint, por exemplo, Hoffman fizera um inventário item por item das questões a serem resolvidas em um e-mail intitulado "acordos"[24]. Entre os quais:

1. Consertaremos nossa página de taxas de modo a refletir as suas de maneira adequada. Isso será publicado na nossa próxima campanha. [Comprometimento da X.com.]
2. Vocês corrigirão os anúncios para a imprensa e para o público em geral de modo a refletir nosso processo de estorno e outros status adequadamente. [Comprometimento do eBay.] Enviaremos uma mensagem com as informações definitivas ainda hoje para que possam atualizar Janet Crane e os outros. [Comprometimento da X.com.]
3. Vocês corrigirão seus sites e seus comunicados de e-mail de modo a retratar adequadamente nossas taxas e nosso processo de estorno aproximadamente ao mesmo tempo que os corrigirmos (em 3-5 dias no máximo) ou na medida do possível. [Comprometimento do eBay.] Nós lhes enviaremos um e-mail ainda hoje tratando do que precisa ser mudado. [Comprometimento da X.com.]

Durante dois anos, Hoffman e Chestnut enfrentaram um pepino atrás do outro, discutindo minúcias verbais e compartilhando *prints* como provas de seus argumentos. Seu trabalho nos mínimos detalhes levou a períodos de trégua.

■ ■ ■

Ao desenvolverem um contato vital entre as duas empresas, esse esforço também se tornou algo mais. "Nos encontramos oficialmente com o eBay pela primeira vez hoje"[25], escreveu Hoffman à empresa inteira em 10 de novembro de 2000. As duas companhias começaram a debater a possibilidade de entrelaçar seus futuros formalmente. De um acordo modesto de compartilhamento de receita a uma aquisição total do PayPal, todas as possibilidades estavam disponíveis.

Hoffman avisou a equipe de que qualquer acordo potencial ainda estava muito longe da realidade. A Wells Fargo tinha aceitado uma participação na Billpoint sob a condição de que ela continuasse sendo a principal plataforma de pagamento do eBay. "Todos os pagamentos no eBay também envolverão a Billpoint... Isso vai levar um bom tempo e não há nada certo, obviamente"[25], escreveu Hoffman.

Os detalhes das primeiras conversas entre o PayPal e o eBay ficaram bem escondidos. Uma empresa externa, a First Annapolis Consulting, examinou os livros contábeis de ambas as empresas. Para os líderes do eBay, havia uma preocupação que emergia entre as outras: a fraude financeira. Embora o eBay tivesse muitos vendedores fraudulentos, a empresa mantinha uma taxa de fraudes surpreendentemente menor do que a maioria das lojas de varejo. Qualquer acordo com o PayPal que arriscasse um aumento de fraudes estava fora de questão.

Com as duas companhias explorando a possibilidade do acordo, a equipe da First Annapolis ficou um tempo na sede do PayPal, entrevistando funcionários e mergulhando em seus arquivos para entender o perfil de fraudes da empresa. Ela voltou otimista, comunicando sua animação no relatório ao eBay: "Se o critério para a Billpoint negociar com o PayPal for a necessidade de seu serviço focar a gestão de riscos adequadamente, acreditamos que o PayPal corresponde ao requisito. A organização investiu pesado na gestão de riscos recentemente e desenvolveu algumas ferramentas inovadoras."[26]

Mas a First Annapolis também notou outros riscos do PayPal, não relacionados à fraude: suas táticas eram novas e não tinham comprovação, seu crescimento era vertiginoso e seu processo de subscrição era rudimentar. A equipe de avaliação questionou também a "estabilidade operacional" da companhia: os funcionários iriam embora depois do potencial acordo entre o eBay e o PayPal? "Não obstante essas preocupações, a principal questão em que refletimos no momento é se o modelo de negócios do PayPal compensará adequadamente o risco corrido"[26], escreveu a First Annapolis.

Na época, o lado do eBay-Billpoint respondeu que não. Os líderes da empresa — inclusive Janet Crane, a CEO da Billpoint, cuja opinião era de importância crítica nesse sentido — olhavam para o PayPal e viam um ninho de cobras cheio de fraudes. Por ora, concluiu o eBay, eles usariam a Billpoint na batalha dos serviços de pagamento, não optando por um acordo rápido e impulsivo. Apesar de não ter levado a um acordo, a diligência prévia do final de 2000 abriu portas para muitas discussões, as quais as duas empresas manteriam com níveis variáveis de seriedade durante os dois anos seguintes.

■ ■ ■

Apesar do "Compre Agora", da promoção gratuita dos serviços Visa e de outros esforços para o crescimento, do final de 2000 até o começo de 2001, a Billpoint ganhou apenas uma pequena margem dos pagamentos da plataforma. Quando o serviço deu fim às promoções, seu progresso estagnou e se reverteu. As inúmeras contraofensivas do PayPal o ajudaram a evitar a invasão da Billpoint, e os dois lados continuaram a disputar território.

Em uma de suas jogadas, o PayPal lançou cartões de débito cujo alvo eram os PowerSellers do eBay — uma funcionalidade que a Billpoint não apresentava[27]. O PayPal prometeu um incentivo de cashback aos vendedores que usassem o cartão e adicionou uma virada: só distribuiria o cartão aos vendedores que anunciassem o PayPal como o único serviço de pagamento que aceitavam. A equipe promoveu os cartões agressivamente no site, em e-mails e mesmo em chamadas de telemarketing. "Entrávamos no banco de dados, olhávamos os melhores 150 mil vendedores do eBay e começávamos a enviar cartões de débito para eles sem nem perguntar nada", comentou Premal Shah, membro da equipe de produto.

Em 2001 veio o lançamento do "Lojas PayPal", um diretório e serviço que contava com lojas online não presentes no eBay e ajudava os vendedores a criar seus próprios negócios online. Ele surgira da insistência de David Sacks em oferecer os serviços de pagamento do PayPal pela internet adentro, e não apenas no site de leilões. Para os vendedores do eBay, esse serviço prometia a oportunidade de economizar: se eles pudessem administrar suas próprias lojas online, não precisariam mais pagar as taxas do eBay. O PayPal apimentou o jogo ao criar o "Lojas PayPal" — os botões específicos, os carrinhos de compras virtuais e tamanho esforço serviam de presságio para uma divisão de "serviços de comércio" na empresa, o que ajudou a expandir seu alcance além dos leilões.

Internamente, o eBay se referiu a essas transações além de seu site como "o mercado cinza" e não tentou conquistá-las com a Billpoint, mas respondeu na mesma medida, criando, em junho de 2001, o "Lojas eBay", focado em vendedores que preferiam vendas a preço fixo em vez de leilões. Os comerciantes dessa plataforma teriam a oportunidade de escolher entre duas opções: usar uma conta empresarial ou aceitar a Billpoint. O eBay sabia que a maioria deles não atendia aos requisitos para criar contas empresariais e esperava que uma integração mais rígida do serviço com a Billpoint freasse o domínio do PayPal.

O lançamento do "Lojas eBay" enervou mais uma vez a liderança do PayPal, e Hoffman foi encarregado de abordar Rob Chestnut e exigir mudanças. O eBay fez uma pequena modificação, permitindo o uso do PayPal no "Lojas eBay". Por sua vez, o PayPal também revidou, fornecendo instruções detalhadas para a utilização de seus serviços no "Lojas eBay" — e mesmo recomendando que os vendedores do site listassem suas lojas no diretório do "Lojas PayPal".

A maioria das jogadas e das brigas entre as duas empresas em 2000 e 2001 ficou fora do radar da mídia — quer dizer, isso até o início de 2001, com o disparo do eBay. Ele alterou o formulário da opção "Venda seu Item" de modo que, quando um vendedor o utilizava para criar um leilão, o campo do pagamento selecionava automaticamente a Billpoint como opção padrão. "Se eu quisesse postar um leilão às pressas no site do eBay, a Billpoint teria aparecido como opção de pagamento, acionando todos os floreios possíveis para encorajar o ganhador do leilão a usá-la"[28], escreveu Jackson.

A mudança passou despercebida para a maioria dos usuários, mas implicava em consequências enormes para o PayPal. Quase de um dia para o outro, a participação da Billpoint no mercado de leilões cresceu 5%. A equipe do PayPal descobriu que, como os usuários que vendiam em maior quantidade utilizavam ferramentas automáticas para postar centenas ou milhares de leilões, eles raramente visitavam a página "Venda seu Item". Assim, esses vendedores não estavam cientes de que a Billpoint tinha sido programada como mecanismo de pagamento padrão para os leilões.

O PayPal enviou um e-mail coletivo para sua base de usuários, alertando-os. "Logos não autorizados da Billpoint podem resultar em compradores confusos utilizando a Billpoint como forma de pagamento, e isso pode prejudicar seus resultados. O único jeito garantido de se proteger de outros logos não autorizados da Billpoint é fechar sua conta com eles", lia-se no e-mail. A equipe também incluiu o número de telefone da central de atendimento do eBay ao final do texto.

O conflito veio à tona quando os vendedores fizeram postagens comentando sobre a mudança nos fóruns. A imprensa ficou sabendo do caso, e as duas empresas trocaram farpas publicamente. O PayPal acusou o eBay de jogar sujo; o eBay acusou o PayPal de exagerar o problema, chamando sua resposta de "inflamatória" e descrevendo suas jogadas como "profundamente equivocadas".

Rosalinda Baldwin, a editora de um veículo online que tratava de leilões, o *The Auction Guild,* e uma das vozes mais importantes no mundo dos leilões online, ficou do lado do PayPal na disputa. Em uma postagem de 1.356 palavras intitulada "As práticas antiéticas da Billpoint", Baldwin caiu em cima do serviço de pagamento: "Não gostamos do fato de que eles não protegem os vendedores de estornos injustificados. Não gostamos de como lidam com os estornos quando os vendedores são vítimas de fraude. Não gostamos de como infiltram seus logos nos leilões quando o vendedor não escolheu esse serviço e não confiamos neles para proteger as informações dos usuários."[29]

Suas melhores farpas foram reservadas à mudança na opção "Venda seu Item". "A Billpoint usou todo tipo de malandragem para infiltrar seus logos nos leilões dos usuários", escreveu, mas foi esta a acusação que mais se destacou:

> Eles configuraram a opção da Billpoint como pré-selecionada, e não selecionável, sem comunicar a ninguém. Adicionaram automaticamente seus logos às listas mesmo se elas não contassem com a opção desse serviço. O ebaY [*sic*] está coagindo os novos vendedores a se cadastrar na Billpoint e está pedindo informações bancárias não por segurança, mas para licenciar seu uso da Billpoint, queiram eles ou não.

Baldwin terminou a postagem com um nocaute: "A Billpoint, por si só, não é um produto bom o suficiente para fazer com que os vendedores queiram usá-lo... o único jeito de evitar as malandragens do ebaY [*sic*] é excluir sua conta da Billpoint permanentemente."[29] Com isso, ela incluiu um link para que os vendedores pudessem fazer exatamente o que comentou.

Para ser justo, algumas das acusações de Baldwin também se aplicariam ao PayPal. Mais de uma vez, ele ativara opções sem consultar os vendedores e alterara predefinições para fomentar o crescimento de usuários. Uma das primeiras jogadas da empresa — a funcionalidade "autolink", que postava os logos do PayPal nos leilões de vendedores que já o tinham usado — era, essencialmente, uma fotocópia da alteração que o eBay fizera na opção "Venda seu Item".

O comentário de Baldwin também estava relacionado a um espírito de independência que queimava no cerne da comunidade de vendedores do eBay. "Alguns vendedores não gostavam de conferir ao eBay tanto poder sobre seus negócios, o que ele tinha. [Usar o PayPal] era uma oportunidade de ficar um pouco mais independente do site de leilões. 'O eBay quer que façamos X. Bem, então façamos Y' é uma coisa que com certeza existe na comunidade"[30], disse Rob Chestnut.

Por fim, o "Venda seu Item" pode ter servido muito pouco, e surgido tarde demais, para o eBay recuperar sua parcela do mercado de pagamentos. Com a pressão da mídia tradicional, da "mídia dos leilões" e dos próprios vendedores, a empresa recuou, revertendo a mudança do "Venda seu Item". Nas semanas seguintes, os ganhos dos pagamentos que o eBay conseguira em consequência da mudança evaporaram.

■ ■ ■

Durante os primeiros quatro anos do PayPal, Sacks, Thiel e o resto da equipe de liderança acharam que o eBay conseguiria esmagá-los por puro capricho. "Uma das minhas reflexões nesse período era: 'Se fosse eu administrando o eBay Pagamentos, o que eu faria para eliminar o PayPal?', e pensei em um monte de coisa! Fiquei preocupado, achando que, um dia, eles iam acabar descobrindo como fazer isso"[31], disse Sacks.

Esse medo os levou a elaborar planos de contingência. A certa altura, eles consideraram a possível ameaça de o eBay bloquear o endereço de IP do PayPal — o que acabaria com seus botões. Para evitar isso, eles se prepararam registrando centenas de contas de internet discada do AOL. Se o eBay desativasse os logos do PayPal ao bloquear o endereço de IP da empresa, eles poderiam rotear seus serviços por meio dessas conexões AOL.

Com o aumento das tensões, a equipe do PayPal ficou preocupada com a possibilidade de o eBay chegar ao limite da tolerância — e simplesmente desativar seus serviços, sem dar a mínima para as consequências. Levchin, Hoffman, Thiel e Nosek chegaram a uma solução radical: eles construiriam sua própria rede de leilões online, um plano que batizaram de "Operação Overlord", o nome alternativo do Dia D, em que os aliados invadiram a Normandia durante a Segunda Guerra Mundial. O PayPal poderia utilizar as várias informações sobre os PowerSellers para atraí-los à rede de leilões concorrente. A ideia não se encaixava no campo das possibilidades, mas sua mera existência ilustrava o nível de preocupação do PayPal quanto ao poder do eBay.

E, apesar de esses medos nunca terem se dissipado completamente, eles começaram a diminuir, em parte pelo apoio dos vendedores do eBay em períodos como o bafafá do "Venda seu Item". "O eBay tinha um histórico enorme de introduzir uma mudança no site, e os usuários sempre protestarem. Era uma base de usuários bem geniosa. E, com toda a razão, eles tinham medo dela"[32], disse Sacks.

De acordo com May, cofundador da Billpoint, a equipe executiva do eBay flertara com a ideia de fechar completamente o PayPal — mas preferira não levá-la adiante. "[Fechar o PayPal] foi definitivamente uma das ideias que tivemos. Mas [os executivos do eBay] decidiram explicitamente que não seriam maus. Não foi porque só seguiram o fluxo e não quiseram considerar essas opções"[33], lembrou May.

Quando as críticas de Baldwin chegaram ao *The Auction Guild*, o PayPal conquistou uma ubiquidade que escapava à Billpoint, e as críticas refletiam um sentimento geral da comunidade. "Relutamos muito em fazer algo que fosse contra os desejos da comunidade. Ela gostava do PayPal, tinha sucesso com o PayPal. Não gostávamos disso — mas era essa a vontade da nossa comunidade"[34], disse Rob Chestnut.

Talvez ninguém entendia o poder de uma base de usuários fiel melhor do que o próprio fundador do eBay, Pierre Omidyar, que tinha impedido as tentativas tanto da Amazon quanto do Yahoo de ocupar uma parte dos negócios de leilões. "Tínhamos um ímã gigantesco, que era o eBay, e vários ímãs menores vinham e tentavam afastar as pessoas de nós. Mas o ímã do eBay era tão poderoso que ficava difícil para eles começarem"[35], explicou Omidyar ao jornalista Adam Cohen.

O PayPal trabalhou duro para fortalecer o seu ímã, principalmente com os PowerSellers do eBay. "Nossos PowerSellers nos sugeriam produtos que gostariam que criássemos, e, na semana seguinte, eles já estavam disponíveis no site"[36], lembrou Paul Martin. Durante esse período, a equipe criou vários produtos para ajudar os vendedores a melhorarem suas listas de leilões. Eles lançaram a Notificação do Ganhador do Leilão, que enviava automaticamente aos vencedores as instruções para pagar pelo PayPal, bem como a Smart Logos, que fazia os botões de pagamento mudarem de cor quando o leilão acabava — uma atualização chamativa.

"Pareciam coisas simples, mas é preciso lembrar que eram muito difíceis de criar em termos de programação, porque não era o nosso site que usávamos para construir, era o site de outras pessoas — que não gostavam de nós... era quase como criar um malware"[37], disse Martin sobre os esforços da equipe para cair nas graças da comunidade de PowerSellers do eBay.

Os esforços externos ao eBay também renderam bons frutos ao PayPal. Apesar de suas dificuldades com o serviço de atendimento ao cliente, o sucesso da central de Omaha fez a empresa ganhar o coração dos vendedores, que enchiam os fóruns de elogios à operação que ficava ativa 24 horas por dia. A *newsletter* semanal da companhia capturou o sinal mais poderoso — e mais peculiar — de que o PayPal conquistara os próprios usuários do eBay. O funcionário Damon Billian — que usava o nome "Damon do PayPal" nos fóruns do eBay — atingira uma fama "comparável à das estrelas do rock" e recebia de tudo um pouco, desde fotos a pedidos de casamento, dos vendedores do eBay.

■ ■ ■

Em maio de 1998, o Departamento de Justiça dos Estados Unidos e vinte outros procuradores gerais processaram a Microsoft por comportamentos anticompetitivos e monopolistas. Uma batalha judicial de vários anos se seguiu, em que a Microsoft foi acusada de, entre outras coisas, tentar "extinguir" seu navegador concorrente, o Netscape. O governo ameaçou desmantelar a empresa.

O caso provocou arrepios nos líderes de tecnologia em todo o país — inclusive nos do eBay. E os líderes do PayPal fomentavam esse medo. Um dos mais novos membros da equipe, Keith Rabois, foi instruído por Thiel a criar uma papelada antitruste contra o eBay. O PayPal também criou um Comitê de Ação Política (PAC, na sigla em inglês) para oferecer contribuições aos membros do Congresso — e ainda encorajou esses membros a escreverem à Federal Trade Commission sobre o poder monopolizador do eBay.

Em meados de 2001, a empresa contratou uma assessoria jurídica externa para emitir uma mensagem contundente de onze páginas, com espaçamento simples, para a sede do eBay. Enviada tanto por fax quanto por correio para Meg Whitman, a carta era uma advertência. "O eBay está abusando do seu poder de mercado no comércio online para distorcer e eliminar a concorrência por serviços de pagamento. Ver, por exemplo, *United States v. Microsoft Corp.*, 87 F. Supp. 2d 30 (D.D.C. 2000). Tal como a Microsoft, o eBay está tentando eliminar ou limitar a concorrência de parte substancial de um mercado secundário (o de serviços de pagamento online) para aumentar e proteger o monopólio do principal serviço que oferece (comércio online)"[38], escreveu o advogado. "As leis antitruste não permitem que uma empresa com poder de mercado, como o eBay, estenda seu monopólio, eliminando concorrentes que, como o PayPal, estão contribuindo com uma competição que beneficia os usuários — por exemplo, melhores serviços a preços mais baixos", continuou.

O PayPal garantiu que essa ameaça do eBay enquanto monopolista sempre estivesse presente, utilizando-a mesmo em situações quotidianas. Quando Hoffman contatou Chestnut para falar sobre a mudança do "Venda seu Item", por exemplo, a mensagem estava clara: "Rob, se o eBay colocou a Billpoint como padrão, como alguns fóruns estão sugerindo, por favor considere esta mensagem um registro oficial da minha preocupação quanto à 'vinculação' de produtos — por exemplo, vocês vincularam seu serviço de pagamento ao seu monopólio das listas de leilões e, com isso, criaram uma situação anticompetitiva e antitruste."[39]

Vince Sollitto, o chefe de comunicações do PayPal, justificou o uso dessas táticas: "A visão [do eBay] era 'É comprar ou matar'. E, já que não nos compraram, estavam na categoria 'matar'. Então, no mundo [das relações públicas] e no mundo [das relações governamentais], era preciso apelar para a terra arrasada. Eu faria tudo que pudesse para ferrar com eles... eu estava basicamente correndo pelo Capitólio e gritando que eram monopolistas malvados"[40], disse.

Chestnut via razão nesse medo de seus concorrentes. "Para ser sincero, a sobrevivência deles dependia de nós. Consigo entender uma mentalidade dessas"[41], disse. Mas Chestnut e a liderança do eBay não se deixaram abalar tanto quanto os executivos do PayPal esperavam com as ameaças antitruste. "Eles não foram nada sutis. Não foram mesmo. Mas veja bem, sou advogado, sou procurador federal. Já recebi ameaças de morte! Realmente não vão conseguir me intimidar com esse negócio de antitruste", afirmou, sorrindo.

Para o eBay, bem mais intimidador do que o caso antitruste era a confiança que o PayPal ganhara dos próprios usuários do site de leilões. "O que realmente me preocupava era a reação da comunidade de vendedores se fechássemos o PayPal"[40], lembrou Chestnut.

19

A DOMINAÇÃO MUNDIAL

Quando assumiu o cargo de CEO, Thiel colocara o crescimento internacional como um de seus imperativos estratégicos, mas essa ideia já antecedia seu e-mail do final de 2000.

Nos documentos originais da proposta de valor, a Confinity apresentou a Mobile Wallet como um meio para libertar as massas de governos e de bancos de reserva que manipulavam as moedas. Apesar de essas ideias terem conduzido à libertação dos usuários do eBay do serviço de pagamento Billpoint, a equipe continuou planejando o crescimento global do PayPal. Quando ela escolhia nomes para novos produtos, por exemplo, um dos principais fatores era que fosse possível utilizá-los internacionalmente com tranquilidade. Mesmo a linguagem casual usada internamente — falando em um "Índice de Dominação Mundial" e uma "Moeda do Novo Mundo", por exemplo — demonstrava o objetivo de tornar o PayPal um sistema de pagamento universal que ultrapassasse as fronteiras nacionais.

A X.com também já tinha a ambição de conquistar o mundo embutida em seu DNA desde o início. Um dia, Musk esperava que a X.com servisse como o "centro mundial de todo o dinheiro"[1] e que armazenasse os dólares, marcos alemães (que logo se tornariam euros) e ienes em um só lugar. Para ele, essa trajetória não era revolucionária — mas óbvia. Musk pensava nas moedas "a partir da teoria da informação"[1], fazendo referência a uma área do conhecimento fundada pelo Dr. Claude Shannon em 1948. "O dinheiro é um sistema de informação. A maioria das pessoas acha que ele tem poder por si só. Na verdade, é só um sistema de informação, serve para que não precisemos do escambo e possamos transferir valores na forma de empréstimos, ativos e coisas assim", explicou.

Se o dinheiro armazenado nas contas da X.com fosse só mais uma informação expressa, conforme a visão de Musk, então moedas nacionais seriam um artifício inoportuno. Uma rede de informação universal como a internet — que permitia que bits atravessassem fronteiras de maneira simples, rápida e barata — poderia eliminar a fricção e as taxas do mercado de câmbio. "A ambição da X.com era basicamente se tornar o *point* de todo o dinheiro do mundo. Era para ela ter sido *o* sistema financeiro global", explicou Musk.

No final de 2000, o PayPal já não estava tentando fomentar uma revolução financeira internacional — mas ainda examinava as oportunidades no exterior. Em nível de país, os Estados Unidos ainda lideravam o mundo quanto ao número de usuários online, com 95 milhões de norte-americanos conectados. Já em nível de continente, a Ásia e a Europa tinham aproximadamente o mesmo número total de usuários que a América do Norte, e muitos líderes estrangeiros que se mostravam céticos à "*world wide web*" agora a promoviam. Em 1998[2], o então presidente francês Jacques Chirac organizou uma celebração internacional da internet — *La Fête de l'Internet* — e presidiu pessoalmente um debate online do Palácio do Eliseu. Em 1996, Chirac admitiu timidamente que não sabia que o dispositivo de apontar e clicar para controlar o computador se chamava mouse.

O crescimento da internet no exterior atraiu a atenção de muitas empresas norte-americanas, inclusive o eBay, cuja base de usuários se estendia por noventa países. Em meados de 1999, o eBay adquiriu um site de leilões alemão que, à época, tinha apenas três meses de idade, o www.alando.de, com a intenção de transformá-lo em uma filial alemã, www.ebay.de, e mais tarde fez aquisições similares, como o iBazar francês e o Internet Auction Co., com sede na Coreia do Sul. Esses sites permitiram que o eBay personalizasse serviços e línguas e mesmo se aproveitasse das leis locais; os vendedores dos leilões do Alando, por exemplo, podiam vender vinhos online para seus compatriotas alemães, enquanto os comerciantes norte-americanos não tinham permissão para isso.*

* As aquisições globais do eBay também o ajudaram a frear o avanço de imitadores estrangeiros. Os cofundadores do Alando, por exemplo, nem tentaram esconder que tinham pegado emprestado os serviços da gigante dos leilões norte-americana. "Fizemos muitos negócios no eBay. Decidimos copiar o que funcionava e melhorar a partir daí. Por que reinventar o sistema?", disse o cofundador Marc Samwer ao *Wall Street Journal* logo no início. A imitação rendeu ao Alando 50 mil usuários em questão de semanas — e, apenas alguns meses depois do lançamento, uma oferta de aquisição de US$42 milhões por parte do eBay.[3]

Com a expansão internacional do eBay, o PayPal também viu uma oportunidade — os vendedores de leilões do exterior também precisavam de serviços de pagamento. "Um colecionador não procuraria itens apenas nos EUA, mas no Reino Unido e na Alemanha também"[4], observou Bora Chung. A empresa começou a ver usuários mandando dinheiro para endereços de IP estrangeiros. "David [Sacks] meio que suspeitou e olhava para os dados, dizendo: 'Estão hackeando nosso sistema, porque precisam transferir dinheiro para o Canadá, para o Reino Unido ou para outros países anglófonos. Precisamos dar um jeito de fazer isso acontecer'"[5], lembrou Giacomo DiGrigoli.

O interesse de clientes internacionais trazia consigo outra vantagem da expansão para o exterior: a arrecadação. Mesmo depois da rodada de março de 2000, que lhe rendera US$100 milhões, a empresa precisava de mais fundos. Mas, com o mercado de ações ainda em queda, os investidores dos EUA tinham pouco interesse em empresas de internet, que só vinham perdendo dinheiro. No entanto, os investidores internacionais ainda sentiam o brilho da tecnologia. "O Vale do Silício era o centro de muitas inovações. Já Paris, não. Eles viam que seu acesso a essa tecnologia vinha dos EUA"[6], explicou Mark Woolway.

A equipe escolheu aproveitar a expansão internacional para correr atrás de dois de seus principais objetivos: o crescimento e a arrecadação. Ela começou os trabalhos da mesma forma que iniciara tantos outros ao longo dos anos: com pouco planejamento, agilidade e fé em si mesma para insistir até atingir o sucesso.

■ ■ ■

Scott Braunstein estava entre os que ajudaram nos primeiros passos no exterior. Tendo terminado um MBA e um bacharel em Direito em Stanford, ele procurava uma empresa do Vale do Silício que tivesse filial em Londres, onde queria morar com sua noiva, que era britânica.

Por sorte, as buscas de Braunstein se deram ao mesmo tempo que a companhia considerava deixar uma marca internacional. Durante o que ele chamou de "o processo de entrevista mais longo e fastidioso de sua vida"[7], Braunstein acompanhou o desenrolar caótico da situação. Em sua primeira entrevista, Bill Harris ainda era o CEO; quando recebeu a oferta, era Musk que administrava a empresa; e, poucas semanas antes de começar a trabalhar, Thiel assumiu o comando no lugar de Musk. Durante esse período, a Nasdaq também perdeu um terço do seu valor de mercado.

Pouco tempo depois de entrar na companhia, Braunstein foi encarregado de organizar as operações do PayPal em Londres — sem receber muitas instruções a respeito disso. "Eu nunca abrira uma empresa na Europa. Tampouco já tinha visto questões de lobbying ou legislação", lembrou. Ao chegar, ele começou a entender o tamanho do desafio. "A regulamentação bancária europeia é hermética comparada à dos EUA", explicou ele. Sandeep Lal, que acabou por supervisionar a expansão internacional do PayPal, foi um pouco mais longe: "Os regulamentadores [dos EUA] são bem competentes em termos de inovação. Eles não pesam a mão... mas não é isso que acontece na Alemanha e nesses outros lugares [da Europa]."[8]

O problema não era apenas as leis estrangeiras — o PayPal ainda não tinha bolado os detalhes da tecnologia necessária para fazer a conversão de câmbio funcionar. Do final de 1999 até o de 2000, suas transações só usavam dólares. Um mercado internacional gigantesco — a Europa — também tinha acabado de começar com uma versão 2.0 das moedas nacionais, introduzindo o euro. Para Musk, Thiel e outros executivos do PayPal, a postura padrão em todos os aspectos — inclusive, especialmente, a campanha de expansão internacional — era a de urgência. Braunstein tinha acabado de chegar a Londres quando Musk apareceu para um compromisso. Eles combinaram de se encontrar no pequeno escritório da empresa. "Em uma hora, [Elon] começou a me dar esporro sobre o ambiente legislatório. E eu respondi: 'Elon, cheguei aqui faz literalmente uma semana"[9], lembrou Braunstein.

No *front* internacional, o PayPal sentia que seu começo fora tardio. A Visa e a Mastercard já ocupavam os mercados do exterior; outras startups também estavam se infiltrando nos serviços de pagamento fora dos Estados Unidos. Em março de 2000, a eCash Technologies, com sede em Seattle, anunciou sua presença na Alemanha e programas-piloto em várias cidades europeias, bem como na Austrália. Então, em 25 de abril de 2000, um antigo concorrente do PayPal, o TeleBank, se declarou "o primeiro banco totalmente digital dos EUA a introduzir seus serviços globalmente".[10]

O PayPal estava em conflito quanto a seus próximos passos. A empresa já enfrentava dificuldades suficientes na administração da sede em Palo Alto. Exportar esse caos para o exterior na forma de subsidiárias locais só convidava mais problemas à mesa, mesmo no nível de seu código base. "Para localizar os serviços para qualquer língua, a primeira coisa que normalmente se faz é extrair as *strings* localizáveis do código", disse um designer de UX que trabalhou na expansão da empresa para o Japão.[11]

Como os modos de expressar o plural e as unidades variam de língua para língua, os desenvolvedores precisam criar convenções nas línguas nativas para os códigos base locais. No caso do PayPal, isso foi um desafio. "Quando cheguei lá, a primeira coisa que percebi foi que, tipo, todas as *strings* localizáveis estavam embutidas no código — e, ainda por cima, era o 'Código do Max'",[11] lembrou o designer.

Ao enfrentar problemas de idioma, preocupações regulamentárias e mesmo problemas com os símbolos das moedas, a equipe percebeu que não seria fácil e nem tranquilo transportar o PayPal para o estrangeiro. A maioria do site teria que ser replicada parte por parte — e tudo isso ao mesmo tempo que cuidavam de preocupações e intermitências de urgência permanente no site principal dos Estados Unidos.

■ ■ ■

De início, a equipe resolveu apostar na estratégia mais simples disponível: o PayPal permitiria que usuários internacionais fizessem transações com clientes estadunidenses na plataforma, usando dólares americanos. Depois, a empresa estenderia essa oferta para alguns mercados, conectando cartões de bancos de outros países ao PayPal. Finalmente, buscaria *joint ventures* país a país para fornecer serviços com linguagem local — aproveitando a ajuda para lidar com barreiras linguísticas, conversão de moedas e regulamentações.

Quando a notícia das parcerias do PayPal se espalhou, o interesse logo surgiu. "Não há tanta inovação no mundo dos pagamentos. Ele avança muito devagar. Quando o PayPal chegou, as pessoas logo se animaram — e também se inquietaram"[12], explicou Braunstein. Os executivos financeiros europeus temiam ficar de fora dessa inovação. Se o PayPal fosse o próximo grande evento, queriam ser os primeiros a embarcar.

Esse entusiasmo não se restringia à Europa. "Quando eu chegava a Taipei, tinha gente me esperando com cartazes dizendo: 'Seja bem-vindo, Sr. Mark do PayPal!'. Os investidores nos adoravam... mesmo após o *crash.* Adoravam que alguém do Vale do Silício tinha ido para Seul ou Taipei"[13], lembrou Woolway.

No final de maio de 2000, o PayPal foi convidado a participar da primeiríssima *Internet Finance Conference* em Beijing — um poderoso sinal da sua aprovação. Patrocinada pelo Lehman Brothers e pelo Banco de Desenvolvimento da China, a conferência contava com grandes nomes das finanças chinesas. Jack Selby viajou para Beijing para representar o PayPal e, quando chegou, reportou suas observações a seus colegas em um dos raros e-mails gerais que enviou em sua carreira:

> Cheguei na segunda-feira já tarde da noite porque perdi uma conexão, foram 14 horas de voo. A conferência começou no dia seguinte pela manhã, e mais de quarenta delegados, tanto dos EUA quanto da China, estavam sentados em volta de um quadrado, todos equipados com fones e microfones (parecia uma sessão da ONU, tudo era interpretado do inglês para o mandarim e vice-versa).
>
> Depois da sessão matutina, percebi que o melhor horário da tarde para palestrar sobre bancos online tinha sido cedido a outro grupo, o Security First Network Bank — "o primeiro banco online do mundo". Fiquei em cima do chefe do escritório do Lehman em Beijing e lhe expliquei que 1) o SFNB não está com nada e, mais importante, 2) minha palestra seria os melhores 15 minutos da conferência. Precisei implorar um pouco, mas ele acabou cedendo, cortou o discurso do CEO do SFNB ao meio e me deixou falando pelo tempo restante. O cara era bem eloquente, mas não tinha muito a dizer, só que o SFNB era o primeiro banco online do mundo. No entanto, a X.com conseguiu mais clientes nas primeiras quatro semanas de atividade do que o SFNB conseguiu em quase cinco anos, e eu não poderia deixar de mencionar dados tão fascinantes.[14]

Em um primeiro momento, Selby não tinha certeza se a plateia estava "admirada ou se só não tinha entendido nada do que disse".[14] Mas, naquela mesma noite, ele se sentou ao lado do vice-governador do Banco de Desenvolvimento da China, que se mostrou verborrágico quanto à presença do PayPal ser muito necessária no país. Selby foi apresentado a outros líderes financeiros chineses e, no dia seguinte, o vice-governador salpicou algumas referências ao serviço de pagamento em sua apresentação, argumentando que as empresas chinesas precisavam seguir o modelo do PayPal.

Selby observou que até a cultura casual das startups norte-americanas foi mais do que bem-recebida. "Fui o único na conferência de três dias a não usar gravata em momento algum. Eles adoraram esse costume!", escreveu.[14]

■ ■ ■

O modelo de *joint venture* do PayPal deu aos bancos e empresas financeiras estrangeiras a oportunidade de investir em troca de um site com uma parceria entre o serviço de pagamento e seus negócios. "Essencialmente, estávamos vendendo exclusividade para que se tornassem nossos parceiros naquele território"[15], explicou Selby.

Durante muitos anos adiante, Jack Selby e seus colegas de desenvolvimento empresarial viviam na estrada. Graças a seus esforços, a companhia conseguiu garantir parcerias internacionais com o Crédit Agricole, na França, o ING, na Holanda, o Banco de Desenvolvimento de Singapura, entre outros. Essas empresas ficaram mais do que satisfeitas em encher os cofres da companhia — sob a promessa de uma oferta de white-label do PayPal.

Entretanto, esses white-labels demoraram a se materializar, e alguns nunca viram a luz do dia. "O acordo com o Crédit Agricole é um bom exemplo. Fizeram um investimento de US$20 milhões... Queriam lançar um 'PayPal France', mas nossa principal motivação era conseguir o dinheiro"[16], explicou Woolway. Selby reconheceu os atrasos — mas também apontou que, independentemente do lançamento de um PayPal local, os bancos parceiros tinham lucrado com os investimentos. "Estávamos todos remando na mesma direção e, à medida que tivéssemos sucesso, eles também teriam. O *timing* era fungível", disse Selby.[17]

Lal, Braunstein, Selby e os outros tiveram que desacelerar — trabalhando o suficiente nos produtos internacionais para manter o ritmo, mas sem distrair a equipe de seu trabalho no PayPal original. Se a paciência de um parceiro internacional começasse a se esgotar, Lal, por vezes, precisava admitir a realidade cruel: o PayPal ainda estava em uma batalha contra o eBay, e construir as edições internacionais estava condicionado ao sucesso no mercado doméstico.

"Uma coisa que ficou clara para todos, inclusive para mim: a prioridade geral era ganhar no mercado doméstico. Se não ganhássemos, não tinha como manter qualquer uma das empreitadas internacionais por muito tempo."[18] Apesar das complexidades dos acordos no exterior, essas parcerias ajudaram a manter as imitações regionais do PayPal sob controle e, ainda por cima, conferiram à empresa uma fonte de renda em um momento crítico. Esses acordos também possibilitaram que a empresa nutrisse o produto doméstico sem aumentar o número de funcionários e nem lançar edições novas do PayPal ao redor do mundo.

Apesar de incipientes, as jogadas internacionais da companhia também serviam como cartas na manga contra a Billpoint. A decisão de permitir transações em dólares americanos para clientes fora dos EUA, por exemplo, se provou um primeiro passo importante. Os vendedores do eBay no exterior queriam alcançar o mercado dos Estados Unidos, mas transferir fundos entre as fronteiras envolvia taxas altas. "Antes, o único jeito de receber dinheiro era por meio de transferências internacionais. Na Western Union, cobravam US$25. Ou, em um desses outros bancos, US$25 mais uma taxa do câmbio enorme [e] isso elimina completamente o comércio de itens de pouco valor"[18], explicou Lal.

Quando o PayPal começou a permitir que usuários estrangeiros aceitassem transações em dólares americanos, ele abriu os portões para vendedores do mundo inteiro. Lal se lembrou de um vendedor de pedras preciosas do eBay que era da Tailândia — www.thaigem.com. Por um tempo, ele foi o maior comerciante estrangeiro no PayPal — e se provou um estudo de caso exemplar para os negócios do PayPal além do eBay. O *Weekly Pal* batizou esse episódio de "uma história de sucesso do e-commerce"[19] e escreveu que a companhia "começara aos poucos, com cinco itens no eBay, e, crescendo, se tornara o maior fornecedor de pedras preciosas listado no site". O PayPal estava ganhando por volta de US$600 mil por mês a partir das transações da Thaigem, mas o melhor de tudo foi a evolução do comerciante: "Ele migrou 95% dos negócios da Amazon e do eBay para o próprio site."[19]

Com o tempo, a empresa encontrou um jeito de lançar produtos localizados também no exterior. Em um primeiro momento, Braunstein e Lal focaram a Europa por causa do programa de Licença de Dinheiro Eletrônico utilizado no continente. "Conseguindo essa licença, dava para usá-la em outros países da Europa. Então era só se candidatar para consegui-la em um país e, com ela em mãos, você tinha o direito de operar em todos os países, era só informar [os regulamentadores]."[20] A empresa trabalhou duro para conseguir a licença no Reino Unido — que, segundo Lal, ostentava "os regulamentadores mais esclarecidos" — e então a usou em outras jurisdições europeias.

Com o nascimento gradual dos produtos de conversão monetária, a empresa retomou sua ética de simplicidade rigorosa. Giacomo DiGrigoli, que trabalhava com produtos internacionais, estava disposto a "simpatizar" com os usuários e mostrar o máximo possível de informação quanto às taxas de câmbio para tranquilizá-los. "Criamos tipo uma tela de pagamentos que era um verdadeiro pesadelo"[21], disse, detalhando uma interface complexa cheia de taxas de transferência entre outras muitas informações relevantes.

Benjamin Listwon, o designer técnico da equipe, também se lembrou de um debate vigoroso de muitas semanas sobre o design da página com as várias moedas internacionais. "Todas as empresas de tecnologia parecem cair nas armadilhas mais idiotas enquanto resolvem os maiores problemas do mundo."[22]

Giacomo DiGrigoli nunca se esqueceu da resposta firme de David Sacks. "David deu uma olhada e disse: 'Não. Precisa ser um negócio simples. Tipo, é uma pessoa que está tentando comprar alguma coisa no eBay e precisa enviar oitenta euros. É para ter uma lista suspensa que informa o valor e o código da moeda. E na tela das permissões, aí sim, você pode colocar todo o resto das baboseiras que precisam estar lá. Simplifique, por favor'."[23]

Em 31 de outubro de 2000 — um ano depois de chegar aos Estados Unidos —, o PayPal ficou disponível para clientes de 26 países. Essas contas, no início, eram limitadas — aceitavam apenas dólares americanos e só permitiam o envio de dinheiro para destinatários dentro do próprio país e para os EUA. Mas existiam, e geravam receita para a empresa, com uma comissão de US$0,30 e uma taxa de 2,6% sobre cada pagamento.

Ao final de 2001, as transações internacionais representavam quase 15% da receita total da companhia, e a equipe via que o número de usuários e transações internacionais só subia. À medida que várias moedas passaram a ser aceitas, esse crescimento acelerou, abrindo caminho para uma expansão global que levou o PayPal a operar em 200 países e 25 moedas.

■ ■ ■

Nem toda expansão em um mercado novo seria tradicional, e o PayPal não embarcou direto em toda oportunidade potencialmente lucrativa. Reid Hoffman se lembrou de um comerciante em potencial que procurou a empresa para abrir um negócio de maconha. "Eu lhe disse: 'Bem, vou ter que consultar nossos advogados'."[24] A oferta foi rejeitada.

Lojas envolvendo pornografia também se provaram um dilema ético. Era, de longe, a maior fonte de acessos da internet, mas vários funcionários do PayPal queriam que a empresa ficasse longe disso. Thiel dialogou com grupos de funcionários. Kim-Elisha Proctor era relativamente nova na companhia, mas dava muito valor à acessibilidade do CEO, que "escutava as minhas preocupações e me explicava as decisões que estávamos tomando passo a passo".[25]

Os executivos do PayPal chegaram a um meio-termo. "Não íamos procurar um tipo de negócio desse, mas também não haveria nenhuma inquisição para [cortar esse mal pela raiz] em meio a uma base de usuários tão grande."[26]

O crescimento de um novo mercado fez a maré regulamentadora subir para o PayPal. Em 6 de julho de 2001, a empresa saiu na primeira página do *New York Times*, com o logo do PayPal impresso ao lado do artigo. Em uma situação que devia ter levado a um aumento explosivo da reputação da empresa, o *Times* exibiu o logo em cima da página principal de um site de apostas, com a manchete "Empresas dos EUA tiram proveito da febre dos jogos de apostas na internet".[27]

Com o crescimento disparado da internet no final da década de 1990, o mercado de cassinos online explodiu no mesmo ritmo. Jogos de apostas online eram ilegais em boa parte dos Estados Unidos, mas os norte-americanos acessavam sites estrangeiros, muitas vezes com sede na Costa Rica ou no Caribe. Enquanto esse setor acumulava bilhões, um punhado de negócios dos EUA surgiram para apoiá-lo, inclusive designers de softwares de apostas e companhias que colocavam outdoors de cassinos nas estradas estadunidenses. Mesmo empresas bem reputadas da internet entraram na festa: apesar do Google e do Yahoo rejeitarem o dinheiro das empresas de bebidas alcoólicas e de cigarros em troca de anunciar esses produtos, eles abraçaram as apostas online. "Para nós, apostar está em uma categoria diferente. As leis não são conclusivas"[27], disse um executivo do Google ao *New York Times* em 2001.

Apesar de as leis não serem conclusivas, os resultados da proliferação das apostas online eram. "Você fica clicando, clicando e clicando. Era uma euforia. Parecia que a realidade não existia"[28], disse uma apostadora a um repórter. Ela perdera metade de seu salário anual líquido em apenas um mês e considerou se afogar no Oceano Pacífico, tamanho o seu desespero.

Os cassinos digitais operavam sob uma fiscalização regulamentar questionável. "Não é só que as pessoas podem perder muito dinheiro com apenas alguns cliques. Não acontece em um cassino de Las Vegas que é inspecionado pela Nevada Gaming Commission ["Comissão de Jogos de Nevada", em tradução livre]. O problema desses cassinos online é que você está enfrentando máquinas caça-níqueis de uma empresa de Aruba, então como saber as chances reais de ganhar?", observou Woolway.[29]

Os apostadores também relataram interações suspeitas com as empresas que administravam os cassinos, em especial quando queriam resgatar os ganhos. Se os apostadores perdiam, o dinheiro era transferido de sua conta para a do cassino rapidamente. Mas, se ganhavam, os cassinos seguravam o pagamento por dias a fio, de modo a estimulá-los a continuar jogando.

Por esse motivo e muitos outros, várias instituições financeiras tradicionais dos Estados Unidos evitavam oferecer seus serviços a cassinos *offshore*. Mas isso deixava uma abertura para startups que precisavam diversificar sua cartela de clientes. "Ninguém queria intermediar as transações deles — então ocupamos esse vazio do mercado"[30], disse Selby. Em 2001, a equipe vivenciou a escuridão desse vazio — vários funcionários do PayPal passaram 2001 inteiro em um vaivém, viajando para as ilhas perto dos EUA para jogar nos cassinos.

■ ■ ■

Em 1998 e 1999[31], alguns dos que perderam dinheiro com apostas na internet entraram com processos contra as companhias de cartão de crédito. Uma mulher da Califórnia processou a Mastercard e a Visa em um tribunal local depois de ter acumulado US$70 mil em dívidas de cartão de crédito. Ela ganhou o processo, e suas dívidas foram resolvidas. Mas, como resultado desse caso e de outros parecidos, bem como das críticas crescentes da mídia, a Visa, a Mastercard e a American Express restringiram ainda mais as operações em sites de cassinos *offshore*.

Mas o PayPal aprendera com o eBay que qualquer mercado rechaçado pela Visa, Mastercard e American Express podia ser uma mina de ouro. A empresa considerou cuidadosamente os riscos e as recompensas envolvidas nos negócios de apostas online, um debate que chegou ao conselho. Enquanto membro do conselho do Google e do Yahoo, Mike Moritz entendia as vantagens do setor e defendeu o envolvimento do PayPal. Contanto que a contribuição das apostas para a receita da empresa continuasse baixa o suficiente, a situação não seria alarmante, aconselhou.

A entrada do PayPal no mundo das apostas também não era nada novo — outro site que intermediava os pagamentos dos cassinos usava o PayPal para completar as transações. "Em seu site, [a companhia em questão] listava todos os cassinos que atendia. Então, eu falei: 'Bem, posso só ligar para esses cassinos e dizer que poderiam trabalhar conosco diretamente"[32], disse Dan Madden, membro da equipe de desenvolvimento empresarial que fora encarregado de executar a chamada "estratégia de Las Vegas".

Tanto os cassinos quanto o PayPal sentiam que sairiam ganhando do acordo: os cassinos teriam uma marca de reputação cada vez melhor cuidando de seus serviços de pagamento, e o PayPal cobraria uma alta taxa de juros pelas transações dos cassinos. E assim começou uma curiosa missão de prospecção para Madden e a equipe de desenvolvimento empresarial, uma que os levou a

República Dominicana, Costa Rica, Antígua e Curaçao, os lares de algumas das empresas de apostas *offshore* do mundo.

O universo de apostas online estava subdividido em dois mundos. Segundo Madden, havia casas de apostas legítimas da Europa que queriam expandir seus negócios para o Caribe. Mas havia também outro elemento menos atraente: algumas casas de apostas com sede em Nova York e em Miami que queriam transferir suas operações legalmente complicadas dos Estados Unidos para lugares *offshore*. "Era desconfortável. Tipo, eu estava em uma reunião, e o cara tinha uma pistola em cima da mesa", disse Madden, lembrando-se de um encontro memorável com um magnata de cassinos *offshore*.

Apesar de as apostas acabarem representando uma fração pequena do volume de pagamentos do PayPal, não chegando a dois dígitos, as margens de lucro eram altas, chegando a 20% ou 30% — significativamente maiores do que as que a empresa ganhava em pagamentos ordinários de leilões.

Desde o início, a companhia via esse negócio como uma garantia contra um risco bem maior: o eBay. "Sempre estávamos procurando um jeito de sair do eBay. As apostas traziam uma margem de lucro alta e estavam crescendo rápido. E tínhamos uma posição única, éramos a escolha óbvia enquanto serviço de pagamento"[33], lembrou Woolway.

Mas, à medida que o PayPal se misturou aos jogos online, ele passou a ser examinado com mais rigor. A empresa foi invocada em um testemunho comprometedor no Congresso. Os analistas do setor e os lobistas das associações de cartão de crédito apontaram que, já que o PayPal era um serviço que intermediava pagamentos — e não uma empresa de cartão de crédito —, ele dava aos cassinos uma cobertura conveniente, ajudando-os a desviar das regras dos cartões de crédito.

A expansão nesse mercado, apesar de lucrativa, também expôs o PayPal a negócios que se desenvolveram em volta dos jogos de azar. "Se tiver um cassino em alguma cidade perto da sua, não deve ser incomum ver um monte de crimes acontecendo ao redor dele. Bem, na internet, é a mesma coisa. Quando existem cassinos, as fraudes se conglomeram ao redor", explicou a investigadora de fraude Melanie Cervantes.

Era difícil ignorar o caráter questionável da situação. "Cassinos são um jeito ótimo de mascarar movimentações de dinheiro. Se uma quarta-feira por mês Vladimir faz pagamentos de US$5 mil para um cara em Malta, ele provavelmente está cometendo dissimulação", observou Cervantes, fazendo referência a um estágio do processo de lavagem de dinheiro, durante o qual criminosos adicionam "camadas" entre a fonte de fundos ilícitos e seu destino. "A lavagem de dinheiro é ilegal. Ela cobre crimes muito graves no mundo real", disse Cervantes. Ao explorar o mundo das apostas online, a equipe descobriu links que levavam a todo tipo de coisa, incluindo traficantes de cocaína, assassinos de aluguel e traficantes de armas — um submundo vasto e digital que agora o PayPal precisava navegar e policiar.

■ ■ ■

Apesar das complicações, o PayPal considerou partir para jogadas mais sérias no âmbito das apostas, na forma de aquisições. A SureFire Commerce era a maior processadora de pagamentos do setor, comandando 60% das transações de apostas online.

Internamente, pesquisas sobre a SureFire ganharam o codinome "Projeto Safira"[34], e a companhia passou vários meses fazendo a devida diligência e avaliando os riscos. A empresa PricewaterhouseCoopers foi contratada para efetuar uma análise de risco, e tanto os executivos da SureFire quanto os do PayPal se encontraram para interrogatórios mútuos quanto a seus respectivos modelos empresariais. [35]

Ao se aprofundarem nos negócios da SureFire, os executivos do PayPal identificaram um mau sinal: ela ignorava o código para transações de jogos online estabelecido pelas associações de cartão de crédito. De modo a melhor monitorar o espaço, as associações definiram um código especial para tais transações — o código 7995. Se ele viesse à tona, essas transações ganhariam destaque especial, e muitas seriam rejeitadas imediatamente.

Em vez de usar o 7995, a SureFire optava discretamente por outros códigos — inclusive, por exemplo, o 5999: "Miscellaneous Internet Transactions" ["Miscelânea de Transações Online", em tradução livre]. Isso fazia a empresa continuar a todo vapor e limitava a atenção das companhias de cartão de crédito. Jogadas desse tipo não eram ilegais, mas eram uma violação inconfundível das regras de processamento das associações de cartão de crédito.

O PayPal acabou desistindo de negociar com a SureFire Commerce. No entanto, a equipe tirou proveito das lições aprendidas. Em julho e agosto de 2001, a Visa e a Mastercard começaram a intensificar suas regras, mirando nas processadoras de pagamentos que contornavam suas classificações de código, inclusive o PayPal. A Visa percebera que algumas das transações dos cassinos *offshore* utilizavam códigos inapropriados, e o PayPal recebeu uma notificação de inquérito com palavras severas.

A empresa cooperou, mudando suas práticas de código — e então foi ainda mais longe, informando a Visa e a Mastercard de que as violações da SureFire eram muito mais graves e que mereciam ser examinadas de perto. Foi preciso coragem. Afinal, tanto o PayPal como a SureFire tinham culpa no cartório. Mas a equipe do PayPal entreviu uma oportunidade: se os negócios da SureFire fossem atingidos, o PayPal poderia ganhar uma parcela maior do mercado de cassinos — tudo isso enquanto a sua antiga arqui-inimiga, a Visa, fazia a pior parte do trabalho.

Em seus flertes com a SureFire Commerce, suas brigas com o eBay e sua expansão para o exterior, a companhia mostrou seu lado mais agressivo. O que começava como invenção quase sempre precisava sobreviver por meio de um oportunismo ferrenho: um produto white-label ainda não definido que nunca se concretizou; a oferta de serviços a entidades *offshore* questionáveis; a criação de opções de preenchimento automático no eBay; e a utilização de protestos dos próprios usuários da gigante dos leilões para consolidar as alterações.

Em todos os casos, as manobras tinham razão de ser, uma lógica de "os fins justificavam os meios" que refletia a realidade da pequena margem de lucro dos serviços de pagamento. Claro que a empresa não transgrediu totalmente os limites da lei — ela tomou o cuidado de evitar práticas abertamente ilegais, como era o caso do comércio de maconha, respeitando o que Thiel teria apelidado de regra do "nada de xadrez". Mas, quando se tratava de ultrapassar regras artificiais — como os termos de serviço da Visa e da Mastercard, por exemplo —, a equipe se mostrava inescrupulosa.

Boa parte dessa situação vinha da granularidade dos dados que os líderes da companhia processaram durante muitos anos: a maioria de seus pagamentos ainda era proveniente do eBay — o que conferia à empresa uma base perpetuamente instável. Assim, expandir para outros mercados se tornou uma prioridade urgente.

Em uma coluna para a *newsletter* da companhia, David Sacks exprimiu suas ideias quanto a invadir novos mercados de pagamento. "Enquanto questão prática, o PayPal só pode se envolver em um número muito limitado de mercados, porque os serviços de pagamento precisam ser feitos sob medida, de modo a atender às necessidades dos diferentes tipos de consumidor"[36], escreveu.

Para conquistar um novo mercado, Sacks estimou que, no pré-lançamento, a empresa precisaria de três meses de preparo e, no pós-lançamento, necessitaria de vendas agressivas e um esforço tremendo de marketing. Assim, sempre que possível, o PayPal exploraria mercados que: "(1) são relativamente próximos do nosso território já existente em termos de funcionalidade; e (2) precisam urgentemente do nosso serviço, pois não estão sendo bem-servidos pelas opções existentes".

Esses critérios levaram à redução dos possíveis alvos de expansão — como quando Sacks rejeitou a proposta de um dos funcionários de que a Pizza Hut ou a Amazon estavam prontas para serem tomadas. Para Sacks, comerciantes offline estavam "a um passo revolucionário (e não evolutivo) de onde [o PayPal estava], e também não tínhamos certeza se ele contribuiria muito além das opções existentes". Sacks também considerou que a expansão para a Amazon e outros sites estava fora de questão: a equipe conhecia muito bem a frustração e a tensão envolvidas em se refugiar no processo de pagamento do eBay. Sites bem-estabelecidos, escreveu ele, "não gostam de confiar a fila de seu caixa ao PayPal".

Resumindo: o PayPal seria seletivo na escolha de suas conquistas. "A dominação mundial não será alcançada se pousarmos indiscriminadamente em terras hostis", concluiu Sacks.[36]

20

PEGOS DE SURPRESA

"Nosso IPO será explosivo, termonuclear",[1] declarou Musk em meados de 2000. Os funcionários destacaram esse entre os mais memoráveis muskismos.

Mas, um ano depois da fundação do PayPal, os mercados tinham acabado de sobreviver a uma outra grande explosão — que amargou os IPOs das empresas de tecnologia. A Pets.com, que operava pela Amazon, foi o primeiro exemplo. A empresa online vendia alimentos para pets e angariara muita expectativa, lançando-se na bolsa de valores em fevereiro de 2000, abrindo com US$11 por ação e, mais tarde, atingindo o ápice de US$14 por ação. Em novembro, esse valor desmoronou, chegando a US$0,19. Apenas alguns meses depois do IPO, a companhia foi forçada à liquidação. Não só ela: em 2000, as ações de empresas de internet perderam três quartos do seu valor coletivamente, anulando a quantia chocante de US$2 trilhões em capitalização de mercado.

Em meio a esses destroços, o PayPal analisou suas opções de entrada na bolsa de valores. Thiel anunciou uma nova ambição que valeria para a empresa inteira: alcançar uma lucratividade até agosto de 2001. Ter lucratividade[2] não era um pré-requisito para entrar na Nasdaq ou na NYSE; em 2000, apenas 14% das empresas alcançaram lucratividade antes do IPO. Mas, dado o humor pessimista do mercado quanto às ações de empresas de tecnologia, Thiel pensou que apresentar lucratividade persuadiria os céticos.

Ele e a equipe correram atrás desse objetivo de todos os ângulos possíveis, inclusive maneirando em uma paixão coletiva: os lanchinhos. No início de 2001, a *newsletter* da empresa anunciou o impensável: haveria taxas para usar as máquinas de refrigerante e de lanches. A cozinha continuaria a oferecer itens básicos, como manteiga de amendoim e leite, gratuitamente, mas os almoços bancados pela empresa se reduziriam a sanduíches três vezes por semana. "No final das contas, esses pequenos sacrifícios valerão a pena"[3], declararam os escritores da *newsletter*, com os estômagos certamente roncando de fome.

A extinção da gratuidade dos lanches de máquina inspirou uma inovação rebelde. "Alguns caras se juntaram e resolveram: 'Ah, quer saber? Dane-se. Se for mesmo para pagar, então vamos pelo menos pegar as coisas que queremos'. Então construíram uma gaveta com um monte de doces e outras coisas dentro. E criaram um scanner [para o] código de barras que ficava atrás do crachá da empresa. Era só escaneá-lo, e o preço era descontado automaticamente da conta do PayPal"[4], lembrou Jim Kellas. George Ishii, um dos intrépidos fundadores da loja dentro da empresa, teria batizado o empreendimento de "Ishii Shou Ten" — "Loja do Ishii" em japonês.

De modo a encorajar o alcance da lucratividade, Thiel propôs uma aposta. "Várias pessoas estão dispostas a sacrificar muita coisa para ajudar a companhia a alcançar o sucesso. Desistimos do nosso sono, do tempo livre, dos exercícios e da luz do sol. Mas, agora, nosso CEO, Peter Thiel, concordou em fazer o maior sacrifício de todos pela equipe. Se o mês de agosto trouxer lucratividade, ele concordou em pintar o cabelo de azul!!!"[5], escreveu Jennifer Kuo, autora da *Weekly Pal* daquela semana, em meados de abril de 2001.

■ ■ ■

Empresas privadas se inscrevem na bolsa de valores por vários motivos. O primeiro é o financeiro: ao vender parte de suas ações para o público, as empresas podem arrecadar capital de investidores institucionais, comerciantes varejistas e outros compradores do mercado de ações. Para os fundadores e os primeiros funcionários com ações, esse processo tira as fortunas do papel. E, para muitos, serve de oportunidade de saída após o trabalho árduo de abrir uma empresa do zero. Um IPO também oferece a determinação de um valor de mercado justo para a empresa, baseado no preço que os acionistas estão dispostos a pagar pelas ações. Finalmente, a imprensa que acompanha os IPOs pode ser uma bênção para a promoção das marcas — consolidando o nome da empresa no imaginário do público.

O PayPal tinha várias razões para abrir seu capital, mas a principal era a arrecadação. A equipe fechara mais uma rodada de investimento de US$90 milhões com os investidores internacionais em março de 2001, e os negócios estavam avançando em direção à lucratividade. Mas os fundos adicionais arrecadados em um IPO forneceriam uma margem de segurança, particularmente em um momento em que a companhia lidava cuidadosamente com sua dependência do eBay, sua taxa de fraude e seus relacionamentos tênues com as empresas de cartão de crédito, entre outros riscos.

Mesmo em um mercado explosivo, o processo do IPO pode ser tenso e demorado, podendo durar de três meses a vários anos. A papelada é volumosa, e os advogados, numerosos. Durante o período que o antecede, a empresa é investigada por bancos de investimento, auditores, reguladores, imprensa e o público investidor. Além do tempo despendido, o IPO pode trazer processos incômodos e atenção indesejada da mídia — e ambos podem acarretar danos prolongados. Em troca da habilidade de arrecadar fundos por meio da venda de ações, a empresa também concorda em seguir as exigências rigorosas da Comissão de Valores Mobiliários dos EUA com relação a relatórios e regulamentos. Mesmo depois de passar pelo corredor polonês do IPO, os funcionários ainda precisam esperar um "período de bloqueio" antes de poderem vender suas ações.

Em julho de 2001, o trabalho de Mark Woolway foi de arrecadar dinheiro no exterior a preparar a companhia para a maratona do IPO. Como primeiro passo, ele ajudou a empresa a selecionar um banco de investimentos — uma decisão crucial. O banco os guiaria pelos perigos do processo e serviria como subscritor — o corretor entre a companhia que oferecia as ações e os investidores que procuravam comprá-las. Os banqueiros verificariam os requisitos de cotação, compartilhariam sua história com os investidores, avaliariam a demanda de ações e ajustariam o preço e o tempo do IPO de modo a garantir o melhor resultado.

A equipe já começou ganhando quando a Morgan Stanley concordou em servir como principal subscritor. A equipe da Morgan Stanley, dirigida pela renomada analista Mary Meeker, tinha uma boa reputação quanto a IPOs de empresas de tecnologia, inclusive o lendário IPO da Netscape de 1995, que foi considerado o gatilho para o *crash* das empresas de internet. No mesmo ano, Meeker publicou a edição de estreia do "Internet Trends" ["Tendências da internet", em tradução livre] — o "discurso inaugural" do mundo digital.

Em meados de agosto de 2001, o PayPal começou o processo do IPO, preparando o formulário para cadastro na Comissão de Valores Mobiliários, um documento de centenas de páginas submetido ao órgão, detalhando as finanças, operações, história e questões legais da empresa. A equipe da Morgan Stanley pegou um voo para Palo Alto para se encontrar com a do PayPal na última semana de agosto, durante a qual resolveram tentar se introduzir na bolsa no final de 2001.

Em 29 de agosto, Thiel enviou os acordos do período de bloqueio para todos os funcionários e acionistas do PayPal, anunciando que a empresa estava iniciando seu processo de IPO. A mensagem continha um aviso severo: os funcionários deveriam tomar cuidado com o que saíssem falando da empresa dali para frente. O *Weekly Pal* reiterou a mensagem, citando o famoso adágio da Segunda Guerra Mundial "Loose lips sink ships!" ["Quem tem língua solta afunda navios!"[6], em tradução livre].

■ ■ ■

Um IPO também ajudaria a precificar a empresa — o que, como revelaram os vários esforços de aquisição, era difícil. "Precisávamos abrir o capital. Ao entrarmos na bolsa, a Nasdaq fala quanto valemos e então podem nos comprar"[7], disse Jack Selby.

Mais pretendentes surgiram quando o processo começou. Um deles — a CheckFree, uma empresa que tentava digitalizar o processo de impressão de contas — ficou particularmente atraído pela escala do PayPal, por seu substancial volume de pagamentos e pela confiança que a empresa transmitia mesmo operando em uma plataforma de terceiros. "As marcas do grande público são problemáticas; e, quando se fala em transferir dinheiro, é bem difícil conquistar confiança"[8], disse Pete Kight, fundador da CheckFree.

Ele ficou impressionado com a habilidade do PayPal, que conseguira transformar o sistema de pagamentos defasado do eBay em um negócio a todo vapor. "Não é sempre que a solução encontra o problema. Às vezes, é o problema que encontra a solução", comentou em relação ao PayPal.

Kight sabia das ambições da empresa de estrear na bolsa de valores, mas Thiel estava preocupado com o IPO. "[Thiel] ficava falando: 'Não quero administrar uma empresa de capital aberto. Não [tenho] vontade de ser um CEO público. Prefiro fazer outras coisas. Não quero entrar na bolsa'. Ele me convenceu. O motivo era razoável", lembrou Kight.

As duas empresas logo embarcaram em duas tentativas de aquisição pela CheckFree, concluída a devida diligência. Apesar do entusiasmo quanto ao PayPal, a equipe da CheckFree estava preocupada com a dependência do eBay — bem como com a retórica feroz e independente utilizada por seus líderes. "Encarei a situação pensando: 'Estou interessado, mas não tenho interesse em depor o governo", disse Kight. Thiel tentou mitigar ambas as preocupações conversando com ele.

No entanto, uma preocupação que prevalecia era a da dependência do PayPal em relação à rede de associações de cartão de crédito. Kight se inquietava, achando que, com uma mudança na Visa ou na Mastercard, o PayPal sairia do jogo. Nesse cenário, "teríamos acabado de comprar uma empresa que não tem permissão para fazer o que faz".

Por fim, Kight decidiu que a CheckFree não poderia seguir com a aquisição. Hoje, ele trata o resultado com bom humor. "Quando as pessoas comentam a história da CheckFree e dizem: 'Nossa, você é tão inteligente', eu respondo: 'Ora, se acha que sou tão inteligente, como lidar com o fato de que eu tive não só uma oportunidade de adquirir o PayPal, mas duas — e recusei?'"

■ ■ ■

Em 31 de agosto de 2001, uma sexta-feira, o PayPal registrou seu usuário de número 10.000.000. No escritório da Embarcadero, 1840, a equipe — já agitada pelo IPO que se aproximava — celebrou com margaritas depois do trabalho, e Thiel enviou um e-mail, refletindo sobre o marco.

> A partir desta semana[9], o PayPal alcançou seu 10.000.000º usuário. Há quem suspeite que números redondos são supervalorizados. Mesmo assim, ajuda colocar as coisas em algum tipo de contexto:
>
> (1) 18 de novembro de 1999: 1.000 usuários. Ainda não sabemos se o produto vai engrenar e nem se a quantidade de usuários vai diminuir depois da onda de interesse inicial.
>
> (2) 28 de dezembro de 1999: 10.000 usuários. O PayPal está ganhando por volta de 500 usuários/dia e está se tornando cada vez mais difícil enviar os envelopes com os números de identificação (à mão) pelo correio. Ainda assim, parece que a taxa de crescimento está aumentando diariamente.
>
> (3) 2 de fevereiro de 2000: 100.000 usuários. O crescimento parece definitivamente exponencial... Mas não sabemos o que vamos fazer com esses usuários. Estamos começando a ficar nervosos com os bônus de inscrição (US$20 por pessoa) e sabemos que não vai poder durar para sempre. Obviamente, os gastos também estão crescendo exponencialmente. Uma empresa aqui da rua (a X.com) tem os mesmos bônus, e estamos com

medo de falir nessa corrida. [Depois da fusão, descobrimos que eles também estavam com um pouco de medo.]

(4) 15 de abril de 2000: 1.000.000 usuários. Acabamos de fundir o PayPal à X.com e arrecadamos US$100 milhões como resultado das altas taxas de crescimento. Agora nos cabe criar um negócio com o capital, os funcionários e a base de clientes. Robert Simon, o CEO da dotBank, uma concorrente inicial adquirida pelo Yahoo e transformada no PayDirect, sugeriu que a corrida dos serviços de pagamento online será vencida pela primeira empresa que alcançar 5.000.000 de usuários.

Parabéns a todos pelo trabalho.

Os "números redondos" deram excelentes artigos. Vince Sollitto estimulou os repórteres a cobrirem a matéria, e o PayPal distribuiu um comunicado de imprensa. No entanto, os sucessos de agosto não incluíram a pintura de cabelo de Thiel. A empresa não conseguiu alcançar lucratividade no prazo esperado por muitos.

■ ■ ■

Apesar das reservas de Thiel quanto ao cargo de CEO de uma companhia de capital aberto, ele queria andar rápido com o IPO. Para ele e a equipe executiva, os negócios do PayPal continuavam repletos de riscos. Além dos outros benefícios, entrar na bolsa de valores colocaria a empresa no mesmo nível do eBay — mostrando que o PayPal não era só um apêndice irritante que podia ser descartado com uma mudança de regras.

Esse plano encontrou uma pedra no caminho na tarde de uma segunda-feira em Nova York. A equipe se reuniu com a Morgan Stanley e voltou frustrada. Thiel relatou que a dupla de analistas com quem tinha conversado parecia estar desinformada sobre os negócios do PayPal e nem tinha usado o serviço de pagamento antes da reunião. Thiel achou as perguntas — "Como as pessoas ganham dinheiro com o PayPal?"; "Quanto ele cobra?"; "Ele cobra do remetente ou do destinatário?" — "letárgicas".[10]

Na reunião, a equipe da Morgan Stanley deu uma notícia ruim: fazer um IPO rápido no final de 2001 já não era uma opção para o PayPal. "Os motivos fornecidos centraram-se no fato de que os analistas estavam inseguros quanto às projeções do PayPal e queriam ver ao menos dois trimestres de lucratividade antes de prosseguirem", escreveu Thiel em um e-mail de recapitulação ao membro do conselho Tim Hurd. De acordo com Thiel, a Morgan Stanley também teria dito à equipe do PayPal que seu analista precisaria acompanhar a empresa por pelo menos meio ano.

Thiel conjecturou que a companhia tinha sido pega no fogo cruzado interno entre os banqueiros de investimento da Morgan Stanley e seus analistas de investimentos. Os banqueiros, responsáveis pelos acordos que ajudavam as empresas a arrecadar capital, tinham acolhido o PayPal com entusiasmo, mas os analistas , responsáveis por acompanhar as ações e fornecer conselhos baseados em pesquisas, estavam mais desconfiados.

"Para os analistas firmarem sua 'independência', eles tinham que resistir aos banqueiros de investimento. Ironicamente, isso significava que apenas uma avaliação 'independente' do PayPal resultaria na conclusão desinformada de que ele não estava preparado para entrar na bolsa (já que qualquer outro resultado da avaliação não pareceria 'independente' o bastante). É uma pena que [a Morgan Stanley] seja uma instituição tão dividida a ponto de seus conflitos internos acabarem prejudicando companhias como a nossa", escreveu Thiel a Hurd.

"Todos fomos pegos de surpresa por esse processo", escreveu Thiel. Tinham lhe garantido que os analistas de investimentos da Morgan Stanley apoiavam o IPO do PayPal, e ele levou a culpa por ter "confiado essa questão a eles". "Enquanto eu for CEO desta empresa, nunca mais contrataremos [a Morgan Stanley] para nenhum trabalho"[11], concluiu. Em vez disso, a equipe procuraria outro subscritor, um processo que atrasaria o IPO.

Durante esse período, a equipe expressou sua frustração com o setor financeiro em geral. "Acho que ficamos frustrados com esses banqueiros de investimento, porque a integridade deles deixa muito a desejar... [E]les achavam que sabiam como traduzir o PayPal para a Comissão de Valores Mobiliários, mas como fariam isso se eles mesmos não entendem? E Peter estava certo em tentar deixá-los de lado. Os banqueiros de investimento só atrapalhavam o sucesso do PayPal", observou Rebecca Eisenberg, conselheira sênior e embaixadora do IPO.

Na reunião daquele dia, Thiel teria olhado para os banqueiros durante um momento de resistência e dito: "Espero que não finjamos que não existe uma tremenda diferença de opiniões quanto a esta empresa."[12] Ao final desencorajador da reunião, Thiel, Botha e Portnoy se encaminharam ao aeroporto, um trajeto dificultado pelo trânsito congestionado. "Eu só queria sair daquela cidade"[12], disse Thiel. Falar era fácil, mesmo depois que a equipe chegou ao aeroporto. Uma tempestade feia atingiu Nova York naquela noite, e o avião ficou parado na pista por horas a fio, o suficiente para Jason Portnoy e Roelof Botha assistirem a um filme. Por fim, para o grande alívio de todos, o avião decolou.

A equipe voltou ao oeste dos Estados Unidos — na noite de 10 de setembro de 2001.

■ ■ ■

Às 5h46 da manhã seguinte, no fuso horário PST, o voo 11 da American Airlines colidiu com a torre norte do World Trade Center.

Os funcionários do PayPal acordaram em meio a uma nação tomada pelo caos. O engenheiro James Hogan se lembrou de ver os acessos do site caírem. "Tínhamos um monitor na parede da sala de descanso que exibia um gráfico de utilização do site em tempo real. Sempre ficava mais ou menos na mesma forma, tipo, subindo durante o dia e descendo durante a noite, era quase um padrão de montanha-russa. Naquele dia, ele só despencou. Foi uma deixa estranha e meio visceral que me mostrou como o mundo estava diferente naquele dia"[13], lembrou.

O trabalho pré-IPO de Mark Woolway sofreu uma pausa. Os ataques reduziram mais de uma empresa de serviços financeiros a frangalhos e fecharam os mercados por dias a fio. No escritório, os funcionários assistiram horrorizados à cobertura dos jornais. Alguns estavam chocados demais para continuar trabalhando, e os líderes do PayPal deixaram claro que quem quisesse voltar para casa podia ficar à vontade. No entanto, outros viam no trabalho uma distração bem-vinda da tragédia. "Eu era solteiro, morava sozinho, e meu trabalho era minha vida. Minha vida social e minha comunidade eram, para todos os efeitos, meus colegas de trabalho. Foi bom estar com outras pessoas para processar o que estava acontecendo"[13], lembrou Hogan.

Giacomo DiGrigoli era um novaiorquino que fora morar no Oeste dos Estados Unidos. Para ele, o 11 de Setembro foi um soco no estômago; mais tarde, ele descobriria que dois amigos da faculdade e um do ensino médio tinham morrido nos ataques. Rebecca Eisenberg, uma das advogadas do PayPal, viajara com o marido para a Costa Leste e planejara retornar à Costa Oeste em 11 de setembro. Eles mudaram de ideia e voltaram para casa um dia antes. Sua reserva inicial era o voo 93 saindo do Aeroporto Internacional de Newark para o Aeroporto Internacional de São Francisco, justamente o avião que caiu na área rural da Pensilvânia quando os passageiros revidaram o ataque dos terroristas.

Os membros da equipe do PayPal que estavam no exterior tiveram outra experiência. Junto a Scott Braunstein, Jack Selby estava trabalhando em Londres, e eles tinham combinado de almoçar juntos em um restaurante italiano das redondezas, deixando os celulares no escritório.

A caminho do escritório, Braunstein viu uma pessoa frenética na calçada. "Ela atravessou a rua berrando: 'Pegaram os aviões já no ar! Atacaram cinco aviões!'"[14], lembrou Braunstein. Em uma sala pequena embaixo da escadaria do prédio do escritório, Selby e Braunstein assistiram ao jornal na televisão. "Estávamos totalmente incrédulos", disse Braunstein.

Ao voltarem ao escritório, Selby e Braunstein tinham recebido dezenas de chamadas e mensagens. "Tinha gente me falando: 'Nossa, meus pêsames', como se eu estivesse representando os Estados Unidos lá fora. Recebi um monte de mensagens muito afetuosas de colegas de negócios e amigos. *Estamos juntos. Foi horrível.* Esse tipo de coisa"[14], lembrou Braunstein.

■ ■ ■

A *newsletter* do *Weekly Pal* do dia 14 de setembro se tornou um catálogo de choque, luto e raiva. "Perdi uma pessoa em um dos aviões (não éramos próximos, mas era o melhor amigo de um amigo) e foi um sentimento arrepiante", escreveu um administrador de contas. "Eu me senti muito invadido e realmente vulnerável. Estou um pouco paranoico. Fico imaginando que uma coisa tão horrível quanto essa poderia acontecer comigo"[15], escreveu outro funcionário.

Peter Thiel enviou um e-mail reflexivo a todos os funcionários na sexta-feira, dia 14:

> Essa última semana se provou incrivelmente pesada. Como muitas pessoas em outros lugares desse país, a equipe do PayPal foi atingida emocionalmente pelo pior ataque da história dos Estados Unidos desde a Guerra Civil. Tentamos fingir coragem, dizendo que vamos continuar, como fizemos antes. Mesmo assim, sabemos que algumas coisas realmente mudaram — de jeitos que talvez ainda não entendamos direito.[16]
>
> Isso só ficou claro para mim na quinta-feira de manhã, em uma reunião no centro de São Francisco: eu não consegui estacionar o carro na garagem do prédio (porque os funcionários que cuidavam da garagem não estavam deixando pessoas que não trabalhavam ali estacionarem); e, quando finalmente encontrei outro lugar para parar e entrei no prédio, as pessoas estavam saindo em massa. Alguém disse que havia uma ameaça de bomba.

Quase imediatamente, acabaram vendo que não havia nada, mas aquelas pessoas começaram a entrar em pânico, e as coisas se descontrolaram a partir daí. Em uma dinâmica parecida, eu notei recentemente que alguns funcionários do nosso escritório de Palo Alto têm estado um pouco mais inquietos; e gostaria de pedir que todos mostrem um pouco mais de sensibilidade nas semanas seguintes, enquanto nos recompomos dessa crise.

E quanto aos terroristas, que acreditam que o único caminho para a libertação envolve loucura e morte? Pode ser errado descrevê-los como "islâmicos" pelo simples motivo de que eles não têm nenhuma visão positiva das coisas — em vez disso, suas identidades são definidas por uma negação niilista de seus inimigos: a globalização, o capitalismo, o mundo moderno, o Ocidente, em geral, e os Estados Unidos, em particular. Pessoalmente, acredito que o caminho para sairmos dessa loucura precisa envolver a afirmação do que há de melhor no Ocidente capitalista moderno — a crença na dignidade e no valor de cada vida humana (independentemente das origens ou das características pessoais); e, ligado a isso, a esperança de que uma comunidade mundial pacífica possa se desenvolver a partir da livre troca de ideias, de serviços e de mercadorias.

Pois acredito que os terroristas não só foram maus e insanos, mas também muito estúpidos. Explodir um prédio grande não vai parar o comércio mundial, mesmo que ele se chame "World Trade Center" ["Centro do Comércio Mundial", em tradução livre]. Para acabar com o Ocidente capitalista moderno, teriam que destruir muito mais — a rede de comunicações global e toda a infraestrutura do comércio global. Teriam que fechar a internet e demolir o PayPal e tudo que essa empresa está tentando construir. É por isso que o ataque às Torres Gêmeas, em certa medida, mirou diretamente em nós — mesmo se os terroristas nunca tenham ouvido falar do PayPal.

Mudando de assunto para coisas boas, todos os nossos funcionários estão seguros e deram notícias — e parece que todos os parentes próximos também estão bem. E fizemos um trabalho incrível usando nossos recursos, mesmo que poucos, para ajudar aqueles que se machucaram: até o momento em que escrevo, 22.238 membros da comunidade do PayPal doaram um total de US$829.423 para o National Disaster Relief Fund ("Fundo Nacional para Socorro de Desastres") da Cruz Vermelha Americana.

Em pensamento e em oração, estamos com as vítimas dessa violência absurda em Nova York, em Washington e ao redor do mundo.[16]

■ ■ ■

Como muitas outras empresas, o PayPal lançou um programa de socorro após os ataques. "Cheguei ao escritório, e todo mundo só pensava em uma coisa, '*OK. Como podemos ajudar?*'", lembrou Vivien Go[17].

Thiel enfatizou a urgência de impulsionar a operação de socorro. "Peter foi muito esperto. Ele sabia que as pessoas só seriam caridosas com o choque inicial. Nas semanas que se seguiriam, o choque minguaria... e elas se cansariam de tantos pedidos de ajuda, de caridade etc... [Nós] tínhamos que começar o mais perto possível do acontecimento"[17], recordou Go. Denise Aptekar lembrou que sua colega, Nora Grasham, entrou em ação naquela mesma manhã para estimular o alcance das doações.

Os elementos básicos entraram no site na noite do 11 de Setembro. A empresa se apressou para criar o e-mail relief@paypal.com, aceitando doações por e-mail que depois contribuiriam para a Cruz Vermelha. A empresa adicionou um botão de doação em seu site e criou outros botões no Web Accept que os usuários podiam colocar em seus próprios sites e páginas de leilões. No dia seguinte, 2.400 pessoas já tinham doado um total de US$110 mil.

O esforço do PayPal correspondeu aos do Yahoo e da Amazon, e as três companhias receberam cobertura da mídia sobre a organização das doações. Vince Sollitto disse que a resposta da empresa foi "automática" e prometeu continuar se esforçando para organizar doações pelo tempo necessário. Em 15 de setembro, as doações para a Cruz Vermelha intermediadas pelo PayPal ultrapassaram US$1 milhão. Em 3 de novembro de 2001, na sede da Cruz Vermelha, na Região da Baía, Thiel entregou um cheque gigante de US$2,35 milhões a Harold Brooks, o CEO da Cruz Vermelha Americana da Região da Baía.

O instinto generoso da equipe foi potencializado pelo instinto de ganhar. Um dos engenheiros percebeu, por exemplo, que a Amazon tinha criado uma página que explicava a motivação da doação e sugeriu que o PayPal fizesse o mesmo. A equipe fez os ajustes e as mudanças às pressas para acompanhar os concorrentes mesmo na arrecadação de fundos para as vítimas do desastre.

O PayPal ficou de olho na reação de seu antigo concorrente eBay à calamidade. A gigante dos leilões enfrentou dificuldades — os vendedores dos leilões andavam postando parafernálias de mau gosto relacionadas a Osama bin Laden e às Torres Gêmeas, inclusive cartões portais, camisetas e jornais. Um deles postou o que dizia ser um pedaço de concreto chamuscado de um dos prédios, e outros tentaram penhorar vídeos caseiros das torres pegando fogo e desmoronando. Em 12 de setembro, o eBay anunciou que baniria esses leilões.

A empresa organizou seus próprios socorros, o que lhe causou muita dor de cabeça. Em resposta a um apelo direto do governador de Nova York, George Pataki, e do prefeito da cidade, Rudy Giuliani, o eBay lançou a iniciativa "Auction for America" ["Leilão pelos Estados Unidos", em tradução livre], uma tentativa ambiciosa de arrecadar US$100 milhões em 100 dias por meio da comunidade. Os vendedores postavam itens cujo valor era doado para a caridade, e o eBay distribuiria os ganhos entre sete fundos de caridade diferentes.

O anúncio causou impacto, e a empresa conseguiu vários parceiros e contribuidores de grande visibilidade. O criador de *Star Wars*, George Lucas, doou relíquias dos filmes para a iniciativa, e o apresentador de televisão Jay Leno doou uma motocicleta Harley-Davidson premiada. Todas as cadeiras do Congresso assinaram uma bandeira para ser leiloada, e 38 governadores doaram itens, inclusive uma colcha de retalhos, vinda do governador de West Virginia, e uma viagem de uma semana com tudo pago no Havaí, proposta pelo governador do estado.

O eBay lançara o Auction for America com boas intenções, mas sua comunidade irrompeu em protestos. Os vendedores ficaram chateados porque o site estava prejudicando suas vendas ao promover mais os leilões para caridade do que os tradicionais. Outro ponto de conflito foi que o eBay passara os custos de envio dos produtos leiloados em favor da caridade aos vendedores — não aos compradores. "Parece que somos mal-agradecidos por não querermos participar. Não é que não queremos participar, que não nos importamos ou que não queiramos doar, mas o eBay meio que está nos traindo"[18], disse um vendedor à CNET na época.

O programa Auction for America também requeria que os usuários pagassem pelos leilões com a Billpoint, excluindo o PayPal da festa. O eBay argumentou que sua política de uso garantia que os valores doados fossem contabilizados e transferidos adequadamente. Mas os vendedores contestaram, dizendo que a empresa estava usando a iniciativa de caridade como fachada para aumentar os cadastros na Billpoint. A imprensa deu o bote, conferindo ao concorrente uma abertura para importunar o eBay. "Nesta segunda-feira, um representante do PayPal disse à CNET News.com que a companhia não cobraria taxas se pudesse participar dos leilões do eBay", relatou a CNET.

Nos bastidores, o PayPal partiu para a ofensiva. Reid Hoffman escreveu um e-mail enorme para o advogado do eBay, Rob Chestnut. "Escrevo para expressar formalmente minha decepção ao saber que o eBay optou por se aproveitar de tragédias recentes para incrementar a postura competitiva do 'eBay Pagamentos' (também conhecido como Billpoint). Ao obrigar todos os vendedores que desejam participar do Auction for America a criarem contas no eBay Pagamentos, vocês estão negando um socorro significativo às vítimas desse ataque"[19], escreveu Hoffman.

Ele apontou que a maioria dos vendedores do site de leilões se recusava a utilizar a Billpoint e argumentou que o eBay perderia dinheiro que iria para a caridade devido à sua "hostilidade anticompetitiva". "Se o objetivo de vocês realmente fosse arrecadar dinheiro para ajudar nessa tragédia, vocês convidariam o PayPal para participar proativamente, nos indicando a melhor forma de apoiar o sucesso da iniciativa. Em vez disso, analisando racionalmente a situação, ela sugere que vocês simplesmente continuam a explorar seu poder de mercado por meio de anúncios falsos e coerção para convencer os vendedores a aceitarem a Billpoint", escreveu Hoffman.

Mesmo quando o PayPal acusou o eBay de tirar vantagem de uma crise nacional para obter uma parcela do mercado de pagamentos, o próprio PayPal adicionou o conflito ao seu crescente arquivo antitruste.

■ ■ ■

O 11 de Setembro afetou diretamente as operações da empresa. Nick DeNicholas tinha sido contratado como vice-presidente de desenvolvimento de software e fazia um bate e volta todos os dias de Los Angeles até a Região da Baía. Depois do 11/9[20], ele pediu demissão, citando a tensão da viagem em um contexto pós-atentado e o tempo longe de sua família, lembraram seus colegas.

John Kothanek se lembrou de ter surgido um interesse repentino no trabalho do PayPal por parte de várias agências governamentais de três letras. "Depois do 11/9, o governo — vou falar 'o governo' mesmo — nos abordou e disse: 'Não entendemos como pode o dinheiro estar se movendo pelo mundo eletronicamente'. Porque eram do tipo que ainda usa lápis número dois... E perguntaram: 'Vocês podem nos ajudar?'", disse.

Havia ainda a questão de o PayPal estrear na bolsa de valores[21]. O mercado de ações fechou do dia 11 a 17 de setembro, sua pausa mais longa desde 1933. Quando os mercados reabriram, eles caíram em mais de 7%; depois de 5 dias de negociações, sumiu mais de 1 trilhão em capitalização de mercado. Nem uma empresa sequer abriu seu capital em setembro de 2001 — o primeiro mês sem nenhum IPO desde o final dos anos 1970.

Mesmo antes dos ataques, a entrada do PayPal no mercado de ações parecia incerta, o que era de se esperar depois de uma onda de falências entre as empresas de internet. Vários escândalos corporativos de alta visibilidade também pairavam no ar. Em 2000, a empresa Xerox admitiu ter declarado US$1,5 bilhão, quantia de que não dispunha. Em outubro de 2001, chegou às manchetes que a companhia de energia e commodities norte-americana Enron participara de uma fraude de tirar o fôlego, inclusive subornando autoridades estrangeiras e manipulando os mercados de energia de pelo menos dois estados dos EUA. Em dezembro daquele ano, Martha Stewart também se mostrou envolvida em um escândalo de evasão fiscal. Toda semana parecia trazer consigo um malfeito multimilionário.

Foi nesse turbilhão que o PayPal entrou. Apesar do ambiente, a companhia continuou dando passos vacilantes em direção à abertura de capital. Depois de abandonar a Morgan Stanley, os executivos do PayPal escolheram a Salomon Smith Barney para conduzi-los pelo IPO. Os novos banqueiros os aconselharam a adiar a estreia até 2002, mesmo quando Thiel insistiu que ela ocorresse mais cedo. "Quanto mais o IPO demora, pior para nós"[22], explicou Selby.

Não obstante a relutância dos banqueiros, Thiel tinha muitos motivos para apressar o processo. Para começar, ele entendia que demoraria. "Onde esse mundo vai estar daqui a três meses? Vamos começar logo"[23], pensou.

Na faculdade, Thiel se aprofundou no trabalho de um teórico da literatura e sociólogo francês, René Girard, que ficou conhecido por cunhar o conceito de "desejo mimético". "O homem é a criatura que não sabe o que desejar e que recorre aos outros para se decidir. Desejamos o que desejam os outros, porque imitamos seus desejos"[24], escreveu o pensador. Girard postulou que tal imitação poderia produzir rivalidades e conflitos, e que deveríamos nos policiar.

O interesse de Thiel em Girard muitas vezes o levava a ir na contramão do que os outros faziam — um instinto que deu forma ao preenchimento do IPO. "Se nesse mundo ninguém abre o capital, talvez, paradoxalmente, seja *essa* a hora de entrar na bolsa. Porque é uma contraposição positiva ao caos ou algo assim, sabe."[25]

Mas o timing do IPO não foi mérito só da lógica girardiana. Thiel admitiu que a rivalidade, os conflitos e as emoções também tiveram um papel poderoso. "Minha competitividade me fez pensar que, se os banqueiros achavam que não estávamos prontos, então a estreia havia se tornado mais importante do que nunca. Parecia uma rixa entre Wall Street e o Vale do Silício; e, em parte, o que sustentava meu raciocínio era que, emocionalmente, eu sentia que, se os bancos de Wall Street estavam tão pessimistas, era porque estávamos invadindo sua praia", comentou ele sobre sua vontade de vencer.

Thiel refletiu anos depois do IPO e reconheceu que esses raciocínios melhoraram com uma distância retrospectiva. Ele, famoso pelo racionalismo, também se viu rindo dos sentimentos envolvidos na decisão. "Eu almejo não ser tão competitivo assim, mas nem sempre consigo. Não acho que seja emocionalmente saudável ser tão competitivo assim, mas, sendo sincero, foi essa a parte que impulsionou a escolha"[25], disse.

■ ■ ■

Em 28 de setembro de 2001, a imprensa financeira anunciou a boa-nova: o PayPal registrou os documentos S-1 e entraria na bolsa com o código PYPL. "A PayPal Inc. submeteu um pedido à Comissão de Valores Mobiliários para uma captação que chega a US$80,5 milhões. Seus planos para uma oferta pública inicial são uma raridade em um mercado carente de IPOs"[26], escreveu a CNN.

O ibope não rendeu uma imagem positiva ao PayPal. A CNN apontou que a empresa não tinha relação contratual com a fonte de boa parte de seus usuários — o eBay — e que, a qualquer hora, o eBay poderia "restringir a utilização dos anúncios do PayPal ou convencer os vendedores a utilizar o eBay Pagamentos". Pior ainda, "o PayPal ainda não alcançou lucratividade"[26], continuou o artigo.

A Reuters apelidou o PayPal de "serviço de pagamento popular, mas que vem perdendo dinheiro".[27] A Associated Press[28] observou que apenas três outras empresas de tecnologia haviam aberto seu capital em 2001 e que a última a fazê-lo, a Loudcloud Inc., iniciou suas operações na bolsa com US$6 por ação — mas que depois despencou, moribunda, para US$1,12. O *Wall Street Journal* disse que o mercado de IPOs estava "glacial".[29] Um compilador importante de notícias da internet, o Scripting News, mencionou o comentário de um escritor chamado John Robb sobre o IPO do PayPal, citando-o ao pé da letra: "Não tinha hora pior para submeter um IPO."[30]

Opiniões contraditórias surgiram, mas mesmo as que defendiam o PayPal admitiam o clima pesado:

> O que normalmente vemos é que a maioria dos observadores passivos (ou seja, a imprensa) são definitivamente negativos [quanto ao PayPal]. Realmente, esta semana mesmo, fomos entrevistados por uma grande publicação dos Estados Unidos e não conseguimos mencionar uma palavra sequer quanto à economia de escala e à proposição de valores

> do PayPal, que são por demanda; em vez disso, nos pediram para opinar sobre as perdas dos Princípios Contábeis Geralmente Aceitos e sobre o provável envolvimento do PayPal nos setores de conteúdo adulto e de jogos. Resumindo, é provável que a imprensa, e talvez até o público, adore odiar essa empresa.[31]

O escritor, Gary Craft, da FinancialDNA.com, atribuiu o ibope negativo, em parte, ao fato de a "equipe administrativa vir de fora, não de dentro" dos serviços financeiros.

Uma crítica que deixou Thiel especialmente enojado tinha o título "Questões de estado — Terra para Palo Alto". "O que você faria com uma empresa de três anos que nunca teve lucratividade anual, que está a caminho de perder US$250 milhões e cujos documentos recentes entregues à Comissão de Valores Mobiliários advertem que seus serviços podem estar sendo usados para lavagem de dinheiro e fraude?"[32], perguntou o autor. "No caso, se você fosse um dos gerentes ou dos investidores de *venture capital* por trás do PayPal, sua resposta seria: entrar na bolsa." O escritor da matéria atribuiu o IPO proposto à falta da "supervisão de adultos" e concluiu que o IPO do PayPal era tão necessário ao mundo "quanto uma epidemia de antraz".[32]

Thiel ficou furioso com a cobertura da mídia, expressando sua raiva no escritório. "Peter ficou puto. E fez um discurso para a companhia inteira falando que eram matérias idiotas e que ele provaria que estavam erradas. Essa foi uma das vezes em que o vi mais irado", lembrou o engenheiro Russ Simmons.[33]

21

FORAS DA LEI

Thiel não precisou passar o mês de setembro com o cabelo azul, mas foi por pouco: no final de 2001, a busca pela lucratividade finalmente deu frutos. Todos os meses do quarto trimestre tiveram lucro — mas só se fossem desconsiderados o custo das distribuições de ações entre os funcionários e a "amortização do goodwill" da fusão entre a Confinity e a X.com.*

Um dos grandes debates nos círculos de contabilidade era justamente se esses custos deveriam contar como parte da lucratividade de uma empresa, mas, pelo menos de uma perspectiva, o PayPal agora poderia considerar que tinha entrado no azul.

Thiel explicou as finanças subjacentes da empresa em uma mensagem para todos os funcionários em setembro de 2001. "Temos altos custos fixos, baixos custos variáveis e uma receita alta e variável. Quanto mais pagamentos entram pela rede do PayPal, mais lucrativa se torna a companhia. O desafio das equipes de produto, marketing, vendas e desenvolvimento empresarial é conduzir o PayPal a um caminho em que possamos aumentar ainda mais o volume — se conseguirmos manter nossas taxas de crescimento, mesmo que só por mais dois trimestres, o PayPal vai estar em ótima forma."[1]

* "Goodwill" (ou "patrimônio de marca") se refere, na contabilidade, à tentativa de quantificar os ativos intangíveis da empresa — o valor da marca, a capacitação, a lealdade dos funcionários e coisas do gênero. Isso é importante especialmente no contexto das transações financeiras — como na fusão entre a Confinity e a X.com —, quando os ativos intangíveis precisam ser precificados por razões de contabilidade. Em 2001, era necessário que as empresas "amortizassem" esses custos durante um período, o que reduzia a lucratividade.

Mesmo a parcela de pagamentos recebidos por meio do eBay teve uma virada encorajadora no final de 2001. Milhares de pequenos sites de negócios adotaram o PayPal como serviço de pagamento, e um terço das transações do PayPal agora partia de sites além do eBay. Esse crescimento mitigou substancialmente o risco do eBay — e apontou para um futuro de receitas mais balanceadas.

Mesmo o timing do IPO — que confundiu alguns comentaristas e observadores externos — acabou vindo a calhar à equipe. O PayPal submeteu os documentos à Comissão de Valores Mobiliários apenas dezessete dias depois do 11 de Setembro, quando o mercado de ações mergulhou em seu nível mais baixo dos últimos três anos. Mas, quando o IPO do PayPal já estava à vista, o mercado de ações recuperou quase 30% do que perdera em setembro. Por Thiel ter insistido no processo pouco depois de uma catástrofe nacional, o PayPal foi uma das únicas empresas preparadas para abrir seu capital no início de 2002, e a empresa ganhou atenção e interesse desproporcionais por parte da mídia e dos investidores.

Já em 2004, refletindo sobre suas ações, Thiel admitiu que essa atenção toda foi uma faca de dois gumes. "Pensei que [o IPO] seria uma coisa legal a se fazer, porque não tinha mais ninguém fazendo. Infelizmente, o lado ruim foi que fomos muito mais investigados do que teríamos sido sem a entrada na bolsa"[2], disse Thiel. De fato, essa investigação quase afundaria o IPO do PayPal.

■ ■ ■

A equipe estabeleceu uma data provisória para a entrada na bolsa — 6 de fevereiro de 2002 — e continuou com os preparativos em ritmo acelerado. Com os escândalos financeiros chegando às manchetes, o IPO do PayPal teria que se submeter a um esquadrinhamento ainda mais rigoroso que o normal. Os funcionários da empresa de contabilidade PricewaterhouseCoopers acamparam em uma das salas de conferência do PayPal para esquadrinhar os livros contábeis rigorosamente, linha a linha.

As operações da companhia também precisavam de mais rigor. No final de 2001, por exemplo, ela anunciou que os amigos e a família dos funcionários poderiam se cadastrar para comprar ações — o que, por si só, não era nada incomum em uma empresa pré-IPO. No entanto, o PayPal buscava uma guinada. A equipe decidiu usar os funcionários para que, ao venderem ações a amigos e família, essa estratégia atraísse o interesse da mídia.

Mas, no início de janeiro de 2002, a companhia foi forçada a dar meia-volta. Em um e-mail, os funcionários ficaram sabendo que "os participantes que transferiram dinheiro para o PayPal com o único propósito de pagar suas alocações de ativos devem tirá-lo de lá o mais rápido possível".[3]

Quanto mais perto da data do IPO, mais reservada se tornava a atmosfera da empresa. "Eu me lembro do estresse e da pressão, era tipo: *Precisamos manter o site no ar. Nada de pushes [de código] que introduzam novidades muito radicais e nada de desestabilizar o site, hein*"[4], recordou Kim-Elisha Proctor. Por algum tempo, as telas do escritório mostravam o número total de usuários, os que estavam online, as taxas de crescimento, o volume das transações, entre outros dados. Agora, a companhia limitara a informação às estatísticas dos usuários e nada mais. De maneira semelhante, os relatórios diários e semanais que a equipe de Roelof Botha fazia e distribuía para todos agora tinham sido restringidos à equipe executiva.

Mark Sullivan — que agora exibia o título de vice-presidente de Relações com Investidores — reiterou a necessidade do silêncio a respeito da companhia, mesmo conversando com amigos e família. "As perguntas podem até parecer bem inocentes, mas nos trazem consequências desastrosas enquanto empresa se revelarmos informações que não estão em domínio público."[5] A companhia tinha que se proteger tanto de divulgações acidentais quanto de denúncias de uso de informação privilegiada.

Apesar de terem se preparado para o pior, é difícil mudar velhos hábitos. Janet He recebera sua proposta de trabalho pouco antes do IPO, e ela se lembrou de ouvir o recrutador da equipe, Tim Wenzel, implorar para que aceitasse a oferta e começasse logo, mesmo se, para isso, ela precisasse renunciar ao aviso prévio de duas semanas em seu outro emprego. "[Wenzel] disse: 'É melhor você começar na segunda mesmo. Não me importo se precisar fazer os dois trabalhos ao mesmo tempo'." Wenzel queria que ela se beneficiasse dos preços pré-IPO para adquirir suas ações. "Ele foi muito gente boa de ter me avisado"[6], lembrou He, rindo.

■ ■ ■

Alguns meses antes de uma empresa abrir o capital, os banqueiros que concordaram em subscrevê-la organizam a chamada "road show" para atrair o interesse de potenciais investidores institucionais. Para o IPO do PayPal, Jack Selby era um dos executivos que viajaria terra e mar para promover a história da empresa.

Quase imediatamente, ele enfrentou as sequelas da falência das empresas de internet do ano anterior. "Os caras do outro lado da mesa disseram: 'Já vimos isso antes. Acabamos queimados. Não vamos entrar nessa besteira de novo'"[7], lembrou Selby. Enquanto empresa, o PayPal não se encaixava totalmente nas categorias com que os investidores estavam familiarizados. "Esses caras ainda não tinham visto nosso tipo de negócio. Entrávamos na caixinha de empresas de tecnologia? Na de serviços financeiros? Enquanto híbrida, era difícil entender em que caixinha entrávamos, e os caras eram muito rígidos", lembrou.

Outra preocupação envolvia a faixa etária da equipe, que era relativamente jovem. Como parte do formulário da Comissão de Valores Mobiliários, as empresas precisavam documentar o nome e a idade de suas equipes executivas. No caso do PayPal, essa média acabou ficando por volta de quase trinta anos. "[Os subscritores] falaram: 'Vocês precisam ter executivos mais experientes aqui. Não podemos levar essa ficha para nossos clientes'. E respondemos: 'Não, nossa equipe é essa'"[8], lembrou Woolway. Mas ele entendia o lado dos banqueiros. "O trabalho dos subscritores é questionar tudo. É vender a ação, então fazem o necessário para tornar a venda mais fácil", disse.

Os meses que antecedem o IPO são um período vulnerável para qualquer companhia. Processos legais contra empresas que estão prestes a abrir o capital fazem necessário preencher novamente a papelada da Comissão de Valores Mobiliários, o que pode ser um processo caro e trabalhoso, bem como atrair investigações indesejadas da mídia. Concorrentes e outras pessoas normalmente tiram vantagem desse período de exposição pré-IPO para processar. "O IPO é uma boa hora [para processar], pois ele requer muito tempo, então normalmente é preferível fazer um cheque para resolver o problema"[9], explicou Thiel.

Na segunda-feira, dia 4 de fevereiro[10], o PayPal recebeu o baque do primeiro processo. O autor — a CertCo, uma empresa quase falida de criptografia financeira com sede em Nova York — alegou que o "sistema de pagamentos e transações eletrônicas" do PayPal infringia sua patente de número 6.029.150. A CertCo exigiu um julgamento e uma "indenização não especificada".

Ninguém do PayPal tinha ouvido falar dessa empresa. A equipe não a considerava uma concorrente e nunca, até onde sabia, roubara uma ideia ou um trecho de código de seus produtos. Ainda assim, Levchin convocou Dan Boneh, consultor técnico, e, juntos, os dois viraram a noite vasculhando os detalhes da ação.

A CertCo registrara a patente em questão em 1996, dois anos antes da criação da Fieldlink, a empresa de segurança móvel que cresceu e se tornou o

PayPal. Concedida em fevereiro de 2000, a patente da CertCo esboçava um sistema de pagamentos em que um grupo de clientes enviaria dinheiro a um comerciante por meio de "um agente".[11] O cliente se comunicaria com o agente por meio de um canal, assim como o comerciante. A patente identificava como usar chaves para proteger a informação que passa do cliente ao agente, do agente ao comerciante e vice-versa.

Se interpretada generosamente, a patente parecia um esboço primitivo do que o PayPal veio a ser. Dito isso, ela descrevia um processo que não diferia do utilizado por muitos outros sistemas de pagamento online, vários dos quais, inclusive, precediam o PayPal. Tecnicamente, a Visa, a Mastercard, a maioria dos bancos e praticamente toda startup que usava pagamentos digitais ou dinheiro virtual também a infringia.

O processo da CertCo ilustrava um problema maior: o Escritório de Marcas e Patentes dos Estados Unidos tendia a aprovar patentes com aplicações amplas que cobriam ideias, não invenções. Essa prática era especialmente criticada nos círculos de tecnologia. Um caso famoso do final da década de 1990 foi quando a Amazon conseguiu uma patente para compras "com um clique", algo que ela usou para processar sua concorrente, a Barnes & Noble. O processo se prolongou por muitos anos até ser resolvido em 2002.

O processo da Amazon e sua patente receberam muitas críticas, inclusive do pioneiro da tecnologia Tim O'Reilly, que popularizou termos como *open source* e *Web 2.0*. "Patentes como a sua são o primeiro passo para corromper a internet, dificultando a entrada não só dos seus concorrentes, mas também dos inovadores de tecnologia que, de outra forma, poderiam ter tido ótimas ideias novas que você poderia aplicar na própria Amazon"[12], escreveu O'Reilly em uma carta-aberta a Jeff Bezos. Ele atribuiu a decisão do Escritório de Marcas e Patentes à falta de conhecimento tecnológico.

Para muitos, a ação da CertCo contra o PayPal parecia análoga — a aplicação de uma patente extremamente ampla que nem deveria ter sido aceita. E claro que a hora escolhida para agir também revelava intenções nefastas. A CertCo não tinha tomado medidas contra o PayPal e nem contra seus predecessores em nenhum momento entre o final de 1998 e 2001. "Infração de patentes é sempre extorsão. Eles vêm e dizem: 'Olhem, temos uma patente. Vocês têm um produto. Têm 1 milhão de dólares. Não temos dinheiro. Passe para cá, senão levamos vocês para o tribunal e tiramos até o último centavo"[13], explicou Levchin. Tim Hurd, membro do conselho do PayPal, exprimiu uma opinião mais ofensiva: "Foi uma puta baboseira."

A equipe executiva do PayPal também ficou furiosa e optou por não fazer um acordo. "Peter disse: 'Claro que não! Não vamos pagar nem um centavo a essa gente!"[14], lembrou Hurd. Isso, em parte, foi porque a CertCo já entrara com uma ação — em vez de apresentar a possibilidade de um processo, mas com a opção de acordo extrajudicial. Uma vez que o processo fora iniciado, o PayPal não tinha motivação alguma para fazer com um acordo. Chris Ferro, um dos advogados da empresa, recordou o comentário ácido de Thiel: "É como se tivessem atirado no refém antes — e enviado a mensagem de resgate só depois."[15]

Piadas à parte, a equipe contratou um escritório de advocacia para defendê-la e, na segunda-feira, dia 11 de fevereiro, a empresa já submetera a resposta ao processo. No entanto, o dano ao IPO do PayPal já estava feito — o processo forçou a empresa a reenviar toda a papelada à Comissão de Valores Mobiliários, o que atrasou o IPO em mais uma semana. Thiel ficou furioso. "Uma das reuniões mais alteradas em que já estive foi uma ligação com a CertCo, assim que anunciaram o atraso no IPO. Peter estava perdendo a cabeça de tanta raiva, e ele mal conseguia se conter. Eu também estava furioso, mas pensei: *nossa, se isso está me irritando, imagino como ele, que tem trabalhado pra caramba nisso já há quatro anos, não deve estar*", recordou Ferro.[15]

Nos documentos S-1 originais que devem ser enviados à Comissão de Valores Mobiliários, um dos requisitos é que as empresas enumerem os riscos de seus negócios. O PayPal já tinha incluído o volume alto de pagamentos oriundos de leilões, os novos concorrentes que pareciam se multiplicar a cada dia e a perda de mais de US$200 milhões desde a fundação da empresa até 2001. Agora, a equipe tinha que adicionar o processo da CertCo à lista.

A história do caso CertCo e do atraso no IPO do PayPal ricochetearam pela mídia. "Em um mercado deprimido assim [o de ações de empresas de tecnologia], atrasar a oferta pública inicial deixa uma mancha feia. É bem negativo", disse um analista de mercado à *Forbes*[16].

■ ■ ■

Em 7 de fevereiro, o PayPal percebeu que estava sendo alvo de outro processo. Dessa vez, o autor — a Lew Payne Publishing, Inc. (LPPI) — era uma empresa de pagamentos online para sites adultos. Ela estava acusando o PayPal de quebra de contrato, apropriação indébita de segredos comerciais e deturpação intencional. Segundo o processo, a LPPI abordara a companhia, apresentando a proposta de unir o processamento de pagamentos do PayPal ao próprio serviço de pagamentos recorrentes.

Conforme a alegação da LPPI, o PayPal voltou atrás no acordo e avançou sozinho no mercado de pornografia, e a empresa queria processá-lo pelo dinheiro perdido e pelos danos causados. Mas, também nesse caso, o timing sugeria segundas intenções: o processo foi submetido em setembro de 2001, logo depois que o PayPal anunciara os planos de fazer um IPO. E ele só recebeu o processo em 7 de fevereiro de 2002, quando a entrada na bolsa era iminente.

Logo surgiu um terceiro aborrecimento judicial: a Tumbleweed Communications acusou o PayPal de infringir sua patente. Ela alegou que os links utilizados pela empresa nos e-mails enviados aos usuários infringiam sua patente, que descrevia links dentro de mensagens eletrônicas. Claro que o PayPal era apenas um entre os milhares de serviços que colocavam links nos e-mails — mais um exemplo da decadência do sistema de patentes.

Com a Tumbleweed, ao contrário dos dois primeiros processos, o PayPal encontrou uma saída. A empresa só o notificara de que estava preparando um processo, ainda não o tinha feito oficialmente. Se o processo não fosse submetido à justiça, o PayPal não tinha a obrigação de modificar os documentos da Comissão — então, ele decidiu enrolar a companhia até o IPO.

Thiel despachou Hurd para lidar com a crise. A Tumbleweed contratara um escritório de advocacia com sede em Boston, e Hurd já planejava viajar para lá para comparecer a um funeral. Se a Tumbleweed não oficializasse o processo até o final do dia, o IPO do PayPal estaria blindado. Então, a responsabilidade de Hurd era manter o pessoal do escritório ocupado até 17h. "Só precisava fazer isso. Chegar lá e fingir negociar com o advogado. Inventar o que fosse para manter o cara na sala por quatro horas"[17], lembrou Hurd.

Ele deixou o escritório de advocacia às 17h15 — triunfante.

■ ■ ■

Apesar de ter intenções diferentes das dos autores dos processos, a Comissão de Valores Mobiliários também andava investigando de perto o IPO do PayPal — e, segundo a empresa, talvez um pouco perto demais. "A sorte não estava a nosso favor [com a Comissão]. Ficamos com o único [oficial da Comissão] que se opunha ideologicamente às empresas. Ele achava que todas as companhias dos Estados Unidos eram administradas por vigaristas e que seu trabalho, enquanto regulamentador da Comissão, era impedir que as empresas abrissem seu capital"[18], disse Thiel mais tarde em uma palestra em Stanford. Woolway concordou, lembrando a reação dos advogados do PayPal ao descobrirem o nome do oficial: "Assim que divulgaram o responsável pelo nosso IPO, nossos advogados disseram: 'Que droga, pegamos um difícil'."[19]

Sendo difícil ou não, o PayPal escolhera entrar na bolsa depois da bolha da internet, dos ataques do 11 de Setembro e de uma coleção de improbidades financeiras. A investigação ampliada por parte da Comissão de Valores Mobiliários provavelmente refletia mais o contexto do que algum outro aspecto particular ao caso do PayPal, embora a agência estivesse no seu direito de dedicar atenção especial a uma empresa de internet cujas perdas acumuladas ultrapassavam US$200 milhões.

Houve um momento em que a Comissão caiu em cima do PayPal, alegando que a empresa violara o período de silêncio do IPO — que começa quando os subscritores submetem o cadastro do IPO da empresa e termina depois que ela dá início aos negócios no mercado de ações. Durante esse tempo, a companhia está proibida de dar entrevistas à mídia ou soltar novas informações que não estejam inclusas nos documentos de registro. Os períodos de silêncio existem para prevenir a utilização de informações privilegiadas; e eles também dificultam as trocas casuais da empresa.

A Comissão de Valores Mobiliários identificou o fato de o PayPal ter pagado uma empresa de pesquisas chamada Gartner, que publicara um relatório em 4 de fevereiro mostrando que o PayPal se tornara o serviço de pagamento de pessoa para pessoa mais confiável da internet. O comunicado da imprensa enfatizava suas qualidades: "33% dos consumidores online consideram o PayPal um provedor de serviços de pagamento extremamente confiável. O próximo da lista, Billpoint, é considerado altamente confiável por apenas 21%"[20], declarava a pesquisa.

A Comissão implicou com o fato de o PayPal ter sido comunicado quanto aos resultados antes que eles fossem liberados ao público. Ela não disse que isso por si só *era* uma violação, mas, sim, que *poderia* ser. Porém, de qualquer forma, o PayPal foi forçado a adicionar mais um item no relatório de riscos do documento S-1 da Comissão de Valores Mobiliários. "Se os contatos recentes de um dos nossos funcionários com o autor da pesquisa, publicada por terceiros, forem considerados uma violação da legislação do *Securities Act* de 1933, é possível que solicitem a reaquisição das ações vendidas nessa oferta"[21], escreveu a empresa.

Entre a data de submissão dos documentos do IPO e a entrada no mercado de ações em si, o PayPal reviu e ressubmeteu seu prospecto à Comissão oito vezes — duas vezes mais que o eBay precisara fazer antes de abrir seu capital. A investigação mais intensa foi fruto da época, mas, como a maioria dos membros da equipe executiva nunca participara de um IPO, eles acharam que era algo comum. "O processo inteiro foi problemático e longo. Mas eu não tinha nenhuma referência para saber como deveria ter sido"[22], lembrou Woolway.

■ ■ ■

Junto aos regulamentadores da Comissão, o eBay também estava prestando bastante atenção no possível IPO do PayPal. Sua entrada na bolsa de valores ameaçava a posição do site de leilões: um código no mercado de ações conferiria ao PayPal uma certa credibilidade e uma abertura para arrecadar mais fundos. Seria cada vez mais desafiador para o eBay minimizar o PayPal a um estorvo de má reputação: depois do IPO, a startup de pagamentos vizinha seria regulamentada pela Comissão, assim como o próprio eBay.

De sua parte, o PayPal retribuía, também se preocupando com o eBay. "Estamos para estrear na bolsa, e um monte de gente vai ligar para o eBay, e ele vai dizer: 'Ah, o PayPal? Achamos que é um castelo de cartas. Vamos expulsá-lo da nossa plataforma assim que possível'"[23], explicou Hoffman. Os investidores, observou, tinham uma reputação de serem avessos aos riscos. Se o eBay envenenasse o poço, os investidores fugiriam, e a emissão das ações do PayPal poderia dar errado.

Como o período de silêncio ocupou boa parte do início de 2002, a empresa não podia fazer muito para se defender publicamente, então Hoffman e a equipe executiva arrumaram outro jeito de amordaçar o eBay. Ele se lembrou de ter pensado: *Se estiverem negociando a compra do PayPal e disserem alguma coisa ao mercado, estarão infringindo as regras de responsabilidade fiduciária.* A equipe executiva e o conselho decidiram que o PayPal entraria em mais uma rodada de negociações com o eBay — para silenciá-lo.

No entanto, Hoffman estava ciente da possibilidade de uma futura aquisição por parte do eBay — e, assim, não queria queimar o filme. "Eu estava bem convencido de que nos comprariam em algum momento. Então precisávamos fazer um processo limpo para que não se sentissem maltratados caso a aquisição não acontecesse e que conseguíssemos voltar para uma terceira negociação", lembrou.

Em janeiro de 2002, Hoffman e Thiel abordaram o conselho do PayPal para definir uma oferta de venda da empresa, colocando um preço alto o suficiente para conseguirem um retorno saudável, mas não a ponto de fazer os executivos do eBay recuarem imediatamente. O conselho do PayPal e seus executivos pensaram em US$1 bilhão, esperando que o preço da empresa no IPO ficasse entre US$700 e US$900 milhões. O preço bilionário incluía o prêmio esperado de um comprador potencial.

Hoffman abordou o eBay com essa oferta. A equipe do eBay apresentou contrapropostas, mas Hoffman bateu o pé. Ele se lembrou de ter dito: "A ordem que recebi foi de vender a empresa por US$1 bilhão. Não estou tentando negociar." É claro que todo dia sem negociar comprava mais tempo de silêncio do eBay enquanto o IPO do PayPal caminhava para a sua conclusão.

O site de leilões reconheceu que a aquisição do PayPal antes do IPO poderia ser uma decisão sábia financeiramente e voltou com uma oferta final de US$850 milhões. "Se estão me dizendo que a última oferta de vocês é US$850 milhões, posso levar isso ao conselho. Mas, só para ficar claro, a ordem que recebi foi vender a empresa por US$1 bilhão. Se me oferecessem esse valor, a companhia seria sua", afirmou Hoffman.

A CEO do eBay, Meg Whitman, teria ficado cada vez mais frustrada com a resistência do PayPal em ceder, reclamando com Hoffman que o eBay demonstrara boa-fé ao aumentar a oferta, mas que o PayPal não respondera na mesma medida. "Acho que ela pensou que iríamos aceitar os US$850 milhões. Não percebeu que meu principal objetivo era mantê-los calados, não vender a empresa", disse Hoffman.

Se Whitman tivesse oferecido US$1 bilhão nos primeiros meses de 2002, Hoffman teria levado a oferta ao conselho e, segundo ele, o conselho provavelmente teria aceitado. "Em parte, eu chamava a atenção deles com o aviso: 'Nada de voltar atrás'. Se eu voltasse com uma oferta de US$1 bilhão, nós aceitaríamos. Caso contrário, o eBay nos odiaria pra caramba"[23], lembrou Hoffman.

Hoffman prolongou o período de negociações o máximo que conseguiu, rejeitando a oferta do eBay a apenas alguns dias do IPO do PayPal. A essa altura, Hoffman ligou para Whitman e lhe contou que o conselho não estava disposto a abaixar a oferta de US$1 bilhão. Whitman perguntou qual seria a resposta se ela aceitasse o valor. Na reta final do IPO, Hoffman tangenciou, respondendo que poderiam voltar ao assunto depois da oferta pública inicial.

Durante o início de 2002, vários artigos abordaram a iminente entrada do PayPal na bolsa. A curiosidade quanto à startup de pagamentos, que estava prestes a abrir o capital e que havia se consolidado na plataforma de outra empresa, rendeu ao eBay uma menção em cada um dos artigos. Apesar disso, o alto escalão da companhia permanecia em silêncio quanto ao PayPal.

■ ■ ■

Na quinta-feira, dia 7 de fevereiro de 2002, outra crise surgiu. O estado da Luisiana informou o PayPal de que ele seria barrado de fazer negócios ali, o que passava a valer imediatamente.

A empresa estava operando na Luisiana e em outros estados sem uma licença estadual para transferência de dinheiro — uma autorização que permitia que os bancos enviassem dinheiro para outros do mesmo estado. Isso se deu, em grande parte, porque o PayPal sempre insistiu que não era um banco. "Há sempre essa questão da definição de um banco. Fundamentalmente, um banco é uma entidade envolvida no sistema de reserva fracionária sustentado pelo Sistema de Reserva Federal dos Estados Unidos"[24], explicou Thiel. As regulamentações bancárias — apontou ele — foram desenvolvidas para proteger os consumidores dos riscos de colapso bancário devido a reservas fracionárias. Segundo Thiel, como o PayPal não estava envolvido nesse tipo de operações, a empresa não era um banco e não deveria ser regulamentada como tal.

Claro que essa mensagem protegia os interesses do PayPal: enquanto banco, ele estaria submetido à regulamentação bancária. Os críticos da empresa — inclusive, e especialmente, as gigantes bancárias tradicionais — problematizavam esse estilo próprio. Na visão deles, o PayPal aceitava depósitos, emitia cartões de débito, armazenava dinheiro e pagava taxas de juros — portanto, tinha tudo para ser um banco, menos a nomenclatura, e deveria ser tratado pela lei como um banco, inclusive requirindo licenças para transferência de dinheiro.

O PayPal conseguiu se esquivar, porque a necessidade das licenças variava de acordo com o estado. A Luisiana não se dera ao trabalho de examinar o status da licença do PayPal antes da atenção que a empresa recebeu da mídia à medida que seu IPO se aproximava. Um jornalista, Robert Barker, da *Business Week*'s, contatou agências financeiras da Califórnia, Nova York, Idaho e Luisiana para conseguir depoimentos — um gesto que, de acordo com Thiel, teria chegado ao conhecimento da Comissão, que notificou o estado da Luisiana. "Desaprovamos qualquer um que retenha fundos para os clientes. Até que [nossas inquietações] sejam resolvidas, o PayPal foi avisado de que não pode fazer negócios aqui"[25], disse Gary Newport, conselheiro geral do Office of Financial Institutions ["Escritório de Instituições Financeiras", em tradução livre] da Luisiana, a Barker. As autoridades da Califórnia e de Nova

York também informaram à empresa que estavam investigando a licença para transferência de dinheiro. Mais uma vez, o PayPal precisou ressubmeter os documentos da Comissão de Valores Mobiliários.

Apesar da Luisiana representar apenas uma pequena parte da base de usuários do PayPal — aproximadamente 100 mil em uma base que estava na casa dos milhões —, a empresa temia que um parafuso solto acabasse comprometendo toda a estrutura regulamentadora. "É óbvio que ninguém quer que esse tipo de notícia venha à tona em um mercado tão instável quanto esse. É difícil prever o que vai acontecer agora. Tudo vai depender da tolerância dos investidores já captados para o IPO", disse um analista do IPO.com.[26]

Em público, o PayPal disse que manteria "o direito de contestar a ordem [da Luisiana] por meio do processo administrativo apropriado".[27] No privado, a equipe vasculhou o estado em busca de um regulamentador simpatizante, um processo que foi um pouco mais dificultado, porque a ação da Luisiana contra a empresa chegou em meio à preparação para sua típica celebração anual, o Mardi Gras. Thiel e a empresa conseguiram rastrear uma autoridade bancária estadual e defender seu caso.

A equipe apontou que 100 mil habitantes da Luisiana dependiam de seus serviços e que, se o estado os bloqueasse, essas pessoas talvez culpassem as autoridades estaduais. Thiel lembrou-se de questionar: "Queriam mesmo lidar com toda essa gente que, afinal de contas, vota na Luisiana?"[28] "E [a autoridade bancária] concordou, dizendo que talvez a Luisiana não quisesse adquirir a reputação de um estado estranhamente retrógrado", recordou. Pouco tempo depois, o PayPal estava de volta aos negócios no chamado Estado Pelicano.

De acordo com os outros membros da equipe, foi isso que provavelmente salvou o IPO. "Se não tivéssemos conseguido, teríamos que adiar a submissão dos documentos. Foi uma jogada heroica, salvou o jogo"[29], disse Selby. Enquanto a equipe resolvia a questão da Luisiana, Thiel a pressionou para contatar autoridades da Califórnia, de Nova York e de Idaho a fim de evitar que outros estados seguissem o exemplo e complicassem os procedimentos do IPO.

■ ■ ■

Do meio de janeiro até o início de fevereiro, o PayPal enfrentou dois processos, a ameaça de um terceiro, o bloqueio na Luisiana, as investigações das licenças na Califórnia e em Nova York, o impacto da pesquisa da Gartner e investidores céticos. Essas águas turbulentas atrasaram o IPO do dia 6 para o dia 15 de fevereiro, e alguns membros da equipe começaram a questionar se ele realmente aconteceria. O próprio Thiel estava preocupado, achando que, se viesse mais um choque, seria o fim. Ele teria dito a seus colegas: "Na minha percepção, esse acordo não consegue aguentar outra surpresa dessas — ele vai desmoronar."[30]

Thiel pressionou a equipe e o subscritor a completarem o IPO rapidamente, mesmo se precisassem cobrar menos do que o previsto pelas ações. Originalmente, os banqueiros do PayPal previram que as 5,4 milhões de ações que a empresa ofereceria ao público seriam vendidas por um valor entre US$12 e US$15, arrecadando vantajosos US$81 milhões. Agora, disse Thiel aos banqueiros, ele aceitaria cobrar menos para acabar logo com o IPO.

A incerteza permeava a companhia. Boatos se espalhavam, mencionando outro obstáculo judicial ou mesmo o cancelamento total do IPO. Já que amigos e familiares tinham sido convidados a participar da estreia na bolsa, os funcionários agora se inquietavam também com a reação de velhos amigos e parentes preocupados. Em Nova York, Ken Howery, Roelof Botha, Jack Selby e outros trabalhavam com os banqueiros para atualizar os documentos e aliviar as ansiedades dos investidores institucionais. Em Palo Alto, muitos funcionários viraram a noite várias vezes para resolver o processo da patente e fazer os últimos ajustes na papelada do IPO.

"Chegamos muito, mas muito perto de não conseguir o IPO"[31], disse Hurd, aproximando o indicador do polegar para mostrar que foi por pouco.

■ ■ ■

Na noite de quinta-feira, 14 de fevereiro de 2002, a Associated Press soltou a notícia de que o PayPal cobraria US$13 por ação em sua estreia na bolsa de valores e que apareceria na Nasdaq no dia seguinte.

Tal como a cobertura anterior do IPO da empresa, essa não anunciava exatamente uma entrada triunfal. "Não consigo não pensar que a empresa está pedindo para ter problemas. Por que as pessoas sairiam na briga para comprar uma ação dessas quando existe a possibilidade diária de esse serviço fechar?"[32], disse David Menlow, presidente do IPOFinancial.com, um site que cobria as ofertas públicas iniciais. Ele já tinha listado o IPO do PayPal entre os mais promissores do semestre, mas, recentemente, o tinha rebaixado, considerando-o "arriscado" depois da enxurrada de notícias negativas. Já outra analista de IPOs estava "perplexa" com a decisão do PayPal de entrar no mercado de ações. "Por que iriam querer colocar esse preço quando todo mundo está esperando o inevitável?", questionou.

Os funcionários se lembraram de ter um pressentimento ruim naquelas últimas dezesseis horas e de ver a apreensão dominar o escritório. Para aqueles que estavam em um relacionamento, a noite de 14 de fevereiro se mostrou um Dia dos Namorados especialmente desconfortável. Vários estavam divididos entre jantares há muito planejados com seus companheiros e uma reunião com os colegas no escritório do PayPal, finalizando os detalhes do IPO com os nervos à flor da pele.

■ ■ ■

Após a abertura da Nasdaq na manhã da sexta-feira, dia 15 de fevereiro de 2002, as 5,4 milhões de ações da empresa foram colocadas à venda para os investidores. Inicialmente avaliadas em US$13, elas dispararam para US$18 em questão de minutos. A PYPL chegou a US$22,44 por ação no primeiro dia, fechando em US$20,09 — com um notável aumento de 55%, a melhor abertura para um IPO até aquele momento do ano.

"Feita de saco de pancada pelas más notícias daquela semana, a empresa de pagamentos online PayPal (Nasdaq: PYPL) finalmente alcançou o palco de Wall Street, tornando-se o primeiro IPO de companhias de internet em quase um ano"[33], escreveu o *E-commerce Times*. A cobertura positiva finalmente inundou a mídia, e o chefe de Relações Públicas da empresa, Vince Sollitto, não escondeu o alívio. "Eu me sinto invencível. Aguentamos de tudo um pouco"[34], admitiu ele ao meio-dia para uma publicação do setor de cartões de crédito.

Contentes, os funcionários do PayPal ligaram para seus familiares e, quando os membros da equipe chegaram de manhã ao escritório do PayPal, o entusiasmo era palpável. "O IPO, àquela altura, era o ápice do que se podia fazer em uma empresa. Éramos uma companhia até bem pequena, e conseguir isso tendo em vista o que acontecera significava que tínhamos chegado a algum lugar"[35], lembrou o engenheiro Santosh Janardhan.

Durante os IPOs do eBay e da Amazon, desaconselhou-se os funcionários a embarcar na obsessão quanto ao preço das ações; no caso do PayPal, os executivos dispensaram essa história para boi dormir e transmitiram as imagens na tela que normalmente era reservada aos dados dos usuários. "Todo mundo checava o código na bolsa a cada três minutos — ou três segundos"[36], lembrou Scott Braunstein.

Naquela tarde, a música "If I Had a Million Dollars", da banda Barenaked Ladies, tocava pelo escritório — sinalizando que tinham motivo para festejar. "Eu me lembro de ter pensado: *Espera aí, não vamos trabalhar o dia inteiro?*

Será possível? Era uma amostra da trilha sonora da minha cabeça naquela hora!"[37], compartilhou Amy Rowe Klement.

Para muitos dos primeiros fundadores e funcionários daquela que já fora uma pequena startup e que agora era uma empresa integrante da bolsa de valores, foi um momento decisivo. "São literalmente milhares de horas de trabalho que culminaram no reconhecimento do nosso sucesso pelo resto do mundo. Víamos o salário — mas não havia nenhum resultado tangível do trabalho que fizemos por tantos anos. Naquele momento, veio tudo de uma só vez. Até então, era dinheiro indo pelo ralo"[38], comentou Erik Klein. Vários funcionários choraram de felicidade e de alívio naquele dia.

James Hogan, um dos primeiros engenheiros da Confinity, descreveu o dia do IPO: "Foi mais do que um 'conseguimos!', foi mais do que compartilhar o sentimento de realização com todo mundo... foi mais do que vencer uma batalha épica no estilo Davi versus Golias."[39] Para ele, representava "uma reivindicação da cultura e dos valores do nosso trabalho". Depois de uma longa pausa, Hogan comentou sobre "uma sensação de confiança, que, em parte, parecia estar baseada no fato de que todo mundo estava disposto a avaliar as ideias considerando seu funcionamento prático, de que conseguiríamos encontrar um alinhamento de valores que evitaria muitos problemas. Essa sensação nos ajudou a criar coisas boas nesse mundo — e fez esse processo, de trabalhar juntos dia a dia, parecer empoderador e vivificante em vez de simplesmente estressante e esgotador".[39]

John Kothanek se lembrou de percorrer com os olhos a multidão que ocupava o estacionamento e de enxergar as partes que formavam o todo. "Ainda não éramos uma empresa grande. E havia, no máximo, umas duzentas pessoas ali, sabe? E só de olhar para elas, eu pensava: 'Sei o que aquele cara fez para nos trazer até aqui. Sei o que aquela moça fez para nos trazer até aqui. Sei o que os dois, ele e ela, fizeram para nos trazer até aqui'. E eu estava muito orgulhoso de todo mundo" [40], disse.

■ ■ ■

Mais tarde, Max Levchin diria que fora "o dia mais feliz da minha vida", e seus colegas se lembraram de ver seu CTO, sempre tão estoico, dominado pelas emoções. Ele passou o dia na farra, e fizeram uma foto sua em que espeta com uma espada de plástico enorme uma pinhata verde em formato de cifrão. "Considerando que fiz isso depois de beber uma garrafa inteira de champanhe, é incrível que tenha conseguido mirar tão bem"[41], escreveu Levchin na legenda da foto, disponível em seu site pessoal.

Comparada aos excessos das festas das empresas de internet no final dos anos 1990, a celebração do IPO do PayPal foi sem graça. Ela aconteceu no estacionamento do escritório da Embarcadero, 1840, e não houve nenhuma performance de artistas conhecidos, nem esculturas de gelo elaboradas e nem aperitivos caros. Em vez disso, a equipe montou algumas mesas dobráveis de plástico e instalou alguns alto-falantes para tocar música. Chegaram barris de cerveja, várias garrafas de champanhe na promoção e pilhas e mais pilhas de comida barata. Alguns funcionários se esgueiraram até a Palo Alto Creamery, onde compraram o item mais caro do menu: o *Bubbly Burger* [*Hambúrguer borbulhante*, em tradução livre], um hambúrguer de US$150 que vinha acompanhado de uma garrafa gelada de Dom Pérignon.

A equipe se lembrou de como ficou maravilhada ao ver o CEO Peter Thiel e o conselheiro geral John Muller bebendo cerveja do barril de cabeça para baixo. "Eram pessoas que *claramente* nunca tinham feito isso antes"[42], lembrou Jeremy Roybal. Depois que o mercado de ações encerrou o pregão naquela tarde, Thiel e Levchin usaram coroas de papel e, pela primeira vez em um bom tempo, apenas alguns poucos funcionários do PayPal planejavam passar a noite de sexta-feira trabalhando. "Foi a única vez em que foi permitido não nos preocuparmos com o trabalho", comentou Klein.

As festividades tiveram um toque especial à la PayPal, claro, misturando celebrações a competições. A memória mais vívida daquele dia por parte dos funcionários foi Peter Thiel jogando dez partidas rápidas de xadrez simultaneamente no estacionamento. Cada jogo incluía uma aposta em dinheiro, com as notas enfiadas por baixo do tabuleiro. Uma grande multidão se reuniu para ver Thiel jogar em um tabuleiro de cada vez, passando para o próximo em uma sucessão rápida.

Durante uma rodada, Thiel ganhou nove dos dez jogos. "Ele não bebe muito... e, naquele dia, nós o fizemos beber de cabeça para baixo a cerveja do barril. Depois disso, ele ficou meio bêbado — e ainda derrotou nove dos dez adversários. É loucura!"[43], lembrou Janardhan. David Sacks ganhou o direito de se gabar pela vida inteira por ter sido o único a derrotar Thiel nas partidas simultâneas de xadrez. ("Quando Peter perdeu, ele ficou furioso. Eu só lembro de vê-lo levantar com uma cara de quem comeu e não gostou — tipo, vividamente"[44], comentou um observador.)

O dia estava terminando, e Thiel fez um discurso, contextualizando o sucesso do PayPal. "Ele disse que a parcela de mercado do PayPal era maior do que a da United, a da American e a da Delta juntas"[45], lembrou Braunstein. A equipe distribuiu corta-ventos da empresa, que ficaram conhecidos como "as jaquetas do IPO" e significavam que os funcionários já eram antigos na empresa. Dionne McCray bordou o logo do PayPal em um gorro branco, que ela usou na ocasião.

A comemoração da empresa se estendeu noite adentro. "Não me lembro de nada da festa do IPO"[46], admitiu Levchin. Oxana Wootton se lembrou da mistura de "felicidade, celebração e lágrimas; parecia Ano-novo, foi uma animação assim".[47]

Não obstante as festividades, alguns líderes do PayPal achavam que o IPO não era um fim — mas um começo. Amy Rowe Klement entrara na empresa em setembro de 1999, uma em meio ao punhado de funcionários da X.com. Ela lembrou que se sentiu "incrédula e ansiosa"[48] quando o PayPal estreou na bolsa de valores. Incrédula, porque "nosso esforço estava dando algum tipo de frutos". Mas esse sentimento estava misturado com ansiedade. "[Era] o reconhecimento de que o trabalho de verdade ainda esperava por nós lá na frente. Em muitos sentidos, era simplesmente o início de um novo capítulo. Estávamos em uma companhia adulta agora e tínhamos ainda mais responsabilidades para com nossos usuários e investidores", explicou.

■ ■ ■

O mercado de ações estimara que o PayPal valia pouco mais de US$1 bilhão. Thiel, Musk e outros membros da equipe executiva tentaram abordar o conselho quanto à distribuição das ações para os funcionários e, para muitos deles, o IPO forneceu uma vantagem financeira inesperada e significativa. "Esta foi a primeira experiência com liquidez que tivemos, com exceção de Elon"[49], lembrou Woolway. Especialmente para aqueles que se juntaram cedo à empresa e que estavam presentes nos vários anos caóticos, o IPO foi uma coroação — um sinal de sucesso mais tangível do que o crescimento dos usuários ou do que o volume das transações.

Depois do IPO, Thiel, Levchin e outros executivos se tornaram, ao menos no papel, multimilionários, e a Sequoia Capital, a Nokia Ventures, a Madison Dearborn Partners e outros investidores também viram um retorno saudável quanto aos seus investimentos.

De longe, quem tirou a maior vantagem foi Elon Musk. De acordo com os documentos públicos, Musk era historicamente o maior acionista da empresa e adquirira mais ativos com o passar do tempo. No momento em que o código da empresa piscou nas telas da Nasdaq, Musk detinha mais ações do PayPal do que mesmo os patrocinadores institucionais, como a Nokia Ventures e a Sequoia Capital, e, com suas holdings, a participação acionária de Musk agora valia mais de US$100 milhões.

Em um período de quatro anos, Musk expandira sua fortuna de oito para nove dígitos — e construíra a base para seus planos futuros. "A estreia do PayPal na bolsa foi o que me permitiu levantar o capital para abrir a SpaceX, pois eu pude vender as ações ou usá-las como garantia. Antes disso, eu não tinha tanto dinheiro assim"[50], disse Musk.

22

E SÓ FICOU UMA CAMISETA

Depois do IPO do PayPal, os funcionários aderiram a um novo ritual: checar o preço das ações da PYPL. Devido ao período de bloqueio, a maioria dos funcionários foram proibidos de vender suas ações por vários meses; e, mesmo depois, as dos que entraram mais recentemente continuaram indisponíveis — tinham sido alocadas, mas não oficialmente distribuídas.

Estimar o patrimônio líquido pessoal também se provaria terapêutico. Menos de uma semana depois do IPO do PayPal, o eBay anunciou que pagaria US$43,5 milhões pelos 35% das ações da Billpoint que a Wells Fargo tinha em mãos. Isso apresentava problemas para o PayPal. Para começar, esse preço fazia sua avaliação, quase bilionária, parecer exagerada, o que gerou dúvida nos analistas de Wall Street. Sendo ele dependente do eBay para as transações, como a própria plataforma do eBay valia oito vezes menos que o PayPal? No dia em que o acordo com a Wells Fargo foi anunciado, as ações do PayPal caíram em 15%.

No entanto, o que era mais perturbador era a possibilidade de o eBay literalmente ter em mãos toda a estrutura de pagamentos. Ele já não seria restringido por banqueiros avessos ao risco e, teoricamente, poderia alavancar a produção, fazer acordos ou mesmo anunciar a Billpoint como uma entidade própria, se assim quisesse. A imprensa cobriu essa jogada como uma ameaça ao PayPal, e a CEO da Billpoint, Janet Crane, reforçou essas preocupações, prometendo que o monopólio de ações da Billpoint permitiria "um aumento da integração entre a Billpoint e o eBay com o tempo".[1]

O eBay também utilizou esse momento para ganhar vantagem sobre o PayPal. Fora da visão da imprensa, as duas empresas tinham voltado a negociar um possível acordo. A compra das ações da Wells Fargo parecia uma ameaça ao PayPal: se não atingissem um acordo, a gigante dos leilões estaria livre para competir mais agressivamente pela parcela do mercado de pagamentos.

No final de março de 2002, a equipe interna do PayPal começou a preparar relatórios detalhados sobre seus negócios para as contrapartes do eBay. Em 21 de março de 2002, o eBay fez uma oferta para comprar a companhia, avaliando-a em US$1,33 bilhão e chamando as empresas, no acordo de fusão, por codinomes: referia-se ao PayPal como "Orca"[2] e, ao eBay, como "Ernie." (Em uma versão anterior do acordo de fusão, o PayPal escolhera um animal marítimo menor como codinome. Antes de estrear no mercado de ações, o PayPal foi codificado como "Boto.")

Em uma reunião matutina do conselho da empresa em 22 de março de 2002, os diretores do PayPal discutiram o acordo. Thiel argumentou, segundo as minutas do conselho, que "os executivos do eBay expressaram a [Thiel] o desejo de deixar para trás toda a especulação quanto a uma combinação potencial das duas empresas". Ele acrescentou que esse era "um ponto de virada para o eBay, e sua decisão estratégica será seguir em frente por conta própria e 'lutar' contra o PayPal ou comprá-lo".

O conselho concluiu que, bem ou mal, os destinos das duas companhias estavam ligados, e que ser adquirido pelo eBay era melhor do que enfrentar outra sequência de brigas. O conselho "autorizou os Srs. Moritz e Thiel a responder o eBay e continuar suas discussões com ele quanto à possível fusão".[2]

O conselho se reuniu com frequência durante esse período de negociações, mas, em 10 de abril, "o Sr. Thiel relatou que a probabilidade da fusão diminuiu desde a última reunião do conselho". No meio-tempo entre a oferta do eBay e o dia 10 de abril, o PayPal começou a preparar sua primeira publicação trimestral oficial enquanto empresa cadastrada na bolsa de valores — e o comunicado de seu primeiro trimestre lucrativo até o momento. Durante o mesmo período, o preço das ações do eBay permanecera relativamente inalterado, e seus executivos "se opuseram veementemente a estabelecer um preço de suporte (*floor*) e a utilizar a estratégia *collar* em relação aos preços das ações no acordo".

Em 11 de abril, as chances de um acordo foram por água abaixo. "O conselho [do PayPal] determinou que, dado o anúncio iminente da lucratividade de seu primeiro trimestre, entre outras razões, ele não estava preparado para dar sequência com a fusão nos termos atuais." Thiel foi autorizado a apresentar termos alternativos, inclusive "um aumento da taxa troca das ações" e "um *collar* (estratégia com derivativos, que garante parâmetros de preços de compra para as ações) ou um preço de suporte sobre os valores das ações do eBay que seriam recebidas na fusão". Eles suspeitaram que nenhum dos dois seria aceito pelo eBay.

Vazaram notícias da negociação e, quando o primeiro trimestre lucrativo do PayPal foi anunciado, a combinação da lucratividade e de uma possível aquisição pelo eBay fez o preço das ações da empresa subir para mais de US$26 — tornando o acordo ainda menos provável. Alguns da equipe suspeitaram que as negociações tinham sido vazadas intencionalmente para sabotar o acordo.

Por fim, o resultado era mais importante do que o motivo: agora, o acordo fora suspenso (de novo), e os dois lados voltaram a se hostilizar. Katherine Woo entrara na empresa pouco antes do IPO e se lembrou de uma reunião no início de 2002 para tratar do eBay. "Chamaram todo mundo para a sala de conferências... e fizeram um discurso — que discurso intenso! —, explicando como o eBay estava tentando nos matar. Eles disseram que o eBay colocara centenas de engenheiros para trabalhar na Billpoint com o objetivo expresso de nos destruir. E eu pensei: 'Que droga. Vou ter que ralar *duro* nas férias'"[3], disse.

■ ■ ■

No início de 2002, o eBay anunciou o "eBay Live", uma celebração presencial de todas as atividades que estavam marcadas para começar no dia 21 de junho em Anaheim, Califórnia. O evento reuniria todo o universo de vendedores, compradores, fornecedores e aproveitadores, e a CEO Meg Whitman faria um discurso.

A esposa de Vince Sollitto viu o anúncio do evento no jornal. "Ela circulou, cortou a notícia e me deu. Depois falou: 'Vocês precisam ir'. Então, entreguei o papel para David [Sacks], e ele disse: 'Tem razão, precisamos ir'"[4], lembrou Sollitto.

A companhia já estava planejando participar e fazer o mesmo que os outros fornecedores e empresas tinham sido convidados a fazer: armar uma tenda que seria administrada pelos funcionários. No entanto, Sacks achava que a ocasião merecia uma aparição mais dramática.

Após um *brainstorming*, Sacks e a equipe tiveram duas ideias, ambas pensadas para mexer com o eBay. A primeira era o PayPal fazer um grande evento na noite anterior à inauguração do eBay Live. Depois que o PayPal enviou os convites, a Motley Fool escreveu: "O PayPal Entrou de Penetra na Festa do eBay, De Novo."[5]

Roubando a cena com sucesso, a empresa se concentrou na segunda ideia. A equipe de marketing encomendou milhares de camisetas com o logo do PayPal na frente e, atrás, a seguinte frase: "A Moeda do Mundo Novo". A equipe as distribuiria no evento junto a um incentivo: aqueles que fossem vistos no eBay Live com as camisetas poderiam ganhar um prêmio de US$250. O objetivo era lembrar a liderança do eBay de que o PayPal tinha uma ligação intrínseca com a comunidade de vendedores do site de leilões. Mesmo os que mais defendiam o eBay usariam o brinde do concorrente.

Quando as portas do eBay Live se abriram, viam-se os logos do PayPal por toda parte, os participantes usavam a camiseta na esperança de ganhar dinheiro grátis. O eBay percebeu. Ele também tinha encomendado as próprias camisetas para o evento, planejando vendê-las. Mas, com a proliferação das vestimentas rivais, o eBay mudou de estratégia. "[O eBay ofereceu] camisetas aos presentes, que, em troca, deveriam entregar a do PayPal. Então, eles só voltavam e pegavam uma segunda camiseta grátis conosco para trocar por uma do eBay"[6], lembrou Sacks.

Quando Meg Whitman subiu no palco para fazer seu discurso, ela foi recebida por milhares de usuários do eBay, silenciosos — e um número impressionante de camisetas do concorrente. Para a equipe do PayPal, o golpe final foi a matéria do *USA Today* do dia 1º de julho de 2002, que concedeu ao eBay Live um lugar na primeira página da seção financeira do jornal. Na foto que acompanhava o texto, via-se Whitman sorrindo e autografando, e uma das pessoas na fila dos autógrafos, à esquerda da CEO, usava o logo do PayPal estampado no peito.

■ ■ ■

Jeff Jordan, o líder do eBay da América do Norte, estava no evento e viu tudo em primeira mão. Claro que, àquela altura, o conflito entre o eBay e o PayPal já integrava sua vida há muitos anos. As táticas do PayPal no eBay Live só aumentaram seu desgosto pela competição.

Jordan chegara ao eBay em 1999. Depois da faculdade de negócios e de um período em uma consultoria de gestão, ele foi trabalhar na Disney, onde Meg Whitman era uma das maiores executivas. Por fim, Jordan acabou se tornando CFO da Disney Store. De sua posição privilegiada na área de consumo e varejo, Jordan viu a onda da internet se aproximar. Ele entrou como CFO na Reel.

com, uma locadora de filmes e serviço *on-demand* online. Mas a empresa estava passando por dificuldades, já que suas ideias, segundo Jordan, "estavam dez anos à frente de seu tempo"[7], e ele começou a procurar sua nova empreitada.*

Em 1999, Meg Whitman, já no eBay, recrutou Jordan. Seis meses depois, no início de 2000, ele foi promovido a administrador da divisão da América do Norte da empresa, que incluía a supervisão de pagamentos — e o problema exasperante do PayPal. Quando o eBay adquiriu a Billpoint para competir, Jordan seria o responsável pela supervisão, mas a líder da Billpoint na época, Janet Crane, apelou a Meg Whitman para administrar sozinha os negócios da empresa de pagamentos. "Aquela provavelmente foi a melhor coisa que aconteceu na minha carreira", admitiu Jordan.

À medida que a Billpoint estava perdendo lugar no mercado para o PayPal, Jordan viu que o concorrente dominara o elemento dos serviços de pagamento que atormentava os outros: "O PayPal tendia a arriscar", explicou. Ao subscrever as transações entre os compradores e vendedores do eBay, o PayPal ganhava uma pequena parte da receita dos pagamentos, que crescia à medida que os efeitos de rede engrenavam. Com o tempo, a equipe refinou seus modelos de risco e reduziu a fraude — com isso, transformou um projeto primitivo em um verdadeiro negócio.

Por comandar as operações da América do Norte, Jordan foi repreendido pelos líderes do eBay por ter deixado o PayPal operar tranquilamente na plataforma. Mas ele sentia que estava de mãos atadas. Ele não administrava a

---

* Essa busca levou a uma entrevista de emprego memorável. Steve Jobs estava procurando um CFO para a Pixar e abordou Jordan, que concordou em encontrá-lo para tomar café da manhã no Il Fornaio, em Palo Alto. "Cheguei de terno e tudo, e [Jobs] estava com aquelas sandálias da Chacos e roupas rasgadas, chegou vinte minutos atrasado", lembrou Jordan. Jobs só tinha duas perguntas para a entrevista. A primeira: "Você se formou na Escola de Negócios de Stanford no final dos anos 1980, depois foi para o centro do universo de criação de empresas na época mais empolgante do mundo... e acabou trabalhando com consultoria de gestão, caramba?" A segunda: "Como conseguiu ficar oito anos trabalhando na Disney? Aquela gente é incompetente demais..." Jordan percebeu o motivo das perguntas: Steve Jobs estava tentando testá-lo sob pressão. "Vou responder à primeira. Levei dez anos para voltar para cá, mas, agora que voltei, é para ficar", respondeu. Quanto à pergunta da Disney, ele discordou com veemência. "Você está errado", disse. Então, explicou que as lojas da Disney tinham mais audiência do que os parques temáticos. "E vendemos um monte de coisas!", afirmou Jordan. Jobs pareceu satisfeito e lhe propôs um emprego na Pixar. Jordan recusou; ele acabara de sair do cargo de CFO e estava procurando algo diferente. Jobs propôs, então, que ele entrasse na Apple para comandar uma nova divisão. "Tenho uma visão para as lojas da Apple", disse Jobs, que começou a esboçar uma experiência de compra totalmente reimaginada, começando por sua base. Jordan achou que ele estava "delirando" e rejeitou educadamente a oferta. "Claro que ele acabou arrasando", disse Jordan quanto ao novo conceito de varejo de Jobs.

Billpoint (esse domínio era de Crane) e nem podia bloquear o PayPal e tornar a Billpoint o sistema de pagamento padrão do eBay. Tal como outros naquele setor, Jordan também tinha um medo saudável das questões antitruste. "Havia toda uma limpa acontecendo, tipo, não podíamos usar a palavra *dominante* em nenhum documento", lembrou. A equipe do PayPal atiçava esses medos intencionalmente. "Foi um artifício muito bom. Reid Hoffman vinha me encontrar e dizia: 'Cara, se vocês tentassem combinar a Billpoint [ao eBay], geraria uma questão de truste bem preocupante, sabe?'", afirmou.

Jordan e a equipe também estavam extremamente atentos à comunidade do eBay, em que o número de utilizadores do PayPal falava por si só: milhões de usuários do eBay escolhiam o concorrente em suas transações. Jordan estava preocupado, pensando que, ao exterminar o PayPal, o eBay acabaria cometendo não apenas homicídio, mas também suicídio. "Era uma ambivalência para mim, pois o PayPal fazia meu negócio funcionar", admitiu Jordan.

Jordan e outros da equipe do eBay se lembraram das reuniões sem fim sobre o PayPal e de como eles e seus colegas bolaram todos os planos possíveis para competir, findar ou prejudicar as atividades do PayPal. Mas, em 2002, essa causa estava perdida: o PayPal se tornara uma empresa do mercado de ações com usuários fieis, e o eBay teria que conviver com sua afrontosa presença.

■ ■ ■

A essa altura, essa presença havia se transformado em interdependência. E o acontecimento no eBay Live foi o exemplo mais claro disso. "Fizeram um ótimo trabalho com o marketing de guerrilha"[7], lembrou Jordan, rindo.

Para ele, a jogada das camisetas foi um lembrete poderoso de que as duas companhias deveriam ser consideradas mais simbióticas do que competitivas. Além disso, a briga pela parcela do mercado de pagamentos por meio de camisetas, como ocorreu no evento, ilustrava a futilidade da disputa: os usuários amavam tanto o eBay quanto o PayPal, mas as empresas se odiavam.

No evento, Jordan cumprimentou David Sacks. "Nós basicamente começamos a conversar sobre a tolice dessa competição, pois havíamos chegado ao ponto de rivalizar até na distribuição de camisetas"[8], disse Sacks.

Sacks chegara a essa conclusão há muito tempo, bem como outros na empresa. "Boa parte do nosso volume de clientes vinha do eBay. Estávamos completamente dependentes do inimigo"[9], enfatizou Amy Rowe Klement. No entanto, muitas pessoas no PayPal acreditavam que o risco só se dissiparia com um acordo entre as duas empresas. "Reid descreveu esse desafio de modo incisivo:

'Só porque alguém atira cinco vezes e não acerta, não quer dizer que, na sexta vez, não conseguirá matar'"[10], escreveu Keith Rabois no Quora anos depois.

Claro, o eBay já tinha a sexta tentativa engatilhada. Além de comprar de volta suas ações da Billpoint que a Wells Fargo tinha em mãos, o eBay iniciara discretamente algumas conversas com o Citibank. Falava-se em vender a Billpoint para o banco e, com isso, eliminar todas as taxas. O acordo resolveria o problema dos pagamentos do eBay e lhe permitiria ultrapassar o PayPal, adotando preços mais baixos, e o banco conseguiria um novo grupo de clientes. "Se fecharmos o acordo com o Citibank, [o PayPal] já era"[11], especulou Jordan.

Ainda assim, ele via mais vantagem em adquirir e integrar o PayPal ao eBay do que em vender a Billpoint ao Citibank. Afinal de contas, o eBay tinha acabado de sair de um relacionamento complicado com um banco, e não havia garantia de que o Citibank conseguiria ser bem-sucedido no que a Wells Fargo falhara. E Jordan via no PayPal um negócio que, por si só, estava a todo vapor — uma empresa que, a seu ver, poderia crescer mais do que o próprio eBay.

A equipe do PayPal ouviu os cochichos sobre o acordo entre o eBay e o Citibank, o que deu início a uma nova rodada de pânico generalizado. Sacks e Levchin consultaram Hoffman quanto à possibilidade de usar a papelada antitruste para obstruir as atividades do eBay. Ele explicou que a papelada antitruste fora, no máximo, um logro. Não havia nada no acordo proposto entre o eBay e o Citibank que levaria as autoridades antitruste a tomar medidas preventivas. Além disso, o PayPal ainda funcionava dentro do site de leilões, bem como outros serviços, o que fazia da ameaça antitruste um cachorro que ladra, mas não morde. "A arma parece muito real. Posso mostrá-la. Fazer gestos com ela. Posso até apontá-la. Mas, se aperto o gatilho, só sai uma bandeirinha com os dizeres 'Boom!'. Não passa de uma persuasão psicológica"[12], explicou Hoffman.

A negociação com o Citibank pode não ter sido o suficiente para provocar ações das autoridades, mas teve outro efeito: a ameaça levou David Sacks a renovar a possibilidade de um acordo entre o eBay e o PayPal.

■ ■ ■

Quando Thiel e Hoffman precisaram cancelar a negociação pré-IPO com o eBay, eles concordaram que seria Thiel que comunicaria a mensagem a Whitman — deixando o outro levar a culpa pela dissolução do acordo. Thiel diria à líder do eBay que Hoffman avançara mais nas negociações do que a equipe executiva do PayPal queria. Ao receber a notícia, Meg Whitman ficou furiosa e levantou da mesa. "Se é guerra que querem, é guerra que terão!"[13], ela teria dito a Thiel e aos outros executivos do PayPal presentes.

Essas negociações e as anteriores deixaram uma lembrança desagradável. A liderança do eBay tinha razão em estar frustrada: as duas empresas já tinham passado por quatro negociações para aquisição, e o preço oferecido pelo eBay começara em US$300 milhões, fora para US$500 milhões, passara a US$800 milhões e agora chegara a US$1 bilhão. Em todas as vezes, o valor total ou os termos de aquisição haviam arruinado o acordo.

Sacks e Jordan — os pacificadores da nova rodada de negociações — reconheceram que estavam sendo observados tanto externamente quanto internamente. Se a imprensa ficasse sabendo da negociação, as notícias poderiam estragar o resultado, como o fizeram em abril.

A equipe executiva do PayPal concordou que, por causa do ressentimento, Thiel e Hoffman não deveriam tomar parte nas conversas. Coincidentemente, Meg Whitman marcara uma viagem pessoal para o sul da Califórnia, o que também a eliminava das negociações. "No final das contas, só conseguimos fechar o acordo, porque Meg e Peter estavam completamente fora da jogada"[14], admitiu Jordan.

Dos dias 3 a 7 de julho, os executivos do eBay trabalharam nos termos com David Sacks, John Malloy e Roelof Botha. "Chegamos de supetão ao PayPal em um sábado e começamos a fazer a diligência prévia"[14], lembrou Jordan. Quando a outra semana começou, Jordan e a equipe já tinham preparado a apresentação para o conselho do eBay. "Fomos de um acordo de fusão provisório a um definitivo em quatro ou cinco dias"[15], recordou Sacks.

O IPO do PayPal tinha arado o terreno, facilitando essas últimas conversas. "[O IPO] ajudou demais o acordo, porque trouxe um registro"[16], disse Jordan, referindo-se ao esclarecimento advindo do preço das ações do PayPal. "Tentamos comprá-lo cinco vezes, mas, nas quatro primeiras, não chegávamos a um acordo quanto ao preço. Depois de registrado e negociado na bolsa por um tempo, valia US$1,4 bilhão", continuou. Tanto Sacks quanto Jordan defenderam impecavelmente o caso em seus respectivos conselhos e, de acordo com as minutas do Paypal, o eBay cedeu em vários termos da fusão, inclusive na "falta de *collar* no preço das ações do eBay"[17].

A discussão do conselho do PayPal no sábado, dia 6 de julho de 2002, foi rigorosa e cobriu "totalmente as transações propostas, bem como as alternativas ao acordo e os riscos que as duas empresas assumiriam aceitando-o ou continuando como entidades individuais". Apesar dos termos mais favoráveis e da oferta de US$1,4 bilhão, vários membros do conselho acreditavam que a melhor época do PayPal ainda estava por vir. Musk, por exemplo, acreditava que a quantia ainda desvalorizava a empresa. "Eu falei: 'Vocês estão loucos'"[18], disse Musk. Tim Hurd e John Malloy, membros do conselho do PayPal, também expressaram dúvida. "Tive dificuldade com aquela situação, pois sabia que estávamos nos vendendo por menos do que, na minha opinião, valeríamos"[19], lembrou Malloy.

As minutas daquela reunião de sábado documentaram os riscos dos negócios do PayPal — e detalharam como uma união entre as duas empresas poderia mitigá-los:

- Essa combinação [PayPal e eBay] diminuiria os riscos do plano de crescimento estratégico da Empresa;
- O processo de checagem do mercado conduzido pela Empresa em 2001 indicou que, realisticamente, o eBay seria o único proponente possível a adquirir a Empresa;
- Nenhuma outra companhia fez uma oferta para adquirir o PayPal ou se fundir a ele e nem uma proposta atrativa para efetuar qualquer outro tipo de transação com o PayPal;
- A fusão minimizaria o risco da perda de acesso ao processamento de pagamentos em sites de leilões online;
- Haveria uma potencial diminuição dos riscos de mudanças nas regras das associações de cartão de crédito, dos riscos de fraude e das incertezas em relação aos serviços financeiros e às regulamentações de jogos e apostas;
- A análise atual apresentou o preço por ação mais alto que poderia ser negociado com o eBay;
- Considerou-se o prêmio fornecido pelas taxas de troca sobre o preço do IPO, o preço das ações ordinárias vendidas na oferta secundária e o preço das ações em 5 de julho de 2002;
- Considerou-se o potencial impacto da não consumação da fusão e a potencial incapacidade de manter funcionários de importância-chave.[17]

Por fim, o fator decisivo para Malloy, Hurd e Musk foi a insistência da equipe executiva de que ela e seus subordinados diretos haviam chegado ao limite. "Eles nos perguntaram se queríamos ser adquiridos pelo eBay. E eu, cansada, falei: 'Estou pronta. Não aguento mais'"[20], lembrou Skye Lee. Malloy sabia que Max Levchin conseguia aguentar condições de trabalho subumanas. "Quando ele me disse: 'Está na hora', eu soube que precisávamos mesmo vender a empresa. Não tem como forçar as pessoas a continuar trabalhando quando chegam a esse ponto"[21], lembrou Malloy.

Para muitos da equipe do PayPal, trabalhar na empresa se tornara um exercício constante de perseverança — não de produção. "Não dá para aguentar essa experiência de quase morte repetidamente. As pessoas vão querer sair por exaustão. É melhor vender a empresa do que esgotar todo mundo a ponto de o projeto seguinte nem sequer sair do papel"[22], disse Luke Nosek.

Malloy também observou que, uma vez que a ideia de aquisição pelo eBay — e as recompensas financeiras relacionadas — pairava no ar, seria difícil voltar atrás. "É muito difícil para pessoas normais devolverem o gênio para a lâmpada"[23], disse, apesar de ver Thiel como um dos que menos ligavam para os lucros que viriam após a aquisição. "Ele tem uma abordagem mais filosófica. Não pensa nisso no sentido mundano da coisa. Parece mais que está adiando o risco"[23], comentou Malloy a respeito de Thiel.

Na manhã de domingo, em 7 de julho de 2002, o conselho se reuniu novamente para uma última revisão da oferta do eBay. Thiel convocou uma eleição, apoiado por Malloy. "Os diretores votaram um de cada vez. Todos os presentes votaram a favor", diziam as minutas. O PayPal seria vendido para o eBay.

■ ■ ■

No eBay, Jeff Jordan também precisava convencer os outros e ensaiou argumentos com exemplos familiares: "Sou a Amazon — mas sem o carrinho. Precisamos comprar nosso carrinho", recordou ter falado.[24]

Apesar do apoio da equipe executiva do eBay, um membro do conselho, Howard Schultz, CEO da Starbucks, encorajou a equipe a reconsiderar a proposta. Ele apontou que o PayPal só atingira lucratividade recentemente, e por pouco. Seria melhor gastar o US$1,4 bilhão com outra coisa, argumentou.

Outros viam a aquisição não como uma solução em curto prazo, mas como uma jogada no longo prazo para a empresa. O membro do conselho do eBay Scott Cook, fundador e antigo CEO da Intuit, argumentou que o PayPal só tinha a acrescentar aos negócios do eBay — e que o site de leilões poderia colher grandes frutos no longo prazo.

Esse pensamento estava de acordo com os argumentos de Jordan. "Na minha proposta ao conselho, eu disse que [o PayPal] cresceria mais do que o eBay — ao que alguns responderam com zombaria, afirmando que ele nos ajudaria, mas que seria um negócio enorme construído às custas do eBay", disse Jordan.

Apesar de a maioria do conselho ter votado a favor da aquisição do PayPal, alguns se opuseram. "Foi a primeira votação não unânime da história do eBay"[24], disse ele.

■ ■ ■

Na manhã de segunda-feira, em 8 de julho de 2002, saiu a notícia: o eBay compraria o PayPal. As duas empresas continuariam operando separadamente, e o acordo estaria sujeito a "acionistas, governos e aprovação regulatória"[25]. O eBay Pagamentos, que utilizava a Billpoint, seria, segundo a empresa, descontinuado.

Às 4h30, Sal Giambanco enviou uma mensagem de Thiel para todos os funcionários, tornando oficial a notícia da aquisição. Alguns minutos depois, Giambanco enviou outra mensagem sobre uma reunião geral para aqueles do escritório de Mountain View. (Mais tarde, naquela mesma manhã, a reunião foi dividida em duas, dado o tamanho da equipe.) Ao chegarem ao escritório, as pessoas perceberam a atmosfera pesada, cheia de boatos, conversa fiada e confusão. Um funcionário comparou a situação à de soldados que descobrem que o armistício começou enquanto ainda estão no campo de batalha.

Corria o boato de que Meg Whitman conversaria com os funcionários do PayPal ao meio-dia — o que foi confirmado com a aparição de um púlpito com o nome "Meg Whitman" impresso no estilo multicolorido do logo do eBay. Enquanto as equipes se reuniam no "Círculo Ártico", a maior sala de conferências da companhia (que recebera esse nome em homenagem a um termostato quebrado de um dos antigos escritórios da empresa), Thiel subiu ao púlpito "Meg Whitman" — o que lhe rendeu algumas risadas debochadas da plateia. "Estão vendo como me tratam? É por isso que estou vendendo a empresa", brincou[26].

Como narrado no livro *The PayPal Wars* [Sem tradução até o momento], de Eric Jackson, Thiel apresentou a aquisição como uma boa notícia à equipe. "Eles nos fizeram uma oferta muito boa — conseguimos um prêmio de 18% sobre o preço atual das ações da companhia. Nunca se sabe se esse tipo de acordo faz sentido. Mas, dada a boa avaliação e a remoção de um grande risco para a empresa, acho que faz", disse à plateia.

Ninguém correria o risco de perder o emprego, prometeu, e nenhum cargo seria eliminado — "exceto os da Billpoint", o que lhe rendeu uma salva de palmas. "Provavelmente vai levar uns seis meses para fechar o acordo e para a aquisição ser oficial. Até lá, tudo vai continuar como está; as duas empresas vão continuar funcionando separadamente. Depois que a venda for concluída, o PayPal continuará como uma unidade independente dentro do eBay, e a equipe de administração permanecerá intacta"[26], afirmou Thiel.

Depois do breve discurso, os funcionários saíram da sala de conferências. "Acho que ganhamos, né? Apesar de terem nos comprado, não parece"[27], comentou um funcionário com um colega.

O analista de fraude Mike Greenfield não conseguiu lembrar se ficou sabendo da notícia da aquisição pelo rádio ou por seu e-mail institucional. Mas, se havia algo que permaneceu em sua memória, eram seus pensamentos a caminho da empresa naquele dia. "Estava indo de bicicleta para o trabalho e pensando: *Será que tento entrar na pós-graduação? Realmente não preciso mais continuar aqui.*"[28]

■ ■ ■

Os funcionários ficaram surpresos, aliviados e ansiosos em igual medida. Sua empresa de trabalho tinha acabado de ser adquirida pela mesma entidade que passara anos combatendo e ridicularizando. Apesar das palavras de Thiel, muitos ainda se perguntavam qual seria o impacto em suas atividades e no futuro do PayPal.

David Sacks disse à equipe de produto que não estava claro quem "ganharia" se as duas empresas continuassem aos tapas. "Nesses casos, se for claro, então o acordo normalmente não é concretizado"[29], explicou ele, segundo a narrativa de Eric Jackson. "Os ganhadores não iam querer a aquisição, porque a vitória já estaria certa, e os perdedores não conseguiriam convencer ninguém a adquiri-los." Sacks também tranquilizou os funcionários dizendo que ele e Botha tinham feito o melhor acordo possível — conseguindo o preço que ele e a equipe sênior acharam que seria o máximo que o eBay pagaria.

Os clientes do PayPal compartilhavam da apreensão da equipe. De um lado, como alguns observaram nos fóruns, o acordo daria fim à confusão dos múltiplos métodos de pagamento do eBay. Mas outros diziam que uma das qualidades do PayPal — liberar rapidamente "novas funcionalidades que são fáceis de entender e usar", nas palavras de um deles — poderia ficar em risco sob esse novo comando.

Alguns na imprensa também olhavam desconfiados para o acordo. Os analistas de Wall Street questionavam se o PayPal tinha mesmo feito a escolha certa, dadas as altas expectativas para a empresa. "Vender-se para o eBay pode ter sido apenas o caminho mais fácil"[30], observou um analista desconfiado. Outros achavam que o acordo atendia a interesses individuais. "São poucas as pessoas que ficaram mais ricas — na maior parte, antigos investidores, gestores e banqueiros de investimento", escreveu um colunista da seção de mercado financeiro da CBS. Com o alvoroço no escritório, Meg Whitman chegou ao meio-dia, com um boné do PayPal na cabeça. Ela foi ao púlpito e cumprimentou gentilmente todos os presentes. Perguntou quantos funcionários do PayPal utilizavam o eBay, e várias mãos se levantaram. Ela confessou que, quando perguntou pela manhã aos funcionários do eBay quantos usavam o PayPal, quase todos levantaram as mãos.

Whitman apresentou os negócios do eBay à equipe do PayPal, fornecendo um panorama de seu tamanho e crescimento. "Vocês devem se orgulhar da empresa que construíram, mesmo conosco colocando algumas pedras no caminho"[31], disse ela ao final. Ela encerrou o discurso agradecendo Sacks e Jordan por terem levado o acordo adiante. Depois que Whitman respondeu a algumas perguntas, os funcionários do PayPal saíram do Círculo Ártico e ganharam camisetas do eBay em comemoração àquele momento.

Whitman tentou ser gentil, mas seu público era difícil — inclusive, muitos não se deixaram conquistar imediatamente. Um dos funcionários chamou seu discurso de um "bingo de jargões"[32]. "A cada três palavras, uma era 'sinergia'. E eu passava o olho pela sala e via que ela perdera o público nos primeiros cinco minutos, porque todo mundo estava pensando: 'Essa não é a nossa empresa. É muito, mas muito corporativa'", afirmou. Por outro lado, independentemente do que Whitman dissesse, seria quase impossível conquistar uma pessoa sequer naquele momento. Ela estava discursando para uma plateia que, no calor da competição com a Billpoint, do eBay, construíra uma "pinhata da Meg Whitman".

Bob McGrew chegou tarde naquele dia e ainda não tinha ouvido as boas novas. Alguém lhe jogou uma camiseta do eBay e, quando ele perguntou o motivo, outra pessoa respondeu: "O eBay acabou de nos comprar."[33]

"Fiquei pensando: *O que está acontecendo?* E, aos poucos, percebi que já havia acontecido", lembrou McGrew.

■ ■ ■

Vinda na sequência do IPO do PayPal, a aquisição parecia decepcionante — e controversa. Por muitos anos, os ex-discípulos do PayPal debateriam o mérito daquela decisão, com opiniões fortes de ambos os lados.

Havia aqueles argumentando que o acordo era essencial e inevitável — afinal, era melhor vender do que queimar. "Nós não estávamos ficando sem opções, mas sem fôlego. E estávamos gastando muito esforço, energia e recursos na luta contra o eBay, e não na criação de valor... Muita gente achava que era melhor acabar logo com isso... só para realocar esses recursos que estavam sendo desperdiçados para tentar destruir a outra empresa e usá-los para outros fins, como expandir a companhia, para variar"[34], comentou Vivien Go.

Katherine Woo trabalhava em um serviço de vendas não relacionado ao eBay e via o acordo entre as duas empresas como um passo que intermediaria a criação do PayPal e seu crescimento em outros sites. "Precisávamos de apoio para levar o PayPal à posição atual. E o eBay foi um deles, de grande importância. Então, acho que precisávamos passar por esse período de aquisição para nos integrarmos completamente, sem barreiras e sem guerras que nos dividissem. Nós meio que precisávamos desse capítulo para crescer o suficiente e, só então, sermos levados a sério sem o eBay"[35], explicou ela. Ao se tornarem o serviço de pagamento padrão do site de leilões, observou, o PayPal cresceu rapidamente, refinou seu modelo antifraude mais depressa e conseguiu convencer sites não ligados ao eBay a aceitá-lo mais facilmente.

Ainda assim, havia outros que achavam que o verdadeiro valor do PayPal ainda estava por vir, e que ser adquirido pelo eBay cortara as asas do crescimento da empresa. E havia aqueles que pensavam que a aquisição corrompia a missão do PayPal — mudar o sistema financeiro. "Se essa fosse a revolução, você a venderia?"[36], questionou Luke Nosek.

Em última instância, a aquisição pelo eBay foi uma entre as várias táticas do PayPal para minimizar riscos. Na lista, figuravam a fusão, o corte de incentivos, o combate à fraude e mesmo a abertura de capital. De uma perspectiva, o sucesso do PayPal era tanto um exercício de autoproteção quanto de inovação — e a aquisição fora simplesmente uma última estratégia de proteção. "As pessoas não entendem a dinâmica das coisas. Não entendem a pressão competitiva do eBay e nem as do *lobbying*. Foi muito mais complicado do que parecia à primeira vista"[37], disse Jack Selby.

■ ■ ■

Como que para provar essa questão, no dia seguinte ao anúncio do acordo, uma ameaça se materializou. Em 9 de julho, o PayPal recebeu uma intimação do Procurador Geral do estado de Nova York, Eliot Spitzer. Ele anunciara que estava investigando as ligações do PayPal com o mercado de apostas *offshore*.

No final de 2001, os executivos do PayPal começaram a desconfiar do setor de jogos e apostas. A relação da empresa com a Visa e a Mastercard, que já estava por um fio, arriscava se deteriorar ainda mais por causa dos jogos e apostas online. Eles também acreditavam que potenciais investidores do Oriente Médio poderiam pular fora caso o PayPal se tornasse o fornecedor mundial de pagamentos para serviços de apostas. Mas talvez o maior risco viesse do mundo político. O Congresso estava começando a prestar mais atenção aos cassinos *offshore*; o membro da Câmara dos Representantes Jim Leach apresentou uma proposta no Congresso para impedir instituições financeiras dos EUA de fornecerem seus serviços nesse sentido. Os Procuradores Gerais do Estado também estavam começando a cair em cima — e o feitiço virou contra o feiticeiro quando a intimação de Spitzer chegou.

A essa altura, o eBay e o PayPal já tinham anunciado o acordo, mas eles ainda consultariam os acionistas e as autoridades para que fosse aprovado. Em outras palavras, a investigação de Spitzer veio em um momento delicado. No entanto, um detalhe da investigação acabou se mostrando um presente inesperado. "Uma coisa engraçada é que eles mandaram a intimação por um serviço de correio lento como um jabuti. Se tivessem enviado via FedEx, teria chegado antes de fecharmos nosso acordo"[38], lembrou Hoffman.

Chris Ferro, um dos advogados da equipe considerava a intimação um fio desencapado. "Estávamos preocupados, achando que o eBay acabaria vendo a intimação de Spitzer como um 'efeito material adverso' e que desejaria anular o acordo. Então a orientação que recebi de Peter foi: 'Não deixe isso virar um efeito material adverso de jeito nenhum. *Precisamos* fechar esse acordo custe o que custar. Estou contando com você'"[39], disse.

Claro que o eBay não estava alheio aos milhões de receita de apostas nos livros contábeis do PayPal, e a questão fora motivo de discórdia durante a negociação. Sacks queria manter os negócios de apostas intactos; Whitman queria distância deles, e depressa. O eBay ganhou a batalha: o PayPal concordou em abandonar o mundo das apostas, o que constava no anúncio da fusão. "É de importância crítica para o eBay que, no anúncio do acordo, divulguemos que vamos nos livrar disso. [Aquilo] acabou sendo uma dádiva"[38], lembrou Hoffman. (Para Dan Madden, que acabara de pousar em Curaçao quando o acordo foi anunciado, a notícia estava longe de ser uma dádiva. Seus clientes dos cassinos o bombardearam com perguntas sobre o futuro do PayPal na administração das transações de apostas. "Foi uma semana bem desconfortável"[40], disse ele.)

O anúncio do fim da participação do PayPal no mundo das apostas fez a intimação perder alguns — mas não todos — os espinhos. O PayPal ainda tinha que lidar com ela. Hoffman reconheceu que, pelo histórico do PayPal, ele não era totalmente inocente: afinal, tinha processado pagamentos para cassinos *offshore*, e, apesar de a empresa não ter infringido a lei, existiam zonas cinzentas que seduziam outras empresas de pagamento.

Hoffman e os advogados do PayPal definiram uma abordagem não convencional: "Fui ao departamento de Relações Públicas e disse que queria uma lista... com todas as menções que a mídia fez sobre o nosso envolvimento com as apostas. A começar pela parte mais importante da imprensa nacional. Depois, passando para a de Nova York. E, então, todo o resto. Queria ver tudo. A lista também diria: 'Em que mídia você pretende sair? Isso são águas passadas. Não vai ganhar nada nos crucificando'"[41], disse Hoffman.

Tendo compilado a evidência contrária à empresa, a equipe solicitou uma reunião com a procuradoria geral de Nova York. Hoffman descreveu sua estratégia: "Nós falamos que queríamos fazer uma reunião assim que pudessem. 'É só falar o dia, literalmente, e eu — um membro da equipe executiva —, o conselheiro geral e qualquer um que possa na hora que vocês escolherem compareceremos'. Tentamos entrar na linha 'Somos adultos, honestos. Vamos colaborar. Não estamos tentando nem fugir nem adiar o confronto.'"

Hoffman e os advogados do PayPal guiaram a equipe do procurador pelos malfeitos da empresa passo a passo, chegando a admitir culpa pelo que parecia ser o crime mais grave: em um período de duas semanas, a Visa mudara seus códigos de apostas, e o PayPal processara incorretamente os pagamentos. "Dava para ver a linguagem corporal deles mudar. Eles se recostaram, abriram as pastas e disseram: 'Quando foi isso mesmo?'"[41], lembrou Hoffman.

A abordagem cooperativa da empresa acalmou os procuradores, especialmente porque a equipe oferecera ajuda para encontrar os outros malfeitores. A companhia foi liberada, precisando apenas pagar uma multa de US$200 mil.

■ ■ ■

No final de julho, a equipe do PayPal se reuniu para sua última excursão enquanto empresa independente. Eles escolheram um lugar no pé das montanhas de Santa Cruz, das quais se via o Vale do Silício. Thiel deu início às festividades com um discurso, fazendo um panorama da história da empresa, que foi capturada no livro de Eric Jackson, *The PayPal Wars*.

"Por vezes, dissemos que parecia que o mundo inteiro estava contra nós... E está mesmo! Primeiro, as pessoas acharam que os bancos nos levariam à falência. E, quando não levaram, disseram que nossos clientes iam nos abandonar. E, quando não abandonaram, chamaram Deus e o mundo para nos enfrentar"[42], começou Thiel.

Depois, ele mencionou dois artigos, um intitulado "Perdendo a Fé no PayPal", e o outro — um velho conhecido —, "Terra para Palo Alto", do qual citou as últimas palavras: "O que você faria com uma empresa de três anos que nunca teve lucratividade anual, que está a caminho de perder US$250 milhões e cujos documentos recentes entregues à Comissão de Valores Mobiliários advertem que seus serviços podem estar sendo usados para lavagem de dinheiro e fraude?"

Thiel fez uma pausa, os presentes deram risada, e ele mudou o ritmo: "Existem duas principais tendências no século XXI. A primeira é a globalização da economia. O crescimento econômico é internacional, e gente do mundo inteiro está se interconectando. Agora, já existe 1 bilhão de pessoas que moram em outro país, fora de sua terra natal. A segunda é a busca por segurança. Nesse mundo globalizado e descentralizado, a violência e o terrorismo se espalharam e são difíceis de controlar. O terrorismo contaminou todos os países, e é difícil contê-lo. O maior desafio é encontrar um jeito de combater a violência no contexto de uma economia aberta e global."

Thiel continuou, explicando que, em suas viagens para Washington, ele ficara desapontado com ambos os espectros políticos — tanto a esquerda quanto a direita —, que lhe pareciam não entender nem os problemas do mundo e nem as possíveis soluções. "Nenhum lado está fazendo as perguntas certas quanto às necessidades urgentes do dia a dia.

"À nossa maneira, é isso que temos feito no PayPal esse tempo todo. Estamos criando um sistema que torna possível e acessível o comércio global. E temos combatido pessoas que prejudicariam tanto nossa empresa quanto nossos usuários. Esse processo tem sido gradual e iterativo, e cometemos muitos erros ao longo do caminho, mas continuamos seguindo em frente, na direção certa, para enfrentar todas essas questões importantes enquanto o resto do mundo as tem ignorado.

"E, então, gostaria de mandar uma mensagem de Palo Alto para o Planeta Terra. A vida é boa aqui em Palo Alto. Conseguimos desenvolver muitos dos métodos que vocês usam. Venham nos visitar um dia desses, alguma coisa vocês vão aprender. Acho que vão perceber que Palo Alto é um lugar muito melhor do que a Terra."

Apesar de alguns lembrarem a inserção de assuntos políticos no discurso comemorativo do IPO como um momento esquisito, outros refletiram sobre esses sentimentos mais tarde, observando que o subtexto político do PayPal estava conectado à crença corporativa nas conquistas individuais. Vivien Go percebeu que sua estada no PayPal "me tornou norte-americana".[43] "Um dos nossos lemas logo no início era a democratização dos pagamentos, então, algum pequeno comerciante em algum lugar do mundo que nunca tinha tido nenhuma opção nesse sentido também conseguiria abrir um negócio e melhorar sua qualidade de vida, sabe?", lembrou ela.

Isso, ao menos de acordo com sua experiência, combinava com a disposição da liderança do PayPal de empoderar todo e qualquer funcionário da empresa: "[Os executivos do PayPal] estavam verdadeiramente interessados em mudar o mundo, em celebrar o melhor que o ser humano tem a oferecer. Então, celebravam a contribuição de todos. Não importava se você fosse um subalterno. Se tivesse algo a dizer, eles queriam ouvir. Eles realmente acreditavam nas pessoas, não nas instituições."

■ ■ ■

No penúltimo dia antes da aquisição, a equipe fez outra comemoração no estacionamento da Embarcadero, 1840 — um último viva antes de se integrarem ao eBay Inc. A equipe executiva encheu trajes de sumô infláveis e concordou em simular uma luta em um ringue gigantesco. Os fundadores do PayPal — que logo pertenceria completamente à concorrência — chocaram-se uns contra os outros sob o incentivo dos funcionários, que, do lado de fora, torciam para seus próprios chefes. Mesmo no último dia de independência do PayPal, reinou uma competição amigável.

CONCLUSÃO: O CHÃO

Peter Thiel não planejara uma transição geral para a empresa para os meses que se seguiram à aquisição do PayPal. Em vez disso, Thiel viajou para o exterior logo depois do anúncio, deixando David Sacks no comando. Sacks ocupava o cargo de COO, e alguns previam sua promoção para CEO no futuro pós-aquisição do PayPal.

Enquanto o acordo ainda era finalizado, a dispersão começou. Thiel passou a planejar os próximos passos: um retorno ao seu fundo global de macro investimentos. Jack Selby, Ken Howery e vários outros ex-discípulos do PayPal se juntaram a ele e ajudaram nos preparativos. "Em outubro, já estávamos fazendo negócio",[1] disse Selby.

Thiel enviou uma breve mensagem de despedida para todos os funcionários na quinta-feira, dia 3 de outubro de 2002:

> Olá a todos:
>
> A partir do fim do encerramento do mercado hoje, o eBay conclui a aquisição do PayPal. Refletindo com cuidado sobre as últimas semanas, cheguei à conclusão de que está na hora de seguir em frente e enfrentar novos desafios e, por isso, hoje será meu último dia na empresa.
>
> Para todos da equipe do PayPal, esses últimos anos têm sido incríveis e inesquecíveis. Eu sempre soube que as pessoas são a parte mais valiosa de qualquer negócio e hoje, mais do que nunca, tenho certeza disso. Contanto que mantenhamos nosso foco nessa realidade, o futuro da combinação eBay-PayPal realmente será brilhante.
>
> Ao fundar o PayPal, eu e Max começamos a contratar vários amigos nossos. Com o tempo, também contratamos amigos de amigos, e as-

sim sucessivamente, criando círculos concêntricos. Considero uma prova viva do nosso sucesso que as amizades já existentes se fortaleceram e que muitas outras, novas, se formaram. Tenho certeza de que vamos nos manter em contato.

Forte abraço,

Peter[2]

■ ■ ■

Nos meses entre o anúncio da aquisição e seu início, ficou claro que nem os executivos do eBay nem os do PayPal estavam preparados para a realidade da integrar as duas equipes. Os executivos do PayPal não estavam lá muito dispostos a se tornarem funcionários do eBay. "Precisamos começar a abrir o jogo para o pessoal do eBay que queríamos continuar. Mas era bem óbvio que ninguém do eBay queria que alguém do PayPal continuasse... e ninguém [do PayPal] tinha a intenção de continuar na nova empresa",[3] lembrou.

Ambos os lados previram as diferenças culturais, e as primeiras reuniões confirmaram as fortes diferenças na abordagem das duas equipes. "Tipo, levava um dia inteiro só para marcar uma reunião, porque [o eBay] era burocrático demais",[4] lembrou um dos membros do conselho do PayPal. A certa altura, a equipe do PayPal foi até a sede do eBay — e foi obrigada a assistir a uma apresentação de mais de cem slides no PowerPoint. "É, acho que vamos precisar contratar alguém para fazer PowerPoint para nós",[4] brincou um executivo do PayPal depois que a reunião acabou.

O objetivo do eBay tinha sido comprar e integrar a tecnologia e os usuários do PayPal — não recrutar seus talentos. "A grande maioria das habilidades que levamos enquanto equipe de liderança eram redundantes",[5] explicou Selby. Meg Whitman nomeou um dos executivos da casa — Matt Bannick — para supervisionar os pagamentos e também, supunham, como futuro presidente do PayPal. Sacks não ficaria no topo.

O eBay penou para manter certas pessoas no conselho, inclusive vários membros da equipe em posições importantes. Todd Pearson, por exemplo, tinha sido o responsável pelo relacionamento da empresa com a Visa e a Mastercard ao longo dos anos. Foram suas habilidades e contatos que mantiveram o PayPal de pé. "Se ele fosse embora, eles estariam ferrados",[6] disse Selby.

Vários do que ficaram no eBay acharam degradante a vida em uma grande empresa. "Estamos mudando nossa mentalidade de usar jeans para a cultura engessada deles",[7] disse David Wallace. Mas ele não via perspectiva em lutar contra a maré das mudanças culturais, já que o eBay "decidira o que ia fazer, o [PayPal] já não seria uma versão gigante de uma empresa familiar".

Antigos funcionários do PayPal perceberam um aumento perturbador de políticas do escritório, reuniões e relatórios para entregar. Apesar de parte disso ser consequência natural de ser oficialmente uma subsidiária de uma empresa maior, eles estavam acostumados a ter independência e liberdade e se sentiram no limite. Janardhan recordou que seu novo chefe do eBay não entendia seu trabalho e que chegara a pedir uma tabela que detalhasse as atividades de Janardhan e como ele administrava seu tempo "para que eu possa alocar os recursos necessários".[8] Janardhan ficou sem palavras. "Como assim? Parece uma coisa que diriam em *Como Enlouquecer Seu Chefe*."

Os funcionários do PayPal admitiram que não facilitaram a integração das duas empresas. "Os primeiros três a seis meses foram um inferno — e fizemos do eBay um inferno também",[9] lembrou Kim-Elisha Proctor.

Os ex-discípulos do PayPal não esconderam sua insatisfação. Um evento memorável foi quando o eBay distribuiu suricatos de pelúcia, em referência a uma ênfase geral da empresa em estabelecer objetivos alcançáveis. Na área do PayPal, os funcionários massacraram os bichinhos de pelúcia. Um foi estrangulado com um cabo de Ethernet e pendurado no teto. Outro foi espetado na parede com uma faca atravessando o peito. Outro, ainda, foi crucificado e cravado com uma coroa de espinhos em miniatura. Os suricatos mutilados não ajudaram os funcionários do PayPal a se enturmar com seus novos camaradas do eBay. "O comportamento de alguns colegas foi vergonhoso e completamente inapropriado. Não havia indícios de que os líderes do eBay eram antiéticos ou malvados. Por que não dar uma chance?",[10] admitiu Amy Rowe Klement.

Um trecho da *Weekly Pal* dessa época testemunhava as mudanças culturais. As equipes começaram a fazer "reuniões de integração", e uma das recapitulações mostrou tanto o desafio de misturar culturas quanto um pouco da irreverência que sem dúvida era repulsiva para os funcionários do eBay:

> As reuniões de integração PayPal/eBay na equipe de produto têm ido muito bem. O pessoal do eBay tem dedicado bastante tempo à preparação, inclusive com várias maquetes. É incrível ver as maquetes de várias páginas do eBay com os logos do PayPal por toda parte.
>
> Durante uma das reuniões de integração das equipes de produto, eles perguntaram se podíamos compartilhar os logins e as senhas dos usuários.

> Respondemos que obter as senhas do PayPal era como abrir um portal para o patrimônio líquido dos usuários. David Sacks então perguntou: "Já hackearam seu site?" Um inocente funcionário do eBay respondeu, dando de ombros, "Claro!" e Sacks replicou: "Bem, então nada feito'". E eles chegaram a um acordo. =]
>
> Algumas citações:
>
> "Uau — vocês têm lanches com frios de graça!?"
>
> [No eBay], "para lançar os produtos em janeiro, temos que estar com nossos Documentos de Requisito de Produto [ou seja, as especificações] prontos até o dia 1º de setembro para que os executivos vejam".
>
> Chegando à recepção do eBay:
>
> "De que empresa você é?" ["PayPal"]
>
> "Já veio aqui antes?" ["Não"]
>
> "Do que se trata?" ["Vocês adquiriram nossa empresa."]
>
> "Ah... OK... ééé... Acho que não precisa se cadastrar."[11]

Max Levchin continuou como CTO por mais tempo do que muitos pensaram que ficaria, mas ele teve dificuldades no eBay. Ficou frustrado com a vida corporativa e viu que carecia de um portfólio específico de responsabilidades. John Malloy tirou uma lição dessa experiência de trabalho com os fundadores. "Graças ao Max... Agora sou muito mais sensível, quando minhas empresas acabam, continuo em contato com todos os meus fundadores... porque existe uma perda. Parece uma depressão... algo que preenchia todos os seus dias se vai. É preciso se reinventar",[12] disse.

Com a saída de Levchin da empresa em novembro de 2002, a equipe o surpreendeu com uma recriação da lendária festa do IPO. "Que eu me lembre, o dia do IPO foi o melhor da minha vida, e [essa] festa foi uma réplica fiel, que ficou completa quando passei vergonha na frente de um monte de gente. Não sei muito bem o que dizer, adorei a festa e amo todos vocês por terem organizado tudo e pelas muitas outras maravilhas que fizeram :-)",[13] dizia um e-mail que enviou depois da festa a um pequeno grupo.

■ ■ ■

A partida rápida de Levchin e da maioria dos funcionários mais antigos do PayPal alimentou a narrativa de que a cultura do eBay estava perdendo talentos. Mas esse relato ignora o fato de que muitos funcionários talentosos do PayPal entraram no eBay depois da aquisição e tiveram carreiras longas, lucrativas e impactantes.

Katherine Woo chegou ao PayPal em 2002 e, como resultado "não era fanática inveterada pelo PayPal. Não passei tanto tempo lá",[14] disse. Ela ficou na empresa e cresceu depois da aquisição. Parte do motivo para ficar, observou, era o respeito por sua gerente, Amy Rowe Klement. "A Amy se importa com as pessoas e não caiu na dicotomia de 'nós somos os bonzinhos, e eles, os malvados'",[14] observou Woo.

Para Klement, ficar no eBay foi motivado pela paixão pela equipe que ela ajudara a desenvolver, partindo de um punhado de pessoas que trabalhavam em um escritório em cima de uma padaria a uma empresa financeira internacional. "Eu me importava demais com a minha equipe (e com a de design, de engenharia, de controle de qualidade, de conteúdo etc.) e tinha muito orgulho do que tínhamos construído juntos. Não estava pronta para ir embora. Além disso, meu foco era crescer enquanto líder. Eu sabia que tinha muito o que aprender",[15] explicou. Ela também achava que a empresa tinha assuntos pendentes. "Nós tivemos que combater imediatamente a ideia de que éramos a caixa registradora do eBay. Tivemos que demonstrar que os pagamentos eram maiores do que qualquer outro mercado",[1] observou.

Huey Lin estava desapontada com a partida dos mais antigos ex-discípulos do PayPal, mas o êxodo abriu novas portas para ela e para outros. "Todos os gerentes seniores sumiram, e precisei desenvolver outras habilidades",[16] explicou. Logo depois, os líderes intermediários do PayPal foram rapidamente promovidos e aprenderam a gerenciar as pessoas e a navegar pela dinâmica de uma organização maior.

O eBay também ofereceu programas de instrução, inclusive aulas de "aprendizado e desenvolvimento" para os gerentes — um conceito novo para os funcionários do PayPal. "[O treinamento de gerência] não existia no PayPal. Nós só improvisávamos",[16] lembrou Lin. Ela e outros se beneficiaram desses recursos e, mais tarde, levaram suas novas habilidades para outros trabalhos.

Alguns dos ex-discípulos do PayPal notaram que o sucesso no eBay era, em parte, em função da posição do funcionário na empresa. Por exemplo, David Gausebeck, um dos primeiros engenheiros do PayPal, entrou na equipe de arquitetura, na qual ficou até 2008, seis anos depois da aquisição. Apesar de ter fundado a própria startup depois, ele valorizou o tempo que passou trabalhando no eBay. Sua equipe ficava "muito isolada dos assuntos de negócios do eBay.

Eu ainda trabalhava nos mesmos problemas, criava o mesmo produto e estava relativamente feliz assim",[17] lembrou.

Dezenas de outros ex-discípulos do PayPal continuaram no eBay, e muitos conferem à empresa o crédito de ter ajudado no seu desenvolvimento profissional, ensinando-lhes sobre a evolução de uma startup para uma organização madura e recompensando-os financeiramente. Alguns ainda trabalham ou no PayPal ou no eBay até o momento da escrita deste livro. Para muitos, as compensações generosas do eBay tiveram grande impacto. Enquanto Levchin, Musk, Thiel e outros se beneficiaram tanto com o IPO quanto com a aquisição — em parte devido a uma "antecipação dos direitos de resgate" de suas ações, uma prática comum em aquisições desse tipo —, muitos de seus colegas tinham milhares de ações não disponíveis para resgate. Seu período no eBay lhes permitiu colher frutos inesperados.

■ ■ ■

Musk, Thiel, Sacks, Klement, Jeff Jordan, do eBay, entre outros, argumentaram que o PayPal poderia ter continuado a crescer depois da aquisição. A história confirmou essas projeções. Em 2002, o PayPal tinha mais de 20 milhões de usuários em dezenas de países; em 2010, eram mais de 100 milhões de usuários, espalhados por praticamente todos os países do mundo. Na época da escrita deste livro, o PayPal conta com mais de 350 milhões de usuários e, só em 2020, intermediou mais de US$1 trilhão em transações.

A parcela do PayPal dentro do ecossistema do eBay também cresceu. Cinco anos depois da aquisição, o PayPal representava um terço da receita total da empresa; cinco anos depois, passou a quase metade. Alguns estimam que metade do valor de mercado do eBay, estimado em US$70 bilhões em 2014, era atribuível ao PayPal.

Com o tempo, seu crescimento impressionante dentro do eBay lhe rendeu um pequeno coro que defendia sua independência. Em uma palestra de 2002 na Universidade Stanford, um dos presentes perguntou a Thiel qual conselho ele daria ao PayPal. "O maior mercado está fora do eBay, e eles deveriam desenvolver um monte de funcionalidades para os produtos para permitir pagamentos de ponta a ponta em contextos além do eBay",[18] disse.

O movimento de independência do PayPal tomou fôlego graças ao ativista e investidor Carl Icahn. Em 2013, ele adquiriu uma parte significativa do eBay e começou a colocar pressão para que o PayPal ganhasse seu próprio *spin off*. Em seu relatório trimestral de janeiro de 2014, o eBay respondeu o seguinte:

"Quanto à proposta de separação do Sr. Icahn, o Conselho do eBay não acredita que dividir a companhia seja a melhor solução para maximizar o patrimônio dos acionistas."[19]

O conflito entre Icahn e o eBay se estendeu até meados daquele ano, ele acusou a empresa de conflito de interesses e falhas na governança corporativa, bem como fazia apelos incessantes à separação do PayPal. "Nós nos vimos em situações muito complicadas ao longo dos anos, mas a completa falta de responsabilidade do eBay foi uma das situações mais flagrantes que já vimos",[20] escreveu Icahn em fevereiro de 2014. Em resposta, o eBay declarou que ele estava "muito enganado"[21] em uma carta intitulada "Se atenha aos fatos, Carl".[21]

Icahn publicou suas opiniões em contundentes cartas abertas aos acionistas, bem como em suas próprias aparições na mídia. "O PayPal é uma joia rara, e o eBay está escondendo seu valor",[22] disse ele à revista *Forbes*. Os ex-discípulos do PayPal se juntaram ao debate. "Não faz sentido um sistema de pagamento global ser subsidiado por um site de leilões. É como se a Target fosse proprietário da Visa ou algo assim... O PayPal vai ser dilacerado pelo sistema de pagamento da Amazon ou outros, como o da Apple e por startups se continuar sendo parte do eBay", disse Musk. Ele — que a essa altura já era CEO da Tesla e da SpaceX — chegou à conclusão de que o PayPal deveria se separar ou ser completamente absorvida. "Carl Icahn tem essa visão, e ele não é um entusiasta de tecnologia", observou Musk.

Sacks concordou, argumentando que o PayPal, caso se libertasse das garras do eBay, poderia oferecer uma experiência melhor do que a maioria dos bancos. "Se deixassem o PayPal cumprir seu destino, com as jogadas certas, poderia se tornar a maior empresa de serviços financeiros do mundo", disse Sacks à *Forbes*. Sacks e Musk estimaram que, enquanto o valor de mercado da empresa crescera de aproximadamente US$30 bilhões para US$$40 bilhões sob a tutela do eBay, sozinha, ela teria o potencial de chegar ao valor de US$100 bilhões.

Em meados de 2014, o presidente do PayPal, David Marcus, deixou a empresa, partindo para o Facebook. Uma onda crescente de interesse em tecnologias de pagamento para dispositivos móveis se seguiu à estreia tanto do Apple Pay quanto do IPO do Alibaba, que atraiu a atenção para o Alipay, seu serviço de pagamento. Tudo isso persuadiu o eBay a reverter sua estratégia.

No dia 13 de setembro de 2014, o eBay anunciou que lançaria o PayPal como uma empresa independente. Contrariando a declaração de janeiro de 2014 de que as duas empresas continuariam unidas, o CEO do PayPal, John Donahoe, escreveu: "Revimos completamente nossas estratégias junto ao nosso conselho, o que mostrou que manter o eBay e o PayPal unidos para além de 2015 claramente não apresenta tantas vantagens para as duas companhias, tanto em termos de estratégia quanto de competitividade."[23] Os acionistas do eBay receberiam uma ação do PayPal para cada ação do eBay que detinham.

Assim, o PayPal foi negociado na bolsa pela segunda vez em meados de julho de 2015, treze anos depois do anúncio da aquisição pelo eBay. No momento em que este livro é escrito, o valor de mercado do eBay na Nasdaq ultrapassa os US$40 bilhões. E o Paypal vale mais de US$300 bilhões — mais de 300 vezes o valor estimado no IPO de 2002.

Com mais de vinte anos, talvez se possa afirmar que o PayPal se tornou o serviço de pagamento global que seus fundadores imaginaram. Ainda assim, para alguns, mesmo essa escala de sucesso ainda não é suficiente. "O PayPal deveria ser, de longe, a instituição financeira mais valiosa do mundo",[24] argumentou Musk. Anos depois de terem deixado tudo para trás, ele propôs a Reid Hoffman que os fundadores readquirissem a empresa para torná-la o sistema central do mundo financeiro.

Hoffman se lembrou desse momento com humor: um devaneio de um amigo compulsivamente ambicioso cujos planos incluíam veículos elétricos, tecnologia espacial, sistemas de transporte público, energia solar, lança-chamas individuais e muito mais. "Falei: 'Elon, deixa isso para lá'",[25] disse Hoffman.

■ ■ ■

Como o próprio PayPal, muitos dos fundadores e dos primeiros funcionários da empresa prosperaram. Vários deles acabaram construindo companhias com nomes de peso — como YouTube, Yelp, LinkedIn, SpaceX e Tesla. Em muitos casos, os primeiros investimentos nessas empresas também vieram da rede de contatos do PayPal — o primeiro investimento da Yelp, por exemplo, foi pelas mãos de Levchin, que teria concordado em investir no dia seguinte à sua festa de aniversário, na qual os cofundadores da Yelp, Jeremy Stoppelman e Russ Simmons, comentaram sobre a necessidade de avaliações com base na localização.

Mesmo aqueles que não abriram seus próprios empreendimentos entraram em empresas criadas por seus colegas de PayPal — Tim Wenzel, Branden Spikes e Julie Anderson, por exemplo, todos se juntaram brevemente a Musk em suas empreitadas futuras. Thiel, mais tarde, abriu sua própria empresa de investimento de *venture capital* — a Founder's Fund — que, além de contratar muitos ex-discípulos do PayPal, investiu em suas startups.

No entanto, nem todo mundo chegou a todo vapor. "Eu não consegui trabalhar por um ano depois daquela experiência",[26] admitiu Luke Nosek. Em vez disso, depois de sair do PayPal, ele viajou pelo mundo. Outros tentaram participar de ambientes com ritmo mais lento, fora de startups. Tanto Bob McGrew quanto Levchin flertaram com o mundo acadêmico. McGrew começou um programa de doutorado na Universidade Stanford. Levchin também planejou entrar em um na área de criptografia e passou um período trabalhando com o ex-consultor técnico da Confinity, Dan Boneh. Mas depois, Boneh suspendeu seus planos de seguir a carreira acadêmica.

— Isso nunca vai dar certo[27] — disse Boneh.

— Por quê? Estou adorando! — respondeu Levchin.

— Nada disso, toda vez que conversamos, você só quer saber qual vai ser a utilidade prática do curso. Você só está procurando sua próxima etapa. Vai acabar abrindo outra empresa e desistindo de resolver problemas complicados de matemática — disse Boneh.

McGrew também abandonou seu curso. Thiel o convenceu a entrar na startup de *big data analytics* Palantir Technologies como diretor de engenharia.

O primeiro empreendimento pós-PayPal de Sacks o levou, por mais improvável que pareça, a Hollywood. Ele, Levchin, Woolway, Thiel e Musk produziram a sátira *Obrigado por Fumar*, que foi indicado a dois Globos de Ouro em 2007. Apesar do sucesso, ele deixou de lado sua empresa de produção logo depois. "Levou três anos para criarmos tanto o PayPal quanto o filme. Foram duas experiências ótimas, mas o PayPal deu um resultado bilionário com mais de 100 milhões de usuários atualmente... Na área de tecnologia, diferente da de audiovisual, é possível ter um alcance gigantesco",[28] declarou Sacks a um jornalista em 2012. Ele voltou ao Vale do Silício e abriu a rede social corporativa Yammer, que a Microsoft comprou por US$1,2 bilhão em 2012.

Alguns concorrentes e falhas do PayPal continuaram no mesmo lugar ao longo dos anos e ficaram conhecidos nos círculos do Vale do Silício. No entanto, algumas rixas antigas foram inesperadamente resolvidas. Em 2010, Meg Whitman concorreu ao cargo de governadora da Califórnia. Entre seus apoiadores estava Peter Thiel, um antigo adversário de negócios que contribuiu com US$25.900 para a sua campanha e a defendeu na mídia.

■ ■ ■

Em 2006, a história da rede de contatos do PayPal começou a emergir na mídia, inclusive em uma matéria grande do *New York Times*. Mas foi uma reportagem de 2007 da *Fortune* que transformou as conexões do grupo em algo lendário. A manchete do texto — a "Máfia do PayPal"[29] — viralizou. As famosas fotos que acompanharam o artigo retratavam Thiel, Levchin e outros onze ex-discípulos do PayPal com roupas típicas de mafiosos. Inspirada nos filmes da franquia *O Poderoso Chefão*, o ensaio fotográfico aconteceu no Tosca Cafe, um icônico restaurante de São Francisco que conta com sofás de couro e murais italianos.

Apesar da popularidade da foto, a imagem e a descrição irritaram muitos dos ex-discípulos do PayPal, alguns achavam que o rótulo de "máfia" sugeria algo muito calculista. "Fiquei decepcionado com [o rótulo de] 'máfia'... O PayPal não era isso. Para ser sincero, era um grande grupo de amigos que achava que conseguiria fazer o que quisesse, que trabalhava duro, era muito inteligente e estava disposto a correr riscos e a perder. Não era algo calculado",[30] comentou Kim-Elisha Proctor.

Para alguns que conheciam e que continuaram trabalhando com o PayPal, o apelido sugeria uma elegância e um ar místico que não tinham nada a ver com o elenco de personagens rústicos da empresa. "Quase todo mundo ali se sentia deslocado, não éramos os descolados. E pensar que agora o pessoal do PayPal se tornou descolado. No passado, eles não poderiam estar mais longe disso",[31] comentou Malloy.

Hoffman preferia o termo "Rede do PayPal". "Quando falam em 'Máfia do PayPal', muitos acham que se trata de um monte de gente que tem a mesma visão de mundo. Na verdade, era um monte de gente que passou junto por uma experiência muito intensa. Parece a série *Irmãos de Guerra*, é um grupo de pessoas que foi para a guerra junto, mas cada uma delas foi para um local diferente",[32] declarou ele ao *New York Times*.

Julie Anderson, a quinta funcionária a entrar na X.com, achava problemática a representação da rede de fundadores do PayPal como máfia. Quando viu a foto — que continha somente homens — pela primeira vez, ela disse que se sentiu "tão nauseada. Porque não representaram nenhuma das mulheres".[33] Sua crítica era válida: em novembro de 2000, na lista de 150 funcionários, um terço eram mulheres, incluindo diversas pessoas que trabalhavam em cargos executivos e tiveram importância vital no crescimento e no sucesso da empresa, tal como Julie Anderson, Denise Aptekar, Kathy Donovan, Donna Driscoll, Sarah Imbach, Skye Lee, Lauri Schultheis, Amy Rowe Klement, entre outras.

A iconografia da foto da Máfia do PayPal logo se mostrou um falso ídolo — com preocupantes desdobramentos. Como foi detalhadamente documentado no livro *Manotopia*, de Emily Chang, e em outros, já há muito tempo que o Vale do Silício tem tido problemas em garantir um tratamento igualitário às mulheres em termos de contratação, salários, promoções, representação no conselho e reconhecimento de suas conquistas. A foto e a mitologia da Máfia do PayPal só agravavam esse problema e conferiam evidência fotográfica à crítica do "clube do Bolinha".

Para alguns ex-discípulos do PayPal, a foto servia como um símbolo indesejado de como uma equipe que já fora tão unida se separara depois da aquisição pelo eBay. "A verdade é que existe uma fonte muito profunda de frustração, tristeza e raiva, porque, apesar de (no geral) nos sairmos bem profissionalmente, os homens ficaram juntos, nos excluíram (no geral) e se tornaram líderes mundiais",[34] escreveu uma ex-discípula em um e-mail. Ela e outras se sentiam empoderadas no PayPal — mas também excluídas de boa parte do sucesso que se seguiu. Atualmente, muitos ex-discípulos veem a foto e o rótulo de "máfia" como uma representação unilateral da antiga equipe do PayPal — e como uma imagem que reforça esteriótipos nocivos do setor.

SB Master, responsável pela criação do nome do PayPal e engajada em descobrir o jeito ideal de empresas e marcas escolherem seus nomes, concordou que o nome "máfia" não fora uma boa escolha. Ela prestou consultoria a vários dos antigos funcionários quando eles abriram suas próprias empresas e empreendimentos e, conhecendo seus clientes, achava que eram um bando de nerds excêntricos — e não uma máfia de tecnologia. Ao pensar sobre a constelação de talentos dos primeiros anos do PayPal, ela achou que o nome "A Diáspora do PayPal"[35] descrevia melhor as ramificações dos ex-discípulos originais.

Apesar de aparecer na foto da máfia, David Sacks também preferia o termo *diáspora*. "Não parece um clube, é mais um movimento de diáspora. O que aconteceu foi que invadiram nossa terra natal, sabe. Queimaram nossos templos e nos expulsaram. Estamos mais para os judeus do que para, digamos, os sicilianos",[36] disse.

■ ■ ■

Com o tempo, o grupo organizou várias reuniões, entre elas uma na casa de Sacks e outra na de Thiel. Mesmo os que tinham se distanciado do grupo principal ficaram maravilhados com o sucesso dos antigos discípulos desde a época do escritório na University Avenue. Para Branden Spikes, assistir ao progresso de seus antigos colegas era inspirador. Como disse mais tarde: "Muitas dessas pessoas que se sentavam em cubículos ao lado do meu, programando e construindo sistemas, acabaram criando algumas das melhores empresas da atualidade. Conseguir uma reunião com toda essa gente e ouvir essas histórias foi inspirador demais."[37] Depois da reunião, Spikes se sentiu motivado a levantar capital e abrir sua própria empresa.

Muitos se apegaram às lembranças daquele período. Mais de um dos entrevistados para este livro usava uma camiseta da X.com ou exibia uma caneca com o logo na tela do vídeo. E vários deles observaram que seus status de ex-discípulos do PayPal foram uma moeda de troca poderosa nos círculos de tecnologia — e que até hoje são bombardeados com perguntas sobre o que extraíram desses anos na empresa.

Ainda assim, alguns achavam essa associação sufocante. "Não quero ser 'o cara que criou o PayPal'",[38] disse Levchin. Tanta coisa aconteceu nas vidas dos fundadores nas duas décadas seguintes que algumas pessoas podem se identificar. No primeiro e-mail que troquei com Musk para este projeto, ele ficou se perguntando por que alguém estaria interessado na história de sua segunda startup. "A essa altura, já é uma história bem antiga",[39] escreveu.

Mas essa história antiga teve grande influência, e o próprio Musk revelou uma tendência nostálgica. Décadas depois de comprar a URL X.com, ele a comprou novamente em 2017. Musk riu ao contar a história da reaquisição do domínio. O corretor que lhe vendeu a URL viu o acordo como mais uma grande conquista. "Na vida, sua grande paixão são [as URLs], e ele conhece mesmo seu negócio. E ele me escreveu uma carta longa e emocionada",[40] disse Musk.

Quando perguntei sobre seus planos para a URL, ele me respondeu no Twitter. "Obrigado, PayPal, por ter me deixado comprar o X.com de volta! Por ora, não tenho nenhum plano, mas ele tem um grande valor sentimental para mim",[41] escreveu. No momento em que escrevo este livro, ao acessar o site, o visitante do X.com só visualiza uma única letra na tela, um "x". O resto da página está em branco.

No entanto, Musk deixou um *easter egg* no site vazio. Na data em que escrevo este livro, qualquer outra variação da URL — www.x.com/q ou www.x.com/z, por exemplo — faz aparecer a letra "y" em vez do "x".

■ ■ ■

Apesar de os fundadores não terem comentado explicitamente sobre a "cultura corporativa" da época, a do PayPal definitivamente moldou a abordagem de toda uma geração de talentos do Vale do Silício. Hoje, os deslocados que construíram o PayPal estão entre os participantes mais influentes do mundo da tecnologia e da engenharia, suas falas são decodificadas, dissecadas e debatidas. Estão tanto liderando quanto investindo em empresas e recebem centenas de propostas semanalmente de novatos cheios de ideias, ambição e energia.

Inevitavelmente — seja em podcasts, aparições em conferências ou em discursos — eles compartilham o que aprenderam no tempo que passaram no PayPal. Este projeto foi muito auxiliado por essas respostas, mas muitos também se apressaram em acrescentar uma ressalva. "Nunca se sabe ao certo... que lições tirar da história, por que não há como repetir a experiência em uma dessas empresas",[42] explicou Thiel

Ainda assim, não há dúvidas de que a experiência do PayPal formou as futuras empreitadas do grupo. Acima de tudo, o PayPal provou a seus fundadores que deslocados talentosos podem transformar todo um setor — algo que replicaram em tudo que fizeram depois, de redes sociais profissionais a contratos de infraestrutura para o governo. "O que aprendemos com a experiência do PayPal foi que... é possível revolucionar um setor com pessoas inteligentes, trabalhadoras e usando uma tecnologia nunca vista antes. E, de repente, as possibilidades de trabalho em diversos setores se expandem em função da nossa experiência no PayPal",[43] disse Hoffman. Amy Rowe Klement compartilhou desse sentimento: "Se não formos nós, quem será? A ideia de que nossa turma de desajustados conseguiria se juntar para criar uma coisa do zero foi realmente incrível."[44]

Os ex-discípulos do PayPal também acabaram vendo a falta de experiência como uma qualidade. "Poucos dos profissionais com melhor desempenho na empresa tinham alguma experiência com pagamentos, e muitos dos melhores funcionários tinham tido pouco ou nenhum contato com a criação de produtos para a internet",[45] disse Mike Greenfield, um dos membros da equipe de analistas de fraude. Se a empresa tivesse construído seu processo de combate à fraude do jeito tradicional, disse, "teríamos contratado pessoas que passaram vinte anos desenvolvendo modelos de regressão logística para os bancos, mas que nunca inovaram, e o prejuízo das fraudes provavelmente teria engolido a companhia".

Lauri Schultheis recordou ter contratado pessoas *pela* falta de experiência. "Quando estávamos querendo contratar gente para a equipe de combate à fraude, na verdade, queríamos tentar achar pessoas que não tivessem experiência com isso, porque não queríamos que tivessem noções preconcebidas sobre suas atividades no PayPal... Queríamos que pudessem inovar, pensar fora da caixinha e olhar para as coisas com uma perspectiva diferente em vez de dizer: 'Ah, no banco tal, era assim que fazíamos, sabe, e é assim que devemos fazer aqui também'",[46] disse.

Tim Wenzel lembra-se de ter chamado um candidato para a última fase, uma entrevista com Thiel. Depois da entrevista, Thiel o conduziu ao cubículo de Wenzel, que o levou até a saída. Quando Wenzel voltou para sua mesa, um e-mail de Thiel o aguardava, dizendo: "Chega. Por favor, não mande mais ninguém do setor de pagamentos."[47]

Muitos eram deslocados em outro sentido — dos dez cofundadores originais da X.com e da Confinity, a maioria tinha nascido no exterior. "Imigrar é um empreendimento. Você toma a iniciativa de sair do país e, muitas vezes, deixa tudo para trás. Esse é o maior empreendimento. Então não surpreende que, quando as pessoas chegam aos Estados Unidos, elas continuam tentando empreender para moldar seu próprio ambiente de negócios",[48] explicou Sacks.

Levchin adicionou um requisito inesperado para os funcionários do PayPal que achou que contribuíra para o sucesso da empresa e para as futuras conquistas de seus ex-discípulos: muitos dos funcionários originários simplesmente odiavam o próprio cargo. "O melhor funcionário, não importa seu trabalho ou seu nível de responsabilidade, é a pessoa que acredita que aquele será seu último trabalho sendo subordinado de alguém. Que será seu próprio chefe no próximo trabalho. E o que faz a diferença em uma empresa é ter o máximo possível de pessoas que pensem assim, é isso que faz dela um solo fértil para futuros empreendedores",[49] disse Levchin. O membro do conselho do PayPal, Tim Hurd, explicou de um jeito mais simples os requisitos para os funcionários do PayPal: "Você dava um show de inteligência? Esse é a primeira. Você conseguia fazer muito bem o que pedíamos para fazer? E daria tudo de si no processo? Pronto, nada mais importava."[50]

Para ser bem-sucedido no Vale do Silício, é necessário se isolar de deslocados não ortodoxos que podem mudar o futuro. Hoje, vários dos fundadores do PayPal estão mais perto de se tornarem primeiros-ministros do que um Tom Pytel da vida. "Ao atingir um certo nível de conforto, fica difícil arriscar tudo de novo e valorizar a pessoa que arrisca tudo mais uma vez. Dá mesmo para entender aqueles que dormem no chão?",[51] disse Malloy.

Os fundadores — especialmente com seu talento de investidores — precisaram encontrar alternativas para esse desafio. Para tanto, Levchin se reúne regularmente com pequenas organizações estudantis das diversas faculdades que visita, lembrando-se de sua época na ACM. Thiel é famoso por sair de sua órbita imediata, atendendo inclusive aos estudantes de ensino médio que o abordam com uma mensagem convincente. Hoffman se obriga a perguntar com frequência aos outros: "Quem é a pessoa mais excêntrica, menos ortodoxa que você conhece? Pode me apresentar? Pode ser que seja louca — *ou* que seja um gênio."[52] Pelo que parece, ele está procurando um fundador ainda não perfeitamente formado que se pareça com seus colegas, um grupo que transformou uma "baderna" em uma das maiores empresas do mundo.

■ ■ ■

Ainda assim, esses atributos dos funcionários do PayPal não explicam tudo — o Vale do Silício do final dos anos 1990 estava cheio de gente excêntrica que "dava um show de inteligência" e estava disposta a sacrificar sua vida social e seu sono no altar do sucesso das startups. O sucesso da empresa parecia partir de outras fontes.

Uma era o foco incessante no produto em si — não só na tecnologia por trás dele. "Ficávamos muito, mas muito focados em criar o melhor produto possível... Ficávamos incrivelmente obcecados em evocar alguma coisa que apresentasse a melhor experiência possível ao usuário. Essa era uma ferramenta de vendas muito mais efetiva do que uma equipe de vendas enorme ou truques de marketing ou processos com doze passos ou algo do tipo",[53] disse Musk, comentando tanto sobre seu trabalho na Zip2 quanto no PayPal.

David Sacks e os membros da equipe de produto foram alguns dos poucos a encarnar esse foco, e muitos deles seguiriam carreiras importantes ainda na mesma área. O próprio Sacks levou as lições que aprendeu na equipe do PayPal para suas empreitadas seguintes, especialmente no que dizia respeito à distribuição de produtos. No PayPal, "nós começávamos do zero, com muito poucos recursos e precisávamos descobrir como distribuir o produto. Desde a época do aplicativo para o PalmPilot... até o produto para a internet, sempre nos perguntávamos como fazer as pessoas toparem com o produto, como fazê-las usá-lo",[54] disse Sacks.

O designer Ryan Donahue se lembrou de uma equipe "obcecada pela distribuição de seus produtos. Eles tinham uma perspectiva muito antenada e um tanto madura quanto à importância de levá-los até as pessoas — e isso realmente aumenta em muito a qualidade dos produtos e muito, muito mais."[55] Amy Rowe Klement observou que a equipe de produto contratou "líderes de grande inteligência emocional, que demonstravam empatia com os consumidores"[56] — empatia essa que se transmitia tanto interna quanto externamente. "Nós criamos um grupo de gestão de produto não só para mostrar empatia aos nossos consumidores e criar grandes produtos, mas também para manter a empresa unida", observou.

Uma vez que o problema do produto foi resolvido, o rápido crescimento do PayPal levou a outros ensinamentos que influenciaram o futuro profissional de seus fundadores. O neologismo de Reid Hoffman, "blitzscaling" ["crescimento vertiginoso", em tradução livre], por exemplo, e a obsessão do Vale do Silício com o crescimento rápido são, pelo menos parcialmente, as raízes da dupla de startups da University Avenue. Russ Simmons comentou que um efeito acidental desse crescimento foi que acabou distorcendo sua visão nas futuras experiências que teve com startups. "Isso definitivamente estragou as coisas, porque eu pensava: 'Ah, é só lançar a empresa, e aí ela decola sozinha, né?'",[57] disse.

■ ■ ■

Esse produto e sua proliferação foram moldados pelo calvário que foi a explosão da bolha da internet, e muitos ex-discípulos comentaram sobre o poder criativo da pressão externa. Nascido no zênite da explosão da bolha, o PayPal começou a decolar enquanto o setor como um todo despencava. "A maior parte da nossa experiência foi depois da explosão",[58] observou Jack Selby.

O PayPal ficou a milímetros de uma aterrissagem forçada — em 2000, a taxa de queima de capital da empresa a deixou com apenas alguns meses de recursos disponíveis. Mas esses desafios inspiraram resultados poderosos: a equipe instituiu taxas e combateu a fraude, iterando rapidamente em ambos os frontes. Sem pressão financeira do exterior, essas inovações talvez não tivessem acontecido, sugeriram muitos da equipe. "As melhores equipes lidam até com meteoros. Os que não nos atingem, criam oportunidades",[59] observou Malloy.

Mesmo seus conflitos com o eBay revelaram um espírito combativo, observaram os ex-discípulos. A equipe precisava criar, lançar, iterar e repetir o processo enquanto o eBay dificultava o uso do PayPal no território da gigante dos leilões. "O que realmente nos aproximou foi lutar juntos contra o eBay, porque não há nada melhor que um inimigo mortal para unir todos na empresa", comentou Skye Lee.

Thiel apontou essa pressão como uma das características decisivas de sua experiência no PayPal. "Se você estiver em uma empresa com sucesso fantástico, como a Microsoft ou o Google, vai inferir que abrir uma empresa é mais fácil do que de fato é. Vai aprender muitas coisas do jeito errado. Agora, se estiver em uma empresa que vai à falência, tende a aprender que é impossível ter uma empresa de sucesso. No PayPal, estávamos em um meio-termo. Não tínhamos tanto sucesso como algumas das gigantes do Vale do Silício, mas acho que as pessoas meio que calibravam e aprendiam a melhor lição possível — é difícil, mas é fazível",[60] explicou ele.

A experiência também fez deles juízes ferrenhos de futuros fundadores de startups. "É muito mais difícil do que fazem parecer",[61] disse Selby sobre a fundação de startups de sucesso. No trabalho do grupo enquanto investidores, eles julgavam tanto a permanência da equipe fundadora da empresa quanto a qualidade de suas ideias. Com que velocidade eles vão progredir? Vão demorar para se adaptar aos desafios? A própria equipe vai se levar à falência só para aprender como as coisas funcionam? "Se não se aproximar dos limites o suficiente para errar e aprender alguma coisa com isso, então provavelmente sua velocidade de aprendizagem não é suficiente",[62] observou Hoffman.

Claro que havia uma desvantagem nesse ambiente com tanta pressão. Por vezes, o medo da falência, do eBay ou de um novo concorrente os fazia endireitar a postura e encarar o problema, mas também podia minar os ânimos. Vários funcionários se referiram, em tom de brincadeira, ao "TEPT do PayPal" — o impacto psicológico de trabalhar o dia inteiro em uma empresa à beira da falência com colegas que podiam intimidar com sua tamanha inteligência.

Ao tentar explicar a tensão interna do PayPal, Levchin ofereceu uma comparação entre a empresa e sua próxima empreitada, o serviço de compartilhamento de fotos Slide, uma reflexão consolidada nas observações que ele fez em um curso que ministrou na Universidade Stanford, tratando de startups:

> A equipe de gestão do PayPal tinha incompatibilidades muito frequentes. Suas reuniões não eram nada harmoniosas, e as do conselho, piores ainda. Certamente eram produtivas, tomavam-se decisões, concluíam-se tarefas. Mas, se merecessem, as pessoas eram xingadas de idiotas.
>
> No próximo projeto, a Slide, tentamos criar um ambiente melhor. A ideia de fazer reuniões em que os presentes realmente se gostassem parecia ótima, mas foi tolice. O erro foi combinar raiva à falta de respeito. As pessoas que são inteligentes e energéticas ficam com raiva com certa frequência. Não com raiva das outras, normalmente, mas de ainda não termos "chegado lá", ou seja, de precisarem resolver um problema X quando deveriam estar trabalhando em outro mais grave.

> A falta de harmonia no PayPal era, na verdade, um efeito colateral de uma dinâmica muito saudável.
>
> Se reclamam das outras pessoas por trás delas, isso é um problema. Se não confiam no trabalho das outras, isso é um problema. Mas se sabem que seus colegas vão entregar bons resultados, está tudo bem. Mesmo se estiverem chamando uns aos outros de idiotas.[63]

Sacks observou que a cultura de tensão do PayPal também era uma cultura da verdade. "Era uma 'busca pela verdade'... havia muita tensão. Todos nos respeitávamos, e é por isso que funcionava. Gritávamos muito e só queríamos chegar às respostas certas",[64] disse.

David Gausebeck — um membro que não costumava levantar a voz — saiu da empresa com a sensação de que a cultura do PayPal não era tão confrontativa, mas que, em vez disso, era caracterizada por altas expectativas. Mais tarde, enquanto CTO e fundador da Matterport, uma plataforma de mídias 3D, ele se apoiou no modelo de equipe de alta produtividade que incorporara mentalmente no PayPal. "Acabamos criando expectativas. Tipo, quando estou trabalhando em equipe, espero que todos façam um ótimo trabalho. Minha experiência é essa",[65] disse.

■ ■ ■

Apesar de toda a ênfase que davam ao trabalho duro, ao intelecto, à distribuição de produtos e à honestidade, muitos dos ex-discípulos do PayPal também agradeciam por terem sido agraciados com outra coisa: sorte. "Tínhamos muita habilidade e muitas pessoas inteligentes, mas o principal ingrediente, de longe, era uma pitada de sorte. Uma confluência de eventos, estrelas que se alinham ou como queira descrever. Foi isso que nos permitiu alcançar o sucesso",[66] refletiu Selby.

"As pessoas sempre querem uma narrativa simples, mas não é assim que funciona. Existe uma quantidade tremenda de sorte na jogada. Não digo sorte tipo quando encontramos dinheiro na rua. Mas ao perseverar frente às mudanças, é você que cunha sua própria sorte. Mas mesmo assim, se a maré não estiver para peixe, pode ser que você acabe fracassando",[67] disse Malloy.

Para o PayPal, a sorte vinha em muitos tons. A empresa teve sorte na reunião de seu grupo de fundadores, bem como no *timing*. A companhia não ter acabado jogada de lado como um acessório esquecido para PalmPilot ou falhado enquanto hipermercado de serviços financeiros estava tanto ligado à época em que abrira quanto aos produtos que oferecia. O PayPal também conseguiu assegurar uma rodada de investimento farta, na casa dos bilhões em meados de 2000 — pouco antes de o mercado colapsar.

O design de produto do PayPal também foi oportuno — os endereços de e-mail se popularizaram e a internet já se tornara essencial na época em que o PayPal estreou. Se tivesse chegado um ano antes ou depois, poderia ter sido cedo ou tarde demais, e a empresa poderia ter acabado como eMoneyMail, PayPlace, c2it, ou tantas outras daquela era de startups de pagamento fracassadas.

Seu sucesso ao se infiltrar no ecossistema do eBay, com todas as dificuldades, também acabou sendo fortuito. Se o eBay tivesse fechado contrato unicamente com a Billpoint em meados de 1999, o PayPal talvez não encontrasse seu primeiro grupo de usuários ao final daquele ano. O eBay forneceu ao PayPal uma comunidade ativa e eloquente que ajudou a disseminar o produto. "Havia uma abertura para abrir uma empresa como o PayPal, mas, se tivesse sido mesmo três anos depois, não tenho certeza se teria sido possível",[68] disse Thiel.

A companhia também estreou na bolsa e foi adquirida pelo eBay logo antes do renascimento da internet. Os ex-discípulos do PayPal encerraram sua temporada na empresa acreditando verdadeiramente na internet, mesmo em meio a um crescente mar de céticos. Eles tinham visto outras empresas morrerem — fatalidades que se acumularam no campo de batalha —, mas não foi o caso do PayPal. Assim, eles entraram de cabeça no movimento da "Web 2.0", iniciando e investindo na próxima geração de empresas de internet.

Já que a sorte estava no centro da história, eles não hesitaram em desconstruir os mitos do sucesso inevitável. "Quando se conquista a fama no Vale do Silício, mesmo sendo o maior deslocado do mundo, você será cooptado. Você se torna um personagem. A ficção assume o controle... Somos tão bons em cuidar do nosso umbigo que perdemos a humanidade de vista... a diferença entre ser ou não ser bem-sucedido, cara, é um fio de navalha",[69] disse Malloy. Tendo em vista que o PayPal parecia estar do lado certo da navalha, alguns ex-discípulos acabaram comprometidos em aumentar a margem de segurança. "Isso me fez refletir sobre como podemos desenvolver essa habilidade de sonhar em outras pessoas",[70] disse Amy Rowe Klement.

Os funcionários originários do PayPal guardaram os maiores elogios para aqueles que trilharam o mesmo caminho pedregoso — os fundadores em várias outras áreas de atividade. "Aqueles que conseguem trazer grandes ideias para a difícil e imprevisível realidade, são profissionais de alto nível, e não tenho reservas quanto à minha admiração por eles. O principal ingrediente para ser esse tipo de pessoa é uma ausência quase irracional do medo de falhar e um otimismo absurdo, mas também há um lado mais tático também: eles conseguem não se deixar preocupar com pequenos detalhes... ao mesmo tempo que estão extremamente conscientes do que realmente importa",[71] escreveu Max Levchin em um blog pessoal anos depois do PayPal.

A essa altura da vida, Max Levchin já introduzira várias ideias à "difícil e imprevisível realidade". Ainda assim, ele terminou a postagem pedindo um conselho: "Deve haver muito mais ingredientes essenciais para ser alguém de alto nível. Eu adoraria entender melhor esse tipo de pessoa para maximizar minha própria potência. Vocês teriam alguma dica?"

EPÍLOGO

Enquanto escrevia este livro, acionei alertas digitais para a expressão "Máfia do PayPal". Assim como os que viveram essa história, ao me deparar com a expressão, percebi emoções mistas e complicadas. De um lado, era uma descrição que agradava à mídia, um jeito rápido de explicar com o que eu estava trabalhando. Por outro lado, a expressão era insuficiente, já que explicava medidas empresariais e conexões mais tardias, e não a própria criação do PayPal. Pelo que descobri, o termo e a foto que o acompanha excluíam muitos dos principais personagens da história — e apresentavam o grupo como muito mais homogêneo do que de fato era.

Apesar de ter me esforçado para não tornar os assuntos muito contemporâneos — sem ficar obcecado por esse ou aquele tuíte ou aquela fala recente —, eu quis entender de onde vinha a influência do grupo de ex-discípulos *enquanto* grupo. Não foi surpresa nenhuma que o apelido "Máfia do PayPal" tenha ficado popular no meio da tecnologia. Depois de um IPO ou de uma aquisição significativa de uma empresa, o Twitter e outros fóruns pipocavam com menções a essa ou aquela "máfia" em potencial.

O termo ficou especialmente popular no exterior. Na Europa,[1] houve a "Máfia da tecnologia", criada pelo sucesso da Revolut e da Monzo; no Canada,[2] os ex-discípulos da Workbrain foram retratados de um jeito parecido. No Quênia africano,[3] os cofundadores da Kopo Kopo falaram com todas as letras que queriam construir uma "Máfia do PayPal na África Oriental". Na Índia,[4] muito se falou de como o impacto do sucesso da gigante do e-commerce Flipkart dera origem à "Máfia do Flipkart". Outras referências a máfias — "a máfia vegana",[5] por exemplo — não eram do mundo da tecnologia, mas, ao acrescentar a palavra *máfia*, destacavam um sentimento ou uma ambição parecida: Será que um grupo inicial de talentos conseguiria gerar um ecossistema?

Dezenas desses exemplos chegaram até mim por meio dos alertas e dos meus amigos, mas a aplicação mais interessante do termo "Máfia do PayPal" foi a que encontrei em um mundo distante daquele do empreendedorismo tecnológico. Até hesitei em compartilhar essa história aqui, mas ela merece ser documentada, nem que seja só pela posteridade. É um conto singular — que aconteceu em um lugar do outro lado do território do Vale do Silício.

■ ■ ■

Em dezembro de 1997, uma van branca deixou um adolescente chamado Chris Wilson na Patuxent Institution, uma penitenciária de segurança máxima em Jessup, Maryland, perto de Baltimore.

Chris crescera em Washington, D.C., na época em que a epidemia de crack invadiu sua comunidade. Vários afro-americanos foram vítimas do caos que surgiu à sua volta. Aos 7 anos, Chris começou a dormir no chão do quarto em vez de usar a cama, assim, se protegia de balas perdidas. Aos 10 anos, já comparecera a mais funerais do que festas de aniversário. Aos 14 anos, nunca saía desarmado de casa.

Então, Chris teve uma ocasião para usar a arma. Um dia, já tarde da noite, dois homens o abordaram do lado de fora de uma loja de conveniência. "Chris, temos uma mensagem para você",[6] disse um deles. Chris não quis esperar para ver. Ele sacou seu .38 e disparou seis vezes. Um dos homens morreu na hora, o outro fugiu. Chris foi julgado como maior de idade e condenado a passar a vida na cadeia. As coisas não eram para ser assim com ele. Chris tinha uma família que o amava. Ele adorava ler, sabia jogar xadrez e tocar violino. Acreditava que teria um futuro, mas foi engolido pela maré dos massacres e da criminalidade ao seu redor. Se passara a carregar uma arma por medo, era porque tinha visto coisas que devia temer.

Um dos namorados de sua mãe era um policial corrupto. "Um dia, ele me apagou, estuprou minha mãe na minha frente e golpeou a cabeça dela com a arma",[7] disse Chris. Sua mãe sobreviveu, mas, desde então, nem ele nem ela foram os mesmos.

Uma noite, entrando na casa da avó, ele se lembrou de ter pisado em alguns corpos na rua. "Como você espera que uma criança seja normal quando as pessoas ao seu redor morrem feito moscas?"

A cadeia foi um choque, mesmo para alguém que já tinha ultrapassado sua cota de coisas chocantes. Ao chegar, ele e outros nove homens foram reunidos em uma sala, despidos e instruídos a se abaixar para revista íntima. Para Chris, esse momento é lembrado como o mais humilhante de sua vida.

Ele se deu conta da realidade: passaria o resto da vida em Patuxent. Um ano se passou, embrumado pela depressão. Chris acordava e ficava pensando na jovem vida promissora que chegara a um fim tão amargo e prematuro. Ele flertou com a ideia do suicídio. Fumava o que contrabandeavam na prisão e amaldiçoava o destino que o levara até ali.

■ ■ ■

O caminho de Stephen Edwards até seu encarceramento em Patuxent foi similar ao de Chris — uma pena por homicídio doloso qualificado aos 16 anos. Antes de ser preso, sua vida fora extremamente diferente da de Chris. Seus pais eram cristãos devotos e ele crescera ouvindo o evangelho. Teve uma infância relativamente confortável e privilegiada: o pai trabalhava no Federal Reserve, o banco central dos Estados Unidos, e a família incentivava seus consideráveis talentos — que emergiram cedo.

Stephen era um nerd da matemática. Seu pai levava o computador do trabalho para casa ao final do expediente, e Stephen passava horas e horas aprendendo a programar e a brincar com a máquina. Ele ficou especialmente interessado na animação digital. Stephen dedicou oito meses à programação de uma animação de cinco minutos de um lançamento de um foguete da NASA. Quando o foguete pixelado finalmente decolou com sucesso, Stephen estava radiante.

Aos 12 anos, ele começou a frequentar uma escola pública em Washington, D.C. Lá, sua inteligência se tornou um risco. Ele sofria bullying de forma constante e cruel. Em uma noite, ele foi atacado por doze garotos mais velhos, que golpearam sua cabeça com um pé de cabra e o esfaquearam no peito. Apesar de as feridas terem sarado, sua psique não se curou. Ele ficou paranoico, achando que seria atacado novamente, e começou a carregar uma arma para se proteger. Aos 16 anos, ele atirou e matou um homem, que achou que queria matá-lo. Stephen foi condenado à prisão perpétua.

■ ■ ■

Assim como Chris, Stephen sofreu em seu primeiro ano de prisão, se perguntando as mesmas coisas sem encontrar muitas respostas. Mas, quando o nevoeiro começou a se dissipar, Stephen recorreu ao seu antigo amor: os computadores. Achou que, se algo era capaz de ajudá-lo durante os anos de encarceramento, eram os computadores.

Seus pais lhe deram livros antigos de programação, e ele começou a aprender novas linguagens de programação sozinho. Sem acesso a um computador de verdade, escreveu programas hipotéticos à mão em blocos de papel — do mesmo jeito que o jovem Max Levchin fazia em Kiev. Sem um computador para testar os programas, só lhe restava imaginar se dariam certo. Mas ele gostava de resolver os quebra-cabeças da programação — e da satisfação de criar coisas do zero.

Chris estava na cadeia há um ano quando seu caminho cruzou com o de Stephen. "Conheci um cara que também era menor de idade que cumpria pena de prisão perpétua, e o cara era, tipo, superfocado. Estava estudando para ser programador. Tinha objetivos e conquistas que queria levar além da prisão. Eu me lembro de ter rido dele, porque ele não tinha nem computador e nem acesso a um", lembrou Chris. Eles se tornaram amigos rapidamente, e companheiros de cela.

O viciado em desenvolvimento pessoal que habitava Stephen acabou contaminando Chris. Os dois começaram um programa de esportes, educação, orações, escrita diária e leitura — e cobravam um ao outro. Quando Chris errava um problema de matemática nos simulados da prova de General Educational Development ["Desenvolvimento Educacional Geral", em tradução livre, GED], Stephen o fazia pagar em flexões.

A ambição de Stephen despertou a imaginação de Chris. Inspirado pela ambição do colega de programar sem um computador, Chris fez uma lista de objetivos de vida extremamente ambiciosos. Ele a chamou de seu "Plano Mestre" e, entre outras coisas, incluía aprender espanhol, se formar na faculdade, fazer um MBA, comprar um Corvette preto e viajar pelo mundo. Ele o enviou pelo correio para o juiz que o condenara à prisão perpétua.

■ ■ ■

Chris e Stephen se tornaram detentos modelo. Em questão de meses, Chris conseguiu prestar a prova de GED, e Stephen convencera as autoridades da prisão a deixá-lo usar o único computador do local para programar. Em troca, ele concordou em criar um software para ajudar no trabalho administrativo da prisão. Um guarda ficava ao seu lado, observando-o programar; os detentos "não podiam ficar perto de um computador sem escolta",[8] lembrou Stephen.

O bichinho da programação o mordeu, e mesmo as várias horas diárias de acesso que Stephen conseguia não eram o suficiente para satisfazê-lo. Ele se lembra de ter pensado: *Eu preferiria ficar aqui fazendo isso a qualquer outra coisa! Como consigo mais tempo?* Quando ficaram sabendo das suas habilidades, os chefes de outros departamentos o abordaram para que escrevesse "mini programas", e em troca, Stephen propôs mais tempo em frente ao computador. Ele logo se tornou o administrador de sistemas não remunerado de Patuxent. "Escrevi cinquenta programas diferentes enquanto estava preso", lembrou.

Pouco tempo depois, as autoridades conferiram mais responsabilidade a Chris e Stephen. Pediram que dessem aulas a detentos recém-chegados, e eles criaram um clube do livro e um centro de orientação vocacional. Também perceberam uma oportunidade de negócios — os pais e familiares dos detentos queriam ter fotos de seus entes queridos, então a dupla convenceu as autoridades prisionais a comprar uma câmera digital. Eles cobrariam pelas fotos e doariam o dinheiro para o Inmate Welfare Fund ["Fundo de Bem-estar dos Detentos", em tradução livre], que ajudava a pagar por várias melhorias na prisão.

Todos os anos, Chris enviava para o juiz uma atualização de seu progresso no Plano Mestre, riscando orgulhoso da lista os itens que tinha concluído. Mas esse plano, que começara como um exercício fantasioso, levara a conquistas significativas: Chris terminara vários cursos, aprendera três idiomas, lera uma lista enorme de livros e construíra um negócio do zero.

Em seu décimo sexto ano na prisão, o Plano Mestre de Chris caiu nas mãos de outra pessoa, uma juíza. Ela viu em sua história exatamente o tipo de reabilitação que esperava que os sistemas prisionais promovessem e modificou sua pena, para que pudesse obter liberdade condicional.

"Eu não tinha um arrependimento sequer quando compareci perante a corte; levando a prova das minhas conquistas",[9] declarou Chris mais tarde ao jornal *Baltimore Sun*. "Consegui meu diploma de ensino médio e de um curso profissionalizante. Aprendi sozinho a falar espanhol, italiano e mandarim e fui mentor de vários jovens detentos recém-chegados à prisão. Mas, além disso, meu Plano Mestre demonstrava dez anos de evolução contínua em meus objetivos e conquistas."

"O que você fez é mesmo impressionante", disse-lhe a nova juíza. Aos 32 anos, ele obteve a liberdade condicional, 16 anos depois de chegar em Patuxent. Seu companheiro de cela, Stephen, foi libertado dois anos depois, tendo cumprido vinte anos.

■ ■ ■

Fiquei amigo de Chris e Stephen enquanto escrevia este livro, bem depois de eles terem conseguido a liberdade condicional. Depois de sair da prisão, Stephen usou seus talentos de programação para abrir uma consultoria de software, depois criou uma startup cuja tecnologia logística ajudou escolas, empresas e outros estabelecimentos a continuarem abertos durante a pandemia de Covid-19. Stephen chegou a obter uma patente — US10417204B2, — Método e sistema para criação e atividade de comunicações dinâmicas — pelo seu trabalho com o processamento de linguagem natural.

Chris não ficou para trás. Ele abriu duas empresas, escreveu um livro que foi muito elogiado e começou uma segunda carreira como artista itinerante — uma trajetória pós-prisão admirável que culminou em uma aparição no programa *The Daily Show* com Trevor Noah para promover seu livro, *The Master Plan* [Sem tradução até o momento]. Tanto Chris quanto Stephen viveram com uma sensação de urgência — que vem da consciência da preciosidade da vida. Como muitos que os conheceram, eu quis saber: Como conseguiram essa proeza? Como superaram as circunstâncias adversas e conquistaram mais atrás das grades do que a maioria de nós consegue dotados de toda a liberdade do mundo?

Chris admitiu o papel da sorte — conhecer Stephen naquele momento e, claro, encontrar uma juíza misericordiosa —, mas ele também foi claro quanto à importância do esforço individual. Ele estabeleceu objetivos específicos e se agarrou a eles com uma convicção religiosa. Visualizou e escreveu sobre o seu Plano Mestre todos os dias durante anos e dedicou a vida a riscar os itens da lista.

Pregada na parede de sua cela estava uma folha de papel com espaçamento simples, uma das primeiras coisas que via quando acordava e uma das últimas que via antes de dormir.

Outro objeto de inspiração visual que via todos os dias ao acordar, pregado ao lado do Plano Mestre na Parede, era uma foto — que representava tudo que sua lista significava para ele. Ao lado do Plano Mestre de Chris Wilson, na parede de sua cela na penitenciária de segurança máxima de Patuxent estava uma foto recortada da edição de novembro de 2007 da revista *Fortune*, apresentando a "Máfia do PayPal".

■ ■ ■

O interesse de Chris e Stephen na história foi além da foto de capa. Dentro de sua prisão em Maryland, os dois se tornaram especialistas amadores da vida e do trabalho dos fundadores do PayPal.

Tudo começou quando a família de Stephen assinou algumas revistas de negócios para apoiar seus interesses pelo empreendedorismo — *Inc.*, *Entrepreneur*, *Forbes*, *Fortune*, *Fast Company*. No final de 2007, quando a edição da *Fortune* chegou, Stephen foi o primeiro a ler a matéria, que o cativou: em suas mãos, estava o mapa para transformar os códigos de computação em uma vida bem-sucedida.

Stephen leu o artigo duas vezes em uma sentada só e depois passou a revista para Chris. "Leia essa porra, cara", disse. Chris também ficou maravilhado: "Falei, 'Caramba, que loucura essa merda.' E pensei: *É assim que temos que fazer quando sairmos daqui. Precisamos começar a ralar.*"

Chris se lembrou de ter visto a palavra *bilhão* na reportagem e de ter ficado hipnotizado pela quantia. "Fiquei tentando processar o que era um bilhão de dólares. Um bilhão! Como pode alguém ter tanto dinheiro? Comecei a ler tudo que tinha sobre essa gente do PayPal que começou do zero e agora já valia isso tudo. Depois, começamos a conversar sobre 'O que faríamos com esse dinheiro todo? Como mudaríamos o mundo?' E tinha essa foto de algumas pessoas que conseguiram", disse.

Stephen e Chris guardaram a foto como fonte de inspiração. "Colei um monte de fita adesiva em cima, em camadas para ficar laminada. Ficou meio estranha, mas funcionou", lembrou Chris. A foto laminada com fita adesiva ganhou um lugar de prestígio na parede, ao lado de seus objetivos de vida. "É acordar e ver. Dormir e ver. Minha motivação era essa. Fazendo flexões, olhava para elas. Durante a pandemia, olhava para elas. Parecia Robert De Niro em *Cabo do Medo*", disse Chris. Stephen disse que ver aquela imagem todos os dias "a gravou na nossa psique".

"Eu falava com as pessoas que viam as imagens: 'Vou sair da prisão. Vou viver assim. Vou causar impacto na minha comunidade.' E eles diziam, 'Cara, você pirou, porra'", disse Chris.

■ ■ ■

Os dois reuniram tudo que conseguiram encontrar sobre Elon Musk, Peter Thiel, Max Levchin, Reid Hoffman e outros ex-discípulos do PayPal. Com o crescimento dos fundadores do PayPal na vida pública, Chris e Stephen criaram uma grande coleção de recortes e trataram o pacote que reuniram como a escritura sagrada. "Eu só me importava com essas coisas, porque eram as únicas coisas que me mantinham vivo. Essa é a mais pura verdade. Elas me lembravam e me davam exemplos de pessoas que são humanas, como eu e você", admitiu Stephen.

Ambos começaram a considerar os negócios e o empreendedorismo como um caminho viável quando saíssem da prisão. "Já sabíamos que a sociedade não nos receberia bem quando saíssemos. Não existe 'ressocialização'. Essa ressocialização, no momento, é sairmos de joelhos, eles nos darem uns folhetos, e trabalharmos no McDonald's ou coletando lixo. Mas se acha que vai viver como o resto das pessoas que não estiveram na cadeia, boa sorte. Então, era importante que víssemos que existia um outro caminho. Abrir o próprio negócio é o único em que não existe um limite que nos é imposto", explicou Stephen.

Até então, nem Stephen nem Chris conheciam negócios com as ambições do tamanho das do PayPal ou das redes que possibilitavam essas empreitadas. As redes que eles conheciam lidavam com lavagem de dinheiro, drogas, violência e tinham um nome diferente: "gangues". "A Máfia do PayPal foi um exemplo positivo de gangue. Muitos caras se conectam por motivos errados na prisão. Não têm muitas amizades positivas", disse Stephen.

■ ■ ■

A história extrapolou a cela dos dois. No curso que ministraram para os novos detentos, Chris e Stephen intitularam sua primeira aula como "O Que Você Pode Aprender com a Máfia do PayPal". Eles tiraram cópias da sua coleção de artigos para usar como capa. "É uma foto muito escura, e eu ficava puto, porque todo mundo queria tirar uma cópia do original, mas eu queria que tirassem uma cópia da cópia para que o original não estragasse", disse Stephen.

Eles compartilhavam a trajetória dos membros da Máfia do PayPal, que tinham começado de baixo. A quantidade de imigrantes do grupo. Como os fundadores eram jovens — inexperientes, inseguros e, em alguns casos, malsucedidos. "Espalhamos a palavra do PayPal. Encontramos sinergia, a história se conectava à nossa", disse Stephen.

E claro que falaram de dinheiro, contrastando com os exemplos de riqueza que sua plateia conhecia muito bem. "Se você seguir o exemplo de um traficante — arriscando a vida com violência, armas, assaltos, prisão, morte e tudo mais —, vai ganhar um milhão de dólares no máximo. Sejamos realistas. E isso depois de atravessar o inferno inteiro. E aí, vou mostrar o oposto para vocês:

são caras que ganharam bilhões sem fazer nada disso. O que deixa as pessoas que ouvem a história do PayPal pasmas é não saberem que essa opção existia", disse Stephen.

Os novos detentos ficaram estupefatos com as jornadas de Musk e Levchin. "Eles me olhavam e falavam, 'Espera aí, eu podia ter feito isso também? Nossa, teria sido o máximo'", lembrou ele. A própria ideia de que uma startup oferecia um caminho das ruas para a riqueza era algo revolucionário — um mapa do mundo que os detentos nunca tinham visto. "Eu usava esse exemplo na mentoria com todo mundo que dizia que queria crescer mais do que já tinham crescido. Que, no caso, era praticamente todo mundo ao meu redor, porque estávamos em uma prisão de segurança máxima",[6] disse Chris.

■ ■ ■

Em seu proselitismo da história do PayPal, Stephen e Chris exageraram intencionalmente as motivações da "máfia": a ideia de que os fundadores e os funcionários do PayPal cuidavam uns dos outros. "Quando falava com jovens ligados a gangues, eles se sentiam representados", disse Stephen. Eles imploraram aos prisioneiros que tomassem uma iniciativa, que tomassem as pessoas da foto como modelos e que se conectassem com pessoas que tivessem uma mentalidade parecida. "Leiam sobre o passado deles para vocês verem que são iguaizinhos a vocês... Veja o que eles fizeram. E são parecidos com vocês, eles sangram igual, respiram o mesmo ar", dizia ele.

Stephen e Chris sabiam quando suas palavras atingiam os alvos certos e quando não atingiam. Também conheciam seu público: tinham crescido praticamente nos mesmos bairros, atravessado o portão da mesma prisão. Esses detentos eram céticos a tudo que parecia distante ou falso; percebiam logo quando era papo furado.

Mas quando Stephen e Chris falaram do PayPal, o público se interessou em ouvir. Isso era real. A rede era real. A foto era real. O dinheiro era real. "Essa história foi muito importante para a minha vida e para as vidas de muitos que estavam na prisão conosco. Não se pode negar o que eles construíram e nem o que representam. Simplesmente não dá. É fácil pregar essa palavra",[8] disse Stephen.

AGRADECIMENTOS

De início, Max Levchin e Peter Thiel acharam que o esforço para a criação da Fieldlink seria breve. Construir a empresa, crescer rápido e vendê-la de modo a aproveitar a corrida do ouro do início da internet. O que deveria ter sido um projeto com duração de um ano se transformou em um de cinco — e em uma empresa que continuou em atividade por mais de vinte anos desde então.

Este livro também começou como um projeto de aproximadamente dois anos e meio que se transformaram em cinco. Nessa meia década, inúmeras pessoas me ajudaram a trazê-lo ao mundo — e aguentaram pacientemente as histórias e as anedotas de um autor obcecado sobre a bolha da internet dos anos 1990. Para meus muitos amigos caridosos, será um alívio ler as seguintes palavras: sim, está pronto enfim, e eu finalmente vou calar a boca, não vou mais falar do livro do PayPal.

Eu não conseguiria escrever essa frase se não tivesse tido a ajuda das centenas de pessoas que criaram o PayPal e trabalharam nele, que dedicaram seu tempo para explicar a um completo estranho sobre sua chegada à empresa, os trabalhos que lá fizeram e a importância disso para suas vidas. A maior alegria desse projeto foi conversar horas a fio com esses indivíduos, sou mais do que grato pelo tempo, franqueza, reflexões, anotações e memórias que compartilharam comigo.

A editora Simon & Schuster aceitou este projeto graças à minha falecida editora, Alice Mayhew. Desde o início, ela compartilhava das minhas visões: havia alguma coisa *nesta* empresa *em um determinado* momento que tinha um impacto maior do que muitos reconheciam — e ninguém fazia ideia de como ela surgira. Alice foi a primeira defensora deste livro, e, ainda por cima, foi a pessoa que me incentivou quando minha confiança no projeto esmorecia.

Ela também estabeleceu um alto padrão para o livro, como fazia com todos os seus projetos. "Jimmy, você tem que me provar que o que está escrevendo aqui resistirá ao tempo! Por que essa história seria relevante daqui a cinquenta anos? O que vai mantê-la no catálogo da editora?", insistia. Alice era uma editora que queria que os livros *durassem* — e ela exigia que seus autores escrevessem com esse objetivo.

Não tenho como saber se este texto atenderia às suas expectativas tão elevadas, mas, da última vez que nos falamos, ela deu a entender que estávamos perto de atendê-las. Tinha acabado de ler os primeiros capítulos das histórias da X.com e da Confinity e comentou sobre a atmosfera tensa: "Edison ficaria maravilhado com isso". Espero que Alice também tivesse tido orgulho da última parte da história. Não seria possível escrevê-la sem ela.

Quando ela faleceu, no início de 2020, entrei em pânico. Este livro era uma empreitada *gigantesca*, não só para mim, mas para todo e qualquer editor corajoso o suficiente para topar esse desafio. Felizmente, o cetro passou para a brilhante e inimitável Stephanie Frerich. Nós nunca tínhamos nos falado antes que seu chefe na Simon & Schuster lhe confiasse este projeto, e eu não fazia ideia do que ela faria ou de como lidaria com ele em meio a suas tantas outras responsabilidades. Stephanie Frerich nunca sequer tinha me visto e poderia muito bem ter rejeitado a tarefa.

Fico feliz que tenha aceitado. Sua supervisão foi a maior bênção para este projeto. Ela leu cada linha do livro várias vezes, com devoção e determinação ferrenhas, me fez ir além e lutou pelo projeto em meio aos atrasos e uma pandemia. Faltaria espaço aqui para apontar todos os erros que corrigiu ou todas as frases que melhorou, e se este livro é fiel à história do PayPal e consegue contá-la com destreza, é graças ao seu trabalho. Ela foi tudo que todo o escritor espera: uma editora que se importa com o projeto na mesma medida que o próprio autor. Chego a chorar pensando no quanto ela se esforçou, e minha gratidão é infinita.

■ ■ ■

A pessoa que "no fundo, sabia" que tudo daria certo é a mesma que sempre parece acreditar nos meus projetos literários, mesmo quando eu mesmo, muitas vezes, perco a fé neles. Laura York ainda me tolera (vai entender...) e protegeu este livro com a paixão de uma agente que via seu potencial. São inúmeras as histórias de autores que querem defenestrar seus rascunhos e declarar o fim do projeto, mas também existem inúmeras outras de agentes que resgatam esses projetos e colocam a cabeça dos autores no lugar. Com a quantidade de vezes que Laura o fez durante esse livro, ela foi além do que qualquer outro agente deveria fazer. Agradeço, por isso, e muito, muito mais.

Meu amigo Justin Richmond aguentou a leitura das primeiríssimas versões de quase todos os parágrafos, pensamentos e citações deste livro — que normalmente eu enviava por mensagem de texto a alguma hora absurda da madrugada. Foi para ele minha primeira ligação sobre este projeto, logo quando surgiu a ideia, e foi ele que recebeu milhares de mensagens, notas e ligações desde então. Por conversar com ele todos os dias, este projeto se tornou possível, e, por isso e pela dádiva da nossa amizade, sou imensamente grato.

Gregg Favre é muitas coisas — bombeiro, oficial de segurança pública, oficial da marinha, atleta talentoso e uma alma experiente. Ele também é um amigo que valoriza a resistência necessária para levar longos projetos até o fim, e agradeço pelos vários momentos em que me encorajou, ofereceu pérolas de sabedoria estoica ou só garantiu que eu continuasse. Se eu ganhasse uma moeda para cada vez que o ouvi dizer "Senta a bunda na cadeira!" (o mesmo conselho de Jon Landau para Jimmy Iovine na série *The Defiant Ones*), eu já estaria rico. Valeu, Gregg. Rumo à próxima montanha.

Lauren Rodman é a pessoa que fez da tarefa árdua de terminar este livro uma experiência feliz. Ela me forçava a celebrar cada vitória — as primeiras entrevistas, os primeiros rascunhos, revisões significativas. Em cada um desses estágios, ela exigia, no mínimo, um jantar para brindar as pequenas vitórias. Todos no mundo deveriam ter uma amiga como Lauren Rodman, que me lembrou no decorrer dos anos da evolução deste projeto.

Minha amiga Grace Harry compartilhou minha visão para esse projeto e alimentou sua chama tanto de jeitos grandiosos quanto simples. Ela passou uma vida inteira sendo a musa dos artistas mais talentosos do mundo — e contribuiu com toda sua inteligência e ideias nas várias conversas que tivemos sobre este livro, sua ambição, seu escopo. Ela e seu companheiro, Ahmir Thompson, ou "Questlove", me ajudaram a perceber as ligações entre esta empresa e os nichos de criatividade do mundo ao longo dos anos — artistas, poetas, escritores e músicos que chegaram à maioridade em meio a uma certa mistura cultural. Grace também me encorajou criativamente e me deu perspectiva nesse sentido quando mais precisei. Não estávamos em uma gravadora, mas agora entendo por que tantos músicos lendários *precisam* dela em seus estúdios. Ela deu à luz esse projeto, e ele contém muitas marcas suas.

Gostaria de agradecer infinitamente à minha mentora, amiga e coach Lauren Zander. Muito provavelmente, este livro não teria se concretizado se ela não tivesse exigido que eu o começasse e terminasse. Quase todos os escritores enfrentam ansiedade, síndrome do impostor, medo, dúvida e coisas assim, e eu provavelmente sou mais do que suscetível a sofrer com isso com frequência. Lauren foi um escudo humano contra esses males, respondendo a todo tipo de mensagem maluca com firmeza, foco e compaixão. É difícil imaginar uma amiga melhor para um escritor, agradeço pela sua insistência e encorajamento.

Muitos outros me ajudaram a trazer este livro ao mundo. Emily Simonson e Simon & Schuster me guiaram pelo processo editorial com paciência e gentileza. Elizabeth Tallerico leu os primeiros capítulos deste livro por livre e espontânea vontade e me apoiou e aconselhou durante o processo — inclusive nos momentos mais difíceis dos rascunhos e de reescrita. Marjie Shrimpton, Miranda Frum e Rob Goodman também me emprestaram sua visão editorial no rascunho do material, e o trabalho só cresceu com suas intervenções.

Caleb Ostrom chegou mais tarde no projeto e, como eu lhe disse dezenas de vezes durante nosso trabalho, como eu queria tê-lo conhecido antes. Ele foi um parceiro de primeira e agradeço por tudo o que ele fez para trazer este texto ao mundo — inclusive ouvindo minhas histórias, ideias e atendendo minhas ligações, que tenho certeza de que algumas testaram muito a sua paciência. Obrigado por ter aguentado tudo isso, Caleb.

Escritores precisam ter amigos de profissão, eu tive e foi uma bênção de Deus eu ter conseguido os melhores do segmento literário. Meu amigo Ryan Holiday me apresentou a Peter Thiel, a primeira apresentação que desencadeou uma bola de neve. Allen Gannett fez a caridade de aceitar sair para nossos jantares costumeiros de "terapia para autores", e sua convicção neste projeto fez tudo valer a pena. Ashlee Vance, o autor da biografia definitiva de Elon Musk, se sentou comigo por horas em um jantar sem nem me conhecer — e depois me forneceu contatos essenciais e ofereceu a sabedoria editorial de que só ele seria capaz.

Bem no início deste projeto, outro "escritor da Alice Mayhew", Walter Isaacson, me fez acreditar na importância e no potencial do livro. Bem no final, ele me forneceu conselhos do tipo que só podem vir de alguém com anos de experiência. Agradeço por suas opiniões sobre tudo, de notas de fim e checagem dos fatos a entrevistas.

Meus amigos David e Kate Heilbroner abriram as portas do seu lar para mim quando precisei de uma rotina isolado em um chalé no meio da floresta, e David também acendeu a chama do meu entusiasmo pelo projeto com sua própria paixão por narrativas documentais e personagens descomunais. Shir e Marnie Nir também abriram as portas do seu lar quando precisei de outro período longe de tudo e todos para editar e revisar, e também me ofereceram a quantidade certa de abraços, conversas animadas e macarrão com queijo. Para Chris Wilson, Andy Youmans, Leah Feygin, Bentley Meeker, Nadia Rawls, Brandon Kleinman, Katie Boyle, Parker Briden, Jacob Hawkins, Arthur Chan, Kevin Currie, Bryan Wish, Enna Eskin, Steve Veres, Mike Martoccio, Matt Gledhill, Matt Hoffman, Tom Buchanan, Miho Kubagawa, Trisha Bailey, Nikki Arkin, Alex Levy, Bronwyn Lewis, Kaj Larsen, Meagan Kirkpatrick e Benjamin Hardy, obrigado pelas muitas, mas muitas palavras de encorajamento (e por terem aguentado as minhas muitas, mas muitas ausências). Prometo que não vou mais mandar mensagens sobre o livro.

■ ■ ■

E, finalmente, chego a Venice, a quem dedico este livro. A ideia deste projeto surgiu quando você ainda tinha um ano de idade e o livro terminou quando você já estava com seis. Os cinco anos nesse meio tempo estão entre os mais felizes da minha vida, em boa parte por sua causa. Você também me fez a caridade de escutar minhas histórias sobre Max Levchin e Elon Musk, e me ofereceu sua sabedoria nos meus momentos de dúvida quanto ao projeto. É improvável que você se lembre de boa parte do que aconteceu nesses cinco anos, mas eu nunca esquecerei.

Autores de livros assim não deveriam aborrecer os leitores com "lições" — o leitor é inteligente o suficiente para descobrir essas coisas por si mesmo. Mas existe uma exceção especial a essa regra para autores que também são pais, e vou me aproveitar dela para lhe deixar uma mensagem para o futuro, Venice, para quando ler estas palavras.

Aí vai: a sua vida será moldada pelas coisas que você criar e pelas pessoas que participarem dessa criação. A nossa tendência é ignorar a última parte. Não nos preocupamos o suficiente com ela. A história do PayPal não trata apenas de pessoas se juntando para moldar um produto — mas também de como essa companhia moldou as próprias pessoas. Os fundadores e os primeiros funcionários da empresa se esforçaram mais e mais e exigiam o melhor uns dos outros.

Espero que, um dia, você também encontre pessoas assim e que possa criar com elas. Parece simples — mas é extremamente difícil. Eu tive sorte: tive uma sequência de pessoas assim na minha vida, muitas das quais apareceram nas últimas páginas. Você as conhece como "Tia Lauren", "Tio Justin" e assim por diante. São pessoas que me fazem ser responsável. Nós não só desfrutamos da companhia uns dos outros, mas também nos tornamos pessoas melhores. Nossa amizade se apoia em um desconforto produtivo, e nos amamos o suficiente para dizer o que precisa ser dito.

É engraçado, não sei se conseguirei assumir esse papel na sua vida. Existem lições que vai precisar aprender sozinha, porque a amo demais para ensinar. Seus companheiros de viagem vão ajudá-la. Livros precisam de editores: vidas, também.

Como você faz com todos os meus conselhos, pode desconfiar que eu esteja exagerando, feito a lagarta do livro *Uma Lagarta Muito Comilona*. Além do mais, pode ser que eu nem precise me preocupar. Se você chegou a abrir este livro e leu até aqui, pode ser que dê tudo certo.

J.S. – Nova York

FONTES E MÉTODOS

Escrevi este texto cerca de duas décadas após os acontecimentos descritos nestas páginas. Meus livros anteriores foram biografias históricas, e comecei este projeto de um jeito parecido com o daqueles. Para começar, criei um arquivo extenso com todos os livros, artigos, publicações acadêmicas e outras referências similares sobre a empresa PayPal e as que a antecederam, Fieldlink, Confinity e X.com.

Sempre que possível, tentei me ater a esses itens, publicados de 1998 a meados dos anos 2000. Também reuni uma tabela com todas as postagens de blogs, entrevistas e aparições na mídia quanto aos primeiros fundadores e funcionários com associação mais direta ao PayPal — depois li, vi e ouvi cada uma delas, fazendo a triagem para encontrar o ouro de que precisava. Esses milhares de artigos e essas centenas de horas de conteúdo se provaram essenciais, especialmente os registros que foram feitos mais perto dos eventos em questão.

Entre os mais valiosos estavam as palestras feitas na Universidade Stanford por Elon Musk em 2003 e outra feita a distância por Peter Thiel e Max Levchin em 2004, bem como os comentários dos ex-discípulos do PayPal na plataforma Quora. Durante este projeto, os arquivos e catálogos disponíveis nas universidades, canais da mídia, bibliotecas e muitas outras organizações me ajudaram imensamente. (Não estou sendo irônico quando digo que este livro não teria se concretizado sem o YouTube — uma rede digital de vídeos criada por aqueles que começaram suas carreiras no PayPal.)

Os documentos armazenados no Internet Archive também me ajudaram muito. Esta biblioteca digital sem fins lucrativos faz um trabalho admirável e caso uma civilização alienígena queira descobrir os mistérios da nossa espécie, começar pelo archive.org não seria nada mau.

Além do material coletado de livros, artigos e conteúdos audiovisuais, também recorri a antigos funcionários, investidores, quase investidores, concorrentes e outros inseridos ou circundantes no universo do PayPal. Tentei contatar centenas de pessoas durante este projeto. Mais de duzentas responderam e concordaram em conversar comigo. Agradeço os ex-discípulos do PayPal que entrevistei ao longo do caminho, muitos dos quais, inclusive sempre estão com o tempo apertado e, ainda assim, conseguiram encaixar longas conversas comigo. Espero que o resultado tenha sido novo e esclarecedor, mesmo para aqueles que viveram essa história.

Quanto às cenas e aos diálogos do texto, tentei entrevistar pelo menos duas pessoas que estivessem intimamente familiarizadas com os procedimentos. Tentei sustentar esses momentos com citações em papel ou e-mail sempre que possível, inclusive as minutas do conselho da empresa, propostas documentadas e memorandos internos. Muitas das pessoas que entrevistei acabaram se revelando acumuladores, então tive a ajuda de várias notas, e-mails, documentos e correspondências que tinham guardado. Em particular, consegui mergulhar em vários gigabytes de mensagens de e-mail desse período, um volume que totaliza centenas de milhares de páginas. Com isso, consegui entender melhor e capturar esses momentos, tanto os pequenos quanto os grandiosos. Eu tive a sorte de desenterrar o equivalente a quatro anos da *newsletter* do PayPal (ou seja, o *Weekly eXpert,* que depois se tornou *Weekly Pal*), que conferiu à minha pesquisa, uma densidade e um imediatismo que espero que o texto reflita.

As citações do livro vêm tanto das entrevistas como de fontes primárias e secundárias. Primando por um livro legível, evitei apontar todas as fontes dentro do próprio texto, mas compilei com cuidado as notas de fim como referência às citações. Respeitei os momentos em que as fontes queriam fornecer um depoimento anônimo, e fiz o melhor que pude para limitar o uso de citações anônimas.

Este livro passou por várias revisões, checagens editoriais e leituras integrais. Foram as leituras de vários editores da equipe Simon & Schuster, bem como a de especialistas jurídicos da firma de advocacia contratada por eles, a Miller Korzenik Sommers Rayman LLP. De minha parte, também contei com a ajuda de um profissional veterano da checagem de fatos, Benjamin Kalin, que cedeu seu olho de lince a este texto. Ben é incansável e se importa profundamente com a verdade. Só tenho a agradecer por tê-lo ao meu lado durante esta jornada.

Como todos os projetos de grande extensão, pode haver erros, e eles são inteiramente de minha responsabilidade. Meu rascunho para este livro contava com centenas de milhares de palavras. Só os áudios das minhas entrevistas totalizam mais de quinze dias inteiros. O que você tem em mãos é o produto de muitas opiniões pessoais e intensas edições. O material excluído se estende até não poder mais.

Intencionalmente, este projeto sofre de uma falácia narrativa: escrever sobre um certo período de uma empresa *não* é escrever sobre o que acontece no cubículo ao lado. Quando Brad Stone sentou com Jeff Bezos para discutir o primeiro livro sobre a Amazon, Bezos perguntou como o autor lidaria com os limites de uma narrativa linear. "Quando a companhia tem uma ideia, o processo é uma bagunça", disse Bezos. "Não tem nenhum momento eureka."

Ele tem toda razão — mesmo que a resposta de Stone também esteja certa: o autor precisa levar a falácia narrativa em consideração e "mergulhar de cabeça mesmo assim". Eu diria ainda que o objetivo de livros como este seja capturar exatamente essa bagunça. Criar qualquer coisa (inclusive este livro) é um processo cheio de becos escuros, de estradas não trilhadas e de momentos perdidos nas areias do tempo. Espero que este texto esclareça esse esforço sério e iterativo e revele alguma ideia sobre tecnologia ou estratégia de negócios.

Escrevendo, tentei abordar os tópicos que apareciam repetidamente nas entrevistas, mas também deixar espaço para as histórias e ideias que mexiam comigo ou me surpreendiam. Mas essas são escolhas editoriais e, se fossem diferentes, o livro seria outro. Eu arriscaria dizer que ainda há várias versões da história do PayPal para serem escritas — um futuro autor pode se lançar na empreitada de explorar esse período novamente.

Por isso me esforcei tanto na construção detalhada das notas de fim que se seguem. Se alguma alma corajosa se aventurar por essas águas novamente, terá os caminhos que encontrei durante minha jornada a sua disposição. Espero que mapeie outros, novos, em sua busca e, se eu ainda estiver por aí quando o fizer, mande um sinal. Eu me juntarei a você com muito gosto para nos debruçarmos, feito nerds, sobre a era do PayPal.

J.S.

NOTAS

Introdução

1 Entrevista do autor com Elon Musk, 9 de janeiro de 2019.

2 Entrevista do autor com Amy Rowe Klement, 24 de setembro de 2021.

3 Entrevista do autor com Derek Krantz, 29 de julho de 2021.

4 Entrevista do autor com Denise Aptekar, 14 de maio de 2021.

5 Entrevista do autor com Jason Portnoy, 15 de dezembro de 2020.

6 Entrevista do autor com John Malloy, 25 de julho de 2018.

7 George Kraw, Law.com, "Affairs of State — Earth to Palo Alto". Acesso em 25 de julho de 2021: https://www.law.com/almID/900005370549/.

8 "PandoMonthly: Fireside Chat with Elon Musk". Acesso em 29 de julho de 2021: https://www.youtube.com/watch?v=uegOUmgKB4E.

9 Entrevista do autor com Huey Lin, 16 de agosto de 2021.

10 David Gelles, "The PayPal Mafia's Golden Touch", *New York Times*, 1º de abril de 2015. https://www.nytimes.com/2015/04/02/business/dealbook/the-paypal-mafias-golden-touch.html.

11 Entrevista do autor com Amy Rowe Klement, 1º de outubro de 2021.

12 Entrevista do autor com Oxana Wootton, 4 de dezembro de 2020.

13 Entrevista do autor com Jeremy Roybal, 3 de setembro de 2021.

14 Aumentei imensuravelmente meu conhecimento sobre o assunto ao ler o livro *Collaborative Circles: Friendship Dynamics and Creative Work*, do Dr. Michael Farrell. Ele aborda tanto os Poetas Fugitivos como o Círculo de Rue Royale e os Impressionistas franceses, entre outros "círculos colaborativos", e suas ideias sobre a formação e a atuação desses grupos são excepcionais. (Michael P. Farrell, *Collaborative Circles: Friendship Dynamics and Creative Work* [Chicago: University of Chicago Press, 2001].)

15 Comentários de Brian Eno no Luminous Festival de 2009, que aconteceu na Sydney Opera House, na Austrália, http://www.moredarkthanshark.org/feature_luminous2.html.

16 Entrevista do autor com James Hogan, 14 de dezembro de 2020.

PARTE I: DEFESA SICILIANA

1. Peças Fundamentais

1 "Peace and Plenty in Pripyat", *Soviet Life*, fevereiro de 1986 (Washington, D.C.: Embaixada da União Soviética nos Estados Unidos, 1986), 8–13.

2 "Working Hard & Staying Humble", entrevista de Sarah Lacy com Max Levchin, Startups.com, 9 de dezembro de 2018, https://www.startups.com/library/expert-advice/max-levchin.

3 Entrevista do autor com Max Levchin, 29 de junho de 2018.

4 "Working Hard & Staying Humble", entrevista de Sarah Lacy com Max Levchin, Startups.com, 9 de dezembro de 2018, https://www.startups.com/library/expert-advice/max-levchin.

5 F. Lukatskaya, "Autocorrelative Analysis of the Brightness of Irregular and Semi-Regular Variable Stars". Symposium — International Astronomical Union, 1975, 67, 179–182, doi:10.1017/S0074180900010251.

6 David Rowan, "Paypal Cofounder on the Birth of Fertility App Glow", *Wired*, 20 de maio de 2014, https://www.wired.co.uk/article/paypal-procreator.

7 "Working Hard & Staying Humble", entrevista de Sarah Lacy com Max Levchin, Startups.com, 9 de dezembro de 2018, https://www.startups.com/library/expert-advice/max-levchin.

8 Entrevista do autor com Max Levchin, 29 de junho de 2018.

9 Sarah Lacy, *Once You're Lucky, Twice You're Good* (Nova York: Gotham Books, 2008), 21.

10 Entrevista do autor com Jim Kellas, 7 de dezembro de 2020.

11 Sarah Lacy, "'I Almost Lost My Leg to a Crazy Guy with a Geiger Counter': Max Levchin and Other Valley Icons Share Their Stories of Luck", 17 de agosto de 2017, https://pando.com/2017/08/17/i-almost-lost-my-leg-crazy-guy-geiger-counter-max-levchin-and-other-valley-icons-share-their-stories-luck/.

12 Entrevista do autor com Max Levchin, 29 de junho de 2018.

13 University of Illinois Computer Science Alumni Association, *Alumni News*, Primavera 1996 (Vol. 1, nº. 6), 26, https://ws.engr.illinois.edu/sitemanager/getfile.asp?id=550.

14 Kim Schmidt e Abigail Bobrow, "Maximum Impact", série *STORIED* da University de Illinois, 30 de maio de 2018, https://storied.illinois.edu/maximum-impact/.

15 Entrevistas do autor com Scott Banister (25 de julho de 2018), Max Levchin (29 de junho de 2018) e Luke Nosek (28 de outubro de 2018).

16 Entrevista do autor com Luke Nosek, 28 de outubro de 2018.

17 "Scott Banister and Jonathan Stark: ACMers reunited at idealab!" *Department of Computer Science Alumni News*, janeiro de 2001 (vol. 2, nº. 4), https://ws.engr.illinois.edu/sitemanager/getfile.asp?id=542.

18 Entrevista do autor com Ken Howery, 26 de junho de 2018.

19 Entrevista do autor com Max Levchin, 29 de junho de 2018.

20 *Ibidem*.

21 Entrevista do autor com Scott Banister, 25 de julho de 2018.

22 "Seven Sixty Four", Max Levchin Personal Blog, 15 de julho de 2016.

23 Entrevista do autor com Luke Nosek, 28 de outubro de 2018.

24 Entrevista do autor com Max Levchin, 29 de junho de 2018.

25 "CS Alums as Media Darlings", University of Illinois Computer Science Alumni Association, *Alumni News*, Primavera 1995 (Vol. 1, nº 5), 17, https://ws.engr.illinois.edu/sitemanager/getfile.asp?id=551.

26 Entrevista do autor com Jawed Karim, 14 de dezembro de 2020.

27 Kim Schmidt; Abigail Bobrow, "Maximum Impact", séries *STORIED* da Universidade de Illinois, 30 de maio de 2018, https://storied.illinois.edu/maximum-impact/.

28 Entrevista do autor com Max Levchin, 29 de junho de 2018.

29 Dan Fost, "Max Levchin Likes the Edge", *San Francisco Chronicle*, 26 de fevereiro de 2006, https://www.sfgate.com/business/article/Max-Levchin-likes-the-edge-Starting-another-2540752.php.

30 Entrevista do autor com Max Levchin, 29 de junho de 2018.

2. A Proposta

1 Peter Thiel, discurso inaugural, Hamilton College, maio de 2016, https://www.hamilton.edu/commencement/2016/address.

2 Entrevista do autor com Peter Thiel, 28 de novembro de 2017; ver também: Dina Lamdany, "Peter Thiel and the Myth of the Exceptional Individual", *Columbia Spectator*, 22 de novembro de 2016, https://www.columbiaspectator.com/opinion/2014/09/28/column/; Conversa de Bill Kristol com Peter Thiel, 29 de julho de 2014, https://conversationswithbillkristol.org/transcript/peter-thiel-transcript/; Harriet Green, "PayPal Co-founder Peter Thiel Talks Quarter-Life Crises and How to Tackle the State", *City A.M.*, 2 de novembro de 2014, https://www.cityam.com/real-thiel/.

3 "Editor's Note", *Stanford Review*, junho de 1987.

4 Andrew Granato, "How Peter Thiel and the *Stanford Review* Built a Silicon Valley Empire", *Stanford Politics*, 27 de novembro de 2017, https://stanfordpolitics.org/2017/11/27/peter-thiel-cover-story/.
5 Entrevista do autor com Ken Howery, 26 de junho de 2018.
6 Entrevista do autor com Luke Nosek, 25 de junho de 2018.
7 Entrevista do autor com Peter Thiel, 28 de novembro de 2017.
8 Entrevista do autor com Luke Nosek, 25 de junho de 2018.
9 *NerdTV*, episódio 2, entrevista de Robert Cringley com Max Levchin, 13 de setembro de 2005, https://archive.org/details/ntv002.
10 Entrevista do autor com Max Levchin, 29 de junho de 2018.
11 Entrevistas do autor com Max Levchin (29 de junho de 2018) e Peter Thiel (28 de novembro de 2017).
12 Jessica Livingston, "Max Levchin", *Founders at Work* (Nova York: Apress, 2018), 2. Publicado no Brasil com o título *Startup*. Editora Agir.
13 *Ibidem*, nota 1, Capítulo 1.
14 Entrevistas do autor com Max Levchin e Peter Thiel, 2017, 2018 e 2021.
15 Entrevista do autor com Luke Nosek, 31 de maio de 2018.
16 Entrevista do autor com Max Levchin, 29 de junho de 2018.
17 Entrevista do autor com Erik Klein, 25 de abril de 2021.
18 Entrevista do autor com Santosh Janardhan, 15 de junho de 2021.
19 Entrevista do autor com um dos primeiros funcionários do PayPal. Comentários anônimos.
20 O primeiro investimento da Thiel Capital está detalhado nos documentos da IPO do PayPal, https://www.sec.gov/Archives/edgar/data/1103415/000091205701533855/a2059025zs-1.htm.
21 Entrevista do autor com John Powers, 3 de agosto de 2018.
22 Entrevista do autor com Max Levchin, 24 de julho de 2018.
23 Entrevista do autor com John Powers, 3 de agosto de 2018.
24 Entrevista do autor com Max Levchin, 24 de julho de 2018.
25 Entrevista do autor com John Malloy, 25 de julho de 2018.

3. As Perguntas Certas

1 Os detalhes biográficos de Peter Nicholson foram retirados de uma entrevista do autor com Nicholson em 19 de julho de 2019; de Lawrence Powell, *Cape Breton Post*, 19 de novembro de 2017, bem como de outras biografias publicadas pelo Canadian Institute for Climate Choices e pelo Macdonald-Laurier Institute.
2 Entrevista do autor com Peter Nicholson, 19 de julho de 2019.
3 Entrevista do autor com Elon Musk, 19 de janeiro de 2019.
4 Entrevista do autor com Peter Nicholson, 19 de julho de 2019.
5 Amit Katwala, "What's Driving Elon Musk?", *Wired*, 9 de setembro de 2018.
6 Entrevista do autor com Peter Nicholson, 19 de julho de 2019.
7 Lawrence Powell, "Curious by Nature — Order of Nova Scotia recipient Peter Nicholson always in the thick of things", *Cape Breton Post*, 19 de novembro de 2017.
8 Entrevista do autor com Elon Musk, 19 de janeiro de 2019.
9 Entrevista do autor com Peter Nicholson, 19 de julho de 2019.
10 Entrevista do autor com Elon Musk,19 de janeiro de 2019.
11 Alaina Levine, "Profiles in Versatility", *APS News*, outubro de 2013 (vol. 22, nº. 9).
12 Alaina Levine, "Profiles in Versatility", *APS News*, novembro de 2013 (vol. 22, nº 10).
13 "Computer History Museum Presents: An Evening with Elon Musk", 22 de janeiro de 2013, https://www.youtube.com/watch?v=A5FMY-K-o0Q.
14 Alaina Levine, "Profiles in Versatility", *APS News*, outubro de 2013 (vol. 22, nº 9).
15 Douglas Adams, *The Hitchhiker's Guide to the Galaxy*, 1ª edição (Nova York: Del Rey, 1995).
16 "Computer History Museum Presents: An Evening with Elon Musk", 22 de janeiro de 2013, https://www.youtube.com/watch?v=A5FMY-K-o0Q.
17 Ashlee Vance, *Elon Musk* (Nova York: Ecco, 2017), 53–54.
18 Alaina Levine, "Profiles in Versatility", *APS News*, outubro de 2013 (vol. 22, nº. 9).
19 E-mail de Mark Greenough recebido pelo autor, 24 de junho de 2020.

20 Elon Musk, "Blastar", *PC and Office Technology*, dezembro de 1984, 69.
21 *Queen's Journal* (vol. 118, nº. 28), 22 de janeiro de 1991, 2.
22 Entrevista com Kevin Rose, "Foundation 20: Elon Musk", 7 de setembro de 2012, https://www.youtube.com/watch?v=L-s_3b5fRd8.
23 "Computer History Museum Presents: An Evening with Elon Musk", 22 de janeiro de 2013, https://www.youtube.com/watch?v=A5FMY--K-o0Q.
24 Entrevista do autor com Peter Nicholson, 19 de julho de 2019.
25 "Computer History Museum Presents: An Evening with Elon Musk", 22 de janeiro de 2013, https://www.youtube.com/watch?v=A5FMY--K-o0Q.
26 Phil Leggiere, "From Zip to X", *Pennsylvania Gazette*, novembro de 1999.
27 Entrevista do autor com Elon Musk, 19 de janeiro de 2019.
28 Entrevista do autor com Jean Kouri, 12 de setembro de 2021.
29 Entrevista do autor com Elon Musk, 3 de outubro de 2021.
30 Joseph Keating; Scott Haldeman, "Joshua N. Haldeman, DC: The Canadian Years, 1926–1950", *Journal of the Canadian Chiropractic Association*, (vol. 39, nº 3), setembro de 1995.
31 Editores, "Datelines", *San Francisco Chronicle*, 2 de setembro de 1996.
32 Ashlee Vance, *Elon Musk* (Nova York: Ecco, 2017), 66.
33 Alice LaPlante, "Zipping Right Along", Upside US ed., *Foster City* (vol. 10, nº 11), novembro de 1998, 57–60.
34 Chris Bucholtz, "Internet Directory May Help Carriers Dial in New Business", *Telephony* (vol. 231, nº 4), 22 de julho de 1996, 28.
35 Comunicado à imprensa da Zip2 do dia 30 de setembro de 1996, PR Newswire.
36 Heidi Anderson, "Newspaperdom's New Superhero: Zip2", *Editor and Publisher*, janeiro de 1996, 4–8.
37 Comunicado à imprensa da Zip2 do dia 30 de setembro de 1996, PR Newswire.
38 Heidi Anderson, "Newspaperdom's NewSuperhero: Zip2", *Editor and Publisher*, janeiro de 1996, 4–8.
39 Ashlee Vance, *Elon Musk* (Nova York: Ecco, 2017), 73.
40 Entrevista do autor com Elon Musk, 19 de janeiro de 2019.
41 Laurie Flynn, "Online City Guides Compete in Crowded Field", *New York Times*, 14 de setembro de 1998.
42 Max Chafkin, "Entrepreneur of the Year, 2007: Elon Musk", *Inc.*, 1º de dezembro de 2007.
43 Laurie Flynn, "Online City Guides Compete in Crowded Field", *New York Times*, 14 de setembro de 1998.
44 Entrevista do autor com Elon Musk, 19 de janeiro de 2019.
45 Alice LaPlante, "Zipping Right Along", Upside, edição dos EUA, *Foster City*, (vol. 10, nº 11), novembro de 1998, 57–60.
46 Entrevista do autor com Elon Musk, 19 de janeiro de 2019.

4. "Só Quero Ganhar"

1 Alyssa Bentz, "First in online banking", 14 de março de 2019, Wells Fargo corporate history, https://www.wellsfargohistory.com/first-in--online-banking/.
2 Vários dos primeiros funcionários da X.com confirmaram ter ouvido essa frase, e ela corresponde à visão da loja multisserviços que Musk planejava conquistar.
3 Entrevista do autor com Elon Musk, 3 de outubro de 2021 (Ver também: Walter Issaccson entrevista Elon Musk no New Establishment Summit da Vanity Fair, 2014, https://www.youtube.com/watch?v=fPsHN1KyRQ8.)
4 Entrevista do autor com Elon Musk, 19 de janeiro de 2019.
5 Entrevista do autor com Peter Nicholson, 19 de julho de 2019.
6 Entrevista do autor com Harris Fricker, 31 de julho de 2019.
7 Entrevista do autor com Chris Payne, 13 de setembro de 2019.
8 Entrevista do autor com Ed Ho, 8 de agosto de 2019.
9 Entrevista do autor com Elon Musk, 19 de janeiro de 2019.
10 E-mail de Dave Weinstein recebido pelo autor em 9 de agosto de 2019, contendo "The Early History of X.com" anexado em documento .docx. *The negotiation drew*: Lisa Bransten, "Bartering for Equity Can Offer Sweet Rewards in Silicon Valley", *Wall Street Journal*, 2 de setembro de 1999, https://www.wsj.com/articles/SB936223888144908543.

11 Os detalhes da transação estão incluídos no documento S-1 do PayPal em uma seção sobre Goodwill e Outros Ativos Intangíveis. “Em maio de 1999, a Empresa incorporou o nome “X.com” ao seu domínio em troca de 1.500.000 ações, obrigatoriamente preferenciais, conversíveis e retornáveis com valor agregado de US$0,5 milhão”, https://www.sec.gov/Archives/edgar/data/1103415/000091205.
12 Entrevista do autor com Elon Musk, 19 de janeiro de 2019.
13 Entrevista do autor com Chris Payne, 13 de setembro de 2019.
14 Entrevista do autor com Ed Ho, 8 de agosto de 2019.
15 Entrevista do autor com Chris Payne, 13 de setembro de 2019.
16 Entrevista do autor com Harris Fricker, 31 de julho de 2019.
17 Entrevista do autor com Elon Musk, 3 de outubro de 2021.
18 Entrevista do autor com Ed Ho, 8 de agosto de 2019.
19 Entrevista do autor com Harris Fricker, 31 de julho de 2019.
20 Entrevista do autor com um dos primeiros funcionários da X.com. Comentários anônimos.
21 Entrevista do autor com Ed Ho, 8 de agosto de 2019.
22 “Virtual Banker”, *Forbes*, 15 de junho de 1998, https://www.forbes.com/forbes/1998/0615/6112127a.html?sh=3fa9fe86432b.
23 Entrevista do autor com Ed Ho, 8 de agosto de 2019.
24 Apresentação de Elon Musk aos *Entrepreneurial Thought Leaders* de Stanford, 8 de outubro de 2003, https://spacenews.com/video-elon-musks-2003-stanford-university-entrepreneurial-thought-leaders-lecture/.
25 Entrevista do autor com Chris Payne, 13 de setembro de 2019.
26 Entrevista do autor com um dos primeiros funcionários da X.com. Comentários anônimos.
27 Entrevista do autor com Chris Payne, 13 de setembro de 2019.
28 Entrevista do autor com Harris Fricker, 31 de julho de 2019.
29 Entrevista do autor com Chris Payne, 13 de setembro de 2019
30 Entrevista do autor com Ed Ho, 8 de agosto de 2019.
31 “Elon Musk Talks About a New Type of School He Created for His Kids 2015”, Entrevista com Elon Musk na rede de televisão chinesa BTV, 28:15, https://www.youtube.com/watch?v=y6909DjNLCM.
32 Entrevista do autor com Ed Ho, 8 de agosto de 2019.
33 Entrevista do autor com Chris Payne, 13 de setembro de 2019.
34 E-mail enviado a Elon Musk em 9 de maio de 1999, cedido por Harris Fricker.
35 Entrevista do autor com Ed Ho, 8 de agosto de 2019.
36 Entrevista do autor com Peter Nicholson, 19 de julho de 2019.
37 Entrevista do autor com Chris Payne, 13 de setembro de 2019.
38 Entrevista do autor com Doug Mak, 18 de junho de 2019.
39 Entrevista do autor com Chris Chen, 26 de agosto de 2019.
40 Entrevista do autor com Chris Payne, 13 de setembro de 2019.
41 Entrevista do autor com Elon Musk, 19 de janeiro de 2019.
42 Entrevista do autor com Ed Ho, 8 de agosto de 2019.
43 Entrevista do autor com Doug Mak, 18 de junho de 2019.
44 Entrevista do autor com Julie Anderson, 19 de julho de 2019.
45 Entrevista do autor com Elon Musk, 19 de janeiro de 2019.
46 Entrevista do autor com Harris Fricker, 31 de julho de 2019.
47 Entrevista do autor com Peter Nicholson, 19 de julho de 2019.

5. Os Beamers

1 E-mail de John Powers recebido pelo autor, 17 de julho de 2021.
2 Entrevista do autor com Max Levchin, 29 de junho de 2018.
3 Entrevista do autor com Ken Howery, 26 de junho de 2018.
4 Entrevista do autor com Max Levchin, 29 de junho de 2018.
5 Entrevista do autor com Russel Simmons, 24 de agosto de 2018.
6 Entrevista do autor com Yu Pan, 24 de julho de 2018.

7 Entrevista do autor com Max Levchin, 29 de junho de 2018.

8 Entrevista do autor com Russel Simmons, 24 de agosto de 2018.

9 E-mail enviado por Max Levchin (delph@netmeridian.com) a Russel Simmons (resimmon@uiuc.edu) no dia 16 de setembro de 1996, cedido ao autor.

10 Entrevista do autor com Russel Simmons, 24 de agosto de 2018.

11 *Ibidem.*

12 Entrevista do autor com Luke Nosek, 25 de junho de 2018.

13 Entrevista do autor com Luke Nosek (25 de junho de 2018) e Max Levchin (29 de junho de 2018).

14 Entrevista do autor com Max Levchin, 29 de junho de 2018.

15 Entrevista do autor com Luke Nosek, 31 de maio de 2018.

16 Entrevista do autor com Max Levchin, 29 de junho de 2018.

17 Entrevista do autor com Max Levchin, 29 de junho de 2018.

18 Jessica Livingston, "Max Levchin", *Founders at Work* (Nova York: Apress, 2018), 3. Publicado no Brasil com o título *Startup*. Editora Agir.

19 Investimentos documentados compartilhados com o autor.

20 Mais tarde, muito se comentaria sobre o fato de uma parte dos investimentos de Thiel ter sido feita por meio de uma *Roth IRA*, um recurso para aposentadoria criado recentemente e que permitiu que os ativos da Confinity, e que depois vieram a ser do PayPal, crescessem sem a necessidade de pagar impostos. Já que Thiel comprara seus ativos da Confinity muito cedo, no início do ciclo da vida da companhia, esse investimento cresceu substancialmente à medida que a empresa alcançava o sucesso. As premissas básicas da situação parecem ser verdadeiras: Thiel teria comprado US$1.700 em ativos da Confinity a partir de uma *Roth IRA* enquanto as ações ainda eram vendidas a preços baixos, baseado nos relatos dos jornalistas independentes da ProPublica. Mas, dada a incerteza profunda que cercava os planos da empresa, a aposta de Thiel na *Roth* parecia mais jogar roleta russa com o dinheiro da aposentadoria do que uma previsão presciente. Essa decisão foi, essencialmente, uma aposta — com desvantagens relativamente baixas e vantagens potencialmente altas. Se a empresa fosse bem-sucedida, como ocorreu, o investimento de Thiel se tornaria livre de impostos; já se a Confinity falisse (o que parecia provável), o dinheiro arriscado era baixo, ao menos para uma pessoa formada em direito e com a experiência profissional que ele tinha. Não foi só ele que fez essa jogada, outros funcionários do PayPal teriam comprado ativos com suas contas de aposentadoria de modo a tirar vantagem do crescimento sem impostos.

21 Entrevista do autor com Graeme Linnett, 29 de junho de 2019.

22 "Pals Make Ideas Pay", *Contact*, 16 de maio de 2016. https://alumni.uq.edu.au/contact-magazine/article/2016/05/pals-make-ideas-pay.

23 Plano de fevereiro de 1999 da Confinity compartilhado com o autor.

24 Adam Grant, "Want to Build a One-of-a-Kind Company? Ask Peter Thiel", podcast *Authors@Wharton*, 3 de outubro de 2014, https://knowledge.wharton.upenn.edu/article/peter-thiels-notes-on-startups/; ver também: Jackie Adams, "5 Tips from Peter Thiel on Starting a Startup", Los Angeles, 3 de outubro de 2014, https://www.lamag.com/culturefiles/5-tips-peter-thiel-starting-startup/.

25 Entrevista do autor com David Wallace, 5 de dezembro de 2020.

26 Entrevista do autor com Santosh Janardhan, 15 de junho de 2021.

27 "A Fireside Chat with David Sacks '98", University of Chicago Law School, 16 de maio de 2014, https://www.youtube.com/watch?v=9KX920RJTp0.

28 Comentário de Peter Thiel no evento *eCorner Entrepreneurial Thought Leader session* na Universidade Stanford, "Selling Employees, Selling Investors, and Selling Customers", 21 de janeiro de 2004.

29 Entrevista do autor com Vince Sollito, 25 de abril de 2019.

30 Entrevista do autor com Santosh Janardhan, 15 de junho de 2021.

31 Entrevista do autor com Tom Pytel, 4 de dezembro de 2020.

32 Entrevista do autor com Max Levchin, 29 de junho de 2018.

33 Entrevista do autor com Russel Simmons, 24 de agosto de 2018.

34 Entrevista do autor com Tom Pytel, 4 de dezembro de 2020.

35 Entrevista do autor com Russel Simmons, 24 de agosto de 2018.

36 Entrevista do autor com Tom Pytel, 4 de dezembro de 2020.

37 Jessica Livingston, "Max Levchin", *Founders at Work* (Nova York: Apress, 2001), 3. Publi-

cado no Brasil com o título *Startup*. Editora Agir.

38 Bill Dyzel, "Beaming Items with Your Palm Device", *PalmPilot for Dummies*, 1º de outubro de 1998, https://www.dummies.com/consumer-electronics/smartphones/blackberry/beaming-an-item-from-your-palm/.

39 A. J. Musgrove, "The PalmPilot's Infrared Port", *Dr. Dobb's Journal*, 1º de abril de 1999, https://www.drdobbs.com/the-palmpilots-infrared-port/184410909?queryText=musgrove.

40 Jessica Livingston, "Max Levchin", *Founders at Work* (Nova York: Apress, 2001), 3. Publicado no Brasil com o título *Startup*. Editora Agir.

41 Entrevista do autor com Lauri Schulteis, 11 de dezembro de 2020.

42 Apresentação da Confinity compartilhada com o autor por Peter Thiel.

43 Entrevista do autor com Peter Thiel, 28 de novembro de 2017. Em uma conversa posterior, em setembro de 2021, Thiel disse o seguinte em relação à identidade de Satoshi: "Vou colocar em linhas gerais. Acho que se você tentar descobrir a identidade de Satoshi, existem basicamente dois caminhos. O primeiro diz que ele veio do mundo anarquista e cyberpunk das criptomoedas. Ou que ele ou ela era algum tipo de savant idiota, completamente desconectado do mundo. [Já de acordo com a] segunda teoria, é impossível descobrir. Então, assim como para procurar as chaves precisamos acender a luz, precisamos supor que a primeira teoria é verdade, se quisermos mesmo tentar resolver o caso. E aí, se a primeira teoria for verdade, então ele estaria em Anguilla."

44 Comentário de Peter Thiel no evento *eCorner Entrepreneurial Thought Leader session* na Universidade Stanford, "Beating Competitors — and the Conventional Wisdom", 21 de janeiro de 2004.

45 Entrevista do autor com Mark Richardson, 6 de setembro de 2019.

46 Comentário de Peter Thiel no evento *eCorner Entrepreneurial Thought Leader session* na Universidade Stanford, "Selling Employees, Selling Investors, and Selling Customers", 21 de janeiro de 2004.

47 Entrevista do autor com John Malloy, 25 de julho de 2018.

48 Entrevista do autor com Pete Buhl, 30 de julho de 2018.

49 Um dos trabalhos que Levchin citou durante esse período foi o tratado de 1998 "Experimenting with Electronic Commerce on the PalmPilot" ["Experimentos com Comércio Eletrônico no PalmPilot", em tradução livre], escrito por Dr. Neil Daswani e Dr. Dan Boneh. "Este trabalho descreve nossa experiência de implementação de um sistema de pagamento eletrônico para PalmPilot. Apesar de o Palm OS não oferecer suporte para muitas funcionalidades de segurança desejáveis, conseguimos criar um sistema adequado para pagamentos de baixo valor. Discutiremos as vantagens e as desvantagens do uso do PDA para realizar pagamentos seguros, comparando-o ao uso de smartcards ou de um desktop", https://citeseerx.ist.psu.edu/viewdoc/summary?doi=10.1.1.40.770.

50 Entrevista do autor com Max Levchin, 29 de junho de 2018.

51 Entrevistas do autor com Steve Jurvetson (8 de abril de 2019) e Luke Nosek (28 de outubro de 2018).

52 Entrevista do autor com Scott Banister, 25 de julho de 2018.

53 Entrevista do autor com Max Levchin, 30 de outubro de 2018.

54 Entrevista do autor com John Malloy, 29 de outubro de 2018.

6. Ferrados

1 Entrevista do autor com Elon Musk, 19 de janeiro de 2019.

2 Entrevista do autor com Max Levchin, 29 de junho de 2018.

3 Entrevista do autor com Yu Pan, 24 de julho de 2018.

4 Comentário de Max Levchin no *eCorner*, na Universidade Stanford, 21 de janeiro de 2004.

5 Entrevista do autor com Max Levchin, 29 de junho de 2018.

6 Entrevista do autor com Pete Buhl, 30 de julho de 2018.

7 Entrevista do autor com Max Levchin, 24 de julho de 2018.

8 Comentário de Peter Thiel no evento *eCorner: Entrepreneurial Thought Leader session* na Universidade Stanford, 21 de janeiro de 2004, https://ecorner.stanford.edu/videos/selling-investors-beaming-at-bucks/.

9 Entrevista do autor com Luke Nosek, 31 de maio de 2018.

10 *Ibidem*.

11 Entrevista do autor com Luke Nosek, 31 de maio de 2018.

12 Entrevistas do autor com SB Master, 31 de outubro de 2018 e 15 de julho de 2021.

13 Slide compartilhado por SB Master da apresentação de 1999 para discutir o nome da empresa.

14 E-mail enviado por SB Master ao autor 23 de setembro de 2021.

15 Entrevista do autor com SB Master, 31 de outubro de 2018.

16 Slide compartilhado por SB Master da apresentação do PayPal.

17 Entrevista do autor com SB Master, 31 de outubro de 2018.

18 Entrevista do autor com Russel Simmons, 24 de agosto de 2018.

19 Entrevista do autor com Jack Selby, 30 de outubro de 2018.

20 Entrevista do autor com Pete Buhl, 30 de julho de 2018.

21 Entrevista do autor com David Wallace, 5 de dezembro de 2020.

22 Entrevista do autor com Scott Banister, 25 de julho de 2018.

23 E-mail enviado por SB Master ao autor, 12 de maio de 2020.

24 Entrevista do autor com James Hogan, 14 de dezembro de 2020.

25 Blake Masters, "Peter Thiel's CS183: Startup — Class 1 Notes Essay", http://doc.xueqiu.com/13bd54e4b2f11b3fbbcbbbab.pdf.

26 Entrevista do autor com James Hogan, 14 de dezembro de 2020.

27 Entrevista do autor com Erik Klein, 25 de abril de 2021.

28 Entrevista do autor com Santosh Janardhan, 15 de junho de 2021.

29 Entrevista do autor com Luke Nosek, 28 de outubro de 2018.

30 Entrevista do autor com Skye Lee, 24 de setembro de 2021.

31 Entrevista do autor com Denise Aptekar, 14 de maio de 2021.

32 Entrevista do autor com Benjamin Listwon, 21 de maio de 2021.

33 Blake Masters, Peter Thiel's CS183: Startup — Class 1 Notes Essay, http://doc.xueqiu.com/13bd54e4b2f11b3fbbcbbbab.pdf.

34 Entrevista do autor com um antigo funcionário do PayPal.Comentários anônimos.

35 Blake Masters, "Peter Thiel's CS183: Startup — Class 1 Notes Essay", http://doc.xueqiu.com/13bd54e4b2f11b3fbbcbbbab.pdf.

36 Entrevista do autor com Scott Banister, 25 de julho de 2018.

37 James Niccolai and Nancy Gohring, "A Brief History of Palm", *PC World*, 28 de abril de 2010, https://www.pcworld.com/article/195199/article.html.

38 Entrevista do autor com Reid Hoffman, 30 de julho de 2018.

39 Entrevista do autor com Max Levchin, 29 de junho de 2018.

40 Entrevista do autor com Erik Klein, 25 de abril de 2021.

41 Suzanne Herel, "Meet the Boss: David Sacks, CEO of Yammer", *SFGATE*, 22 de fevereiro de 2012, https://www.sfgate.com/business/meetthe boss/article/Meet-the-Boss-David-Sacks-CEO-of-Yammer-3347271.php.

42 Entrevista do autor com antigo funcionário do PayPal. Comentários anônimos.

43 Entrevista do autor com David Sacks, 28 de novembro de 2018.

44 Entrevista de David Sacks por Jason Calacanis, "This Week in Startups — David Sacks, CEO of Yammer", 29 de junho de 2010, https://www.youtube.com/watch?v=TYA_vdHSD8w.

45 Entrevista do autor com Giacomo DiGrigoli, 9 de dezembro de 2020.

46 Entrevista do autor com Max Levchin, 29 de junho de 2018.

47 Entrevista do autor com Erik Klein, De abril de 25, 2021.

48 Entrevista do autor com Russel Simmons, 24 de agosto de 2018.

49 Thread do SlashDot, "Beaming Money", 27 de julho de 1999, https://slashdot.org/story/99/07/27/1754207/beaming-money#comments.

50 FAQ do site do PayPal, 12 de outubro de 1999, acesso por meio do Internet Archive: paypal.com/FAQ.HTML.

51 Entrevista do autor com Max Levchin, 29 de junho de 2018.

52 Entrevista do autor com David Wallace, 5 de dezembro de 2020.

53 Entrevista do autor com Erik Klein, 25 de abril de 2021.

54 Blake Masters, "Peter Thiel's CS183: Startup — Class 1 Notes Essay", http://doc.xueqiu.com/13bd54e4b2f11b3fbbcbbbab.pdf.

55 Entrevista do autor com David Gausebeck, 31 de janeiro de 2019.

56 Entrevistas do autor com Max Levchin, 29 de junho de 2018 e 24 de julho de 2018.

57 Entrevistas do autor com Dan Boneh (27 de junho de 2018) e Max Levchin (24 de julho de 2018).

7. O Poder do Dinheiro

1 As listas com números de telefone eram compartilhadas por vários funcionários. Essas duas — uma antes e outra depois da partida — foram compartilhadas por Doug Mak, o funcionário de número seis da X.com.

2 Entrevista do autor com Scott Alexander, 17 de junho de 2019.

3 Milford Green, "Venture Capital Investment in the United States 1995–2002", *Industrial Geographer* (vol. 2, edição 1), outubro de 2011, 2–30.

4 Entrevista do autor com Elon Musk, 19 de janeiro de 2019.

5 Nicholas Carlson, *Marissa Mayer and the Fight to Save Yahoo!* (Nova York: Grand Central Publishing, janeiro de 2015.

6 Entrevista do autor com Mike Moritz, 19 de dezembro de 2019.

7 Entrevista do autor com Elon Musk, 19 de janeiro de 2019.

8 Entrevista do autor com Steve Armstrong, 29 de janeiro de 2021.

9 Entrevista do autor com Scott Alexander, 17 de junho de 2019.

10 "Zip2 Founder Launches 2nd Firm: Readies Financial Super-site", *Computer Business Review*, 29 de agosto de 1999, https://techmonitor.ai/technology/zip2_founder_launches_2nd_firm_readies_financial_supersite.

11 Lee Barney, "John Story Astutely Shifts Directions", *Mutual Fund Market News*, 13 de setembro de 1999.

12 Entrevista do autor com Chris Chen, 26 de agosto de 2019.

13 Musk usou várias vezes essa expressão para descrever o dinheiro, inclusive em uma palestra, na Universidade Stanford, no dia 8 de outubro de 2003 e em um congresso do Wall Street Journal CEO Council no final de 2020. Esse último comentário recebeu bem mais atenção por ter se dado em uma época em que as criptomoedas estavam disparando — e a fortuna pessoal de Musk tinha alcançado níveis impressionantes.

14 Entrevista do autor com Elon Musk, 19 de janeiro de 2019.

15 Entrevista do autor com Tim Wenzel, 4 de dezembro de 2020.

16 Entrevista do autor com Deborah Bezona, 13 de outubro de 2020.

17 Entrevista do autor com Elizabeth Alejo, 14 de outubro de 2020.

18 Ken Schachter, "Will X.com Mark the Spot for Financial Services?", Ignites.com, 2 de setembro de 1999.

19 Entrevista do autor com Mark Sullivan, 19 de outubro de 2019.

20 Entrevista do autor com Sandeep Lal, 19 de maio de 2021.

21 Entrevistas do autor com Amy Rowe Klement, 24 de setembro de 2021 e 21 de outubro de 2021.

22 Entrevista do autor com Elon Musk, 3 de outubro de 2021.

23 Entrevista do autor com Oxana Wootton, 4 de dezembro de 2020.

24 Entrevista do autor com Colin Catlan, 5 de abril de 2019.

25 Entrevista do autor com Branden Spikes, 25 de abril de 2019.

26 Internet archive, X.com, 13 de outubro de 1999, https://web.archive.org/web/19991013062839/http://x.com/about.html.

27 Entrevista do autor com Satnam Gambhir, 28 de julho de 2020.

28 "X.com Uses Barclays to Close Retail Loop", *American Banker*, 1º de novembro de 1999.

29 Muitos outros detalhes quanto ao acordo entre o First Western National Bank e a X.com estão disponíveis nos formulários submetidos à Comissão de Valores Imobiliários quando o PayPal estava nos preparativos para estrear na bolsa em 2002. Atrás do cartão Titanium da X.com, um cartão de débito lançado pela empresa, também se lia "First Western National Bank".

30 Carol Curtis, "Move Over, Vanguard", CNBC.com, 12 de novembro de 1999.

31 "Zip2 Founder Launches 2nd Firm: Readies Financial Supersite", *Computer Business Review*, 29 de agosto de 1999, https://techmonitor.ai/techonology/zip2_founder_launches_2nd_firm_readies_financial_supersite.

32 John Hechinger and Pui-Wing Tam, "Vanguard's Index Funds Attract Many Imitators", *Wall Street Journal*, 12 de novembro de 1999, https://www.wsj.com/articles/SB942358046539516245?st=jjzy7eh1f8w5j-wp&reflink=mobilewebshare_permalink.

33 Mark Gimein, "Fast Track", Salon.com, 17 de agosto de 1999, https://www.salon.com/1999/08/17/elon_musk/.

34 Entrevista do autor com Colin Catlan, 5 de abril de 2019.

35 Entrevista do autor com Mark Sullivan, 19 de outubro de 2019.
36 Entrevista do autor com Colin Catlan, 5 de abril de 2019.
37 Entrevista do autor com Branden Spikes, 25 de abril de 2019.
38 Entrevista do autor com Mark Sullivan, 19 de outubro de 2019.
39 Entrevista do autor com Wensday Donahoo, 11 de dezembro de 2020.
40 Entrevista do autor com Nick Carroll, 29 de março de 2019.
41 Entrevista do autor com Branden Spikes, 25 de abril de 2019.
42 Entrevista do autor com Nick Carroll, 29 de março de 2019.
43 Entrevista do autor com Scott Alexander, 17 de junho de 2019.
44 Entrevista do autor com Nick Carroll, 29 de março de 2019.
45 Entrevista do autor com Mark Sullivan, 19 de outubro de 2019.
46 Entrevista do autor com Scott Alexander, 17 de junho de 2019.
47 Entrevista do autor com Elon Musk, 19 de janeiro de 2019.
48 Entrevista do autor com Nick Carroll, 29 de março de 2019.
49 Entrevista do autor com Amy Rowe Klement, 1 de outubro de 2021.
50 Entrevista do autor com Scott Alexander, 17 de junho de 2019.
51 Entrevista do autor com Mark Sullivan, 19 de outubro de 2019.

PARTE 2. BISPO MAU

8. Se Você Construir, Ele Virá

1 Entrevista do autor com Colin Catlan, 5 de abril de 2019.
2 Entrevista do autor com Julie Anderson, 19 de julho de 2019.
3 Entrevista do autor com Colin Catlan, 5 de abril de 2019.
4 Entrevista do autor com Ken Miller, 21 de janeiro de 2021.
5 Entrevista do autor com Steve Armstrong, 29 de janeiro de 2021.
6 E-mail enviado por Maye Musk a Elon Musk, 21 de janeiro de 2000.
7 Entrevista do autor com Elon Musk, 19 de janeiro de 2019.
8 Entrevista do autor com Branden Spikes, 25 de abril de 2019.
9 John Markoff, "Security Flaw Discovered at Online Bank", *New York Times*, 28 de janeiro de 2000.
10 Kevin Featherly. "Online Banking Breach Sparks Strong Concerns", Newsbytes PM, *Washington Post*, 28 de janeiro de 2000.
11 John Engen, "X.com Tries to Stare Down the Naysayers", *US Banker*, março de 2000, 11, 3.
12 Entrevista do autor com Julie Anderson, 19 de julho de 2019.
13 Entrevista do autor com David Gausebeck, 31 de janeiro de 2019.
14 Entrevista do autor com Max Levchin, 29 de junho de 2018.
15 Legenda de uma foto hospedada no site levchin.net, http://www.levchin.com/paypal-slideshow/3.html.
16 Entrevista do autor com David Wallace, 5 de dezembro de 2020.
17 Entrevista do autor com Colin Catlan, 5 de abril de 2019.
18 Entrevista do autor com Ryan Donahue, 5 de maio de 2021.
19 Entrevista do autor com Elon Musk, 19 de janeiro de 2019.
20 O antigo advogado do PayPal Chris Ferro explicou imbróglio da mensagem "Dinheiro para você". Os documentos da IPO da empresa também incluem uma referência a esse aborrecimento jurídico: "Também tentamos registrar as marcas 'X.com', 'You've got money' ['Dinheiro para você', em tradução livre] e 'You've got cash' ['Grana para você', em tradução livre] no U.S. America Online, Inc., mas as duas últimas foram recusadas."
21 Entrevista do autor com Nick Carroll, 29 de março de 2019.
22 Entrevista do autor com Elon Musk, 19 de janeiro de 2019.
23 Entrevista do autor com Amy Rowe Klement, 24 de setembro de 2021.
24 Discurso inaugural de Elon Musk na Caltech, 2012.
25 Entrevista do autor com Elon Musk, 19 de janeiro de 2019.

26 Entrevista do autor com David Sacks, 28 de novembro de 2018.
27 Entrevista do autor com Denise Aptekar, 14 de maio de 2021.
28 Entrevista do autor com Giacomo DiGrigoli, 9 de dezembro de 2020.
29 Lee Gomes, "Fix It and They Will Come", *Wall Street Journal*, 12 de fevereiro de 2001, https://www.wsj.com/articles/SB981489281131292770.
30 Entrevista do autor com David Wallace, 5 de dezembro de 2020.
31 Tim Draper and Steve Jurvetson, "Viral Marketing", *Netscape M-Files*, 1º de maio de 1997.
32 Entrevista do autor com David Jaques, 12 de agosto de 2021.
33 Entrevista do autor com David Sacks, 28 de novembro de 2018.
34 Entrevista do autor com Erik Klein, 25 de abril de 2021.
35 Entrevista do autor com Nick Carroll, 29 de março de 2019.
36 Entrevista do autor com Elon Musk, 19 de janeiro de 2019.
37 Entrevista do autor com Colin Catlan, 5 de abril de 2019.
38 Adam Cohen, *The Perfect Store: Inside eBay,* 1ª ed. (Boston: Little, Brown and Co, 2002), 4–5.
39 *Meet the Buyer Behind EBay Founder Pierre Omidyar'sFirst Ever Sale*, acesso em 14 de outubro de 2021, https://www.youtube.com/watch?v=n7tq4EiGkA4.
40 E-mail enviado por Peter Thiel (Peter@confinity.com) à Graeme Linnett e a Peter Davison, 8 de abril de 1999, compartilhado com o autor por Peter Davison.
41 Comentário de Peter Thiel no fórum Entrepreneurial Thought Leaders de Stanford. "Selling Customers — Getting the Product Out", 24 de janeiro de 2004, https://ecorner.stanford.edu/videos/selling-customers-getting-the-product-out/.
42 Entrevista do autor com Luke Nosek, 25 de junho de 2018.
43 Entrevista do autor com David Wallace, 5 de dezembro de 2020.
44 Entrevista do autor com David Sacks, 28 de novembro de 2018.
45 Entrevista do autor com Max Levchin, 30 de outubro de 2018.
46 Entrevista do autor com Doug Mak, 18 de junho de 2019.
47 Entrevista do autor com Skye Lee, 24 de setembro de 2021.
48 Entrevista do autor com Vivien Go, 6 de maio de 2021.
49 "Philosophy 80: Mind, Matter, and Meaning", ementa da matéria oferecida no semestre de inverno de 1986 na Universidade Stanford, compartilhada com o autor pelo Dr. Michael Bratman.
50 Entrevista do autor com Reid Hoffman, 30 de julho de 2018.
51 "ASSU Spring Election Pamphlet", 1987, 5–6, https://archives.stanforddaily.com/1987/04/09?page=6§ion=MODSMD_ARTICLE4#issue.
52 "Nominations and Elections Committee", *Daily Pennsylvanian* (vol. CIX, nº 26), 1º de março de 1993, 12.
53 Entrevista do autor com Reid Hoffman, 30 de julho de 2018.
54 Entrevista do autor com Pete Buhl, 30 de julho de 2018.
55 Entrevista do autor com Vivien Go, 6 de maio de 2021.
56 Entrevista do autor com Luke Nosek, 31 de maio de 2018.
57 Reid Hoffman, "Game O", *Greylock* (blog), 18 de maio de 2021, http://greylock.com/greymatter/reid-hoffman-game-on/.
58 Entrevista do autor com Dan Madden, 6 de maio de 2021.
59 Entrevista do autor com Tom Gerace, 21 de março de 2019.
60 "Digits: Gambits & Gadgets In the World of Technology", *Wall Street Journal*, 9 de março de 2000, https://www.wsj.com/articles/SB952559753465844367.
61 Entrevista do autor com Pat George, 26 de março de 2019
62 Entrevista do autor com Tom Gerace, 21 de março de 2019.
63 Entrevista do autor com Pat George, 26 de março de 2019.
64 Entrevista do autor com Tom Gerace, 21 de março de 2019.
65 Entrevista do autor com Pat George, 21 de março de 2019.
66 Entrevista do autor com Elon Musk, 19 de janeiro de 2019.
67 Entrevista do autor com Bill Harris, 3 de julho de 2019.
68 Entrevista do autor com Colin Catlan, 5 de abril de 2019.
69 Entrevista do autor com Elon Musk, 19 de janeiro de 2019.

70 "Ex-Intuit Exec Joins Internet Financial Services Startup as CEO", Gomez Staff, Gomez.com, 7 de dezembro de 1999.

9. A Guerra de Widgets

1 Entrevista do autor com John Malloy, 25 de julho de 2018.
2 Entrevista do autor com Max Levchin, 30 de outubro de 2018.
3 Entrevista do autor com David Wallace, 5 de dezembro de 2020.
4 Entrevista do autor com Elon Musk, 19 de janeiro de 2019.
5 Entrevista do autor com Ken Howery, 26 de setembro de 2018
6 *Ibidem.*
7 Entrevista do autor com Yu Pan, 24 de julho de 2018.
8 Entrevista do autor com Denise Aptekar, 14 de maio de 2021.
9 Entrevista do autor com Oxana Wootton, 4 de dezembro de 2020.
10 Entrevista do autor com David Gausebeck, 31 de janeiro de 2019.
11 Entrevista do autor com Elon Musk, 19 de janeiro de 2019.
12 Entrevista do autor com Doug Mak, 18 de junho de 2019.
13 Entrevista do autor com Luke Nosek, 31 de maio de 2018.
14 Entrevista do autor com Elon Musk, 19 de janeiro de 2019.
15 Entrevista do autor com Julie Anderson, 19 de julho de 2019.
16 Entrevista do autor com Colin Catlan, 5 de abril de 2019.
17 Entrevista de Peter Thiel com Dave Rubin de *The Rubin Report*, 12 de setembro de 2018, https://www.youtube.com/watch?v=h10kXgTdhNU.
18 Entrevista do autor com Yu Pan, 24 de julho de 2018.
19 Max Levchin — Startup School 2011, https://www.youtube.com/watch?v=9R2xgM-pu18.
20 Entrevista do autor com Max Levchin, 29 de junho de 2018.
21 Entrevista do autor com Jack Selby, 30 de outubro de 2018.
22 Entrevista do autor com Luke Nosek, 31 de maio de 2018.
23 Entrevista do autor com John Malloy, 25 de julho de 2018.
24 George Packer, "No Death, No Taxes", *New Yorker*, 28 de novembro de 2011, https://www.newyorker.com/magazine/2011/11/28/no-death-no-taxes.
25 Entrevista do autor com David Wallace, 5 de dezembro de 2020.
26 Entrevista do autor com Ed Bogas, 29 de julho de 2019.
27 Entrevista do autor com Ken Howery, 26 de setembro de 2018.
28 Anthony Deden, "Reflections on Prosperity", *Sage Chronicle*, 29 de dezembro de 1999.
29 Durante as entrevistas com o autor, Thiel, Nosek, Levchin e Powers comentaram repetidas vezes sobre a quantidade de vezes em que a Confinity teve pedidos de financiamento negados. A reflexão mais detalhada que veio a público até o momento partiu de uma apresentação de 2003 ministrada por Thiel e Levchin a alunos de Stanford. O clipe da apresentação, "Selling Employees, Selling Investors, and Selling Customers", também está disponível online, tanto o vídeo quanto a transcrição: https://ecorner.stanford.edu/videos/selling-employees-selling-investors-and-selling-customers/.
30 Entrevista do autor com Ken Howery, 26 de setembro de 2018.
31 Entrevista do autor com Vince Sollitto, 25 de abril de 2019.
32 Entrevista do autor com Bill Harris, 3 de julho de 2019.
33 Entrevista do autor com Max Levchin, 30 de outubro de 2018.
34 Entrevista do autor com Pete Buhl, 30 de julho de 2018.
35 Entrevista do autor com John Malloy, 29 de outubro de 2018.
36 Entrevista do autor com Luke Nosek, 25 de junho de 2018.
37 Entrevista do autor com Elon Musk, 19 de janeiro de 2019.
38 Entrevista do autor com Bill Harris, 3 de julho de 2019.
39 Entrevista do autor com Max Levchin, 30 de outubro de 2018.
40 Entrevistas do autor com Bill Harris (3 de julho de 2019) e Max Levchin (30 de outubro de 2018).
41 Entrevista do autor com Max Levchin, 30 de outubro de 2018.
42 Entrevista do autor com Elon Musk, 19 de janeiro de 2019.

43 Entrevista do autor com Bill Harris, 3 de julho de 2019.

44 Entrevista do autor com John Malloy, 25 de julho de 2018.

45 Entrevista do autor com Luke Nosek, 30 de outubro de 2018.

10. A Queda

1 Além de expressar esses sentimentos durante a entrevista, Musk também fez comentários parecidos em várias instâncias ao longo dos anos. Ver também: Paul Henderson, "Elon Musk's Car Collection Is Out of This World", *GQ*, 28 de junho de 2020, https://www.gq-magazine.co.uk/lifestyle/article/elon-musk-car-collection.

2 Blog pessoal de Sami Aaltonen, em que se avalia cada um dos carros que participaram do evento McLaren F1 Owners Club 25th Anniversary Tour, no sul da França, https://samiaal.kuvat.fi/kuvat/1993-1998+MCLAREN+F+/MCLAREN+F1+-+ENGLISH/CHASSIS+067/.

3 Andrew Frankel. "The Autocar Road Test: McLaren F1". *Autocar*. 11 de maio de 1994.

4 Entrevista do autor com Erik Reynolds, 22 de julho de 2021.

5 "Rowan Atkinson's McLaren F1: From Twice-Crashed Mess to £8m Icon", *CAR* magazine, acesso em 15 de outubro de 2021, https://www.carmagazine.c.uk/car-news/motoring-issues/2015/rowan-atkinsons-mclaren-f1-from-twice-crashed-mess-to-8m-icon/.

6 Darius Senai, "Three Killed as Pounds 627,000 McLaren Crashes", *The Independent*, 23 de outubro de 2011, https://www.independent.co.uk/news/three-killed-pounds-627-000-mclaren-crashes-1082273.html.

7 Peter Robinson, "Tested: 1994 McLaren F1 Humbles All Other Supercars", *Car and Driver*, agosto de 1994, https://www.caranddriver.com/reviews/a15142653/mclaren-f1-supercar-road-test-review/.

8 Comentário de Elon Musk em uma entrevista à CNN, "Watch a Young Elon Musk Get His First Supercar in 1999", CNN, https://www.youtube.com/watch?v=s9mczdODqzo.

9 Comentário de Musk a Sarah Lacy, "Elon Musk: How I Wrecked an Uninsured McClaren F1", *Pando Daily*, 16 de julho de 2012, https://www.youtube.com/watch?v=mOI8GWoMF4M.

10 Entrevista do autor com Peter Thiel, 11 de setembro de 2021.

11 Entrevista do autor com Elon Musk, 19 de janeiro de 2019. Ver também: Comentário de Musk a Sarah Lacy, "Elon Musk: How I Wrecked an Uninsured Mclaren F1", *Pando Daily*, 16 de julho de 2012, https://www.youtube.com/watch?v=mOI8GWoMF4M.

12 *Ibidem*.

13 *Ibidem*.

14 Entrevista do autor com Bill Harris, 3 de julho de 2019.

15 Entrevista do autor com Elon Musk, 29 de janeiro de 2019.

16 Entrevista do autor com Peter Thiel, 11 de setembro de 2021.

17 Comentário de Max Levchin no *eCorner*, na Universidade Stanford, 21 de janeiro de 2004, https://ecorner.stanford.edu/videos/when-and-why-to-merge-with-a-competitor-to-dominate-a-market/.

18 E-mail enviado por um usuário a Julie Anderson e Vince Sollitto, 5 de março de 2000.

19 "eBay's Billpoint Might Tap Visa", *CBS Market Watch*, 29 de fevereiro de 2000.

20 Entrevista do autor com Amy Rowe Klement, 24 de setembro de 2021.

21 Entrevista do autor com Ken Miller, 21 de janeiro de 2021.

22 Comentário de Reid Hoffman a Sarah Lacy, "Pando-Monthly: Fireside Chat with Reid Hoffman", *PandoDaily*, 12 de agosto de 2012, https://www.youtube.com/watch?v=lKDcbFGct8A.

23 Entrevista do autor com Elon Musk, 19 de janeiro de 2019.

24 Entrevista do autor com Colin Catlan, 5 de abril de 2019.

25 Entrevista do autor com David Gausebeck, 31 de janeiro de 2019.

26 Eric Jackson, *The PayPal Wars* (Los Angeles: WorldAhead Publishing, 2004), 72.

27 Entrevista do autor com Ken Howery, 26 de setembro de 2018.

28 Entrevista do autor com Erik Klein, 25 de abril de 2021.

29 Entrevista do autor com Todd Pearson, 8 de outubro de 2018.

30 Entrevista do autor com Julie Anderson, 19 de julho de 2019.

31 Termos do contrato de arrendamento entre a X.com e a Harbor Investment Partners, https://corporate.findlaw.com/contracts/land/

1840-embarcadero-road-palo-alto-ca-lease-agreement-harbor.html.

32 Entrevista do autor com Lee Hower, 1º de novembro de 2018.

33 E-mail de Sal Giambanco a all@paypal.com e all@x.com. 30 de março de 2000.

34 Comunicado de imprensa intitulado "X.com Announces $100 Million Financing Round" ["X.com Anuncia Rodada de Investimento de US$100 milhões", em tradução livre], 5 de abril de 2000, https://www.paypalobjects.com/html/pr-040500.html.

35 Entrevista do autor com Jack Selby, 30 de outubro de 2018.

36 Entrevista do autor com Elon Musk, 19 de janeiro de 2019.

37 Comentário de Peter Thiel no *eCorner,* na Universidade Stanford, 21 de janeiro de 2004, https://ecorner.stanford.edu/wp-content/uploads/sites/2/2004/01/1027.pdf.

38 Entrevista do autor com David Sacks e Mark Woolway, 28 de novembro de 2018.

39 Entrevista do autor com Ken Howery, 26 de setembro de 2018.

40 Phil Leggiere, "From Zip to X", *Pennsylvania Gazette*, 26 de outubro de 1999, https://www.upenn.edu/gazette/1199/leggiere.html.

41 *Ibidem.*

42 Entrevista do autor com Elon Musk, 19 de janeiro de 2019.

43 Entrevista do autor com Tim Hurd, 15 de novembro de 2018.

44 Comunicado de imprensa intitulado "X.com Announces $100 Million Financing Round" ["X.com Anuncia Rodada de Investimento de US$100 milhões", em tradução livre], 5 de abril de 2000, https://www.paypalobjects.com/html/pr-040500.html.

45 Catherine Tymkiw, "Bleak Friday on Wall Street", CNNFn, 169, 14 de abril de 2000, https://money.cnn.com/2000/04/14/markets/markets_newyork/.

46 Catherine Tymkiw, "The Internet Lives On", CNNFn, 23 de dezembro de 2000, https://money.cnn.com/2000/12/23/technology/internet_review/index.htm.

47 Entrevista do autor com Peter Thiel, 28 de novembro de 2017.

48 Entrevista do autor com David Sacks, 28 de novembro de 2018.

49 Entrevista do autor com Vince Sollitto, 25 de abril de 2019.

50 Entrevista do autor com Amy Rowe Klement, 24 de setembro de 2021

51 Entrevista do autor com Mark Woolway, 29 de janeiro de 2019.

52 Entrevista do autor com David Wallace, 5 de dezembro de 2020.

53 Entrevista do autor com Tim Hurd, 15 de novembro de 2018.

54 Entrevista do autor com John Malloy, 25 de julho de 2018.

11. O Golpe do Bar do Amendoim

1 *Weekly eXpert*, 9 de junho de 2000.

2 Entrevista do autor com Colin Catlan, 5 de abril de 2019.

3 Entrevista do autor com Jim Kellas, 7 de dezembro de 2020.

4 Entrevista do autor com Reid Hoffman, 24 de agosto de 2018.

5 Entrevista do autor com David Sacks, 28 de novembro de 2018.

6 Reclamação enviada à X.com por um cliente em 22 de fevereiro de 2000.

7 E-mail enviado por Elon Musk à equipe da X.com no dia 10 de abril de 2000.

8 Publicação "BEWARE OF 'X.COM'!!!" feita no site Epinions pelo usuário wzardofodd, 26 de fevereiro de 2000.

9 Entrevista do autor com Vivien Go, 6 de maio de 2021.

10 Entrevista do autor com Skye Lee, 24 de setembro de 2021.

11 Entrevista do autor com Dionne McCray, 18 de maio de 2021.

12 Entrevista do autor com Elon Musk, 19 de janeiro de 2019.

13 Entrevista do autor com Julie Anderson, 19 de julho de 2019.

14 Entrevista do autor com Elon Musk, 19 de janeiro de 2019.

15 Entrevista do autor com Julie Anderson, 19 de julho de 2019.

16 E-mail enviado pelo *Weekly eXpert* a all@x.com, 12 de maio de 2000.

17 Entrevista do autor com Michelle Bonet, 7 de janeiro de 2021.

18 Entrevista do autor com Amy Rowe Klement, 1º de outubro de 2021.

19 Entrevista do autor com Elon Musk, 19 de janeiro de 2019.

20 Entrevista do autor com Julie Anderson, 19 de julho de 2019.

21 Entrevista do autor com Ryan Donahue, 5 de maio de 2021.
22 Entrevista do autor com Giacomo Drigoli, 9 de dezembro de 2020.
23 "Elon Musk's First Public Speech — Talks Paypal and SpaceX, 2003", ["O Primeiro Discurso de Elon Musk — Comentários sobre o PayPal e a SpaceX", em tradução livre], acesso 29 de julho de 2021, https://www.youtube.com/watch?v=n3yfa0MU01s.
24 Entrevista do autor com um dos primeiros funcionários da X.com. Comentários anônimos.
25 Entrevista do autor com David Sacks, 28 de novembro de 2018.
26 Entrevista do autor com um dos primeiros funcionários da X.com. Comentários anônimos.
27 Entrevista do autor com Bill Harris, 3 de julho de 2019.
28 E-mail enviado por Bill Harris a all@x.com, 9 de março de 2000, assunto: "Avisos da X.com — REVISTO".
29 Entrevista do autor com Bill Harris, 3 de julho de 2019.
30 Eric Jackson, *The PayPal Wars* (Los Angeles: World Ahead Publishing, 2004), 95.
31 Entrevista do autor com Luke Nosek, 25 de outubro de 2019.
32 Entrevista do autor com um dos primeiros engenheiros da X.com. Comentários anônimos.
33 Entrevista do autor com Amy Rowe Klement, 24 de setembro de 2021.
34 E-mail enviado por Peter Thiel a all@x.com, 5 de maio de 2000.
35 Entrevista do autor com David Sacks, 28 de novembro de 2018.
36 Entrevista do autor com Elon Musk, 19 de janeiro de 2019.
37 Entrevista do autor com antigo executivo do PayPal. Comentários anônimos.
38 *Ibidem.*
39 Entrevista do autor com Elon Musk, 19 de janeiro de 2019.
40 E-mail de Elon Musk para all@x.com, 12 de maio de 2000.
41 Entrevista do autor com Sandeep Lal, 19 de maio de 2021.
42 Entrevista do autor com Denise Aptekar, 14 de maio de 2021.
43 Entrevista do autor com Bill Harris, 3 de julho de 2019.
44 Mark Gimein, "CEOs Who Manage Too Much", *Fortune*, 4 de setembro de 2000, https://money.cnn.com/magazines/fortune/fortune_archive/2000/09/04/286794/.
45 Entrevista do autor com John Malloy, 25 de julho de 2018.
46 Entrevista do autor com David Sacks, 28 de novembro de 2018.
47 Entrevista do autor com Elon Musk, 19 de janeiro de 2019.
48 Entrevista do autor com David Sacks, 28 de novembro de 2018.
49 Entrevista do autor com Elon Musk, 19 de janeiro de 2019.
50 Entrevista do autor com Luke Nosek, 31 de maio de 2018.

12. Com Seus Botões

1 Entrevista do autor com Mark Woolway, 29 de janeiro de 2019.
2 E-mail enviado por Elon Musk a all@x.com no dia 8 de junho de 2000.
3 Entrevista do autor com James Hogan, 14 de dezembro de 2020.
4 Frederick Brooks, *The Mythical Man Month* (Boston: 5 Addison Wesley Pub. Co., 1975; edição do 25º aniversário, 2000), 14. Publicado no Brasil com o título *O Mítico Homem-Mês*. Editora Alta Books
5 Entrevista do autor com David Sacks, 28 de novembro de 2018.
6 Entrevista do autor com Janet He, 30 de junho de 2021.
7 Entrevista do autor com Jeremy Stoppelman, 31 de janeiro de 2019.
8 Entrevista do autor com Kim-Elisha Proctor, 15 de maio de 2021.
9 Robert Cringely, *Nerd TV*, episódio 2, "Max Levchin", 13 de setembro de 2005, https://archive.org/details/ntv002.
10 Entrevista do autor com William Wu, 5 de dezembro de 2020.
11 Entrevista do autor com Dionne McCray, 18 de maio de 2021.
12 Entrevista do autor com Oxana Wootton, 4 de dezembro de 2020.
13 Entrevista do autor com um dos primeiros funcionários da X.com. Comentários anônimos.
14 Entrevista do autor com um dos primeiros funcionários da X.com. Comentários anônimos.

15 Troca de e-mails do dia 11 de julho de 2001, assunto: "RE: Cartões de crédito para clientes da cat1."
16 E-mail enviado por David Sacks a all@x.com no dia 22 de junho de 2000.
17 Entrevista do autor com Vince Sollitto, 25 de abril de 2019.
18 Entrevista do autor com Todd Pearson, 8 de outubro de 2018.
19 Entrevista do autor com Tim Hurd, 15 de novembro de 2018.
20 Entrevista do autor com Elon Musk, 19 de janeiro de 2019.
21 Entrevista do autor com David Sacks, 28 de novembro de 2018.
22 Entrevista do autor com Elon Musk, 19 de janeiro de 2019.
23 Entrevista do autor com Sanjay Bhargava, 22 de janeiro de 2019.
24 Entrevistas do autor com Todd Pearson (8 de outubro de 2018) e Sanjay Bhargava (22 de janeiro de 2019).
25 Entrevista do autor com Skye Lee, 24 de setembro de 2021.
26 E-mail enviado por David Sacks a all@x.com, 21 de julho de 2000, assunto: "FW: Está acontecendo: o sorteio de US$10.000 do PayPal."
27 Entrevista do autor com Elon Musk, 19 de janeiro de 2019.
28 E-mail enviado por David Sacks a all@x.com no dia 14 de junho de 2000.
29 Entrevista do autor com Daniel Chan, 26 de abril de 2021.
30 Entrevista do autor com David Sacks, 28 de novembro de 2018.
31 Entrevista do autor com Ryan Donahue, 5 de maio de 2021.
32 Documento Word de nome "Descrição 2 do produto X-Click. doc" do dia 24 de março de 2000 que avalia o produto X-Click.
33 Entrevista do autor com Amy Rowe Klement, 24 de setembro de 2021.
34 Entrevista do autor com Sandeep Lal, 19 de maio de 2021.
35 Entrevista do autor com Elon Musk, 19 de janeiro de 2019.
36 Entrevista do autor com Rob Chestnut, 19 de julho de 2021.
37 E-mail enviado por update@paypal.com a todos os usuários no dia 15 de junho de 2000, assunto: "Aviso importante sobre a sua conta PayPal."
38 Entrevista do autor com Sandeep Lal, 19 de maio de 2021.
39 E-mail enviado por update@paypal.com a todos os usuários no dia 15 de junho de 2000, assunto: "Aviso importante sobre a sua conta PayPal."
40 Entrevista do autor com David Wallace, 5 de dezembro de 2020.
41 E-mail enviado por Elon Musk a all@x.com, 18 de maio de 2000.
42 E-mail enviado por Julie Anderson a all@x.com no dia 14 de julho de 2000.
43 "Can Community Banks Win Over the 45 'Nintendo Generation' While Still Appealing to Their Grandparents?", *ABA Banking Journal*, 1º de setembro de 2000.
44 E-mail enviado por Eric Jackson a all@x.com, 1º de junho de 2000, assunto: "Relatório Diários de Dados dos Usuários (01/06/2000)."
45 *Weekly eXpert*, 12 de maio de 2000.
46 *Weekly eXpert*, 16 de junho de 2000.
47 *Weekly eXpert*, 7 de julho de 2000.
48 *Weekly eXpert*, 23 de junho de 2000.
49 *Weekly eXpert*, 30 de junho de 2000.
50 *Weekly eXpert*, 4 de agosto de 2000.
51 E-mail enviado por Elon Musk a all@x.com, 1º de junho de 2000.

13. A Espada

1 Entrevistas do autor com Roelof Botha, 11 e 19 de dezembro de 2019.
2 Entrevista do autor com Luke Nosek, 28 de outubro de 2018.
3 Entrevista do autor com Ken Brownfield, 28 de dezembro de 2020.
4 Entrevista do autor com David Gausebeck, 31 de janeiro de 2019.
5 Charles Mann, "Living with Linux", *The Atlantic*, Agosto de 1999, https://www.theatlantic.com/magazine/archive/1999/08/living-with-linux/377729/.
6 Entrevista do autor com um dos primeiros funcionários do PayPal. Comentários anônimos.
7 Entrevista do autor com Elon Musk, 19 de janeiro de 2019.
8 *Weekly eXpert*, 21 de julho de 2000.
9 Entrevista do autor com Luke Nosek, 28 de outubro de 2018.
10 Entrevista do autor com Ken Brownfield, 28 de dezembro de 2020.
11 Entrevista do autor com um dos primeiros funcionários do PayPal. Comentários anônimos.

12 Entrevista do autor com Jawed Karim, 14 de dezembro de 2020.
13 Entrevista do autor com David Kang, 10 de dezembro de 2020.
14 E-mail enviado pelo engenheiro da X.com Robert Frezza no dia 20 de julho de 2000.
15 Entrevista do autor com um dos primeiros funcionários da X.com. Comentários anônimos.
16 Entrevista do autor com um dos primeiros funcionários da X.com. Comentários anônimos.
17 Entrevista do autor com Sugu Sougoumarane, 3 de dezembro de 2020.
18 Entrevista do autor com Doug Mak, 18 de junho de 2019.
19 Entrevista do autor com um dos primeiros funcionários da X.com. Comentários anônimos.
20 Postagem do blog nixCraft: "O servidor do Linux é mais seguro do que o do Windows?", https://www.cyberciti.biz/tips/page/87.
21 Entrevista do autor com Ken Brownfield, 28 de dezembro de 2020.
22 Entrevista do autor com Jawed Karim, 14 de dezembro de 2020.
23 Entrevista do autor com William Wu, 5 de dezembro de 2020.
24 Entrevista do autor com David Kang, 10 de dezembro de 2020.
25 E-mail de Elon Musk encaminhado a vários destinatários, inclusive engineering@x.com, no dia 27 de agosto de 2000, assunto: "apimentando o lançamento da V2."
26 Entrevista do autor com Todd Pearson, 8 de outubro de 2018.
27 Texto da *Weekly eXpert* do dia 22 de setembro de 2000 enviado para all@x.com.
28 Entrevista do autor com Reid Hoffman, 1 de setembro de 2018.
29 Entrevista do autor com Santosh Janardhan, 15 de junho de 2021.
30 Entrevista do autor com Elon Musk, 9 de janeiro de 2019.
31 Entrevista do autor com Vivien Go, 6 de maio de 2021.
32 Entrevista do autor com Rena Fischer, 8 de janeiro de 2021.
33 Entrevista do autor com Amy Rowe Klement, 1º de outubro de 2021.
34 Entrevista do autor com Reid Hoffman, 1º de setembro de 2018.
35 Entrevista do autor com Elon Musk, 9 de janeiro de 2019.
36 Entrevista do autor com Peter Thiel, 11 de setembro de 2021.
37 Entrevista do autor com Reid Hoffman, 1º de setembro de 2018.
38 Entrevista do autor com Peter Thiel, 11 de setembro de 2021.
39 Entrevista do autor com Elon Musk, 19 de janeiro de 2019.
40 Entrevista do autor com Max Levchin, 23 de setembro de 2021.

14. O Preço da Ambição

1 Entrevista do autor com Elon Musk, 19 de janeiro de 2019.
2 Entrevista do autor com Giacomo DiGrigoli, 9 de dezembro de 2020.
3 Entrevista do autor com um dos primeiros funcionários da X.com. Comentários anônimos.
4 Entrevista do autor com Elon Musk, 19 de janeiro de 2019.
5 Entrevista do autor com John Malloy, 29 de outubro de 2018.
6 Entrevista do autor com um dos primeiros membros do conselho do PayPal. Comentários anônimos.
7 Entrevista do autor com Tim Hurd, 15 de novembro de 2018.
8 Entrevista do autor com Sandeep Lal, 19 de maio de 2021.
9 Entrevista do autor com John Malloy, 19 de outubro de 2018.
10 Entrevista do autor com Elon Musk, 19 de janeiro de 2019.
11 E-mail enviado por um dos primeiros funcionários da X.com a Tim Hurd, membro do conselho, e a um grupo de funcionários da empresa no dia 23 de setembro de 2000, assunto: "Elon Musk."
12 E-mail enviado por Elon Musk aos primeiros funcionários da X.com no dia 23 de setembro de 2000, assunto: "RE: Elon Musk."
13 Entrevista do autor com Elon Musk, 19 de janeiro de 2019.
14 Entrevista do autor com Sandeep Lal, 26 de maio de 2021.
15 E-mail enviado por Peter Thiel a all@x.com, 24 de setembro de 2000, assunto: "E-mail a todos os funcionários."
16 E-mail enviado por Elon Musk a all@x.com, 25 de setembro de 2000, assunto: "Levar a X.com a outro patamar."

17 Entrevista do autor com Branden Spikes, 25 de abril de 2019.
18 Comentários de Elon Musk à conferência Inc. 5000 de 2008 em National Harbor, Maryland, https://www.youtube.com/watch?v=Xcut1JfT-MoM.
19 Entrevista do autor com John Malloy, 29 de outubro de 2018.
20 Entrevista do autor com Max Levchin, 23 de setembro de 2021.
21 1 Reis 3:27, Bíblia Sagrada. Nova Versão Internacional.
22 Entrevista do autor com Elon Musk, 19 de janeiro de 2019.
23 Entrevista do autor com Jawed Karim, 14 de dezembro de 2020.
24 William Shakespeare, *Júlio César*, ato 3, cena 1.
25 Entrevista do autor com Erik Klein, 25 de abril de 2021.
26 Entrevista do autor com Mark Woolway, 29 de janeiro de 2019.
27 Entrevista do autor com Jawed Karim, 14 de dezembro de 2020.
28 Entrevista do autor com Amy Rowe Klement, 1º de outubro de 2021.
29 Entrevista do autor com Jeremy Stoppelman, 31 de janeiro de 2019.
30 Entrevista do autor com Sandeep Lal, 26 de maio de 2021.
31 Entrevista do autor com Sandeep Lal, 19 de maio de 2021.
32 Entrevista do autor com Branden Spikes, 25 de abril de 2019.
33 Entrevista do autor com Jeremy Stoppelman, 31 de janeiro de 2019.
34 Entrevista do autor com Lee Hower, 1º de novembro de 2018.
35 Entrevista do autor com Elon Musk, 19 de janeiro de 2019.
36 Comentários de Elon Musk na conferência Inc. 5000 de 2009, em National Harbor, Maryland, https://www.youtube.com/watch?v=X-cut1JfTMoM.
37 Entrevista do autor com Elon Musk, 9 de janeiro de 2019.
38 Charles Dickens, *A Tale of Two Cities* (Nova York: Penguin Classics, 2003), 1. Publicado no Brasil com o título *Um Conto de Duas Cidades*.
39 Texto compartilhado com o autor por Seshu Kanuri.
40 E-mail enviado por Scott Alexander ao autor, 18 de junho de 2019.
41 Entrevista do autor com Mark Woolway, 29 de janeiro de 2019.
42 "SpaceX Launches Falcon 1 Liquid Fuel Rocket into Orbit", 3 de outubro de 2008, https://www.militaryaerospace.com/home/article/16718119/spacex-launches-falcon-1-liquid-fuel-rocket-into-orbit.

PARTE 3. TORRES DOBRADAS

15. Igor

1 Entrevista do autor com um membro do conselho. Comentários anônimos.
2 Entrevista do autor com John Malloy, 29 de outubro de 2018.
3 Entrevista do autor com Reid Hoffman, 1º de setembro de 2018.
4 Entrevista do autor com David Sacks e Mark Woolway, 28 de novembro de 2018.
5 Entrevista do autor com Peter Thiel, 23 de fevereiro de 2019.
6 Entrevista do autor com David Solo, 26 de fevereiro 2019.
7 Entrevista do autor com Tim Hurd, 15 de novembro de 2018.
8 Entrevista do autor com Peter Thiel, 23 de fevereiro de 2019.
9 Entrevista do autor com um dos primeiros funcionários do PayPal. Comentários anônimos.
10 Entrevista do autor com Rebecca Eisenberg, 1º de setembro de 2021.
11 Entrevista do autor com Oxana Wootton, 4 de dezembro de 2020.
12 Entrevista do autor com Mark Woolway, 29 de janeiro de 2019.
13 E-mail enviado por Peter Thiel a all@x.com no dia 28 de setembro de 2000, assunto: "Atualização institucional."
14 Comentário de Max Levchin no evento *eCorner*, "Coping with Fraud", na Universidade Stanford, 21 de janeiro de 2004, https://ecorner.stanford.edu/wp-content/uploads/sites/2/2004/01/1028.pdf.
15 Entrevista do autor com Roelof Botha, 21 de janeiro de 2019.
16 Entrevista do autor com Tim Hurd, 15 de novembro de 2018.

17 Akira Kurosawa, *Os Sete Samurais* [Shichinin nosamurai]. Diretor: Akira Kurosawa, Toho Company, 1954.

18 Entrevista do autor com Luke Nosek, 31 de maio de 2018.

19 Entrevista do autor com Todd Pearson, 8 de outubro de 2018.

20 Turing, A. M. "I. — COMPUTING MACHINERY AND INTELLIGENCE", *Mind* (vol. LIX, nº 236), 1º de outubro de 1950, 433–460, https://doi.org/10.1093/mind/LIX.236.433.

21 Entrevista do autor com David Gausebeck, 31 de janeiro de 2019.

22 John Mulaney, "Robots", trecho de *Kid Gorgeous*, especial da Netflix estrelando John Mulaney, https://www.facebook.com/watch/?v=10155540742988870.

23 Entrevista do autor com David Sacks, 28 de novembro de 2019.

24 Entrevista do autor com Skye Lee, 24 de setembro de 2021.

25 Entrevista do autor com David Sacks, 28 de novembro de 2019.

26 E-mail enviado por David Sacks ao autor, 1º de dezembro de 2018.

27 Entrevista do autor com Ken Miller, 21 de janeiro de 2021.

28 E-mail enviado por Peter Thiel a Bill Frezza, 2 de março de 2000.

29 Entrevista do autor com Max Levchin, 30 de outubro de 2018.

30 Entrevista do autor com Jawed Karim, 14 de dezembro de 2020.

31 Entrevista do autor com Max Levchin, 30 de outubro de 2018.

32 Entrevista do autor com Bob McGrew, 1º de novembro de 2018.

33 Entrevista do autor com John Kothanek, 11 de maio de 2021.

34 "How a Scam Artist Helped the Art of Monitoring", *American Banker*, 28 de agosto de 2006.

35 Entrevista do autor com Bob McGrew, 1º de novembro de 2018.

36 Entrevista do autor com Ken Miller, 21 de janeiro de 2021.

37 Entrevista do autor com John Kothanek, 11 de maio de 2021.

38 Entrevista do autor com Ken Miller, 21 de janeiro de 2021.

39 Entrevista do autor com Santosh Janardhan, 15 de junho de 2021.

40 Entrevista do autor com Bob McGrew, 1º de novembro de 2018.

41 Entrevista do autor com Santosh Janardhan, 15 de junho de 2021.

42 Entrevista do autor com Mike Greenfield, 7 de agosto de 2020.

43 Comentário de Max Levchin no evento *eCorner*, "Coping with Fraud", na Universidade Stanford no dia 21 de janeiro de 2004, https://ecorner.stanford.edu/wp-content/uploads/sites/2/2004/01/1028.pdf.

44 Postagem de Mike Greenfield no blog Numerate Choir: "Data Scale — Why Big Data Trumps Small Data", acesso em 22 de julho de 2021, http://numerate choir.com/data-scale-why-big--data-trumps-small-data/.

45 Comentário de Peter Thiel no evento *eCorner*, "Coping with Fraud", na Universidade Stanford no dia 21 de janeiro de 2004, https://ecorner.stanford.edu/wp-content/uploads/sites/2/2004/01/1028.pdf.

46 Entrevista do autor com Ken Miller, 21 de janeiro de 2021.

47 "Innovator Under 35: Max Levchin, 26", *MIT Technology Review*, acesso em 22 de julho de 2021, http://www2.technologyreview.com/tr35/profile.aspx?TRID=224.

48 System and method for depicting on-line transactions, acesso em 22 de julho de 2021, https://patents.google.com/patent/US7249094B2/en.

49 Nicholas Chan, "Heart Failure Claims Talented Senior Frezza", *Stanford Daily*, 9 de janeiro de 2001.

50 Entrevista do autor com Tim Wenzel, 4 de dezembro de 2020.

51 E-mail enviado por Max Levchin a PayPal.com-1840Embarcadero@paypal.com, 20 de dezembro de 2001.

52 E-mail encaminhado por Max Levchin a PayPal.com-1840Embarcadero@paypal.com, 30 de dezembro de 2001. O e-mail contém a transcrição de uma mensagem de Bill Frezza para os funcionários Max Levchin, Nellie Minkova, Peter Thiel e Sal Giambanco.

16. Use a Força

1 "The Investor Show: PayPal Founder Member Paul Martin on Starting PayPal", acesso em 23 de julho de 2021, https://www.youtube.com/watch?v=EATXYARdMZI.

2 Adam Cohen, *The Perfect Store: Inside eBay* (1ª edição) (Boston: Little, Brown and Co, 2002), 42.

3 Vários autores, documento Word com o título "TÓPICOS IMPORTANTES PARA DISCUS-

SÃO SOBRE A CAMPANHA DE ATUALIZAÇÃO DA X.COM", 12 de setembro de 2000.
4 Vários autores, página intersticial "Uma mensagem para nossos vendedores", 12 de setembro de 2000.
5 E-mail enviado por Eric Jackson a all@x.com, 13 de setembro de 2002, assunto: "A página da atualização já está online."
6 David Baranowski, "PayPal's Plea for Honesty", *Auction Watch*, 12 de setembro de 2000.
7 Greg Sandoval, "PayPal 'Reminds' Businesses to Pay Up", CNET, 13 de setembro de 2000.
8 E-mail enviado por Damon Billian a community@x.com, 13 de setembro de 2000.
9 *Ibidem.*
10 E-mail enviado por Damon Billian a community@x.com, 15 de setembro de 2000.
11 E-mail enviado por Eric Jackson a all@x.com, 13 de setembro de 2000.
12 Vários autores, página intersticial, "Uma mensagem para nossos vendedores", 12 de setembro de 2000.
13 David Baranowski. "PayPal's Plea for Honesty" *Auction Watch*, 13 de setembro de 2000.
14 Comentário de Peter Thiel no evento *eCorner*, "Coping with Fraud", na Universidade Stanford no dia 21 de janeiro de 2004, https://ecorner.stanford.edu/wp-content/uploads/sites/2/2004/01/1028.pdf.
15 E-mail enviado por Amy Rowe Klement ao autor, 4 de outubro de 2021.
16 Vários autores, página intersticial, "Uma mensagem para nossos vendedores", 12 de setembro de 2000.
17 Entrevista do autor com Amy Rowe Klement, 24 de setembro de 2021.
18 Barbara Findlay Schenck, "Freemium: Is the Price Right for Your Company?", *Entrepreneur*, 7 de fevereiro de 2011, https://www.entrepreneur.com/article/218107.
19 "The Investor Show: PayPal Founder Member Paul Martin on Starting PayPal", acesso em 23 de julho de 2021, https://www.youtube.com/watch?v=EATXYARdMZI.
20 E-mail enviado por Eric Jackson a all@x.com, 3 de outubro de 2000, em anexo, "um e-mail que será enviado hoje à noite para muitas dos nossos usuários com Contas Pessoais para informá-los do novo limite de movimentação de cartão de crédito imposto às Contas Pessoais".
21 Entrevista do autor com David Sacks, 28 de novembro de 2018.
22 E-mail de Damon Billian a community@x.com, 4 de outubro de 2000.
23 E-mail de Damon Billian a community@x.com, 5 de outubro de 2000.
24 E-mail de Damon Billian a community@x.com, 4 de outubro de 2000.
25 "Freemium Business Model | The Psychology of Freemium | Feedough", 28 de setembro de 2017, https://www.feedough.com/freemium-business-model/.
26 *Weekly eXpert*, 9 de dezembro de 2000.
27 E-mail enviado por Branden Spikes a all@x.com, 28 de novembro de 2000.
28 *Weekly eXpert*, 13 de outubro de 2000.
29 *Weekly eXpert*, 3 de novembro de 2000.

17. Crime em Andamento

1 Steve Schroeder, *The Lure: The True Story of How the Department of Justice Brought Down Two of the World's Most Dangerous Cyber Criminals* (1ª ed.) (Boston: Cengage Learning PTR, 2011,) 40–72.
2 Mike Brunker, "FBI Agent Charged With Hacking", MSNBC, 15 de agosto de 2002, https://www.nbcnews.com/id/wbna3078784.
3 Raymond Pompon, "Russian Hackers, Face to Face", F5 Labs, 1 de agosto de 2017, https://www.f5.com/labs/articles/threat-intelligence/russian-hackers-face-to-face.
4 Entrevista do autor com John Kothanek, 11 de maio de 2021.
5 E-mail enviado por JKothanek@x.com a all@x.com, 16 de junho de 2000.
6 Entrevista do autor com John Kothanek, 11 de maio de 2021.
7 Dan Fost, "Max Levchin Likes the Edge", *San Francisco Chronicle*, 26 de fevereiro de 2006.
8 Steve Schroeder, *The Lure: The True Story of How the Department of Justice Brought Down Two of the World's Most Dangerous Cyber Criminals* (1ª ed.) (Boston: Cengage Learning PTR, 2011), 104.
9 Dan Fost, "Max Levchin Likes the Edge", *San Francisco Chronicle*, 26 de fevereiro de 2006.
10 Steve Schroeder, *The Lure: The True Story of How the Department of Justice Brought Down Two of the World's Most Dangerous Cyber Criminals* (1ª ed.) (Boston: Cengage Learning PTR, 2011), 108.

11 Dan Fost, "Max Levchin Likes the Edge", *San Francisco Chronicle*, 26 de fevereiro de 2006.
12 Deborah Radcliff, "Firms Increasingly Call on Cyberforensics Teams", CNN.com, 16 de janeiro de 2002", acesso em 23 de julho de 2021, https://www.cnn.com/2002/TECH/internet/01/16/cyber.sleuthing.idg/index.html?related.
13 Dan Fost, "Max Levchin Likes the Edge", *San Francisco Chronicle*, 26 de fevereiro de 2006.
14 Entrevista do autor com Elon Musk, 19 de janeiro de 2019.
15 Entrevista do autor com Melanie Cervantes, 25 de junho de 2021.
16 Deborah Radcliff, "Firms Increasingly Call on Cyberforensics Teams", CNN.com, 16 de janeiro de 2002", acesso em 23 de julho de 2021.
17 Steve Schroeder, *The Lure: The True Story of How the De-partment of Justice Brought Down Two of the World's Most Dangerous Cyber Criminals* (1ª ed.) (Boston: Cengage Learning PTR, 2011), 108.
18 Entrevista do autor com David Gausebeck, 31 de janeiro de 2019.
19 Entrevista do autor com Bob McGrew, 1º de novembro de 2018.
20 Entrevista do autor com Huey Lin, 16 de agosto de 2021.
21 Entrevista do autor com Colin Corbett, 16 de julho de 2021.
22 Entrevista do autor com Kim-Elisha Proctor, 15 de maio de 2021.
23 Entrevista do autor com Melanie Cervantes, 5 de junho de 2021.
24 Entrevista do autor com Jeremy Roybal, 3 de setembro de 2021.
25 Entrevista do autor com Melanie Cervantes, 5 de junho de 2021.
26 Entrevista do autor com John Kothanek, 11 de maio de 2021.
27 "Max Levchin of Affirm: Why I Built Affirm after PayPal", podcast *Evolving for the Next Billion*, 24 de fevereiro de 2021, https://nextbn.ggvc.com/podcast/s2-ep-38-max-levchin-of--affirm-after-paypal/.
28 Entrevista do autor com Melanie Cervantes, 5 de junho de 2021.
29 Entrevista do autor com John Kothanek, 11 de maio de 2021.
30 Mike Brunker, "FBI Agent Charged with Hacking", NBC News, acesso em 23 de julho de 2021, https://www.nbcnews.com/id/wbna3078784.

18. Guerrilhas

1 "EBay Inc. Releases Third Quarter 2000 Financial Results", acesso em 24 de julho de 2021, https://investors.ebayinc.com/investor--news/press-release-details/2000/EBay-Inc--Releases-Third-Quarter-2000-Financial-Results/default.aspx.
2 David Kathman, "EBay Shows Why It's the Cream of the Internet Crop", Morningstar, Inc., 19 de outubro de 2000, https://www.morningstar.com/articles/8203/ebay-shows--why-its-the-cream-of-the-internet-crop.
3 E-mail enviado por David Sacks a alguns funcionários da X.com, 15 de outubro de 2000.
4 E-mail enviado por ceo@Billpoint.com aos clientes, assunto: "Taxas mais baixas para pagamentos online do eBay, 19 de setembro de 2000.
5 E-mail enviado pelo Billpoint para os clientes, postado nos fóruns no dia 13 de outubro de 2000 e enviado por Damon Billian a todos os funcionários da empresa no mesmo dia.
6 E-mail enviado por David Sacks a alguns funcionários da X.com, 15 de outubro de 2000.
7 Entrevista do autor com Reed Maltzman, 27 de junho de 2019.
8 CBR Staff Writer, "Auction Universe Re-launches With AntiFraud Guarantee", TechMonitor, 15 de setembro de 1998.
9 Meg Whitman and Joan O'C. Hamilton, *The Power of Many: Values for Success in Business and in Life* (Nova York: Currency, 2010), 66.
10 Entrevista do autor com Jason May, 11 de junho de 2019.
11 Entrevista do autor com Ken Howery, 26 de setembro de 2018.
12 *Ibidem.*
13 Eric M. Jackson, *The PayPal Wars: Battles with EBay, the Media, the Mafia, and the Rest of Planet Earth* (1ª ed.) (Los Angeles: World Ahead Pub, 2004), 176.
14 Mensagem do eBay para seus vendedores citada na mensagem "End of day for October 25th" de Damon Billian, 25 de outubro de 2000.
15 E-mail enviado por Joanna Rockower aos funcionários da X.com, 23 de outubro de 2000.
16 E-mail de Damon Billian a community@X.com, 22 de novembro de 2000.
17 "'Buy It Now' Feature Flawed", texto publicado por Grant Du Bois na eWeek/ZDNet.

18 Adam Cohen, *The Perfect Store: Inside EBay* (1ª ed.) (Boston: Little, Brown, 2002), 231.
19 E-mail enviado por Eric Jackson a alguns dos primeiros funcionários da X.com, 28 de novembro de 2000.
20 David Kathman. "EBay Shows Why It's the Cream of the Internet Crop", Morning star, Inc., 19 de outubro de 2000.
21 Entrevista do autor com um dos primeiros funcionários do PayPal. Comentários anônimos.
22 Entrevista do autor com Rob Chestnut, 19 de julho de 2021.
23 Meg Whitman and Joan O'C. Hamilton, *The Power of Many: Values for Success in Business and in Life* (Nova York: Currency, 2010), 65.
24 E-mail enviado por Reid Hoffman a robc@ebay.com, 11 de outubro de 2000.
25 E-mail enviado por Reid Hoffman a todos os funcionários da empresa, 10 de novembro de 2000.
26 E-mail enviado por Reid Hoffman a vários funcionários da X.com, 18 de dezembro de 2000.
27 Entrevista do autor com Premal Shah, 23 de agosto de 2021.
28 Eric M. Jackson, *The PayPal Wars: Battles with EBay, the Media, the Mafia, and the Rest of Planet Earth* (1ª ed.) (Los Angeles: World Ahead Pub, 2004), 207.
29 Rosalinda Baldwin,. "Billpoint's Unethical Tactics", *Auction World*, 14 de julho de 2001, acesso em 24 de julho de 2021, http://auctionguild.com/ebart/ebayart012.htm.
30 Entrevista do autor com Rob Chestnut, 19 de julho de 2021.
31 Entrevista do autor com David Sacks, 28 de novembro de 2018.
32 Entrevista do autor com David Sacks, 28 de novembro de 2018.
33 Entrevista do autor com Jason May, 11 de junho de 2019.
34 Entrevista do autor com Rob Chestnut, 19 de julho de 2021.
35 Adam Cohen, *The Perfect Store: Inside EBay* (1ª ed.) (Boston: Little, Brown and Co., 2002), 101.
36 "The Investor Show: PayPal Founder Member Paul Martin on Starting PayPal", acesso em 23 de julho de 2021, https://www.youtube.com/watch?v=EATXYARdMZI.
37 *Ibidem.*
38 Carta enviada a Meg Whitman e compartilhada com o conselho da empresa em junho de 2001.
39 E-mail de Reid Hoffman a robc@ebay.com, 2 de janeiro de 2001.
40 Entrevista do autor com Vince Sollitto, 25 de abril de 2019.
41 Entrevista do autor com Rob Chestnut, 19 de julho de 2021.

19. A Dominação Mundial

1 Entrevista do autor com Elon Musk, 3 de outubro de 2021.
2 Bruno Giussani, "France Gets Along With Pre-Web Technology", *EuroBytes*, 23 de setembro de 1997, https://archive.nytimes.com/www.nytimes.com/library/cyber/euro/092397euro.html.
3 William Boston. "Purchase of Germany's Alando.de Expands EBay's Global Presence", *Wall Street Journal*, 23 de junho de 1999, https://www.wsj.com/articles/SB930088782376234268.
4 Entrevista do autor com Bora Chung, 16 de agosto de 2021.
5 Entrevista do autor com Giacomo Drigoli, 9 de dezembro de 2020.
6 Entrevista do autor com Mark Woolway, 29 de janeiro de 2019.
7 Entrevista do autor com Scott Braunstein, 8 de novembro de 2018.
8 Entrevista do autor com Sandeep Lal, 19 de maio de 2021.
9 Entrevista do autor com Scott Braunstein, 6 de novembro de 2018.
10 Jessica Toonkel, "Web-Only Telebank First in US to Plan Operations Overseas", *American Banker*, 25 de abril de 2000.
11 Entrevista do autor com um dos primeiros funcionários da X.com, 23 de junho de 2021. Comentários anônimos.
12 Entrevista do autor com Scott Braunstein, 6 de novembro de 2018.
13 Entrevista do autor com Mark Woolway, 29 de janeiro de 2019.
14 E-mail enviado por Jack Selby a all@x.com, 28 de maio de 2000, o assunto era: "A X.com tem amizades na China, mais especificamente o China Development Bank".
15 Entrevista do autor com Jack Selby, 30 de outubro de 2018.
16 Entrevista do autor com Mark Woolway, 29 de janeiro de 2019.
17 Entrevista do autor com Jack Selby, 30 de outubro de 2018.

18 Entrevista do autor com Sandeep Lal, 26 de maio de 2021.
19 *Weekly Pal*, 14 de junho de 2002.
20 Entrevista do autor com Sandeep Lal, 19 de maio de 2021.
21 Entrevista do autor com Giacomo DiGrigoli, 9 de dezembro de 2020.
22 Entrevista do autor com Benjamin Listwon, 21 de maio de 2021.
23 Entrevista do autor com Giacomo DiGrigoli, 9 de dezembro de 2020.
24 Entrevista do autor com Reid Hoffman, 1º de setembro de 2018.
25 Entrevista do autor com Kim-Elisa Proctor, 15 de maio de 2021.
26 Entrevista do autor com David Sacks, 28 de novembro de 2018.
27 Matt Richtel, "US Companies Profit from Surge in Internet Gambling", *New York Times*, 6 de julho de 2001.
28 Matt Richtel, "Bettors Find Online Gambling Hard to Resist", *New York Times*, 29 de março de 2001.
29 Entrevista do autor com Mark Woolway, 29 de janeiro de 2019.
30 Entrevista do autor com Jack Selby, 30 de outubro de 2018.
31 Davan Maharaj, "Courts Toss Online Gambling Debts", *Los Angeles Times*, 23 de novembro de 1999. (Veja também: Matt Richtel, "Who Pays Up If Online Gambling Is Illegal?", *New York Times*, 21 de agosto de 1998.)
32 Entrevista do autor com Dan Madden, 6 de maio de 2021.
33 Entrevista do autor com Mark Woolway, 29 de janeiro de 2019.
34 Entrevista do autor com Melanie Cervantes, 25 de junho de 2021.
35 E-mails e documentos da empresa relacionados ao Projeto Safira, 16 de maio a 29 de maio de 2001.
36 Newsletter *Weekly Pal*, 30 de novembro de 2001.

20. Pegos de Surpresa

1 Vários funcionários compartilhavam dessa memória de sua estadia na X.com durante o ano de 2000.
2 Corrie Driebusch; Maureen Farrell, "IPO Market Has Never Been This Forgiving to Money-Losing Firms", *Wall Street Journal*, 1º de outubro de 2018.
3 Newsletter *Weekly Pal*, 6 de abril de 2001.
4 Entrevista do autor com Jim Kellas, 7 de dezembro de 2020.
5 Newsletter *Weekly Pal*, 13 de abril de 2001.
6 Newsletter *Weekly Pal*, 7 de setembro de 2001.
7 Entrevista do autor com Jack Selby, 30 de outubro de 2018.
8 Entrevista do autor com Pete Kight, 7 de janeiro de 2019.
9 Peter Thiel, "Presidential Reflections", *Weekly Pal*, 31 de agosto de 2001.
10 E-mail enviado por Peter Thiel a Tim Hurd, 12 de setembro de 2001.
11 Entrevista do autor com Rebecca Eisenberg, 1º de setembro de 2021.
12 Entrevista do autor com Peter Thiel, 11 de setembro de 2021.
13 Entrevista do autor com James Hogan, 14 de dezembro de 2020.
14 Entrevista do autor com Scott Braunstein, 6 de novembro de 2018.
15 Newsletter *Weekly Pal*, 14 de setembro de 2001.
16 E-mail enviado por Peter Thiel à empresa inteira, cedido por Sarah Jane Wallace, 14 de setembro de 2001, assunto: "FW: reflexões presidenciais."
17 Entrevista do autor com Vivien Go, 6 de maio de 2021.
18 Troy Wolverton, "eBay's Charity Auction Upsets Some Sellers", CNET, 18 de setembro de 2001.
19 E-mail enviado por Reid Hoffman a robc@paypal.com, 18 de setembro de 2001.
20 Entrevista do autor com John Kothanek, 11 de maio de 2021.
21 Alexander Osipovich, "After the 9/11 Attacks, Wall Street Bolstered Its Defenses", *Wall Street Journal*, 7 de setembro de 2021. (Ver também: David Westenberg and Tim Gallagher, "IPO Market Remains Dormant in the Third Quarter of 2001", publicação do site da firma de advocacia WilmerHale, https://www.wilmerhale.com/en/insights/publications/ipo-market-remains-dormant-in-the-third-quarter-of-2001-de outubro de-18-2001.)
22 Entrevista do autor com Jack Selby, 30 de outubro de 2018.
23 Entrevista do autor com Peter Thiel, 11 de setembro de 2021.

24 Rene Girard, "Generative Scapegoating", em Robert G. Hammerton-Kelly, ed., *Violent Origins: Walter Burkert, René Girard, and Jonathan Z. Smith on Ritual Killing and Cultural Formation.* (Stanford University Press, 1988), 122.

25 Entrevista do autor com Peter Thiel, 11 de setembro de 2021.

26 "PayPal Files $80.5M IPO — Oct. 1, 2001", CNNFn, acesso em 24 de julho de 2021, https://money.cnn.com/2001/10/01/deals/paypal/.

27 Reuters, "News Scan: 17 de dezembro de 2001", https://www.forbes.com/2001/12/17/1217autonewsscan10.html?sh=3116310144a3.

28 "PayPal Inc. Files Plans to Test Frosty IPO Market", acesso em 25 de julho de 2021, https://www.foxnews.com/story/paypal-inc-files-plans-to-test-frosty-ipo-market.amp.

29 Don Clark, "PayPal Files for an IPO, Testing a Frosty Market", *Wall Street Journal*, 1º de outubro de 2001, https://www.wsj.com/articles/SB100179289 8981822840.

30 Comentário de John Robb ao portal de notícias Scripting News, 30 de setembro de 2001, links de múltiplos sites, http://scripting.com/2001/09.html.

31 Gary Craft, "The Week of January 25th in Review", Relatório semanal do FinancialDNA.com, 26 de janeiro de 2002.

32 George Kraw, "Affairs of State — Earth to Palo Alto", Law.com, acesso em 25 de julho de 2021, https://www.law.com/almID/900005370549/.

33 Entrevista do autor com Russel Simmons, 24 de agosto de 2018.

21. Foras da Lei

1 "Presidential Reflections by Peter Thiel", *Weekly Pal*, 7 de setembro de 2001.

2 Peter Thiel — The Initial Public Offering (IPO), acesso em 25 de julho de 2021, https://www.youtube.com/watch?v=nlh9XB0KbeY.

3 Newsletter *Weekly Pal*, 1º de fevereiro de 2001.

4 Entrevista do autor com Kim-Elisha Proctor, 15 de maio de 2021.

5 E-mail enviado por Mark Sullivan a all@paypal.com, 14 de janeiro de 2002.

6 Entrevista do autor com Janet He, 30 de junho de 2021.

7 Entrevista do autor com Jack Selby, 30 de outubro de 2018.

8 Entrevista do autor com Mark Woolway, 29 de janeiro de 2019.

9 Peter Thiel — The Initial Public Offering (IPO), acesso em 25 de julho de 2021, https://www.youtube.com/watch?v=nlh9XB0KbeY.

10 Kristen French, "PayPal IPO Not Coming Before Monday", *The Street*. 7 de fevereiro de 2002, https://www.thestreet.com/opinion/paypal-ipo-not-coming-before-monday-10008463.

11 David Kravitz, Payment and transactions in electronic commercesystem, documento de patente 6029150A, EUA.

12 Tim O'Reilly, "Tim O'Reilly Responds to Amazon's 1-Click and Associates Program Patents in His 'Ask Tim' Column", 29 de fevereiro de 2000, acesso em 25 de julho de 2021. https://www.oreilly.com/pub/pr/537.

13 Comentários de Max Levchin no *eCorner*, na Universidade Stanford, 21 de janeiro de 2004, https://ecorner.stanford.edu/wp-content/uploads/sites/2/2004/01/1029.pdf.

14 Entrevista do autor com Tim Hurd. 15 de novembro de 2018.

15 Entrevista do autor com Chris Ferro, 3 de setembro de 2021.

16 "PayPal's IPO Delayed, *Forbes*, 7 de fevereiro de 2002, acesso em 25 de julho de 2021, https://www.forbes.com/2002/02/07/0207paypal.html.

17 Entrevista do autor com Tim Hurd, 15 de novembro de 2018.

18 Peter Thiel — The Initial Public Offering (IPO), acesso em 25 de julho de 2021, https://www.youtube.com/watch?v=nlh9XB0KbeY.

19 Entrevista do autor com Mark Woolway, 29 de janeiro de 2019.

20 Trintech's Marketspace Digest, 7 de fevereiro de 2002.

21 "Risks Related to This Offering", SEC FORM S-1. 2002, https://www.sec.gov/Archives/edgar/data/1103415/000091205702005893/a2060419zs-1a.htm.

22 Entrevista do autor com Mark Woolway, 29 de janeiro de 2019.

23 Entrevista do autor com Reid Hoffman, 1º de setembro de 2018.

24 Comentário de Peter Thiel no *eCorner*, na Universidade Stanford, 21 de janeiro de 2004, https://ecorner.stanford.edu/wp-content/uploads/sites/2/2004/01/1036.pdf.

25 Robert Barker, "Why PayPal Might Not Pay Off", *Business-week*, 3 de fevereiro de 2002, https://www.bloomberg.com/news/arti-

cles/2002-02-03/why-paypal-might-not-pay--off.

26 Michael Liedtke, "PayPal May Shut Down in Louisiana, Casting Cloud Over IPO", Associated Press, 12 de fevereiro de 2002.

27 Troy Wolverton, "PayPal Asked to Stay Out of Louisiana", ZDNet, 12 de fevereiro de 2002, acesso em 26 de julho de 2021, https://www.zdnet.com/article/paypal-asked-to-stay-out-of--louisiana/.

28 Comentário de Peter Thiel no *eCorner*, na Universidade Stanford, 21 de janeiro de 2004, https://ecorner.stanford.edu/wp-content/uploads/sites/2/2004/01/1029.pdf.

29 Entrevista do autor com Jack Selby, 30 de outubro de 2018.

30 Eric M. Jackson, *The PayPal Wars: Battles with EBay, the Media, the Mafia, and the Rest of Planet Earth*, 1ª ed. (Los Angeles: World Ahead Pub, 2004), 242.

31 Entrevista do autor com Tim Hurd, 15 de novembro de 2018.

32 Michael Liedtke, "PayPal Prices IPO at $13 PerShare", Associated Press, 14 de fevereiro de 2002.

33 Keith Regan, "PayPal IPO Off to Spectacular Start", *ECommerce Times*, 15 de fevereiro de 2002, acesso em 26 de julho de 2021, https://www.ecommercetimes.com/story/16368.html.

34 Thomson Financial's Card Forum, "PayPal Has a Successful Debut on the Nasdaq", 15 de fevereiro de 2002.

35 Entrevista do autor com Santosh Janardhan, 15 de junho de 2021.

36 Entrevista do autor com Scott Braunstein, 6 de novembro de 2018.

37 E-mail enviado por Amy Rowe Klement ao autor, 4 de outubro de 2021.

38 Entrevista do autor com Erik Klein, 25 de abril de 2021.

39 Entrevista do autor com James Hogan, 14 de dezembro de 2020.

40 Entrevista do autor com John Kothanek, 11 de maio de 2021.

41 Site pessoal de Max Levchin, http://www.levchin.com/paypal-slideshow/13.html.

42 Entrevista do autor com Jeremy Roybal, 3 de setembro de 2021.

43 Entrevista do autor com Santosh Janardhan, 15 de junho de 2021.

44 Entrevista do autor com um funcionário da X.com.

45 Entrevista do autor com Scott Braunstein, 6 de novembro de 2018.

46 Comentário de Max Levchin no evento *eCorner*, na Universidade Stanford, 21 de janeiro de 2004, https://ecorner.stanford.edu/wp-content/uploads/sites/2/2004/01/102.pdf.

47 Entrevista do autor com Oxana Wootton, 4 de dezembro de 2020.

48 E-mail enviado por Amy Rowe Klement ao autor, 4 de outubro de 2021.

49 Entrevista do autor com Mark Woolway, 29 de janeiro de 2019.

50 Entrevista do autor com Elon Musk, 19 de janeiro de 2019.

22. E Só Ficou uma Camiseta

1 Ina Steiner, "EBay Spends $43.5 Million to Gain 100% Control of Billpoint Payment Service", *eCommerceBytes*, 22 de fevereiro de 2002, acesso em 27 de julho de 2021, https://www.ecommercebytes.com/cab/abn/y02/m02/i22/s01.

2 Rascunhos da fusão e minutas do conselho datados de início de 2002.

3 Entrevista do autor com Katherine Woo, 1º de julho de 2021.

4 Entrevista do autor com Vince Sollitto, 25 de abril de 2019.

5 Rick Aristotle Munarriz, "PayPal Crashing eBay's Party, Again", Motley Fool Take, 14 de junho de 2002.

6 Entrevista do autor com David Sacks, 29 de janeiro de 2019.

7 Entrevista do autor com Jeff Jordan, 26 de abril de 2019.

8 Entrevista do autor com David Sacks, 29 de janeiro de 2019.

9 E-mail enviado por Amy Rowe Klement ao autor, 4 de outubro de 2021.

10 Keith Rabois, "Why Did PayPal Sell to EBay?—Quora", 5 de setembro de 2010, acesso em 27 de julho de 2021, https://www.quora.com/Why-did-PayPal-sell-to-eBay.

11 Entrevista do autor com Jeff Jordan, 26 de abril de 2019.

12 Entrevista do autor com Reid Hoffman, 24 de agosto de 2018.

13 Adam Penenberg, *Viral Loop: From Facebook to Twitter, How Today's Smartest Businesses Grow Themselves* (1ª ed.) (Nova York: Hyperion, 2009), 179.

14 Entrevista do autor com Jeff Jordan, 26 de abril de 2019.
15 Entrevista do autor com David Sacks, 29 de janeiro de 2019.
16 Entrevista do autor com Jeff Jordan, 26 de abril de 2019.
17 Minutas do conselho do PayPal, 6 de julho de 2002.
18 Entrevista do autor com Elon Musk, 19 de janeiro de 2019.
19 Entrevista do autor com John Malloy, 29 de outubro de 2018.
20 Entrevista do autor com Skye Lee, 24 de setembro de 2021.
21 Entrevista do autor com John Malloy, 29 de outubro de 2018.
22 Entrevista do autor com Luke Nosek, 31 de maio de 2018.
23 Entrevista do autor com John Malloy, 29 de outubro de 2018.
24 Entrevista do autor com Jeff Jordan, 26 de abril de 2019.
25 SEC.gov, "eBay to Acquire PayPal", https://www.sec.gov/Archives/edgar/data/1103415/000091205702026650/a2084015zex-99_1.htm.
26 Eric M. Jackson, *The PayPal Wars: Battles with eBay,the Media, the Mafia, and the Rest of Planet Earth* (1ª ed.) (Los Angeles: WorldAhead, 2004), 282.
27 Eric M. Jackson, *The PayPal Wars: Battles with eBay, the Media, the Mafia, and the Rest of Planet Earth* (1ª ed.) (Los Angeles: World Ahead, 2004), 283.
28 Entrevista do autor com Mike Greenfield, 7 de agosto de 2020.
29 Eric M. Jackson, *The PayPal Wars: Battles with eBay, the Media, the Mafia, and the Rest of Planet Earth* (1ª ed.) (Los Angeles: WorldAhead, 2004), 287.
30 Bambi Francisco, "Who's Really Getting Paid, Pal?", Market-Watch, 9 de julho de 2002, acesso em 27 de julho de 2021, https://www.marketwatch.com/story/whos-really-getting-paid-pal.
31 Eric M. Jackson, *The PayPal Wars: Battles with eBay,the Media, the Mafia, and the Rest of Planet Earth* (1ª ed.) (Los Angeles: World Ahead, 2004), 284.
32 Entrevista do autor com um dos primeiros funcionários da X.com. Comentários anônimos.
33 Entrevista do autor com Bob McGrew, 1º de novembro de 2018.
34 Entrevista do autor com Vivien Go, 6 de maio de 2021.
35 Entrevista do autor com Katherine Woo, 1º de julho de 2021.
36 Entrevista do autor com Luke Nosek, 31 de maio de 2018.
37 Entrevista do autor com Jack Selby, 30 de outubro de 2018.
38 Entrevista do autor com Reid Hoffman, 1º de setembro de 2018.
39 Entrevista do autor com Chris Ferro, 3 de setembro de 2021.
40 Entrevista do autor com Dan Madden, 6 de maio de 2021.
41 Entrevista do autor com Reid Hoffman, 1º de setembro de 2018.
42 Eric M. Jackson, *The PayPal Wars: Battles with eBay, the Media, the Mafia, and the Rest of Planet Earth* (1ª ed.) (Los Angeles: World Ahead, 2004), 294–295.
43 Entrevista do autor com Vivien Go, 6 de maio de 2021.

Conclusão: O Chão

1 Entrevista do autor com Jack Selby, 30 de outubro de 2018.
2 E-mail enviado por Peter Thiel a all@x.com, 3 de outubro de 2002, assunto: "Minha saída do PayPal."
3 Entrevista do autor com Mark Woolway, 29 de janeiro de 2019.
4 Entrevistas do autor com um antigo membro do conselho e da equipe executiva da X.com. Comentários anônimos.
5 Entrevista do autor com Jack Selby, 30 de outubro de 2018.
6 *Ibidem.*
7 Entrevista do autor com David Wallace, 5 de dezembro de 2020.
8 Entrevista do autor com Santosh Janardhan, 15 de junho de 2021.
9 Entrevista do autor com Kim-Elisha Proctor, 15 de maio de 2021.
10 E-mail enviado por Amy Rowe Klement ao autor, 4 de outubro de 2021.
11 *Newsletter Weekly Pal*, 16 de agosto de 2002.
12 Entrevista do autor com John Malloy, 25 de julho de 2018.
13 E-mail enviado por Max Levchin a um pequeno grupo de funcionários do PayPal, 25 de novembro de 2002, assunto: "Obrigado!!!"

14 Entrevista do autor com Katherine Woo, 1º de julho de 2021.

15 E-mail enviado por Amy Rowe Klement ao autor, 4 de outubro de 2021.

16 Entrevista do autor com Huey Lin, 16 de agosto de 2021.

17 Entrevista do autor com David Gausebeck, 31 de janeiro de 2019.

18 Comentário de Peter Thiel no *eCorner*, na Universidade Stanford, 21 de janeiro de 2004, https://ecorner.stanford.edu/wp-content/uploads/sites/2/2004/01/1034.pdf.

19 "eBay Inc.'s Statement on Carl Icahn's Investment and Related Proposals", 22 de janeiro de 2014, https://www.ebayinc.com/stories/news/ebay-incs-statement-carl-icahns-investment-and-related-proposals/.

20 Maureen Farrell, "Carl Icahn Charges eBay's Board with 'Complete Disregard for Accountability'", *Wall Street Journal*, 24 de fevereiro de 2014, https://blogs.wsj.com/moneybeat/2014/02/24/carl-icahn-charges-ebays-board-with-complete-disregard-for-accountability/.

21 "eBay Inc. Responds to Carl Icahn", 26 de fevereiro de 2014, https://www.ebayinc.com/stories/news/stick-facts-carl-ebay-inc-responds-carl-icahn/.

22 Steven Bertoni, "Carl Icahn Attacks eBay, Marc Andreessen and Scott Cook in Shareholder Letter", *Forbes*, acesso em 29 de julho de 2021, https://www.forbes.com/sites/stevenbertoni/2014/02/24/carl-icahn-attacks-ebay-marc-andreessen-and-scott-cook-in-shareholder-letter/.

23 "eBay Inc. to Separate eBay and PayPal Into Independent Publicly Traded Companies in 2015", 30 de setembro de 2014, https://www.businesswire.com/news/home/20140930005527/en/eBay-Inc.-to-Separate-eBay-and-PayPal-Into-Independent-Publicly-Traded-Companies-in-2015.

24 Entrevista do autor com Elon Musk, 19 de janeiro de 2019.

25 Entrevista do autor com Reid Hoffman, 1º de setembro de 2018.

26 Entrevista do autor com Luke Nosek, 31 de maio de 2018.

27 Entrevista do autor com Max Levchin, 24 de julho de 2018.

28 Suzanne Herel, "Meet the Boss: David Sacks, CEO of Yammer", *SFGATE*, 22 de fevereiro de 2012, https://www.sfgate.com/business/meettheboss/article/Meet-the-Boss-David-Sacks-CEO-of-Yammer-3347271.php.

29 Jeff O'Brien, "The PayPal Mafia", *Fortune*, 13 de novembro de 2007.

30 Entrevista do autor com Kim-Elisha Proctor, 15 de maio de 2021.

31 Entrevista do autor com John Malloy, 25 de julho de 2018.

32 David Gelles, "Reid Hoffman: 'You Can't Just Sit on the Sidelines'", *New York Times*, 31 de maio de 2019, https://www.nytimes.com/2019/05/31/business/reid-hoffman-linkedin-corner-office.html.

33 Entrevista do autor com Julie Anderson, 19 de julho de 2019.

34 E-mail enviado por um dos primeiros funcionários do PayPal ao autor. Essa citação foi utilizada com a permissão da funcionária e foi mantida anônima por escolha dela e do autor.

35 Entrevista do autor com SB Master, 31 de outubro de 2018. (Um ano antes da manchete "A Máfia do PayPal" da revista *Fortune*, a escritora Rachel Rosmarin usou o termo "Diáspora do PayPal" em um artigo para a *Forbes*, publicado em 12 de julho de 2006 com o título "O Êxodo do PayPal".)

36 "This Week in Start-Ups: David Sacks of Yammer", *TWiST#245*, 6 de abril de 2012, topicplay.com/v/2180.

37 Entrevista do autor com Branden Spikes, 25 de abril de 2019.

38 Entrevista do autor com Max Levchin, 1º de março de 2018.

39 E-mail enviado por Elon Musk ao autor, 11 de dezembro de 2018.

40 Entrevista do autor com Elon Musk, 19 de janeiro de 2019.

41 Publicação no Twitter feita por Elon Musk no dia 10 de julho de 2017.

42 Comentário de Peter Thiel na Universidade Stanford, 21 de janeiro de 2004, ecorner.stanford.edu/videos/1021/Lucky-or-Brilliant/.

43 Peter Thiel and Reid Hoffman Discuss PayPal and Startup Success, acesso em 14 de outubro de 2021, https://www.youtube.com/watch?v=-qvpCN3DqORo.

44 E-mail enviado por Amy Rowe Klement ao autor, 4 de outubro de 2021.

45 Postagem feita por Mike Greenfield no Quora, "What Strong Beliefs on Culture for Entrepreneurialism Did Peter, Max, and David Have at PayPal?". Acesso em 14 de outubro de 2021, https://www.quora.com/What-strong-beliefs-on-culture-for-entrepreneurialism-did-Peter-Max-and-David-have-at-PayPal.

46 Entrevista do autor com Lauri Schulteis, 11 de dezembro de 2020.

47 Entrevista do autor com Tim Wenzel, 4 de dezembro de 2020.

48 Entrevista do autor com David Sacks, 28 de novembro de 2018.

49 Comentário de Max Levchin na mesa de debate Startup2Startup: PayPal Mafia 2.0 (Parte 1), acesso em 14 de outubro de 2021, https://www.youtube.com/watch?v=1WPud4dmdG4.

50 Entrevista do autor com Tim Hurd, 15 de novembro de 2018.

51 Entrevista do autor com John Malloy, 25 de julho de 2018.

52 Entrevista do autor com Reid Hoffman, 10 de outubro de 2021.

53 Apresentação de Elon Musk no *eCorner*, na Universidade Stanford, 8 de outubro de 2003, https://ecorner.stanford.edu/wp-content/uploads/sites/2/2003/10/384.pdf.

54 Entrevista do autor com David Sacks, 28 de novembro de 2018.

55 Entrevista do autor com Ryan Donahue, 5 de maio de 2021.

56 Entrevista do autor com Amy Rowe Klement, 1º de outubro de 2021.

57 Entrevista do autor com Russel Simmons, 24 de agosto de 2018.

58 Entrevista do autor com Jack Selby, 30 de outubro de 2018.

59 Entrevista do autor com John Malloy, 29 de outubro de 2018.

60 Binary Truths with Peter Thiel | Disrupt SF 2014, acesso em 29 de julho de 2021, https://www.youtube.com/watch?v=Kl8JvF5id6Q.

61 Entrevista do autor com Jack Selby, 30 de outubro de 2018.

62 LinkedIn Speaker Series com Reid Hoffman, acesso em 29 de julho de 2021, https://www.youtube.com/watch?v=m_m1BaO9kcY.

63 Blake Masters, "Peter Thiel's CS183: Startup — Class 5 Notes Essay", Tumblr, Blake Masters (blog), 20 de abril de 2012, https://blakemasters.tumblr.com/post/21437840885/peter-thiels-cs183-startup-class-5-notes-essay.

64 "This Week in Start-Ups: David Sacks of Yammer", *TWiST* #245, acesso em 29 de julho de 2021, https://www.youtube.com/watch?v=lomz3f7kdy8.

65 Entrevista do autor com David Gausebeck, 31 de janeiro de 2019.

66 Entrevista do autor com Jack Selby, 30 de outubro de 2018.

67 Entrevista do autor com John Malloy, 25 de julho de 2018.

68 "Trump, Gawker, and Leaving Silicon Valley | PeterThiel | TECH | Rubin Report", acesso em 29 de julho de 2021, https://www.youtube.com/watch?v=h10kXgTdhNU.

69 Entrevista do autor com John Malloy, 29 de outubro de 2018.

70 E-mail enviado por Amy Rowe Klement ao autor, 4 de outubro de 2021.

71 "High Leverage Individuals", postagem de Max Levchin com seguidores de "too long to tweet", Tumblr, 2013, acesso em 29 de julho de 2021, https://max.levch.in/post/35659523095/high-leverage-individuals.

Epílogo

1 Isabel Woodford, "Europe's Fintech 'Mafia': Meet the Employees-Turned-Founders", *Sifted*, acesso em 25 de julho de 2021, https://sifted.eu/articles/digital-bank-mafia/.

2 Murad Hemmedi, "Canada's PayPal Mafia: The Surprising Afterlife of Workbrain, the 2000s-Era Startup That Inspired Some of Canada's Most Promising Tech Companies", *The Logic*, 30 de dezembro de 2020, https://thelogic.co/news/the-big-read/canadas-paypal-mafia-the-surprising-afterlife-of-workbrain-the-2000s-era-startup-that-inspired-some-of-canadas-most-promising-tech-companies/.

3 Eric M. K. Osiakwan, "The KINGS of Africa's Digital Economy", *Digital Kenya*, 2017, 55–92, https://doi.org/10.1057/978-1-137-57878-5_3.

4 "How The Flipkart Mafia Flipped the Fate of the Indian Startup Ecosystem", *Inc42 Media*, 6 de maio de 2017, https://inc42.com/features/flipkart-mafia/.

5 Christina Farr, "Meet the 'Vegan Mafia,' a Secret Group of Investors Betting on the Future of Food", CNBC, 12 de agosto de 2017, https://www.cnbc.com/2017/08/11/vegan-mafia-food-investor-network-includes-bill-maris-kyle-vogt.html.

6 Entrevista do autor com Chris Wilson, 18 de setembro de 2018.

7 Isaac Simpson. "After Life", *Breakout*, 17 de fevereiro de 2017, https://medium.com/breakout-today/after-life-5ea4c1ea6d72.

8 Entrevista do autor com Stephen Edwards, 18 de setembro de 2018.

9 Chris Wilson, "Allow Children Sentenced to Life a Second Chance", *Baltimore Sun*, acesso em 25 de julho de 2021, https://www.baltimoresun.com/opinion/op-ed/bs-ed-parole-wilson-20150308-story.html.

ÍNDICE